浙江高层建筑结构设计典型案例

杨学林　主编

中国建筑工业出版社

图书在版编目（CIP）数据

浙江高层建筑结构设计典型案例/杨学林主编 . —
北京：中国建筑工业出版社，2023.3
ISBN 978-7-112-28372-9

Ⅰ.①浙…　Ⅱ.①杨…　Ⅲ.①高层建筑—结构设计—
案例—浙江　Ⅳ.①TU973

中国国家版本馆 CIP 数据核字（2023）第 031593 号

　　本书针对浙江软土地域分布和沿海城市风环境特点，介绍了近年来浙江省内高层
建筑的发展概况、结构体系选型和抗侧力单元类型、结构经济性指标分析，阐述了高
层建筑地基基础设计、结构稳定分析、抗震设计、抗风计算等方面的最新技术成果。
同时精选了 18 个典型高层建筑案例，详细介绍了每个案例的工程概况、结构体系和
布置方案、抗震和抗风计算、结构超限判断和针对性加强措施、结构专项分析、地基
基础设计、整体（或局部）模型试验和节点试验等。案例各具特色，具有广泛的代表
性，充分反映了近 20 年来浙江省高层建筑和超高层建筑结构技术的创新与工程实践
成果，对广大结构工程师从事高层建筑和超高层建筑结构设计具有较强的指导和借鉴
作用，也可作为高校土木类结构工程专业方向研究生的学习参考用书。

　　责任编辑：刘瑞霞　武晓涛　梁瀛元
　　责任校对：党　蕾

浙江高层建筑结构设计典型案例
杨学林　主编
*
中国建筑工业出版社出版、发行（北京海淀三里河路 9 号）
各地新华书店、建筑书店经销
北京龙达新润科技有限公司制版
北京君升印刷有限公司印刷
*
开本：787 毫米×1092 毫米　1/16　印张：33　字数：822 千字
2023 年 4 月第一版　　2023 年 4 月第一次印刷
定价：**99.00** 元
ISBN 978-7-112-28372-9
（40674）

本书编委会

主编：杨学林

编委：周平槐　包　佐　李保忠　顾建文　林　政　肖志斌
　　　冯永伟　王　震　任　涛　丁　浩　李冰河　陈宏湛

前　言

高层建筑和超高层建筑的大量兴建，一方面，对提升城市土地资源利用效率、缓解用地紧张发挥了积极作用；另一方面，浙江主要城市地处东南沿海，软土地基分布广泛，台风等极端天气频发，高层建筑特别是超高层建筑的地基基础稳定性和结构安全性日益受到人们的关注和重视。本书针对浙江软土地域分布和沿海城市风环境特点，介绍了近年来浙江省内高层建筑和超高层建筑的发展概况、结构体系选型和经济指标分析，阐述了高层建筑和超高层建筑地基基础设计、结构整体稳定分析、抗震设计和抗风设计等方面的技术要点，同时也吸收了作者近年来在高层建筑结构设计方面的工程经验和部分科研成果。如书中介绍了浙江软土地基超长灌注桩的端阻力和侧阻力分布的试验研究，基于载荷试验考虑桩端阻力和侧摩阻力任意分布、考虑地下室开挖补偿作用的高层建筑桩基沉降分析，考虑筏板弯矩调幅的桩-筏计算等成果；浙江大部分地区设防烈度较低，部分非沿海城市风荷载也较小，超高层建筑的抗侧力构件布置和结构刚度需求，有时由结构整体稳定性（刚重比指标）控制，书中提出了任意水平荷载作用下结构等效侧向刚度的计算公式，给出了复杂体型高层建筑整体稳定性分析方法。

全书共分3章。

第1章为浙江高层建筑建设情况统计。对2000年以来浙江省内在建和已建超限高层建筑项目进行了统计和分析，分别从结构高度超限、规则性超限、超限大跨屋盖结构、特殊结构类型四个方面，介绍了浙江超限高层建筑的结构特点及案例。

第2章为浙江高层建筑结构特点和设计要点。针对浙江沿海城市软弱土分布广泛、台风等极端天气频发等特点，分析总结了浙江高层建筑的结构设计要点。（1）研究总结了组成高层建筑结构的主要抗侧力单元类型，包括框架单元、剪力墙单元、支撑-框架单元、核心筒单元、框筒单元和斜交网格筒单元、巨型框架单元、桁架筒单元7大类，结合实际案例介绍了浙江高层建筑的常见结构体系和抗侧力单元类型；介绍了近年来浙江新型装配式高层钢结构体系的应用情况；（2）统计和分析了浙江典型高层建筑结构的经济性指标，如单位面积的型钢、钢筋和混凝土用量等；（3）分析了浙江高层建筑结构的抗风和抗震计算特点和设计要点，针对高层结构的周期、基底最小剪力系数、外框剪力分担比（二道防线复核要求）、抗震性能化设计、结构弹塑性分析等热点难点问题，给出了设计建议和措施；（4）结合浙江高层建筑典型案例，分别阐述了高层结构刚度由位移控制和稳定控制的两种情况，给出了复杂特殊体型高层建筑的整体稳定性分析方法；（5）阐述了浙江深厚软土地基超高层建筑桩基特点，提出了软土地基高层建筑桩基设计要点。

第3章为浙江典型高层建筑结构设计案例介绍。共精选了18个典型实例，详细介绍了每个案例的工程概况、结构体系和布置方案、抗震和抗风计算、结构超限判断和针对性加强措施、结构专项分析、地基基础设计、整体（或局部）模型试验和节点试验等。每个案例各具特点，具有较好的代表性。如3.1杭州世茂智慧之门，采用斜撑巨柱框架-核心

4

筒体系；3.2 杭州钱江世纪城望朝中心，建筑高度 288m，外框结构采用通高弧形柱与建筑外立面造型融为一体，底部三侧边柱采用 38m 跨空腹桁架进行转换；3.3 杭州云城北综合体 T1 塔楼，建筑高度 400m，为目前杭州在建的最高建筑；3.4 杭州来福士广场，为建筑外立面局部扭曲造型的超高层双塔结构。又如，3.8 宁波国华金融大厦，采用了交叉网格结构外筒-核心筒的筒中筒体系；3.9 宁波城市之光，建筑高度 450m，为浙江在建的最高建筑，进行了 1/40 缩尺整体模型振动台试验；3.10 宁波中心大厦，建筑高度 409m，外框底部为外倾的钢管混凝土交叉网格结构；3.11 宁波中国银行大厦，为建筑高度约 250m 的自下而上整体旋转 60° 的超高层结构；3.12 宁波环球航运广场，为建筑高度 256m 的巨型框架结构，巨型柱为东、西两侧的落地筒体，巨型桁架梁跨度约 50m；3.13 温州世贸中心大厦，建筑高度 323m，为目前浙江已建成最高的混凝土结构；3.14 温州置信广场，为核心筒周边墙体高位外扩转换的超高层结构；3.15 温州鹿城广场四期塔楼和 3.16 温州国鸿中心，为高度超过 350m 的超高层建筑，3.17 台州天盛中心 1 号楼和 3.18 湖州南太湖 CBD 主地块 10-1 号楼，分别为浙江台州和湖州的最高建筑。

本书各章节编排和策划由杨学林负责，统稿和校审工作由杨学林和周平槐完成。各章节撰写分工如下：

第 1 章：杨学林；第 2 章：杨学林；3.1 节：林政；3.2 节：丁浩；3.3 节：林政；3.4 节：顾建文；3.5 节：顾建文；3.6 节：肖志斌；3.7 节：冯永伟；3.8 节：王震；3.9 节：包佐；3.10 节：李保忠；3.11 节：包佐；3.12 节：包佐；3.13 节：包佐；3.14 节：陈宏湛；3.15 节：李保忠；3.16 节：任涛；3.17 节：周平槐；3.18 节：李保忠。

本书对广大结构工程师从事高层建筑和超高层建筑结构设计具有较强的指导和借鉴作用，也可作为高校土木类结构工程专业方向研究生的学习参考用书。书中吸收了省内外多家相关设计单位的设计成果，在第 3 章每个设计案例中均标注了方案或施工图设计单位。在本书出版过程中，浙江省建筑设计研究院复杂结构研究中心的高超、瞿浩川也参与了部分校对工作。在此，对各位撰写作者和为书中设计案例提供资料的单位和人员、对参与校对工作的各位同事、对本书出版提供帮助的专家同行表示衷心的感谢。

感谢中国建筑工业出版社为本书出版给予的大力支持。

由于作者工程经历和学术水平所限，书中疏漏和不当之处在所难免，敬请读者批评指正。

杨学林

2022 年 8 月于杭州

目　录

第1章

浙江已建和在建高层建筑统计

1.1 浙江已建和在建高层建筑概况

1.1.1 高层建筑定义和分类

1. 高层建筑定义

根据《建筑设计防火规范》GB 50016—2014（2018 年版）和《高层建筑混凝土结构技术规程》JGJ 3—2010，高层建筑一般指 10 层及 10 层以上或房屋高度大于 28m 的住宅建筑、房屋高度大于 24m 的公共建筑。

注：《建筑设计防火规范》GB 50016—2014（2018 年版）的定义：建筑高度大于 27m 的住宅建筑和建筑高度大于 24m 的非单层厂房、仓库和其他民用建筑；

《高层建筑混凝土结构技术规程》JGJ 3—2010 的定义：10 层及 10 层以上或房屋高度大于 28m 的住宅建筑、房屋高度大于 24m 的其他高层民用建筑。

2. 高层建筑分类

根据现行国家标准《建筑设计防火规范》GB 50016—2014（2018 年版），高层建筑按其高度和功能可分为一类高层建筑和二类高层建筑。一类高层建筑是指建筑高度大于 54m 的住宅建筑或建筑高度大于 50m 的公共建筑和其他重要的高层公共建筑，二类高层建筑是指除一类高层建筑外的其他高层建筑。一类高层建筑的消防设计措施严于二类高层建筑。

超高层建筑是一种通俗叫法（现行国家和行业标准中并没有超高层建筑这一术语），通常是指建筑高度大于 100m 的民用高层建筑。根据现行《建筑设计防火规范》GB 50016—2014（2018 年版），建筑高度大于 100m 的民用高层建筑，应沿高度方向每隔50m 设置避难层，屋顶宜设直升机停机坪或直升机救助设施。

特殊超高层建筑也是一种俗称，通常指建筑高度大于 250m 的民用建筑。由于现行国家标准《建筑设计防火规范》GB 50016—2014（2018 年版）的最大适用高度为 250m，对于建筑高度大于 250m 的特殊超高层建筑，其防火设计除满足现行规范要求外，尚应根据公安部印发的《建筑高度大于 250 米民用建筑防火设计加强性技术要求（试行）》（公消[2018] 57 号）的规定采取更加严格的防火措施，并提交国家消防主管部门组织专题研究和论证。

超限高层建筑是指超出国家现行标准所规定的适用高度和适用结构类型的高层建筑工程、体型特别不规则的高层建筑工程，以及有关规范和规程规定应当进行抗震专项审查的高层建筑工程。超限高层建筑包括结构高度超限、结构规则性超限、大跨度屋盖超限、特殊结构类型四类。根据《超限高层建筑工程抗震设防管理规定》（建设部令第 111 号）和《建设工程抗震管理条例》（国务院令第 744 号）的规定，超限高层建筑应在初步设计阶段由工程所在地的省、自治区、直辖市人民政府建设行政主管部门组织抗震专项审查。

　　注：《超限高层建筑工程抗震设防管理规定》（建设部令第 111 号）的定义：超限高层建筑是指超出国家现行标准所规定的适用高度和适用结构类型的高层建筑工程、体型特别不规则的高层建筑工程，以及有关规范和规程规定应当进行抗震专项审查的高层建筑工程。

　　《建设工程抗震管理条例》（国务院令第 744 号）中的定义：超限高层建筑是指超出国家现行标准所规定的适用高度和适用结构类型的高层建筑工程以及体型特别不规则的高层建筑工程。

1.1.2　浙江已建和在建高层建筑统计

　　经初步统计，截至 2021 年底，浙江已建和在建的超高层建筑中，建筑高度接近及大于 100m 的高层建筑已超过 1300 幢，其中，建筑高度≥200m 的超高层建筑有 75 幢（表 1.1.2-1），建筑高度≥250m 的超高层建筑有 35 幢。需要说明的是，由于笔者手头资料不一定全面，高层建筑数量统计时可能有遗漏。

　　建筑高度超过 200m 的超高层建筑中，目前省内建成最高的项目为温州世贸中心大厦，建筑高度 323m（算至桅杆顶），在建高层建筑中超过 400m（含）的超高层建筑有宁波城市之光（455m）、宁波中心大厦（409m）和杭州云城北综合体 T1 塔楼（400m）。考虑到部分超高层建筑项目采用双塔形式，全省建筑高度≥250m 的已建和在建的超高层建筑（双塔按 2 幢计）实际有 41 幢。

　　按超高层建筑的地区分布统计，建筑高度 200m 以上的超高层建筑项目地区分布详见图 1.1.2-1，其中杭州 35 项，宁波 10 项，温州 11 项，其他地市 19 项。

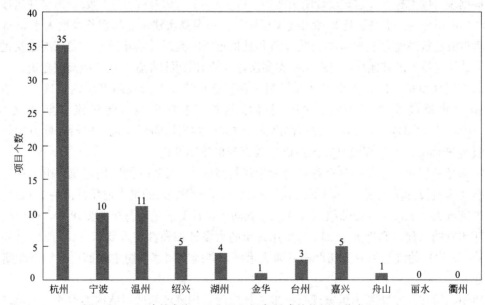

图 1.1.2-1　建筑高度 200m 以上超高层建筑的地区分布（Σ＝75）

建筑高度 250m 以上的超高层建筑项目中,杭州有 15 项,宁波 4 项,温州 8 项,其他地市 8 项,各地市分布详见图 1.1.2-2。尽管省内最高建筑不在杭州,但杭州超高层建筑数量占绝对优势。若超高层双塔建筑按 2 幢计,杭州已建和在建高度≥250m 的超高层建筑实际为 21 幢,约占全省 11 个地市超高层建筑数量的一半。

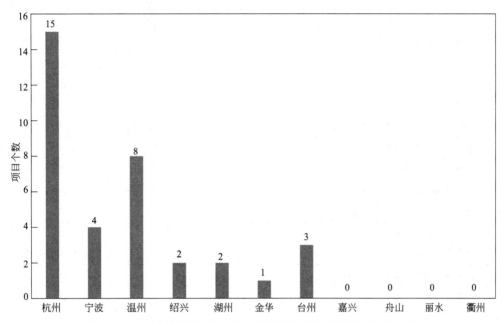

图 1.1.2-2　建筑高度 250m 以上超高层建筑的地区分布（Σ＝35）

浙江建筑高度≥200m 的超高层建筑项目统计　　　　　　表 1.1.2-1

序号	项目名称	建筑高度(m)	层数	项目地点	工程进度
1	宁波城市之光	450	88	宁波	在建
2	宁波中心大厦	409	82	宁波	在建
3	杭州云城北综合体 T1 塔楼	400	84	杭州	在建
4	温州鹿城广场	379	79	温州	在建
5	温州国鸿财富中心	356	74	温州	在建
6	温州瓯海中心	339	71	温州	在建
7	温州世贸中心大厦	323	68	温州	竣工
8	杭州云城南综合体 A 塔楼、B 塔楼	320	64	杭州	在建
9	湖州太湖湾单元 TH-08-01-01A 号地块(南太湖主地标建筑)	318	66	湖州	在建
10	温州老港区二期	318	65	温州	在建
11	绿地集团杭州之门(双塔)	302	64	杭州	结构封顶
12	台州天盛中心项目	300	66	台州	结构封顶
13	杭州云城北综合体 T3、T5、T7 塔楼	300	55～65	杭州	在建
14	台州刚泰中心	298	62	台州	在建
15	鲁能集团杭州国际中心(双塔)	298	65	杭州	在建
16	杭州钱江世纪城 H-12 地块(望朝中心)	288	61	杭州	结构封顶
17	温州中心	286	57	温州	在建

续表

序号	项目名称	建筑高度 (m)	层数	项目地点	工程进度
18	余政储出[2018]40号地块项目二期(杭州城北华润万象城写字楼)	285	62	杭州	在建
19	绍兴龙之梦大厦工程主楼	284	71	绍兴	在建
20	湖州东吴国际广场(双塔)	288	54	湖州	竣工
21	杭州未来科技城奥克斯中心	280	60	杭州	竣工
22	杭州钱江世纪城-博地中心	280	63	杭州	竣工
23	杭州世茂智慧之门(双塔)	280	63	杭州	竣工
24	绍兴世茂二期B1地块酒店	280	54	绍兴	竣工
25	余政储出[2017]44号地块(富力T1塔楼)	280	59	杭州	在建
26	温州市核心片区开发区西单元D-05地块	278	56	温州	在建
27	杭州新世界环球中心(双塔)	260	57	杭州	在建
28	温岭银泰酒店项目A塔楼	260	54	台州	在建
29	杭州钱江新城浙江财富金融中心	258	53	杭州	竣工
30	宁波环球航运广场	256	51	宁波	竣工
31	温州置信广场	255	53	温州	竣工
32	杭州钱江新城来福士广场(双塔)	250	60	杭州	竣工
33	宁波中银大厦	250	49	宁波	竣工
34	义乌世贸中心	250	54	义乌	竣工
35	华润新鸿基钱江新城综合项目(二期)	250	58	杭州	竣工
36	钱江世纪城(萧储)G-06地块	247	62	杭州	在建
37	杭州新世界财富中心	246	56	杭州	竣工
38	浙商银行钱江世纪城总部大楼	244	54	杭州	在建
39	宁波市鄞州曼哈顿大厦	243	56	宁波	在建
40	宁波新世界广场项目5号地块	239	56	宁波	结构封顶
41	杭政储出2005(70)号地块项目	232	66	杭州	结构封顶
42	海宁市海州路南侧、宗海路东侧地块项目	229	52	嘉兴	在建
43	杭州海威房地产项目(酒店)工程	225	59	杭州	在建
44	杭州国际办公中心A2地块1号、2号楼	222	52	杭州	竣工
45	博亚时代中心	221	52	杭州	在建
46	宁波绿地中心项目-四区5号楼	220	48	宁波	竣工
47	杭州信雅达广场	220	50	杭州	竣工
48	舟山自贸金融中心	219	50	舟山	在建
49	钱塘国际项目	218	46	嘉兴	在建
50	萧政储出[2021]33号地块二期项目(SKP)	215	49	杭州	在建
51	浙江影视后期制作中心-影视后期制作综合大楼	213	42	杭州	竣工
52	温州立体城7号地块1号、2号楼	212	42	温州	在建
53	余政储出[2021]6号地块项目C楼、D楼	212	54	杭州	在建

序号	项目名称	建筑高度(m)	层数	项目地点	工程进度
54	欧美金融城(EFC)T6超高层	210	46	杭州	竣工
55	欧美金融城(EFC)85号地块西区T2、T4楼	209	46	杭州	竣工
56	嘉兴国际中港城五星级酒店/办公楼	208	52	嘉兴	竣工
57	上虞市建筑业大楼(暂名六和大厦)	207	50	绍兴	竣工
58	丽晶国际中心	206	39	杭州	竣工
59	宁波国华金融大厦	206	45	宁波	竣工
60	诺德智联中心项目1号楼	204	46	嘉兴	在建
61	南浔绿地城际空间站东区住宅及超高层项目	203	42	湖州	在建
62	余政储出[2011]36号地块开发项目	201	46	杭州	竣工
63	绿城·诸暨37号地块商业综合体塔楼	201	46	绍兴	竣工
64	湖州南太湖西凤漾单元XSS-03-02-06C号地块项目1号楼	200	46	湖州	在建
65	香格国际广场二期	200	54	宁波	竣工
66	杭州萧山开元名都大酒店	209	42	杭州	竣工
67	杭政储出[2007]67号地块迪凯金座	200	56	杭州	竣工
68	萧政储出[2021]24号地块项目	200	40	杭州	在建
69	浙江元垄中纺时代大厦	200	48	绍兴	竣工
70	余政储出[2012]47号地块开发项目酒店及办公、酒店式办公及商业	200	47	杭州	在建
71	温州永嘉三江商务区B07-05地块项目1号楼	200	55	温州	在建
72	海宁开元名都大酒店	200	50	嘉兴	竣工
73	宁波东部新城核心区C3-5号地块塔楼	200	42	宁波	在建
74	杭州高德置地广场	200	43	杭州	竣工
75	东海广场	200	44	温州	竣工

注：截至2021年底。

杭州作为浙江省省会城市，目前已建成的超高层建筑典型案例有杭州未来科技城奥克斯中心塔楼（图1.1.2-3）、钱江世纪城博地中心（图1.1.2-4）、杭州世茂智慧之门（图1.1.2-5）等；已结构封顶等待竣工验收的超高层项目有绿地集团杭州之门（图1.1.2-6）、杭州钱江世纪城H-12地块望朝中心（图1.1.2-7）等；在建的超高层建筑项目有杭州云城北综合体T1塔楼（图1.1.2-8）、杭州云城南综合体A、B塔楼（图1.1.2-9）、鲁能集团杭州国际中心（图1.1.2-10）等。

宁波目前已建成的超高层建筑有宁波环球航运广场（图1.1.2-11）、宁波中银大厦（图1.1.2-12）等；在建的超高层建筑项目有宁波中心大厦（图1.1.2-13）、宁波城市之光（图1.1.2-14）等。

温州目前已建成的超高层建筑有温州世贸中心大厦（图1.1.2-15）、温州置信广场（图1.1.2-16）等；在建的超高层建筑项目有温州鹿城广场（图1.1.2-17）、温州国鸿财富中心（图1.1.2-18）、温州瓯海中心（图1.1.2-19）、温州老港区二期（图1.1.2-20）等。

图 1.1.2-3　杭州未来科技城奥克斯中心塔楼（60 层，280m，已竣工）

图 1.1.2-4　钱江世纪城博地中心（63 层，280m，已竣工）

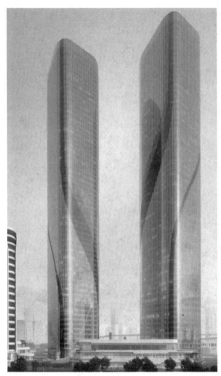

图 1.1.2-5　杭州世茂智慧之门（63 层，280m，已竣工）

图 1.1.2-6　绿地集团杭州之门（64 层，302m，结构封顶）

图 1.1.2-7　杭州钱江世纪城 H-12 地块望朝中心（61 层，288m，结构封顶）

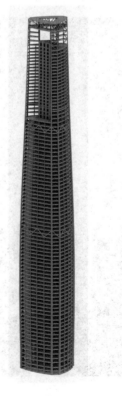

图 1.1.2-8　杭州云城北综合体 T1 塔楼（84 层，400m，在建）

图 1.1.2-9　杭州云城南综合体 A、B 塔楼（A 塔 64 层，320m，在建）

图 1.1.2-10　鲁能集团杭州国际中心（65 层，298m，在建）

图 1.1.2-11 宁波环球航运广场（51层，256m）

图 1.1.2-12 宁波中银大厦（49层，250m）

图 1.1.2-13 宁波中心大厦（82层，409m）

图 1.1.2-14 宁波城市之光（88层，450m）

图 1.1.2-15　温州世贸中心大厦（68 层，323m，竣工）　图 1.1.2-16　温州置信广场（53 层，255m，竣工）

图 1.1.2-17　温州鹿城广场　　　　　　　　图 1.1.2-18　温州国鸿财富中心
（79 层，379m，在建）　　　　　　　　（74 层，356m，在建）

图 1.1.2-19 温州瓯海中心（71 层，339m，在建）　　图 1.1.2-20 温州老港区二期（65 层，318m，在建）

除杭州、宁波、温州外，浙江其他地市目前已建成的超高层建筑有湖州东吴国际广场（图 1.1.2-21）、绍兴世茂二期 B1 地块酒店（图 1.1.2-22）、义乌世贸中心（图 1.1.2-23）等；在建的超高层建筑项目有湖州太湖湾单元 TH-08-01-01A 号地块主塔楼（图 1.1.2-24）、台州天盛中心（图 1.1.2-25）、台州刚泰中心（62 层，建筑高度 298m）、绍兴龙之梦大厦（71 层，建筑高度 284m）等。

图 1.1.2-21 湖州东吴国际广场　　　　　　图 1.1.2-22 绍兴世茂二期 B1 地块酒店
（54 层，288m，竣工）　　　　　　　　（54 层，280m，竣工）

图 1.1.2-23 义乌世贸中心
（54 层，250m，竣工）

图 1.1.2-24 湖州太湖湾单元 TH-08-01-01A 号
地块主塔楼（66 层，318m，在建）

图 1.1.2-25 台州天盛中心（66 层，300m，结构封顶）

1.2 浙江超限高层建筑抗震设防专项审查项目概况

自 2001 年开始至 2021 年底，浙江 11 个地市超限高层建筑共计 805 项，其中，属于高度超限（即结构高度超过表 1.3.0-1 所列的最大适用高度）的高层建筑合计为 205 项，约占超限项目总数的 25.5%；属于大跨度屋盖结构超限的工程为 23 项，约占超限项目总数的 2.9%；属于特殊结构类型的工程为 14 项，约占超限项目总数的 1.7%；其余均属于结构规则性超限工程，合计 563 项，约占超限项目总数的 70.0%。需要说明的是，205 项结构高度超限的工程中，也有部分项目同时存在结构规则性超限的情况。

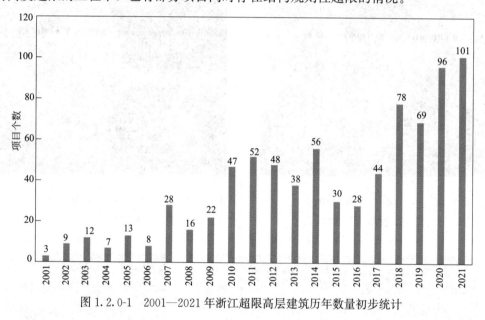

图 1.2.0-1 2001—2021 年浙江超限高层建筑历年数量初步统计

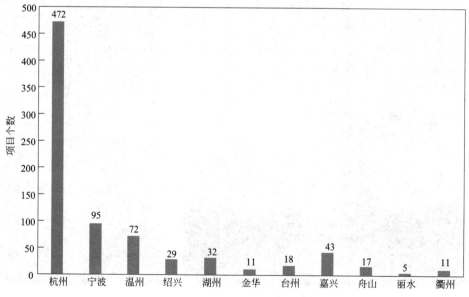

图 1.2.0-2 2001—2021 年浙江超限高层建筑地区分布数量

2006 年之前浙江超限高层建筑项目较少，2001—2006 年合计超限高层建筑项目数量仅为 52 项，但近几年超限项目数量明显增多，如 2018、2019、2020、2021 年的超限项目数量分别达到 78、69、96 和 101 项。2001—2021 年，每年完成审查的超限高层建筑数量见图 1.2.0-1。

2001—2021 年底完成审查的超限高层建筑工程中，杭州为 472 项，约占全省总数的 58.6%，宁波为 95 项，温州为 72 项。全省 11 个地市的超限高层建筑工程数量详见图 1.2.0-2。

1.3　结构高度超限及典型案例

根据住房和城乡建设部《超限高层建筑工程抗震设防专项审查技术要点》［建质［2015］67 号］[1] 的规定，结构高度超限工程是指房屋高度超过规定，包括超过《建筑抗震设计规范》GB 50011—2010（2016 年版）（以下简称《抗规》）[2] 第 6 章钢筋混凝土结构和第 8 章钢结构最大适用高度，超过《高层建筑混凝土结构技术规程》JGJ 3—2010（以下简称《高规》）[3] 第 7 章中有较多短肢墙的剪力墙结构、第 10 章中错层结构和第 11 章混合结构最大适用高度的高层建筑工程。具体来说，对于结构高度超过表 1.3.0-1 的高层建筑，即为高度超限的高层建筑。

房屋高度（m）超过下列规定的高层建筑工程　　　　　表 1.3.0-1

结构类型		6 度	7 度 (0.1g)	7 度 (0.15g)	8 度 (0.20g)	8 度 (0.30g)	9 度
混凝土结构	框架	60	50	50	40	35	24
	框架-抗震墙	130	120	120	100	80	50
	抗震墙	140	120	120	100	80	60
	部分框支抗震墙	120	100	100	80	50	—
	框架-核心筒	150	130	130	100	90	70
	筒中筒	180	150	150	120	100	80
	板柱-抗震墙	80	70	70	55	40	—
	较多短肢墙	140	100	100	80	60	—
	错层的抗震墙	140	80	80	60	60	—
	错层的框架-抗震墙	130	80	80	60	60	—
混合结构	钢框架-钢筋混凝土筒	200	160	160	120	100	70
	型钢(钢管)混凝土框架-钢筋混凝土筒	220	190	190	150	130	70
	钢外筒-钢筋混凝土内筒	260	210	210	160	140	80
	型钢(钢管)混凝土外筒-钢筋混凝土内筒	280	230	230	170	150	90
钢结构	框架	110	110	110	90	70	50
	框架-中心支撑	220	220	200	180	150	120
	框架-偏心支撑(延性墙板)	240	240	220	200	180	160
	各类筒体和巨型结构	300	300	280	260	240	180

注：平面和竖向均不规则（部分框支结构仅指框支层以上的楼层不规则），其高度应比表内数值降低至少 10%。

在依据表 1.3.0-1 进行结构高度超限判别时，需要注意以下几点：

（1）同时存在平面和竖向不规则的结构，其最大适用高度应比表 1.3.0-1 中数值适当降低，降低幅度不应小于 10%。对于部分框支剪力墙结构，仅当框支层以上楼层同时出现平面和竖向不规则时，才要求降低最大适用高度。

如温州世贸中心大厦，地上 68 层，建筑高度 323m，结构高度 268m，采用筒中筒结构。由于同时存在平面扭转不规则、竖向抗侧力构件不连续（外框筒转换）等不规则类型，按最大适用高度降低 10% 考虑，B 级最大适用高度为 280×0.9＝252m，因此，该工程属于超 B 级高度的高层建筑。

（2）"少墙框架"结构的最大适用高度宜按框架结构确定。框架-剪力墙结构中出现少量短肢墙时，短肢墙承担的底部倾覆力矩宜计入框架内。

（3）框架-核心筒结构的周边应形成框架。周边框架与核心筒之间采用无梁楼盖或楼面梁一端或两端采用铰接时，结构最大适用高度可按框架-核心筒结构采用。

（4）框架-核心筒与筒中筒的界限：当外围框架部分按刚度分配的基底倾覆力矩超过底部总倾覆力矩的 50% 时，宜视为筒中筒结构。

（5）对于局部框支转换结构、在地下室（仅指全埋式地下室）顶板或顶板以下楼层进行转换的结构，最大适用高度可按全部落地的剪力墙结构确定。"局部框支转换"可按不落地的剪力墙截面面积不超过剪力墙总截面面积的 10% 控制。

（6）下列高层建筑结构不宜高度超限：

①钢筋混凝土框架结构。高度超限时宜改变结构体系，可采用框架-剪力墙结构或钢支撑-混凝土框架结构。

②带较多短肢墙的剪力墙结构。高度超限时可改变结构体系，如改为剪力墙、框架-剪力墙结构。

③板柱-剪力墙结构。高度超限时，宜改变结构体系，如改为框架-剪力墙体系。

表 1.1.2-1 所列 75 项高度超过 200m 的高层建筑，均属于结构高度超限的高层建筑，当然，这些高度超限的高层建筑中，也有不少工程同时存在结构规则性超限的情况。第 1.1.2 节中图 1.1.2-3～图 1.1.2-25 所列的超高层建筑，也是浙江近二十年来结构高度超限的典型案例，限于篇幅，这里不再赘述。

1.4　结构规则性超限及典型案例

结构规则性超限工程是指房屋高度不超过规定，但建筑结构布置属于《抗规》《高规》规定的特别不规则的高层建筑工程。根据 1.2 节的统计，浙江超限高层建筑中约 70% 属于建筑体型和结构布置规则性超限，且 25.5% 属于高度超限的工程中，也有部分同时存在规则性超限的情况。

规则性超限判别主要依据表 1.4.0-1～表 1.4.0-3。若某个高层单体建筑存在表 1.4.0-1 所列不规则类型中的 3 项及 3 项以上时，应判断为规则性超限高层结构；或当存在表 1.4.0-2 所列不规则类型中的 2 项及以上，或同时存在表 1.4.0-1 和表 1.4.0-2 所列不规则类型 1 项及以上时，应判断为规则性超限高层结构；对于表 1.4.0-3 所列不规则类型，只要存在 1 项及 1 项以上时，即应判断为规则性超限高层结构。

同时具有下列3项及3项以上不规则的高层建筑（不论高度是否大于表1.3.0-1） 表1.4.0-1

序号	不规则类型	简要含义
1a	扭转不规则	考虑偶然偏心的扭转位移比大于1.2
1b	偏心布置	偏心率大于0.15或相邻层质心相差大于相应边长15%
2a	凹凸不规则	平面凹凸尺寸大于相应边长30%等
2b	组合平面	细腰形或角部重叠形
3	楼板不连续	有效宽度小于50%,开洞面积大于30%,错层大于梁高
4a	刚度突变	相邻层刚度变化大于70%(按《高规》考虑层高修正时,数值相应调整)或连续三层变化大于80%
4b	尺寸突变	竖向构件收进位置高于结构高度20%且收进大于25%,或外挑大于10%和4m,多塔结构
5	构件间断	上下墙、柱、支撑不连续,含加强层、连体类
6	承载力突变	相邻层受剪承载力变化大于80%
7	局部不规则	如局部的穿层柱、斜柱、夹层、个别构件错层或转换,或个别楼层扭转位移比略大于1.2等(注:已计入1~6项者除外)

注：深凹进平面在凹口设置连梁，当连梁刚度较小不足以协调两侧的变形时，仍视为凹凸不规则，不按楼板不连续的开洞对待；序号a、b不重复计算不规则项；局部的不规则，视其位置、数量等对整个结构影响的大小判断是否计入不规则的一项。

具有下列2项或同时具有本表和表1.4.0-1中某项不规则的高层建筑（不论高度是否大于表1.3.0-1） 表1.4.0-2

序号	不规则类型	简要含义
1	扭转偏大	裙房以上的较多楼层考虑偶然偏心的扭转位移比大于1.4
2	抗扭刚度弱	扭转周期比大于0.9,超过A级高度的结构扭转周期比大于0.85
3	层刚度偏小	本层侧向刚度小于相邻上层的50%
4	塔楼偏置	单塔或多塔与大底盘的质心偏心距大于底盘相应边长20%

具有下列某1项不规则的高层建筑（不论高度是否大于表1.3.0-1） 表1.4.0-3

序号	不规则类型	简要含义
1	高位转换	框支墙体的转换构件位置:7度超过5层,8度超过3层
2	厚板转换	7~9度设防的厚板转换结构
3	复杂连接	各部分层数、刚度、布置不同的错层,连体两端塔楼高度、体型或沿大底盘某个主轴方向的振动周期显著不同的结构
4	多重复杂	结构同时具有转换层、加强层、错层、连体和多塔等复杂类型的3种

注：仅前后错层或左右错层属于表1.4.0-2中的一项不规则，多数楼层同时前后、左右错层属于本表的复杂连接。

高层建筑结构规则性超限判断时，尚应注意以下几点：

（1）多塔、连体、错层结构的楼层扭转位移比复核时应注意的问题：

多塔结构楼层位移比验算时，应采用整体模型计算，并按底盘结构楼层、上部各塔楼结构楼层，逐层计算位移比；

连体结构楼层位移比计算时，应采用整体模型计算，并按连体结构楼层、连体下部各

塔楼结构楼层,逐层计算位移比;

错层结构扭转位移比计算时,应对每块错层楼盖按四个角点对应位移数据手算复核。如图 1.4.0-1 所示,若如按软件自动计算,本层侧向位移:$D_{max}=2.31mm$,$D_{min}=0.56mm$,则本层扭转位移比为 1.61;如按分块刚性板手工复核,本层左侧楼板四个角点的侧向位移:$D_{max}=1.07mm$,$D_{min}=0.97mm$,则位移比为 1.05。

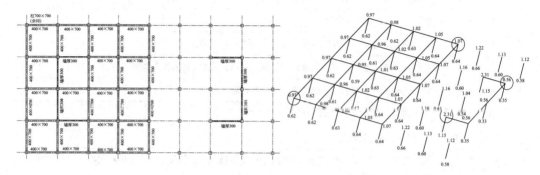

图 1.4.0-1 错层或楼板缺失楼层的扭转位移比验算示意图

(2)"组合平面"包括细腰形和角部重叠形平面。对于细腰形平面(图 1.4.0-2),宜按楼盖中部两侧收进尺寸之和是否超过楼盖宽度的 50% 作为判别界限;对于角部重叠平面(图 1.4.0-3),建议按重叠部分的长度和宽度均小于较小平面相应方向边长的 50% 作为判别界限。

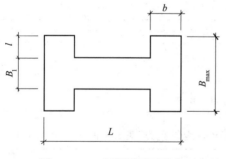

图 1.4.0-2 细腰形平面示意

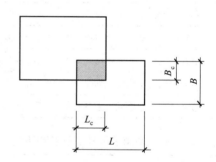

图 1.4.0-3 角部重叠平面示意

(3)对于平面凹凸不规则(图 1.4.0-4),当凹口较深时,宜在凹口一侧加设拉梁或拉结板带,加设拉梁或拉结板带后仍应视为平面凹凸不规则,但可不视为开洞引起楼板不连续。

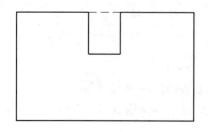

图 1.4.0-4 凹凸不规则平面示意

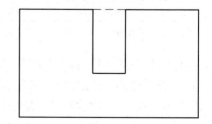

图 1.4.0-5 凹凸不规则且楼板有效宽度小于 50%

（4）平面凹凸不规则和楼板有效宽度小于 50%，不宜合并为一项不规则类型，如图 1.4.0-5 所示。

（5）对存在桁架加强层、连体桁架层、桁架转换层的结构，易引起上下楼层受剪承载力突变，宜按竖向构件加强后的实际截面尺寸和配筋补充复核上下相邻楼层受剪承载力比。

（6）对于立面多次收进的情况，若每次收进小于 20%，但几次收进叠加的总和大于 20% 较多，这类情况属于变化均匀、连续，可不视为立面收进。

（7）关于"复杂连接"的判别，当连接体两侧塔楼的层数（或高度）、侧向位移（按塔楼单独模型分别计算）或基本周期（按塔楼单独模型分别计算）中有一项或一项以上相差超过 30% 时，宜判别为复杂连接。高位连接体一端或两端采用滑动支座连接时，仍应属于连体结构，按连体结构的要求进行设计。

分析浙江超限高层建筑不规则类型的构成特点，可以发现多数超限高层建筑存在《高规》中所列的各类复杂结构类型，如转换、加强层、连体、错层、体型收进和悬挑等。

1.4.1 带转换层的超限高层建筑结构典型案例

1. 部分框支实腹梁（或预应力实腹梁）转换

凤凰城广场由写字楼、公寓式写字楼、酒店式公寓 A 楼和 B 楼 4 幢高层建筑及裙房组成。其中，酒店式公寓 A 楼和 B 楼地面以上均为 30 层，房屋结构高度 97.3m，采用部分框支剪力墙结构体系，1~3 层为商场，4 层以上为酒店式公寓，在 4 层楼面设结构转换层，采用钢筋混凝土实腹梁进行转换，如图 1.4.1-1 所示。

浙江工商大学行政楼通过沿 B 轴、C 轴布置弧形转换主梁实现 6 层楼面以上 17/B 轴和 17/C 轴框架柱的转换，在 16、17 和 18 轴布置悬挑次梁实现 6 层楼面以上 16~18/A 和 D 轴的框架柱的转换（图 1.4.1-2）。B 轴、C 轴弧形转换主梁跨度分别为 18.84m、17.82m，采用后张有粘结预应力混凝土实腹梁，梁高 3800mm（图 1.4.1-3）；预应力混凝土悬挑次梁梁高 3500~1800mm（图 1.4.1-4）。

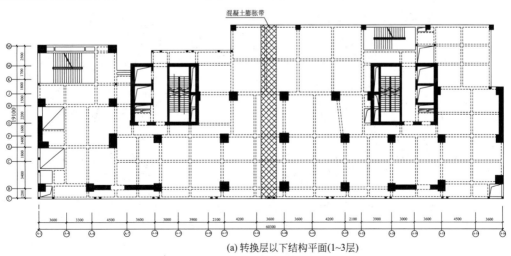

(a) 转换层以下结构平面(1~3层)

图 1.4.1-1 转换层上、下结构平面和转换层结构平面

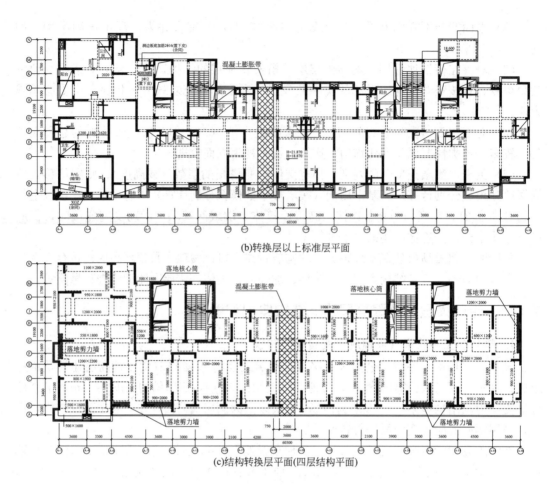

(b)转换层以上标准层平面

(c)结构转换层平面(四层结构平面)

图1.4.1-1 转换层上、下结构平面和转换层结构平面（续）

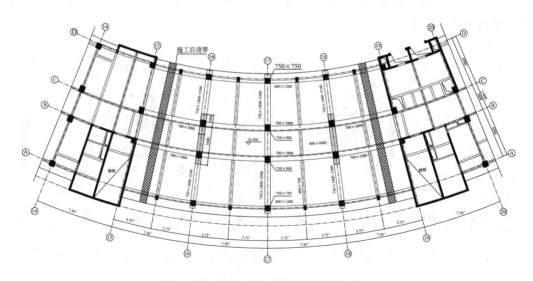

图1.4.1-2 第6层预应力转换结构平面

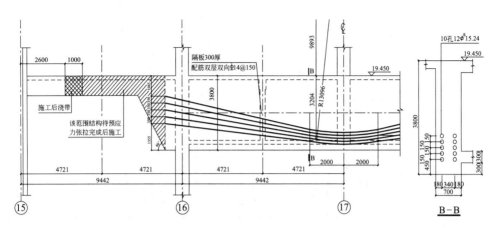

图 1.4.1-3 B 轴线弧形预应力转换大梁详图

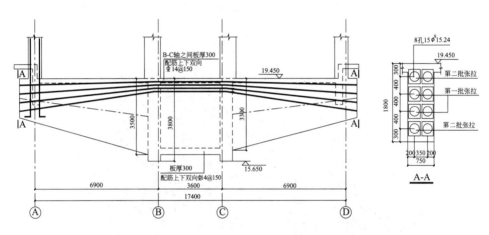

图 1.4.1-4 17 轴线预应力悬挑转换梁详图

2. 全框支实腹梁转换

杭州地铁 5 号线萧山姑娘桥车辆段停车场项目盖上建筑包括 C 地块运用库上部 26 幢 18 层高层住宅、B 地块咽喉区上部 2~3 层的多层商业建筑及幼儿园。盖上住宅及配套公建总建筑面积 41.7 万 m²。C 地块运用库大平台区域东西向长约 300m，南北向宽约 230m，无地下室，一层为车辆段运用库，结构层高 10.1m，二层为住宅停车库，结构层高 5.9m，3~18 层为盖上住宅，住宅首层层高 4.7m，其余各层层高 2.9m，总高度为 68.5m。由于盖上建筑采用剪力墙结构，盖下地铁列车停车场采用框架结构，所有剪力墙墙肢均无法落地至基础，在停车库顶板层进行转换，因此结构形式为全框支剪力墙结构，见图 1.4.1-5 和图 1.4.1-6。

杭州艮山门动车运用所盖上物业开发项目面积为 62.15 万 m²，盖上主要业态为住宅，采用全框支剪力墙结构体系，盖下（9.80m 以下）和盖上（9.80~14.65m/15.80m）为框架结构体系，盖上住宅（标高 15.80m 以上）采用剪力墙结构体系，剪力墙全部不落地，转换层采用混凝土井格梁加厚板的结构形式（图 1.4.1-7）。

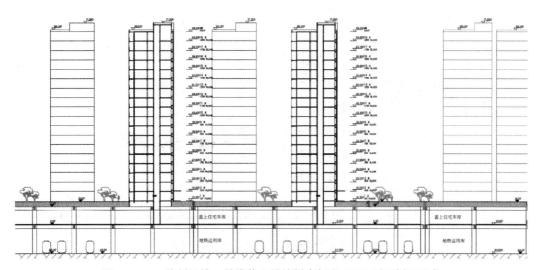

图 1.4.1-5　杭州地铁 5 号线萧山姑娘桥车辆段 TOD 项目剖面示意

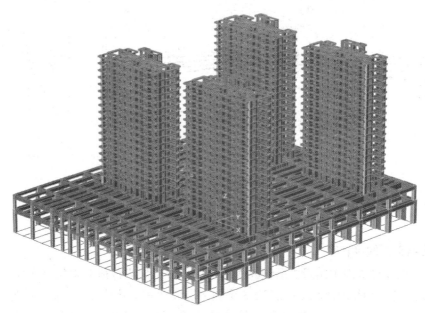

图 1.4.1-6　杭州地铁 5 号线萧山姑娘桥车辆段 TOD 项目——某结构区块
全框支剪力墙结构计算模型

3. 桁架转换

杭州钱江世纪城望朝中心主楼地上 61 层，建筑高度为 288m，采用钢管混凝土框架-钢筋混凝土核心筒结构体系。外框柱采用钢管混凝土圆柱和马蹄形柱，角柱直径从底部 1600mm 变化到顶部 600mm，边柱直径从 1200mm 变化到 450mm。角柱沿两个方向倾斜，以迎合超高层塔楼的建筑立面表现。随着角柱的逐步分开，边柱与角柱也逐渐分开，以保持大致相等的柱间距。底层大厅上方设置 3 榀 38m 跨度的空腹桁架用于转换西侧、北侧和南侧的边柱，以形成一个敞开的 12m 通高大堂空间（图 1.4.1-8 和图 1.4.1-9）。

图 1.4.1-7　杭州艮山门动车运用所盖上项目——某结构区块
全框支剪力墙结构计算模型

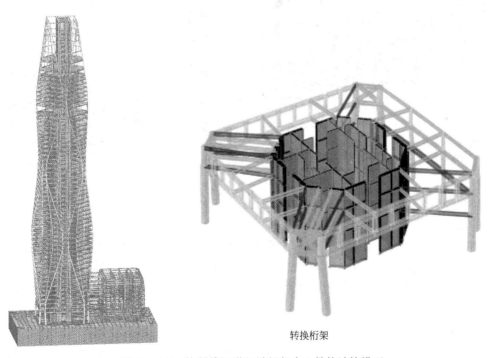

转换桁架

图 1.4.1-8　杭州钱江世纪城望朝中心结构计算模型

4. 斜撑、斜柱、搭接柱转换

温州世贸中心大厦地上 68 层，建筑高度 323m，结构高度 268m，采用钢筋混凝土筒中筒结构体系，其中外筒为密柱框架，标准层柱距 4.2m，下部楼层柱距 8.4～12.8m，在第 10～15 层采用 5 层高的斜撑结构进行转换（图 1.4.1-10）。

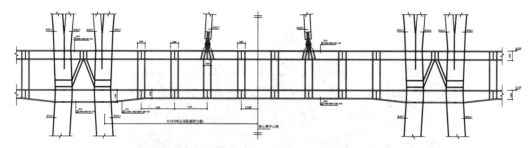

图 1.4.1-9 杭州钱江世纪城望朝中心主楼底部空腹转换桁架立面（跨度 38m）

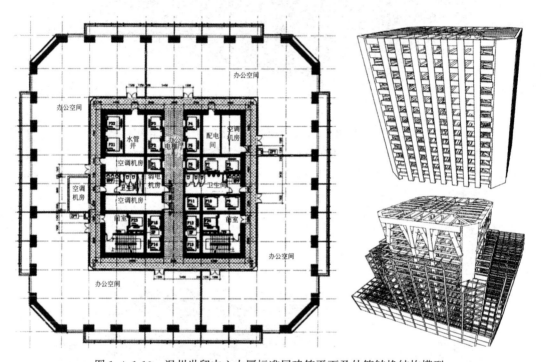

图 1.4.1-10 温州世贸中心大厦标准层建筑平面及外筒转换结构模型

余政储出［2017］44 号地块东区项目（富力地产杭州项目）位于杭州市余杭区未来科技城，其中 T1 塔楼地上 59 层（不含塔冠楼层），结构高度 249.39m，建筑高度 280m（图 1.4.1-11）。塔楼的结构体系为带加强层的钢筋混凝土核心筒＋钢管混凝土框架（方钢管混凝土柱＋钢梁）的混合结构体系，由于外框柱间距上下变化，分别在第 3 层、21 层和 57 层采用 Y 形斜柱、A 形斜柱和搭接柱进行了转换，如图 1.4.1-12 所示。

5. 厚板转换

宁波浙海大厦，地上 52 层，地下 2 层，结构高度约 160m，在第 6 层处设置了 2000mm 厚的预应力混凝土厚板和 3500mm×3200mm 的混凝土暗梁作为该超高层建筑的转换层。

温州市域铁路 S1 线灵昆车辆段基地总用地 26.2 万 m²，车辆段上盖综合开发包括两部分：地面车辆段及上盖物业开发。上盖物业开发通过在车辆段功能性用房上方架空形成一个平台，以此为基础进行上盖物业开发（图 1.4.1-13）。盖下车辆段与上盖部分界面以

图 1.4.1-11 余政储出 [2017] 44 号地块（富力 T1 塔楼）

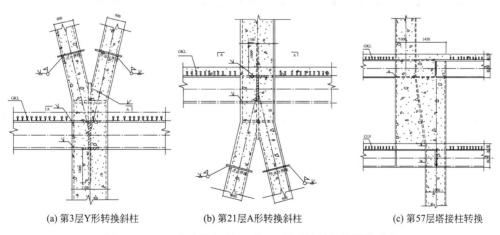

(a) 第3层Y形转换斜柱   (b) 第21层A形转换斜柱   (c) 第57层塔接柱转换

图 1.4.1-12 余政储出 [2017] 44 号地块外框柱转换形式

8.7m 平台（局部检修库为 15m 板）为竖向分隔线（图 1.4.1-14），8.7m 层平台东西长约 1400m，南北宽约 110~230m，通过设置结构缝划分为 A1~A6、B1~B6、C1~C5 共 17 个结构单元（图 1.4.1-15）。平台上住宅及配套建筑面积 47.5 万 m²，包括 43 栋 17 层高层住宅,采用剪力墙结构体系,转换层设置在14.1m标高处。由于上部高层住宅朝向要求,上部剪力墙结构主要抗侧力构件与下盖结构柱网布置成32°~38°的夹角,为方便施工,采用厚板进行转换(图1.4.1-16)。

图1.4.1-13 温州市域铁路S1线灵昆车辆段上盖物业开发项目效果图

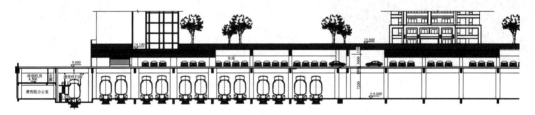

图1.4.1-14 温州市域铁路S1线灵昆车辆段上盖物业开发项目剖面示意

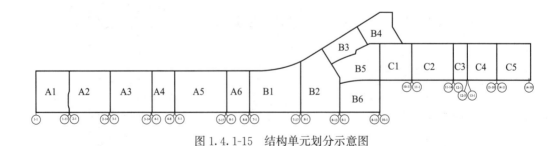

图1.4.1-15 结构单元划分示意图

6. 核心筒斜墙转换(核心筒外墙外扩)

温州置信广场办公-酒店塔楼地上53层,结构主屋面高度220m,建筑幕墙顶标高255m(图1.4.1-17)。32层以下为办公,34层以上为酒店,其中第11层、26层和36层为建筑避难层,第33层为机电设备层,34层酒店大堂层,35层为酒店餐厅层。采用框架-核心筒结构体系,竖向构件由周边SRC柱和混凝土核心筒组成,周边柱距9.0m。

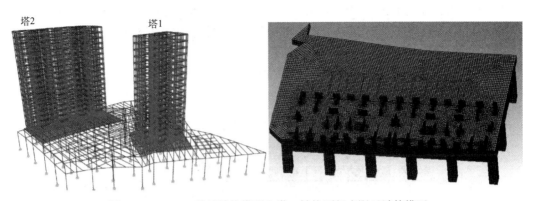

图 1.4.1-16 B4 单元结构模型和塔 2 转换厚板有限元计算模型

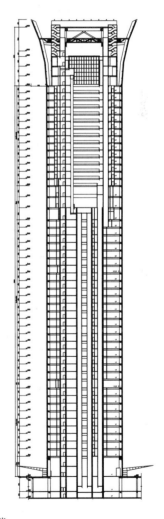

图 1.4.1-17 温州置信广场办公-酒店塔楼

核心筒外围墙肢高位外扩转换：第 34 层以上核心筒内墙去掉后形成酒店内部通高中庭，同时第 34 层以上核心筒南侧和北侧外墙适当外扩，以扩大中庭平面尺寸，从而造成上部酒店核心筒南、北侧外墙与下部办公楼层核心筒外墙之间形成 2m 的水平错位

（图1.4.1-18和图1.4.1-19），为此利用第32层、33层及其夹层进行高位转换（图1.4.1-20和图1.4.1-21）。另外在第34层以上酒店部分的东侧墙体，除T8和T9轴之间的一片墙体与下部核心筒外墙对齐外，其余墙体也需要通过33层进行高位转换，见图1.4.1-22的TD轴墙体立面和图1.4.1-23的TE轴墙体立面。

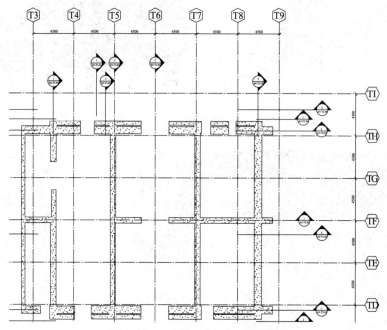

图1.4.1-18　第32层核心筒平面

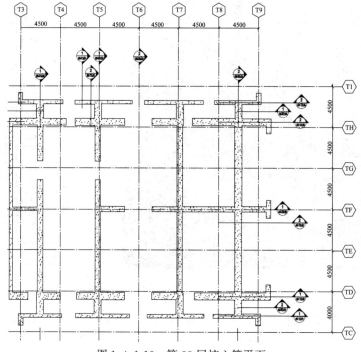

图1.4.1-19　第33层核心筒平面

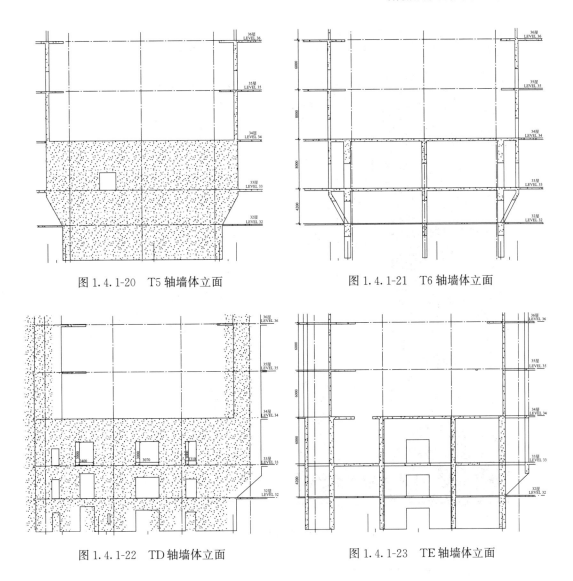

图 1.4.1-20 T5 轴墙体立面　　　　图 1.4.1-21 T6 轴墙体立面

图 1.4.1-22 TD 轴墙体立面　　　　图 1.4.1-23 TE 轴墙体立面

1.4.2 设置伸臂结构的典型案例

浙江沿海城市的超高层建筑，由于风荷载作用大，为提高结构抗侧刚度和满足风荷载作用下的位移控制要求，结构设计大多采取了设置伸臂桁架加强层的措施。如宁波城市之光 450m 超高层塔楼、宁波中心大厦 409m 超高层塔楼、温州鹿城广场 379m 超高层塔楼、温州国鸿财富中心 356m 超高层塔楼等，均利用建筑避难层和设备层设置了 2～3 道伸臂桁架加强层。

天盛中心位于浙江沿海城市台州，地面以上 68 层，建筑高度 299.60m，主屋面结构高度为 298.40m（图 1.4.2-1）。50 年一遇的基本风压值为 0.70kN/m^2，地面粗糙度 B 类。为有效抵抗水平荷载，减小核心筒和框架截面，利用建筑避难层分别在第 23 层、36 层、50 层设置了伸臂桁架和腰桁架，构成 3 道加强层，有效增强整体结构的抗侧刚度（图 1.4.2-2～图 1.4.2-4）。

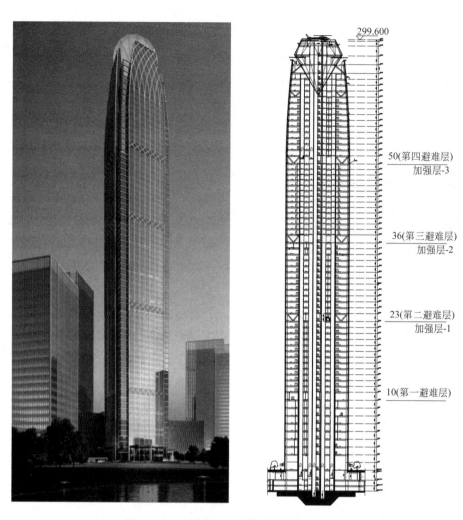

图 1.4.2-1 天盛中心建筑效果图和剖面图

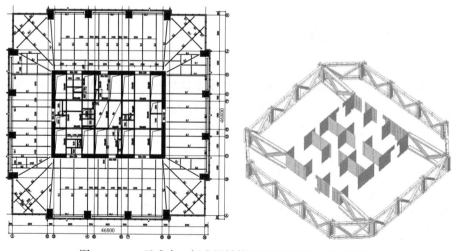

图 1.4.2-2 天盛中心标准层结构平面和加强层结构模型图

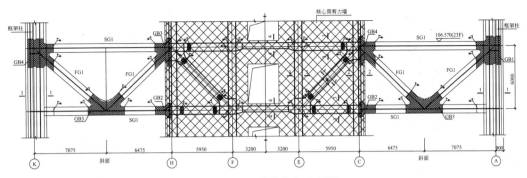

图 1.4.2-3　伸臂桁架立面图

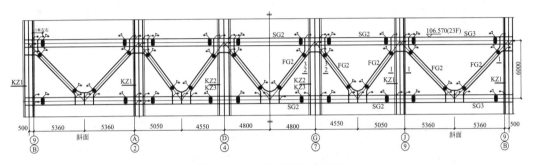

图 1.4.2-4　环带桁架立面图

1.4.3　高位连体结构典型案例

　　杭州西站枢纽云门（图 1.4.3-1）建筑地上 13 层，高度 76.20m，建筑平面长度 180m，宽度 60m。12 层以下为两栋独立主楼，主楼采用钢框架-支撑结构体系；12 层至屋顶形成连体结构，连体部分与两侧主楼采用刚性连接，连接结构跨度达到 97m。图 1.4.3-2 为建筑剖面图，图 1.4.3-3 为大跨度钢连廊结构整体提升施工照片。

图 1.4.3-1　杭州西站枢纽云门建筑效果图

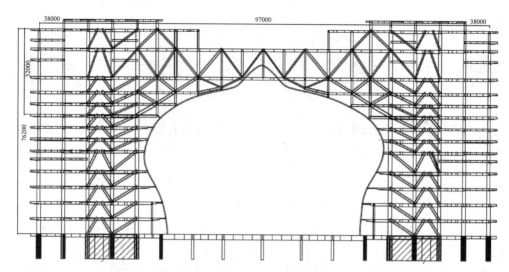

图 1.4.3-2 杭州云门建筑剖面图示意

图 1.4.3-3 杭州云门大跨度钢连廊整体提升施工照片

图 1.4.3-4 舟山东港商务中心(连体净跨 60.4m)

舟山东港商务中心位于舟山市东港开发区，东侧临海，西侧靠山，地上18层，地下1层，结构高度82.5m。1号、2号主楼采用钢筋混凝土框架-剪力墙结构，在17层和18层形成高位连体结构（图1.4.3-4）。连接体2层，高度10.8.m，净跨60.4m，采用空间钢桁架体系。连接体中央为直径40m的镂空圆孔，可有效减小连接结构荷重。根据建筑功能布置要求，连接体上层设置主桁架，层高4.8m，下层采用吊挂结构，层高6.0m。

宁波城市经典广场位于浙江省宁波市，由主楼和裙房组成。其中主楼为公寓式酒店，地上20层，地下2层，结构屋面高度80m。建筑平面为矩形，宽度15m，长度90～115m。主楼建筑造型为门字形，8层以下开洞悬空形成54.6m跨度的连体结构（图1.4.3-5）。主楼上部结构采用钢框架-支撑结构，楼面采用钢梁-混凝土组合楼板，整个结构在纵向可以归结为巨型结构体系，两个塔楼以及转换桁架作为巨型结构抵抗水平荷载作用（图1.4.3-6）。连体结构的其他楼层作用"次结构"，仅承担竖向荷载作用，不参与抵抗侧向水平荷载。由于连体结构造型特点，连体部分（54.6m迎风宽度）的横向风荷载由两侧塔楼（10m迎风宽度）支撑结构承担并传递给基础。

图1.4.3-5　宁波城市经典广场（连体桁架净跨54.6m）

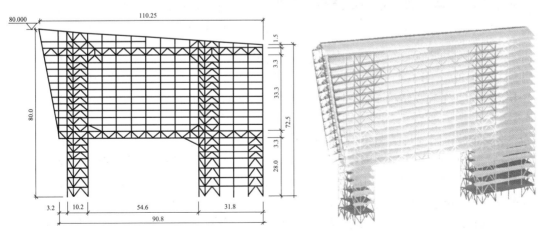

图1.4.3-6　宁波城市经典广场结构模型（单位：m）

杭州市民中心为六连体建筑，6 幢主楼均为 26 层，建筑高度约 100m，在 24～25 层高度处设置一组圆环形封闭连廊将 6 幢主楼联为一体（图 1.4.3-7 和图 1.4.3-8）。钢连廊中心线弧长为 38m 和 53m，与主楼之间采用可滑动的弱连接方式，支座形式为新型摩擦摆式支座。

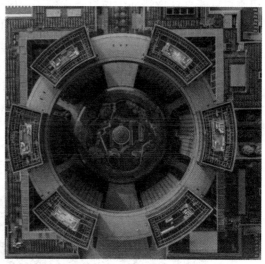

图 1.4.3-7　杭州市民中心（六连体结构）

图 1.4.3-8　杭州市民中心钢连廊照片

位于湖州南浔的大象酒店，长约 160m，宽约 38m，建筑高度约 170m（含顶冠），结构高度 156.8m（图 1.4.3-9）。大象酒店采用 CFT 钢框架-RC 核心筒混合结构体系，在 21 层以下为两个独立结构，在 21 层以上形成连体结构，并在 21 层、22 层设置钢桁架转换层。

泰康宁波甬园项目 7 号-8 号楼为连体建筑，其中 7 号楼地上 15 层，屋面结构标高 60.4m；8 号楼地上 24 层，屋面结构标高 94.6m。两幢楼均采用钢筋混凝土框架-剪力墙结构。于 14、15 层设置钢连廊，分别连通两端塔楼，形成双塔连体建筑。连廊采用两榀空腹钢桁架，设置 4 个隔震支座，落于主体结构牛腿上，见图 1.4.3-10。

温州中心由 A、B、C 塔及屋顶连接体组成，A 塔屋顶高度 285.6m，B 塔、C 塔屋顶高度 130.5m，A 塔和 B 塔之间的连廊长度 153.2m，B 塔和 C 塔之间的连廊长度

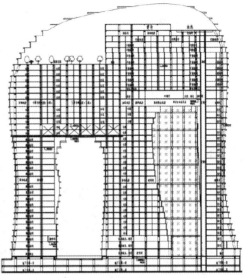

图 1.4.3-9 湖州南浔大象酒店效果图及建筑立面

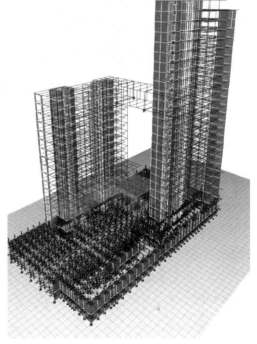

图 1.4.3-10 泰康宁波甬园项目 7 号-8 号楼连体建筑

143.2m,连廊顶标高 169m。AB 连接体与塔楼 A 塔采用刚接,在 B 塔屋顶沿顺桥向滑动、沿横桥向具有一定刚度;BC 连接体与 B 塔、C 塔之间均固定铰接,见图 1.4.3-11。AB 连体在 B 塔顶部共设置 12 个支座,其中左右两列 8 个支座既承担竖向荷载,又具有水平刚度;中间一列 4 个支座仅承担水平荷载,并提供附加阻尼,见图 1.4.3-12。

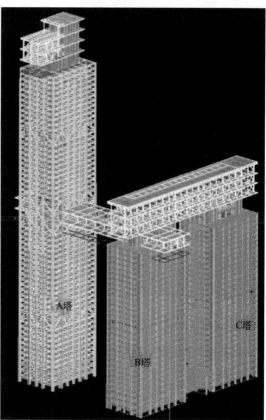

图 1.4.3-11　温州中心建筑效果图和连体结构计算模型

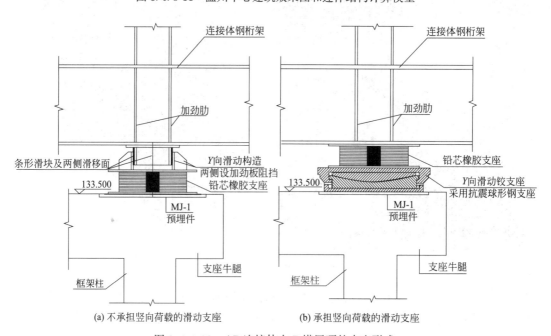

(a) 不承担竖向荷载的滑动支座　　　　　　　(b) 承担竖向荷载的滑动支座

图 1.4.3-12　AB 连接体在 B 塔屋顶的支座形式

温州滨江商务区 CBD 片区 16-01 地块（温州安邦金融广场）1 号楼、2 号楼公寓式酒店和 3 号楼酒店均为 26 层的高层建筑，结构高度均为 99.4m，采用钢筋混凝土框架-核心筒结构，屋面以上设转换层支承上部船体结构，转换层主要由 6 根转换大梁及支承转换大梁的墙柱组成。1 号塔楼、2 号塔楼和 3 号塔楼顶部为一船体造型建筑，该建筑主要功能为泳池、餐厅、康体及种植等，船体造型呈圆弧形，沿圆弧总长度为 304m，短向宽度为 40m，塔楼结构顶约为 100m，屋顶建筑总高度约为 130m，见图 1.4.3-13 和图 1.4.3-14。

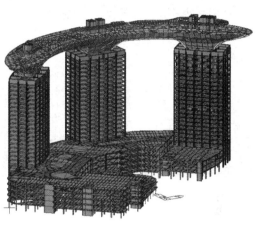

图 1.4.3-13　温州安邦金融广场三连体建筑及结构模型

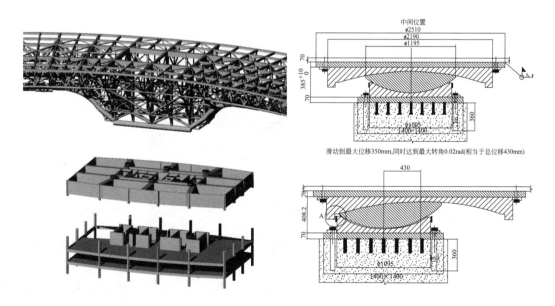

图 1.4.3-14　塔楼屋顶转换层结构及船型钢连体摩擦摆支座

乐清总部经济园一期共有 7 幢高层建筑组成（图 1.4.3-15），2 号楼和 3 号楼、3 号楼和 4 号楼之间在顶部均设有高空连廊。1 号连接体为 2 号和 3 号楼之间的空中连廊，3 号楼靠连廊一侧通过挑梁形成了垂直于连廊长边的搁置大梁，空中连廊平面上呈梯形，外侧最大跨度约为 48m，里侧最小跨度约为 30m，在连接体底部 2 层通高范围内设置 4 榀平面桁架，上部 2 层采用钢框架结构。为增强连接体桁架上、下弦所在楼层的平面内刚度，楼面设水平斜撑。1号连接体与2号和3号主楼之间采用可滑动的连接方式，每边设4个支座，共8个支座，均采用球形钢支座。2号连接体为3号和4号楼之间的空中连廊，与塔楼采用刚性连接。见图1.4.3-16~图1.4.3-19。

图1.4.3-15 乐清总部经济园一期

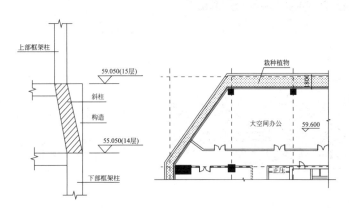

图1.4.3-16 14~15层斜柱转换

1.4.4 体型收进和悬挑结构典型案例

在规则性超限的高层建筑中，存在体型收进的情况非常多，属于悬挑结构的超限高层建筑也有不少。

杭州慧展科技项目艺术中心楼位于浙江省杭州市，为一座9层建筑，主屋面高度37.850m，出屋面墙顶标高42.400m。该建筑主要为艺术家提供创作及起居功能，造型新颖，其中1~5层位于核心筒东侧，6~9层位于核心筒西侧，并通过在6~8层、8层~屋面分别设置两道斜拉杆悬挂于中部核心筒（图1.4.4-1）。由于建筑的特殊性，在斜拉杆的拉力作用下，核心筒墙体形成西侧受压，东侧受拉的受力状态。本项目混凝土为具有较高外观要求的外露清水混凝土，东侧受拉墙体如出现裂缝，则会对外观造成影响，不利于建筑意图的表达和呈现。为控制核心筒东侧墙体的受拉情况，通过在墙顶施加预应力的方式，以抵消或折减混凝土拉应力，避免墙体开裂。

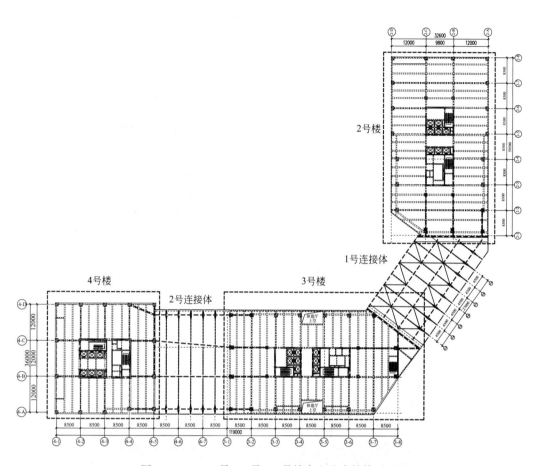

图 1.4.3-17 2号、3号、4号楼高空连廊结构平面

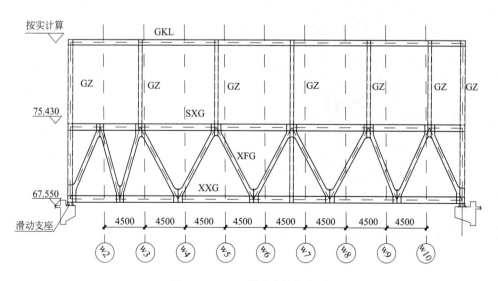

图 1.4.3-18 1号连廊结构立面

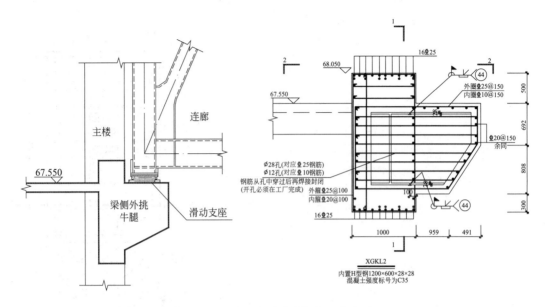

图 1.4.3-19 1号连廊外挑牛腿节点图

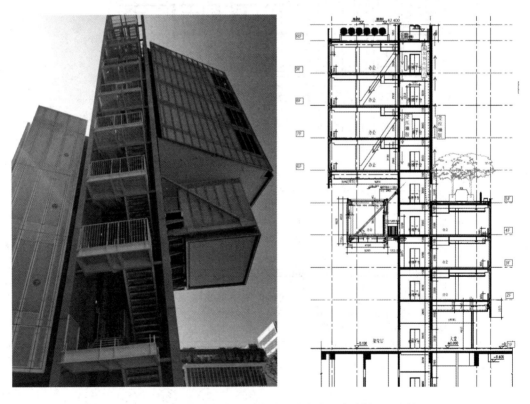

图 1.4.4-1 杭州慧展科技项目艺术中心楼实景及建筑剖面（悬挑 9m）

宁波东部新城 B-04 商务楼悬挑 17m（图 1.4.4-2），宁波东部新城行政中心悬挑 22m（图 1.4.4-3），杭州中心商业裙房悬挑 27.4m（图 1.4.4-4）。

图 1.4.4-2 宁波东部新城 B-04 商务楼（悬挑 17m）

图 1.4.4-3 宁波东部新城行政中心（悬挑 22m）

图 1.4.4-4 杭州中心商业裙房（悬挑 27.4m）

1.4.5　其他特殊造型的高层建筑

杭州国际会议中心为直径 85m 的球体建筑，造型新颖、奇特，球体建筑内部为 16 层的五星级酒店（图 1.4.5-1）。建筑平面和剖面均呈 C 形，在顶层连成封闭环形，结构体系存在多项不规则类型，属特殊造型的超限复杂高层建筑。

与杭州国际会议中心类似的还有湖州南浔古镇太阳酒店（图 1.4.5-2），3 层及以下主体结构呈圆柱形，4 层及以上呈球壳形（内部中庭空间为球形），主体结构高度约为 87m，采用钢框架-中心支撑结构体系，中庭上部屋面穹顶结构为联方-凯威特混合型单层球面网壳，跨度约 59m，矢高 10m。

图 1.4.5-1　杭州国际会议中心（洲际酒店）

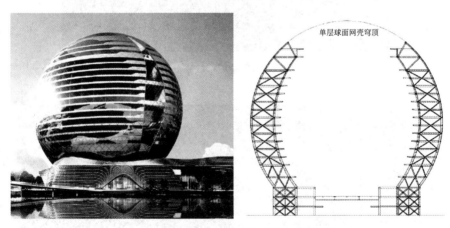

图 1.4.5-2　湖州南浔古镇太阳酒店效果图

嘉裕宁波五星级酒店位于宁波市东部新城惊驾路北侧，由塔 A、塔 B 和裙房组成。其中塔 A 地上 12～17 层，塔 B 地上 9～17 层，建筑总高度约 72.0m，裙房地上 4 层。塔 A 和塔 B 在靠近入口区域首层开始前倾，并从 12 层开始至 15 层逐渐连接，内侧斜柱先相交，外侧斜柱后相交，形成 L 形连接体结构，两个塔的底部斜柱根部至顶部悬挑端部之间水平距离达到 42m，倾斜角度达到 33°，见图 1.4.5-3。

地处钱江新城核心区的杭州来福士广场为双塔建筑，地下 3 层，地上 60 层，建筑高度 250m，主要功能为商业、办公和酒店。项目由荷兰 UNStudio 建筑师事务所首席建筑师 Ben van Berkel 担纲设计，设计理念源于钱塘潮，借涌潮现象的优美曲线及层层相叠的自然形态，以现代美学的表现手法展示出与周边环境相呼应的建筑形态（图 1.4.5-4）。该建筑不仅结构高度超限，同时又是建筑造型特殊的复杂超限高层建筑。

图 1.4.5-3　嘉裕宁波五星级酒店

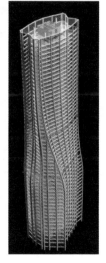

图 1.4.5-4　杭州来福士广场

宁波中银大厦地面以上 49 层，建筑高度约 250m，建筑平面呈圆弧钝化的等边三角形，从首层开始沿高度逐层逆时针旋转，到建筑顶部共旋转 60°，形成一个外立面扭转的超高层建筑（图 1.4.5-5）。结构设计采用 CFT 柱-RC 核心筒混合结构，外框结构布置有

两种设计方案。方案一的外框柱顺着建筑外立面沿法线方向逆时针旋转（图 1.4.5-6），
经初步计算发现，外框结构在重力荷载作用下会产生巨大的扭矩，这个扭矩会通过楼板最
终传递给核心筒，使核心筒外墙混凝土产生最大达到 2.34MPa 的剪应力，对核心筒受力
十分不利。方案二为外框柱顺着建筑外立面径向逐层退进，每侧中间 2 个边柱先退进后外
扩（图 1.4.5-7），法线方向外框柱基本不旋转，计算结果表明，外框结构在重力荷载作
用下基本不产生扭矩，核心筒外墙混凝土剪应力最大仅为 0.16MPa。

图 1.4.5-5　宁波中银大厦建筑效果图和结构计算模型

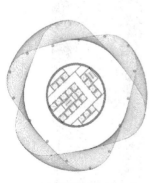

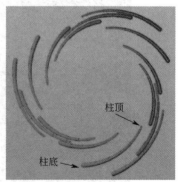

(a) 建筑平面　　　　　　　(b) 外框结构俯视图　　　　　　　(c) 外框柱变化轨迹

图 1.4.5-6　外框结构方案一（外框柱沿法向逆时针旋转 60°）

杭州中信大厦位于杭州市钱江新城核心区 A-08-06 地块，建筑方案设计由英国 Foster＋
Partners 完成。大厦地下 3 层，地上 20 层，建筑高度约 100m。整个建筑在几何构型
上以长方体为基础，在 4 个角度进行切割，最终形成中部楼层内凹的多面体造型

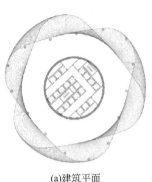
(a)建筑平面

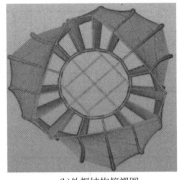
(b)外框结构俯视图

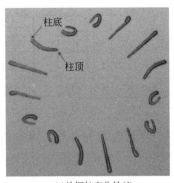
(c)外框柱变化轨迹

图 1.4.5-7 外框结构方案二 (外框柱沿径逐层退进)

(图 1.4.5-8)。结构方案为外筒内框体系，折面形布置，外筒为巨型钢结构体系，典型结构平面见图 1.4.5-9。

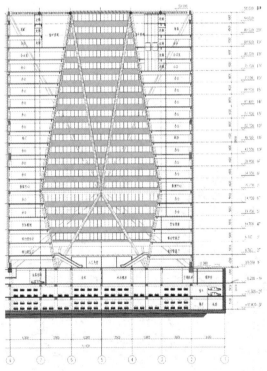

图 1.4.5-8 杭州中信大厦

　　地处杭州市滨江区的"杭州印"为 A、B 楼组成的双塔连体结构，地下 4 层，地上 39 层，建筑高度约 150m。尽管 A、B 楼层总层数相同，但连体以下各层的层高并不一样。结构设计采用了简单处理手法，即在建筑顶部连体部位设置了永久结构缝，也就说，"杭州印"在立面表现形式上为连接建筑，但从结构受力角度看为左右两个独立的高层建筑，见图 1.4.5-10。

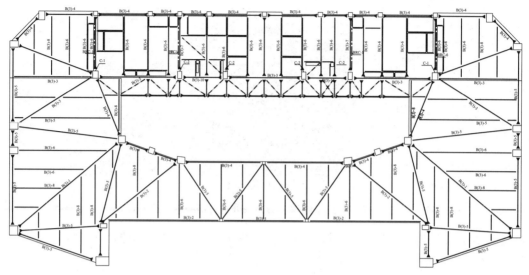

图 1.4.5-9　杭州中信大厦结构平面

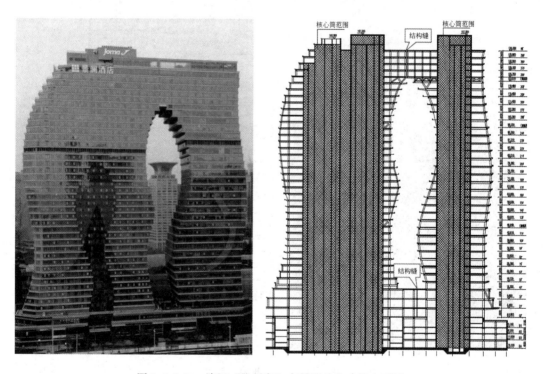

图 1.4.5-10　滨江"杭州印"实景照片和建筑立面图

1.5　超限大跨屋盖结构及典型案例

　　超限大跨屋盖结构是指屋盖的跨度、长度或结构形式超出《抗规》第 10 章及《空间网格结构技术规程》JGJ 7[4]、《索结构技术规程》JGJ 257[5] 等空间结构规程规定的大型公共建筑工程（不含骨架支承式膜结构和空气支承膜结构）。具体来说，存在下列五种情况之一的属于超限大跨屋盖结构：

（1）屋盖跨度大于120m；

（2）悬挑长度大于40m；

（3）单向长度大于300m；

（4）混凝土薄壳或整体张拉式膜结构的跨度大于60m；

（5）其他特殊空间结构：如多重组合、杂交组合空间结构，屋盖形体特别复杂的大型公共建筑。

1.5.1 屋盖跨度大于120m

湖州南太湖奥体中心主体育场屋盖结构由跨度为260m的高低两个屋面叠合而成（图1.5.1-1），单个屋面均为由沿着屋面水平投影轮廓旋转一周形成光滑曲面，然后通过边界线切割生成的双层开口网壳；在高低屋面之间，沿着中间椭圆形洞口边缘设置一圈观光走廊。屋盖结构最高点标高56m，图1.5.1-2为主体育场屋盖结构计算模型，图1.5.1-3和图1.5.1-4为建成实景。由于开口网壳屋盖结构跨度远远超过120m，故属于超限大跨空间结构。

图1.5.1-1　湖州南太湖奥体中心主体育场夜景照片

高屋面　　　　　　　低屋面　　　　　高低屋面之间系杆　　　结构受力模型

图1.5.1-2　屋盖结构模型

图 1.5.1-3　体育场内景照片

图 1.5.1-4　体育场高空观光走廊实景

图 1.5.1-5　绍兴柯桥体育中心主体育场实景照片

图 1.5.1-6　绍兴柯桥体育中心主体育场内场效果图

　　绍兴柯桥体育中心主体育场规模约 40000 座（含活动座位），为浙江第一个设开合屋盖的体育场建筑（图 1.5.1-5～图 1.5.1-7）。固定屋盖尺寸为 260m×220m 的类椭圆形，屋盖外边为四心圆。主要受力构件为布置成"井"字形的双向立体主桁架，主桁架通过固定铰支座支承于8个混凝土筒顶。长向主桁架与活动屋盖轨道方向一致，跨度230m，鱼腹形空间桁架，中间高度为19m，端部高度为5m；短向主桁架跨度约176m，鱼腹形空间桁架，桁架中间约为17.4m，端部高度为5m。活动屋盖双侧轨道架设在长向桁架上。活动屋盖采用平面桁架结构，屋面周圈设置水平支撑保证结构整体性。每个活动屋盖通过16台小车与固定屋盖连接。固定屋盖周圈环桁架与下部混凝土柱之间采用固定铰支座连接。显然，该屋盖结构主桁架跨度大于120m，属于超限大跨空间结构。

图 1.5.1-7　屋盖桁架结构剖面图

图 1.5.1-8　杭州奥体博览中心体育游泳馆实景照片

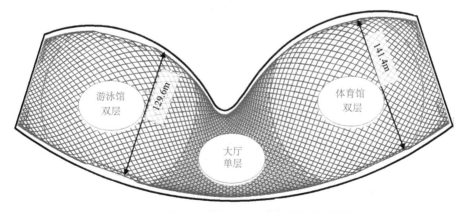

图 1.5.1-9　杭州奥体博览中心体育游泳馆屋盖平面

　　杭州奥体博览中心体育游泳馆项目（图 1.5.1-8），由设有观众席容量1.8万座的体育馆和6000座的游泳馆组成，上部整体钢结构屋盖。体育馆和游泳馆屋盖均采用双层网壳结构，中间大厅上方为单层网壳结构，将体育馆和游泳馆屋盖结构连为整体，单向长度达456m。体育馆屋盖网壳结构最大跨度141.4m，最高点标高45.0m；游泳馆屋盖网壳结构最大跨度129.6m，最高点标高35.0m，见图1.5.1-9。屋盖结构杆件除竖腹杆为圆钢管外，其他杆件均为方钢管，且部分构件为弯扭构件。该屋盖结构不仅跨度大于120m，同时单向长度超过300m，故属于超限大跨空间结构。

1.5.2 屋盖悬挑长度大于40m

杭州奥体博览中心主体育场为8万座的大型体育场（图1.5.2-1），钢结构罩棚屋盖由14个花瓣组构成，每个花瓣组由主、次两片花瓣组成。屋盖罩棚外边缘南北向长333m，东西向宽285m，罩棚最大宽度68m，最高点标高60.74m，最大悬挑跨度52.5m（图1.5.2-2），悬挑长度大于40m，同时屋盖结构单向长度超过300m，故属于超限大跨空间结构。

图1.5.2-1 杭州奥体博览中心主体育场实景

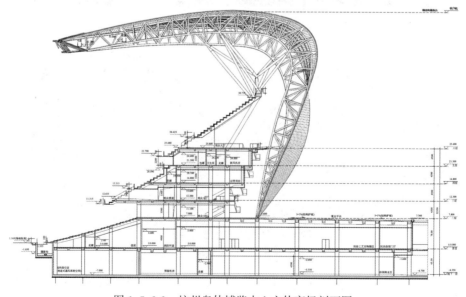

图1.5.2-2 杭州奥体博览中心主体育场剖面图

1.5.3 屋盖单向长度大于 300m

杭州萧山国际机场 T4 航站楼（图 1.5.3-1）屋盖造型为双向自由曲面，且为一个独立的整体结构单元。屋盖长 465m，宽 260～280m。屋盖钢结构采用空间曲面网架＋封边桁架＋分叉钢柱的结构体系，支承屋盖的钢柱结合建筑荷叶柱形状造型要求，采用下小上大的变截面直柱与分叉柱相结合的形式。直柱部分柱底截面最小，与下部结构采用铰接连接，随着高度的增大截面逐渐变大，分叉点处截面最大；直柱在分叉点以上分为 10 根分叉柱，分叉柱通过封边桁架与屋盖的主体网架下弦连接，最终形成了一个直柱-分叉柱-平面构件连续的一体化结构体系（图 1.5.3-2 和图 1.5.3-3）。由于屋盖结构长度达到 465m，故属于屋盖单向长度大于 300m 的超限大跨屋盖结构。

图 1.5.3-1　杭州萧山国际机场 T4 航站楼及陆侧交通中心工程建筑效果图

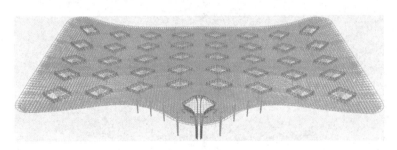

图 1.5.3-2　T4 航站楼屋盖结构模型

图 1.5.3-3　T4 航站楼屋盖结构单元现场提升施工照片

1.5.4 跨度大于 60m 的整体张拉式膜结构

乐清市体育中心体育场建筑南北长约为 229m，东西宽约为 211m，柱顶标高为 42m；屋面采用弯月形非封闭空间索桁体系覆盖 PTFE 膜材，最大悬挑端跨度约 52.6m，主受力索为上下弦索和环索构成的三角桁架，上下弦索之间的吊索起维持上下弦索形状作用，外圈钢环梁和斜柱形成的斜曲面网格结构，并利用其整体水平空间刚度作为索系的有效支承，见图 1.5.4-1 和图 1.5.4-2。

图 1.5.4-1 乐清市体育中心体育场效果图

图 1.5.4-2 乐清市体育中心体育场现场索张拉施工照片

1.5.5 跨度大于 60m 的混凝土薄壳结构

衢州市体育中心体育馆座位数接近 1 万，属甲级大型体育馆，屋盖采用直径 130m 的正圆形穹顶结构，支承在预应力混凝土环梁上，混凝土薄壳与混凝土肋共同作用及受力，通过多道环梁对肋产生束缚效应，提高混凝土屋盖结构的整体稳定性。见图 1.5.5-1 和图 1.5.5-2。

图 1.5.5-1 衢州市体育中心效果图

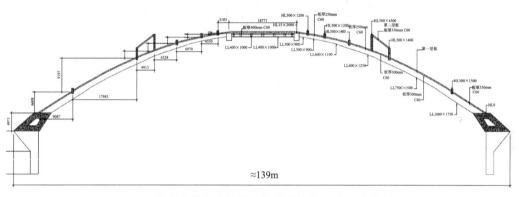

图 1.5.5-2 衢州市体育中心体育馆屋盖结构-混凝土壳体剖面示意

1.6 结构类型超限及典型案例

结构类型超限即特殊结构类型，是指《抗规》《高规》和《高层民用建筑钢结构技术规程》JGJ 99—2015（以下简称《高钢规》）[6] 等现行标准中暂未列入的其他高层建筑结构，以及特殊形式的大型公共建筑和超长悬挑结构、特大跨度的连体结构等。

以下为近年来浙江地区建造的属于特殊结构类型的典型超限高层建筑。

1.6.1 全框支剪力墙结构

杭州地铁 5 号线萧山姑娘桥车辆段停车场 TOD 项目，盖下为车辆段运用库，盖上为住宅开发项目。盖上建筑采用剪力墙结构，盖下地铁列车停车场采用框架结构，所有剪力墙墙肢均无法落地至基础，在停车库顶板层进行转换，因此结构形式为全框支剪力墙结构，见图1.6.1-1。由于现行规范仅对部分框支剪力墙结构作出了设计规定，暂无关于全框支剪力墙结构的设计措施，因此应将此类结构体系列入结构类型超限的高层建筑。

杭州西动车运用所盖上物业开发项目、绍兴市轨道交通1号线鉴湖停车场盖上项目、温州市域铁路S1线灵昆车辆段基地盖上项目、杭州艮山门动车运用所盖上物业开发项目等TOD工程，盖上主要业态为住宅，也均采用全框支剪力墙结构体系，盖下为框架结构体系，盖上住宅采用剪力墙结构体系，剪力墙全部不落地，转换层采用混凝土实腹梁或厚板等结构形式。

图1.6.1-1 全框支剪力墙结构计算模型

1.6.2 钢-混凝土竖向混合高层结构

杭州天工艺苑加层项目（图1.6.2-1），加层前为5层混凝土结构，2005年在上部增设7层钢结构，加层前为多层建筑，加层后变为高层建筑。这种由上部钢结构、下部混凝

图1.6.2-1 杭州天工艺苑加层项目（竖向混合高层结构）

土结构构成的组合高层结构，现行规范、规程中尚未列入此类结构形式，故应列为结构类型超限的高层建筑。此类结构的抗震设计，应重点解决好地震作用的计算、结构阻尼比的取值，以及如何确保上、下部连接可靠等问题。

1.6.3 无外框筒体结构

浙江天奥电梯试验塔（图1.6.3-1），地上29层，地下2层，建筑高度167.5m，其结构平面只有混凝土核心筒，周边没有框架。从抗震角度考虑，它不具备第二抗震防线。此类结构也未列入现行规范、规程中，因此应视为结构类型超限的高层建筑。此类结构应处理好混凝土连梁与墙肢的关系，使连梁起到第一道抗震防线的作用，确保大震下墙肢受力安全。

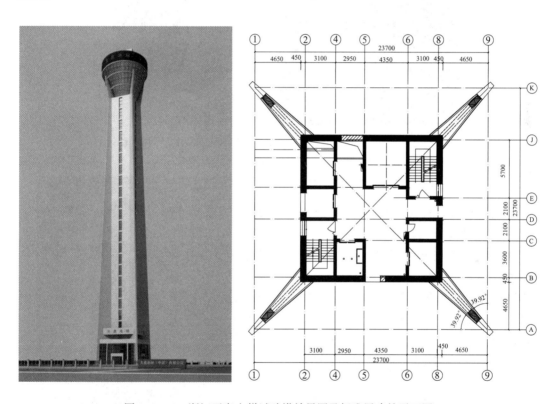

图1.6.3-1　浙江天奥电梯试验塔效果图及标准层建筑平面图

1.6.4 斜交网格外框筒-RC内筒结构

宁波国华金融中心塔楼地上43层，主屋面高197.80m，建筑高度206m，立面呈网格状。结构方案兼顾建筑立面效果与平面布置，选用斜交网格外筒-混凝土核心筒结构体系，其中外筒斜柱采用方钢管混凝土，以4层为基本单位形成网格（图1.6.4-1）。虽然现行《高规》和《高钢规》提到有关斜交网格筒与其他抗侧力结构组成的结构体系，但均未给出关于斜交网格筒结构的具体设计措施，故这里也将此类结构视为特殊结构类型的超限高层建筑。

图 1.6.4-1 宁波国华金融中心塔楼建筑模型和结构计算模型

1.6.5 巨型结构、巨柱-斜撑结构

浙江宁波环球航运广场为 51 层的超高层建筑，建筑高度 250m，底部仅东、西两侧的混凝土筒体落地（图 1.6.5-1），承担结构的全部竖向荷载，并与 5 道巨型钢桁架共同构成 X 方向的抗侧力体系，形成结构层数为 5 层的巨型框架体系（图 1.6.5-2～图 1.6.5-4）。由于现行规范、规程中尚未列入此类巨型结构体系，故应列为结构类型超限的高层建筑。

杭州世茂智慧之门为双塔超高层建筑，由 A、B 塔楼组成，省内首次采用带斜撑的 SRC 巨柱框架-RC 核心筒结构体系。结构形式上为筒中筒体系，其中外筒是由每侧两个 SRC 巨柱、钢桁架结合巨型钢斜撑构成的巨型桁架筒，见图 1.6.5-5。由于现行规范、标准中均未给出有关桁架筒结构的具体设计措施，故此类结构也应视为特殊结构类型的超限高层建筑。

图 1.6.5-1 宁波环球航运广场效果图

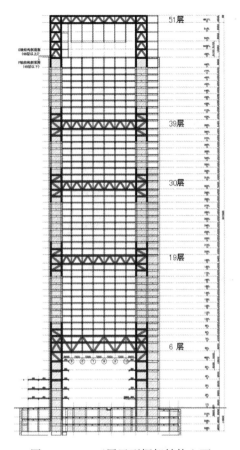

图 1.6.5-2 五层巨型框架结构立面

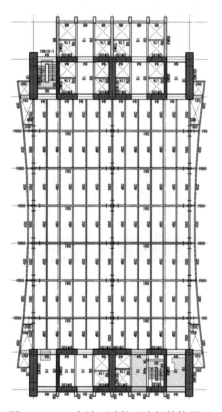

图 1.6.5-3 宁波环球航运广场结构平面

图 1.6.5-4 巨型梁（桁架）现场提升照片

图 1.6.5-5　杭州世茂智慧之门双塔楼建筑效果图及施工实景照片

1.6.6　"山形"搭接柱结构

中国京杭大运河博物院位于杭州大城北核心示范区中部，项目定位为世界级"文化地标"，采取一院多馆的形式，包括博物馆、运河国际文化交流中心用房，涵盖博物馆、会议中心、运河国际交流中心用房等多种功能。建筑共 15 层，其中裙房 7 层，裙房屋面标高为 34.650m；裙房以上塔楼部分 8 层，主屋面标高为 67.155m。建筑设计方案由瑞士赫尔佐格和德梅隆建筑事务所完成，见图 1.6.6-1。

图 1.6.6-1　中国京杭大运河博物院建筑效果图

根据建筑设计理念和建筑特点，裙楼部分主要抗侧力体系由分散布置的核心筒、钢管混凝土框架柱、大跨度钢桁架组成；塔楼部分主要抗侧力体系由外"山"形搭接柱筒

（图 1.6.6-2）、内"山"形柱筒和 RC 核心筒组成。

　　塔楼中庭 L8～L16 由搭接柱和折梁交替连接成"山形结构体系"，并由 350mm 厚平板楼面体系与外部山形体系相连接。内山形柱由折梁、搭接柱构成空腹体系，将楼面荷载传递至支座（转换柱、端部斜柱、屋面环形墙）。由于内山形柱无法落至基础，需要进行多次转换。整体结构体系由山形系统形成的空腹作用＋下部转换柱＋端部斜柱＋屋面环形墙及预应力组成，见图 1.6.6-3。

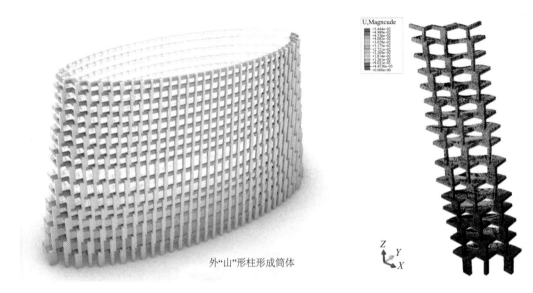

外"山"形柱形成筒体

图 1.6.6-2　外山形柱筒结构模型

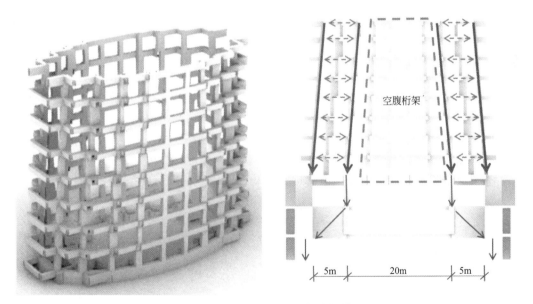

图 1.6.6-3　内山形空腹桁架结构模型

参考文献

［1］ 中华人民共和国住房和城乡建设部．超限高层建筑工程抗震设防专项审查技术要点［Z］．建质［2015］67 号，2015．

［2］ 中华人民共和国住房和城乡建设部，国家质量监督检验检疫总局．建筑抗震设计规范：GB 50011—2010（2016 年版）［S］．北京：中国建筑工业出版社，2016．

［3］ 中华人民共和国住房和城乡建设部．高层建筑混凝土结构技术规程：JGJ 3—2010［S］．北京：中国建筑工业出版社，2010．

［4］ 中华人民共和国住房和城乡建设部．空间网格结构技术规程：JGJ 7—2010［S］．北京：中国建筑工业出版社，2010．

［5］ 中华人民共和国住房和城乡建设部．索结构技术规程：JGJ 257—2012［S］．北京：中国建筑工业出版社，2012．

［6］ 中华人民共和国住房和城乡建设部．高层民用建筑钢结构技术规程：JGJ 99—2015［S］．北京：中国建筑工业出版社，1998．

［7］ 杨学林．复杂超限高层建筑抗震设计指南及工程实例［M］．北京：中国建筑工业出版社，2014．

第2章

高层建筑结构设计要点

2.1 结构抗侧力单元与高层建筑结构体系

2.1.1 高层建筑的抗侧力结构单元

高层建筑结构体系从所采用的结构材料可分为钢筋混凝土结构、钢结构或钢-混凝土组合结构。由于高层建筑受风荷载和地震作用等侧向荷载作用大，如对于高烈度设防地区或沿海风荷载较大地区的高层建筑，结构往往受侧向荷载作用控制，因而结构工程师更多关注高层建筑结构的侧向刚度和侧向受力性能。高层结构体系除按材料区分结构类型外，更多侧重于从构成高层建筑结构的抗侧力单元类型去划分结构体系。如框架-剪力墙体系是由框架和剪力墙两种抗侧力单元类型组成的结构体系；框架-核心筒体系是由框架和核心筒两种抗侧力单元类型组成的结构体系，其中框架单元一般沿建筑周边布置（形成周边框架结构），核心筒一般居中布置。构成高层建筑结构体系的抗侧力单元通常可划分为以下几类：

1. 框架单元

梁、柱两种构件之间节点刚性连接就构成了框架单元，同时柱底部与基础也应是刚接。框架结构单元具有侧向刚度，可同时承受竖向荷载和侧向荷载的作用。若梁与柱节点为铰接连接，就构成了排架结构；若梁与柱节点为刚接，而柱底部为铰接连接，则构成了门式刚架结构。排架结构和门式刚架结构也具有一定的侧向刚度，但侧向刚度较弱，且适应侧向变形的结构延性很差，如排架结构柱底一旦出铰，整个结构就变成了几何可变体；门式刚架结构梁柱节点一旦屈服出铰，结构也变成了不能继续承载的机构。

从结构材料角度看，组成框架单元的框架柱和框架梁可以是钢筋混凝土构件，也可以是钢构件或钢-混凝土组合构件，如常见的柱截面形式可以是方形、矩形、圆形或其他截面形状，柱截面材料包括普通的钢筋混凝土柱、型钢混凝土柱（SRC柱）、钢柱、钢管混凝土柱（CFT柱）、钢管混凝土叠合柱等，如图2.1.1-1所示。

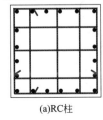

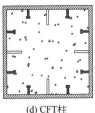
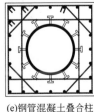

(a)RC柱   (b)SRC柱   (c)钢柱   (d) CFT柱   (e)钢管混凝土叠合柱

图 2.1.1-1　常见柱截面形式

2. 剪力墙单元

剪力墙单元为实腹式平面构件单元,侧向刚度大,工程中最常见的为钢筋混凝土剪力墙单元,也包括钢-混凝土组合剪力墙或钢板剪力墙。

钢-混凝土组合剪力墙[1]可以是内置型钢混凝土剪力墙、内置钢板混凝土剪力墙、内置钢斜撑混凝土剪力墙、带 SRC 端柱的混凝土剪力墙等(图 2.1.1-2),也可以是双钢板内灌混凝土组合剪力墙,包括缀板连接双钢板组合剪力墙(图 2.1.1-3)、对拉螺栓双钢板组合剪力墙(图 2.1.1-4)、钢管束混凝土组合剪力墙[2](图 2.1.1-5)、钢筋桁架加劲双钢板混凝土组合剪力墙[3](图 2.1.1-6)、波纹钢板混凝土组合剪力墙[4](图 2.1.1-7)等。

钢板剪力墙包括非加劲钢板剪力墙、加劲钢板剪力墙和防屈曲钢板剪力墙[1]。设置水平加劲肋可提高钢板墙的防屈曲性能,设置竖向加劲肋既可提高钢板墙的防屈曲性能,又可提高钢板墙的竖向承载性能。图 2.1.1-8 为同时设置水平和竖向加劲肋的加劲钢板剪力墙的工程应用实例。

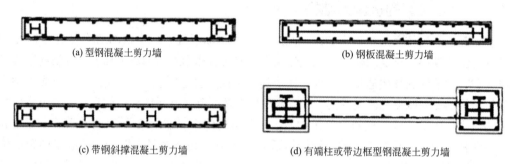

(a) 型钢混凝土剪力墙   (b) 钢板混凝土剪力墙

(c) 带钢斜撑混凝土剪力墙   (d) 有端柱或带边框型钢混凝土剪力墙

图 2.1.1-2 内置型钢(钢板)组合剪力墙

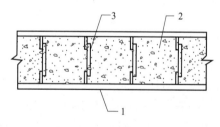 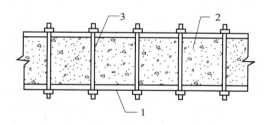

1—外包钢板;2—混凝土;3—栓钉   1—外包钢板;2—混凝土;3—对拉螺栓

图 2.1.1-3 缀板连接双钢板组合剪力墙   图 2.1.1-4 对拉螺栓连接双钢板组合剪力墙

 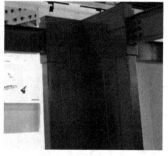

图 2.1.1-5 钢管束工厂制作及梁-墙连接节点

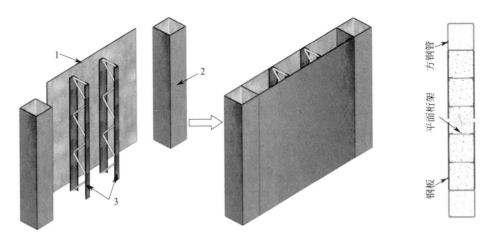

1—钢板；2—方钢管；3—钢筋桁架

图 2.1.1-6 钢筋桁架加劲双钢板混凝土组合剪力墙

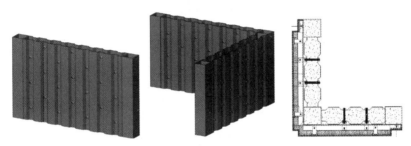

图 2.1.1-7 波纹钢板混凝土组合剪力墙

图 2.1.1-8 同时设置水平和竖向加劲肋的加劲钢板剪力墙

3. 支撑框架单元

框架单元在水平荷载作用下主要呈剪切变形，抗侧刚度较弱。框架单元中增设斜撑，构成"支撑框架"单元可大幅度提高抗侧刚度。水平荷载作用下，支撑框架单元的作用有点类似于剪力墙单元。

支撑框架单元中的斜支撑，通常采用钢支撑或屈曲约束支撑，当然也可以是混凝土支撑或型钢混凝土支撑；支撑框架单元中的框架，通常为钢框架，也可以是钢筋混凝土（RC）框架或钢-混凝土组合框架，如柱为型钢混凝土柱（SRC柱）或钢管混凝土柱（CFT柱），梁为RC梁、SRC梁、钢梁等。《抗规》[5]附录G.1专门给出了"钢支撑-钢筋混凝土框架结构"的设计措施。

　　斜支撑与框架杆件之间的连接方式，可以分为中心支撑框架单元和偏心支撑框架单元[6]。中心支撑框架单元的斜支撑轴线应交汇于框架梁柱的轴线上，或与同一跨内的另一根斜支撑汇交于一点。中心支撑可布置成十字交叉斜杆、单斜杆、人字形斜杆或V形斜杆体系，当采用只能受拉的单斜杆支撑时，应同时设不同倾斜方向的两组单斜杆，且每层不同方向单斜杆的截面面积在水平方向的投影面积之差不得大于10%，见图2.1.1-9。当支撑采用人字形或V形布置时，在确定支撑跨的横梁截面时，不应考虑支撑在跨中的支承作用。横梁除应承受大小等于重力荷载代表值的竖向荷载外，尚应承受跨中节点处两根支撑斜杆分别受拉屈服、受压屈曲所引起的不平衡竖向分力和水平分力的作用。

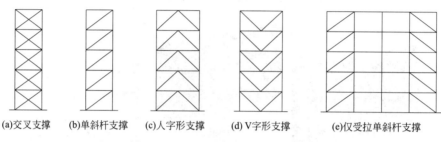

(a)交叉支撑　　(b)单斜杆支撑　　(c)人字形支撑　　(d)V字形支撑　　(e)仅受拉单斜杆支撑

图 2.1.1-9　中心支撑框架单元类型

　　偏心支撑框架中的支撑斜杆，应至少有一端与梁连接，并在支撑与梁交点和柱之间或支撑同一跨内另一支撑与梁交点之间形成消能梁段（图2.1.1-10）。在水平地震作用下，中心支撑容易发生屈曲破坏，故高烈度地区的高层建筑应当慎用。偏心支撑当处于弹性工作阶段时，其抗侧刚度与中心支撑相差不多，当耗能梁段进入弹塑性阶段工作时，其延性水平和耗能能力趋近于延性框架，故偏心支撑是一种抗震性能非常良好的结构单元，适合于高烈度地区的高层建筑采用。

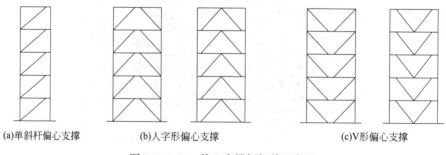

(a)单斜杆偏心支撑　　　　(b)人字形偏心支撑　　　　(c)V形偏心支撑

图 2.1.1-10　偏心支撑框架单元类型

　　图2.1.1-11为钢支撑框架单元用于高层钢结构住宅的例子，利用建筑山墙、分户墙和楼电梯间布置钢支撑框架单元，构成钢框架-支撑结构体系，其中山墙的左侧为偏心支撑，右侧为单斜杆中心支撑。图2.1.1-12为屈曲约束支撑框架单元的应用例子，钢框架结构中通过布置适量的屈曲约束支撑框架单元，构成钢框架-支撑结构的受力体系。

图 2.1.1-11 钢支撑框架单元的应用　　　图 2.1.1-12 屈曲约束支撑框架单元应用

4. 核心筒单元

实腹式剪力墙围成筒状结构，即为核心筒结构单元，抗侧刚度大，可承担竖向和水平荷载的作用。高层和超高层建筑通常将电梯井道、楼梯、通风井、电缆井、公共卫生间、部分设备间等集中布置于大楼中央部位，设置实腹式剪力墙可围成核心筒单元，用以抵抗巨大的侧向荷载[7]。

从结构材料构成来看，核心筒单元通常为钢筋混凝土结构（RC核心筒，图1.2.1-13），为提高核心筒抗震承载力，可在核心筒墙肢内设置型钢柱、钢管柱或内插钢板，形成型钢混凝土核心筒（SRC核心筒，图2.1.1-14）或钢板组合剪力墙核心筒（图2.1.1-15）。

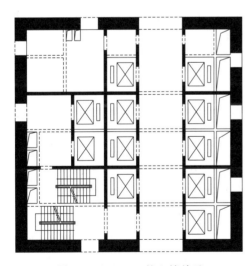

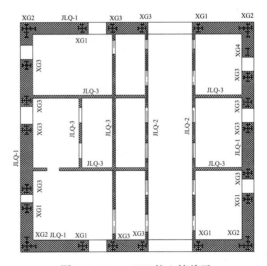

图 2.1.1-13 RC核心筒单元　　　　　图 2.1.1-14 SRC核心筒单元

5. 框筒单元和斜交网格筒单元

框筒单元是指由密柱和深梁形成的三维筒体结构，通常布置在高层建筑的周边。框筒单元的受力特点类似一个立在地面上的竖向悬臂多孔筒体，可以充分发挥结构的空间作用，抗侧与抗扭刚度均非常大[8]。

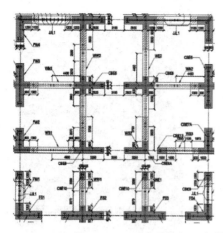

图 2.1.1-15 内置钢板组合剪力墙构成的超高层建筑核心筒单元

框筒单元不同于框架单元，框架单元是平面结构，它主要抵抗与框架方向平行的水平力产生的层剪力和倾覆力矩。框筒结构单元的受力是空间的，平行于侧向荷载的框架起着多孔筒体的"腹板"作用，而垂直于侧向荷载的框架则起着"翼缘"的作用。在水平力作用下，层剪力主要由与水平力方向平行的腹板框架来承担，而层倾覆力矩则由腹板框架与垂直于水平力方向的翼缘框架共同承担。

框筒结构单元虽然具有空间受力特征，但其受力性能要比实腹式核心筒复杂得多，在水平荷载作用下，侧向变形是弯曲型与剪切型的组合[8]，框筒的总弯曲是由于柱的轴向压缩与拉伸引起的，而剪切变形是由于各个柱与梁的弯曲产生的。与实腹筒最大的不同是，框筒要承受剪力滞后的作用，即在水平荷载作用下，框筒结构截面变形不再符合初等梁理论的平截面假定，腹板框架和翼缘框架的正应力不再是直线分布而是曲线分布，这个现象就是框筒结构的剪力滞后效应（Shear Lag Effect），如图 2.1.1-16 所示。

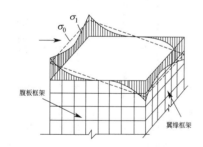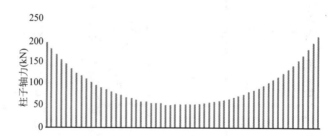

图 2.1.1-16 框筒结构单元剪力滞后效应示意图

为提高框筒结构的空间作用，减小剪力滞后效应，框筒结构的平面外形宜选用圆形、正方形、正多边形、椭圆形或矩形，矩形平面的长宽比不宜过大。框筒结构单元只有在高宽比较大的情况，才能像箱形悬臂梁一样发挥整体弯曲的空间作用，因此框筒结构单元的高宽比应大一些比较好，一般不宜小于 4。

框筒结构单元广泛应用于超高层建筑（图 2.1.1-17 和图 2.1.1-18）。前纽约世界贸易中心双子塔[8]，由两幢 110 层、高 417m 的钢框筒结构组成，平面尺寸 63.5m×63.5m，标准层高 3.66m，柱距 1.02m，裙梁高 1.32m，为减小剪力滞后效应，每 32 层设置一道

7m高的钢板圈梁。为了实现底部大空间的建筑功能需求，下部若干楼层每3根框架柱合并为1根，底部柱距扩大至3.06m，见图2.1.1-19和图2.1.1-20。

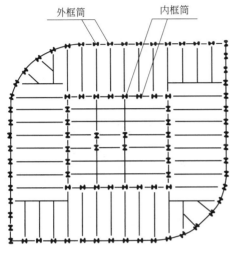

图 2.1.1-17　框筒结构单元应用实例一

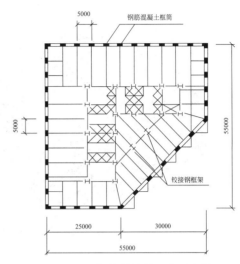

图 2.1.1-18　框筒结构单元应用实例二

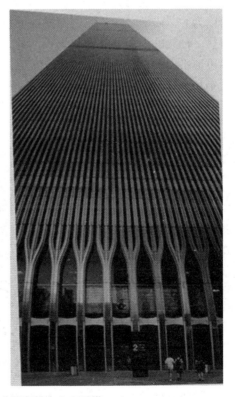

图 2.1.1-19　前纽约世界贸易中心双子塔

相比于密柱+深梁的框筒结构单元，斜交网格筒结构单元的空间作用更大，结构材料使用效率更高。斜交网格筒是一种以网状相交的斜杆作为同时承受垂直和水平荷载构件的

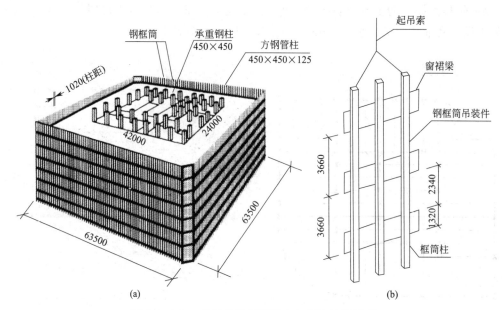

图 2.1.1-20 前纽约世界贸易中心框筒结构模型

结构单元，没有一般意义上的"柱"。斜交网格筒的抗侧刚度受网格角度的影响较大，在网格角度为 60°～70° 之间，斜交网格筒的抗侧效率最高。斜交网格筒平面形状愈趋近圆形，斜柱、环梁的内力分布愈均匀，因此筒体平面形状宜采用圆形或接近圆形的凸多边形，多边形平面的角部宜采用圆弧过渡。

近年来，交叉网格筒结构单元在国内超高层建筑中得到了应用，如北京保利国际广场（图 2.1.1-21）、广州西塔（图 2.1.1-22）、深圳农村商业银行（图 2.1.1-23）等。

图 2.1.1-21 北京保利国际广场

图 2.1.1-22 广州西塔

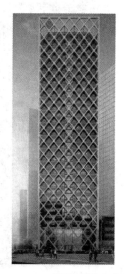

图 2.1.1-23 深圳农村商业银行

交叉网格筒的受力性能与框筒有较大差别，主要体现在以下几点：

（1）侧向力主要由斜柱的轴向力平衡，倾覆力矩引起的竖向力也由交于节点的斜柱的轴力平衡，因此柱内的剪力和弯矩比较小。

（2）斜交网格在水平和竖向荷载作用下表现出明显的空间受力特征，框筒结构单元的剪力滞后效应问题在交叉网格筒单元中得到了较好解决。高宽比、斜柱的倾斜角度和截面面积、斜柱与环梁的相对刚度比等，均对交叉网格筒体的受力性能有较大影响。

（3）交叉网格筒单元的竖向刚度低于框筒结构单元，同时其结构延性也逊于传统的框筒，强震下的屈服机制明显不同于传统结构。

6. 巨型框架单元

巨型框架结构也称为主次框架结构，主框架为巨型框架，次框架为普通框架。主框架结构截面几何尺度、面积、惯性矩等很大而次框架构件截面几何尺度、面积、惯性矩等相对很小，两者不是同一数量级。巨型柱通常为大截面实体柱或由楼电梯间形成的井筒，巨型梁通常为桁架或实腹梁，梁高占 1 个或者 2 个楼层，一般每隔几个或者十几个楼层设置一道。图 2.1.1-24 为巨型框架单元与普通框架单元的比较，左侧图为普通框架结构，建筑和结构的层数均为 30 层，右侧图为巨型框架结构，建筑层数虽然也相当于 30 层，但结构层数仅为 4 层，是一个 4 层的巨型框架结构。

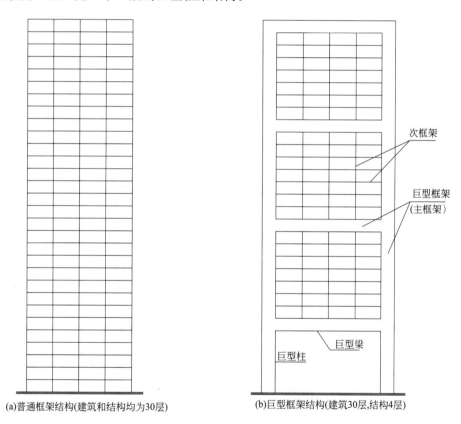

(a)普通框架结构(建筑和结构均为30层)　　(b)巨型框架结构(建筑30层,结构4层)

图 2.1.1-24　巨型框架单元与普通框架单元的比较

四川航空大楼主楼（图 2.1.1-25）地下 4 层，地上 41 层，建筑高度约 150m，建筑平面尺寸 40m×40m。利用建筑平面四角的楼电梯间布置支撑框架筒构成巨型柱，并在第 15 层、30 层、37 层分别布置十字交叉空间桁架构成巨型梁，这样，分布在四角的 4 根巨型柱与巨型梁形成巨型框架体系[8]。

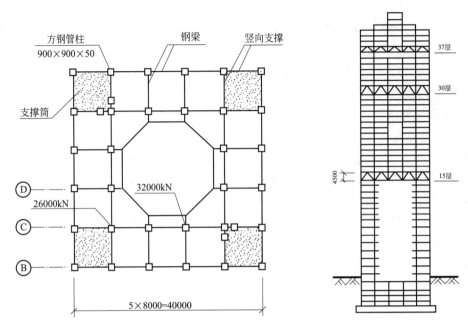

图 2.1.1-25　四川航空大楼（巨型框架结构）

7. 桁架筒单元

桁架筒结构单元，是在建筑平面周边的每一个立面上设置横跨整个面宽的大型斜撑，相邻两个立面上的斜撑相交于角柱上的同一点，使高层建筑周边各个立面上的支撑和角柱共同组成一个竖立的巨型空间桁架结构单元。在巨型斜撑的节间区段内可以设置"次框架"，以承担该区段内若干楼层的重力荷载。巨型支撑的水平杆既要承担支撑斜杆传来的巨大拉力或压力，还要支承"次框架"的重力荷载，故通常采用桁架结构。角柱是桁架筒的竖向杆件，为使角柱具有足够的压力来平衡水平荷载倾覆力矩对角柱产生的拉力，应尽可能使楼房的全部重力荷载集中到各根角柱上。从水平荷载作用下桁架筒的受力来看，角柱类似于空间桁架的弦杆，斜撑和横梁受力类似于空间桁架的腹杆。

桁架筒结构单元可有效地消除翼缘框架与腹板框架的剪力滞后效应。桁架筒在水平荷载作用下发生整体弯曲时，本应该由腹板框架与翼缘框架中裙梁承担的竖向剪力主要由斜杆来承担，由于斜杆的轴向刚度大，所以桁架筒单元基本消除了框筒结构单元的剪力滞后效应，从而能更充分发挥筒体的空间作用，适用于建造高度更高的超高层建筑。

桁架筒单元在超高层建筑中具有广泛应用，最典型的工程应用如由著名华裔建筑师贝聿铭设计的香港中银大厦，该建筑 72 层，高 315m，至天线顶为 367.4m，平面为 52m×52m 的正方形，采用巨型桁架筒结构体系（图 2.1.1-26）。4 根角柱截面尺寸达到 4800mm×4100mm，巨型钢斜撑跨越 12 层，每 12 层设转换钢桁架。

由 SOM 公司设计的约翰·汉考克中心（图 2.1.1-27），建筑为 100 层，总高度 343.7m，加天线高度达 457.2m。建筑的底层平面尺寸为 50m×80m，顶部平面尺寸为 30m×49m。每一斜杆呈 45°角布置，在每一面形成巨大的 X 形巨型支撑。斜撑具有多重功能，既承担了部分重力荷载，又承担了大部分水平荷载作用下产生的剪力，斜撑与柱、横梁共同形成了具有很大抗侧刚度的桁架筒结构。

图 2.1.1-26　香港中银大厦

图 2.1.1-27　约翰·汉考克中心

2.1.2　高层建筑结构体系

一种、两种或两种以上的抗侧力单元按一定规则组合在一起，构成不同的能承受竖向和侧向荷载作用的高层建筑结构体系。从抗侧力单元去理解超高层结构体系会更直观和清晰。

框架-剪力墙结构体系：是由框架和剪力墙两种不同类型的抗侧力单元按一定规则组合在一起的结构体系。在水平荷载作用下的结构变形，框架单元呈剪切型，剪力墙单元呈弯曲型，在各层楼板的作用下两者保持变形协调。在结构的底部，剪力墙将框架向后拉，并承担大部分的水平剪力。但随着高度的增加，悬臂剪力墙的侧向刚度在不断减小，其侧向变形将受到框架的限制，到了结构顶部，框架承担的水平剪力增大。因此，不考虑框架与剪力墙之间的相互作用，对于高区的框架来说是偏不安全的，见图 2.1.2-1。

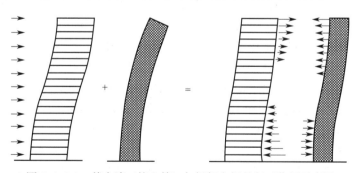

图 2.1.2-1　剪力墙（核心筒）与框架之间的相互作用示意图

框架-核心筒结构体系：框架-核心筒结构体系是由框架和核心筒两种不同类型的抗侧力单元按一定规则组合在一起的结构体系。水平荷载作用下的结构变形，与框架-剪力墙结构类似，周边框架呈剪切型，核心筒单元呈弯曲型，在各层楼板的作用下两者保持变形协调。同样，在结构的底部，核心筒承担大部分的水平剪力，但随着高度的增加，核心筒侧向刚度不断减小，到了结构顶部，周边框架承担的水平剪力增大。

框架-核心筒-伸臂结构体系： 1964 年，由 Nervi Moretti 设计的加拿大蒙特利尔交易所，首次将伸臂桁架应用到高层建筑的设计中。这座 190m 高的建筑是第一座采用伸臂结构的混凝土结构。Nervi 的设计原则是采用数量少截面大的框架柱来集中承担恒荷载，因此，不管外荷载如何，外框柱总是受压构件。主要的结构组成包括混凝土核心筒，大截面角柱，4 道连接角柱与核心筒的 X 形的伸臂。塔楼两侧的边柱组成抗侧的第二道防线，并支撑楼面结构，见图 2.1.2-2。

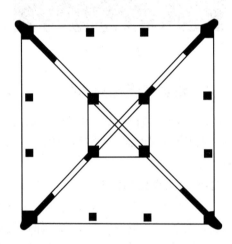

图 2.1.2-2 加拿大蒙特利尔交易所

国内沿海风荷载较大的城市的超高层建筑，采用框架-核心筒-伸臂结构体系的工程案例非常多。如地处浙江台州的天盛中心（图 1.4.2-1～图 1.4.2-4）、位于浙江舟山小干岛的舟山自贸金融中心（图 2.2.1-15～图 2.2.1-17）、地处浙江温州的温州鹿城广场（图 1.1.2-17）和温州国鸿财富中心（图 1.1.2-18）均采用了框架-核心筒-伸臂结构体系。另外，高烈度设防地区的超高层建筑为满足多遇地震作用下的结构位移控制要求，也多在框架-核心筒结构中设置了伸臂结构或阻尼伸臂结构。图 2.1.2-3 为兰州红楼广场，抗震设防烈度 8 度，设计基本地震加速度 0.20g，设计地震分组为第三组。主塔楼地上 56 层，结构高度 266.0m，采用 CFT 柱＋钢梁＋SRC 核心筒结构体系[9]，分别在第 27 层和 42 层设置了两个伸臂加强层，以提高结构总体刚度，满足水平地震作用下的位移控制要求，加强层周边同时布置环带桁架，使柱子轴力趋于均匀，减小外围框架的剪力滞后效应，见图 2.1.2-4～图 2.1.2-6。

框筒结构体系： 采用框筒单元作为抗侧力结构构成框筒结构体系，框筒单元通常布置在高层建筑的周边。从结构抗震角度分析，框筒结构体系由于只有一种抗侧力单元，因而属于单重抗侧力体系，但框筒结构体系一般用于超高层建筑，柱截面尺寸一般较大，筒梁

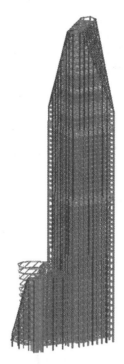

图 2.1.2-3　兰州红楼广场实景和结构计算模型

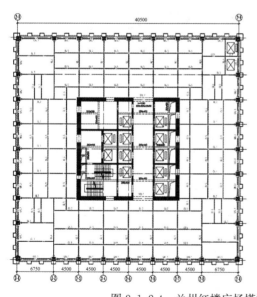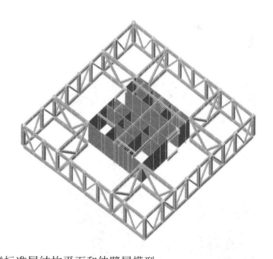

图 2.1.2-4　兰州红楼广场塔楼标准层结构平面和伸臂层模型

充当第一道防线，强震下首先屈服进入塑性耗能，实现强柱弱梁的延性破坏机制。

切斯纳特公寓是世界上第一座采用框筒结构的混凝土高层建筑。该建筑共 43 层，高 120.4m，1963 年开始施工，1966 年竣工，其平面尺寸约为 37.8m×23.8m，采用的柱距 为 1.676m，裙梁高度为 0.61m，跨高比约为 2.75，中央核心区无剪力墙，仅布置重力 柱，为建筑功能的布置提供了极大的灵活性，见图 2.1.2-7。

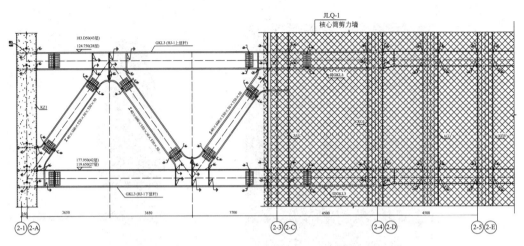

图 2.1.2-5 加强层伸臂桁架立面图

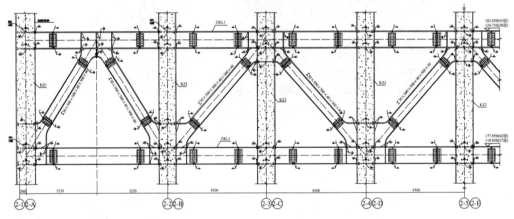

图 2.1.2-6 加强层环带腰桁架立面图

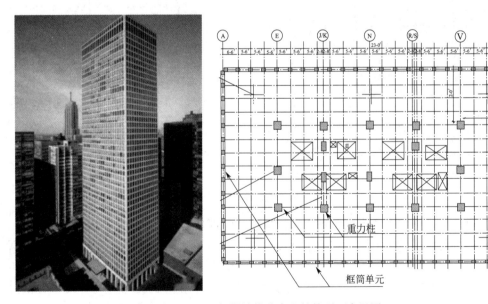

图 2.1.2-7 切斯纳特公寓和结构平面布置图

国外采用框筒结构体系（无内筒）的超高层建筑非常多，如前纽约世界贸易中心采用钢框筒结构体系（图 2.1.1-19 和图 2.1.1-20），框筒柱为 450mm×450mm 的方钢管柱（壁厚达到 125mm），柱距 1.02m（底部 3.06m），建筑内部布置了重力柱，仅承担重力荷载，不设内筒，周边框筒结构单元提供结构全部抗侧刚度和承担 100% 的水平风荷载和地震作用。芝加哥国民广场（图 2.1.1-18）也采用了框筒结构体系，周边框筒为钢筋混凝土结构，无内筒，建筑平面内部设 H 型钢柱支承重力荷载。

框筒-内筒结构体系（筒中筒）：由框筒结构（外筒）和核心筒结构（内筒）两种抗侧力单元组合在一起的结构体系，即筒中筒体系。筒中筒体系由两种不同抗侧力单元类型构成，因而具有两道抗震防线，属于双重抗侧力结构体系。

国内超高层建筑中采用框筒-内筒结构（筒中筒）体系的工程不少，如浙江温州世贸中心大厦地上 68 层（图 2.2.1-18），建筑高度 323m，采用筒中筒结构，外框筒和核心筒（内筒）均采用钢筋混凝土结构，标准层结构平面见图 2.2.1-19。

图 2.1.2-8 华润总部大厦（春笋）

图 2.1.2-9 武汉长江中心

由 KPF 建筑师担纲设计的华润总部大厦（春笋）[10] 地上 66 层，建筑高度 393m（图 2.1.2-8），采用密柱框架-核心筒结构。密柱外框筒在地下室由 28 根较大截面尺寸的 SRC 柱支承，出地面后过渡为斜交网格柱，第 5 层开始转变为密柱框筒，顶部 56 层开始又转变为斜交网格柱。外框筒密柱采用梯形截面钢管柱，截面尺寸由首层（750~830）mm×755mm×60mm 逐渐减小至第 66 层的（300~400）mm×480mm×35mm。

武汉长江中心（图 2.1.2-9）建筑高度约 380m，采用密柱框筒-核心筒（筒中筒）体系，外框筒为 48 根 CFT 密柱，柱截面 700mm×2050mm~400mm×700mm，柱间距 4.5m，裙梁高度 0.9m。由于外框柱间距和裙梁跨高比较大，外框筒空间作用较弱，底层外框筒承担的两个主轴方向的倾覆力矩分别为 32% 和 27%。

交叉网格筒-内筒结构体系（筒中筒结构）：由交叉网格筒（外筒）和核心筒（内筒）

两种抗侧力单元组合在一起的结构体系，属于筒中筒体系。该结构体系由两种不同抗侧力单元类型构成，因而具有两道抗震防线，属于双重抗侧力结构体系。近年来交叉网格筒结构体系在国内超高层建筑中得到了一定应用，如宁波国华金融中心（图1.6.4-1）、北京保利国际广场（图2.1.1-21）、广州西塔（图2.1.1-22）、深圳农村商业银行（图2.1.1-23）等。

巨型框架-核心筒结构体系：由周边巨型框架和核心筒（内筒）两种抗侧力单元组合在一起的结构体系。该结构体系同样由两种不同抗侧力单元类型构成，因而属于双重抗侧力结构体系。

 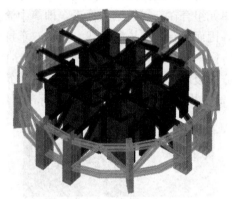

图2.1.2-10　周边巨型柱和巨型梁（空间桁架）　　图2.1.2-11　伸臂加强层

如上海中心大厦塔楼[11] 124层，建筑高度632m（结构高度为580m），塔楼抗侧力体系采用巨型框架-核心筒-伸臂结构。该体系由以下三部分组成：第一部分为内埋型钢或钢板的钢筋混凝土核心筒，核心筒为边长约30m的方形钢筋混凝土筒体，核心筒底部翼墙厚1.2m，随高度增加逐渐减小至顶部0.5m。外伸臂的钢结构构件贯穿核心筒的腹墙，腹墙厚度由底部的0.9m逐步减薄至顶部的0.5m。第二部分为由8根巨型柱、4根角柱（仅布置在地下室及1～5区）和8道两层高的箱形空间环形桁架（位于各加强层）组成的巨型框架（图2.1.2-10）；第三部分为连接上述两者的6道外伸臂桁架，分别位于第2、4、5、6、7、8区的加强层（图2.1.2-11）。在水平地震作用下，组成结构的抗侧力体系中，核心筒承担约48%的基底剪力和22%左右的倾覆弯矩；巨型框架和外伸臂组成的抗侧力体系承担约52%的基底剪力和78%左右的倾覆弯矩，外伸臂桁架将巨型框架与核心筒相连，使两者能有效协同工作。

桁架筒-内筒结构体系（筒中筒结构）：由桁架筒（外筒）和核心筒（内筒）两种抗侧力单元组合在一起的结构体系，属于筒中筒体系。该结构体系同样由两种不同抗侧力单元类型构成，因而属于双重抗侧力结构体系。近年来，桁架筒-内筒结构（筒中筒结构）体系在国内450m以上的超高层建筑得到较多的应用，如上海环球金融中心[12]（图2.1.2-12）、北京中信大厦（中国尊）[13]（图2.1.2-13）、天津高银金融117大厦[14]（图2.1.2-14）等。

束筒结构体系：由数个密柱框筒结构单元组合在一起构成的结构体系，又称组合筒结构。束筒结构可组成任何建筑外形，并能适应不同高度的体型组合需要。典型案例如美国西尔斯大厦（Sears Tower，现称为威利斯大厦，Willis Tower），建筑高度442.1m，是世界上第一个采用束筒结构体系的超高层建筑。于1970年施工，1974年竣工，建成后20年内为世界最高的高层建筑。西尔斯大厦采用3×3的束筒结构体系，每个筒体的尺寸均为22.86m×22.86m，筒体的柱距为4.57m。底部3×3的筒体延伸到第50层，然后左上和右下两个角部的简体被消去。到了第 66 层，另外两个角部的简体到了终点，形成一个十字形的简体形状。到了 90 层，又有三个简体被削去，最终顶部剩下两个简体，如图 2.1.2-15 所示。

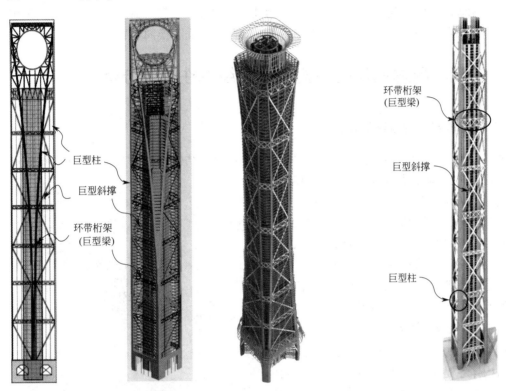

图 2.1.2-12 上海环球金融中心　图 2.1.2-13 北京中信大厦　图 2.1.2-14 天津高银金融 117 大厦

图 2.1.2-15 西尔斯大厦束筒沿竖向收分示意图

单个筒体内部不再布置柱子,由于楼面跨度较大,因此采用单向桁架作为楼面梁,桁架截面高度约为1016mm,桁架间距为4.58m,直接与两侧钢柱相连。桁架斜腹杆之间可穿越直径达510mm的空调管道。楼板采用140mm厚的压型钢板组合楼板。为使各柱尽可能承担相等的竖向荷载,即避免某一方向的柱子承担很大的竖向荷载,而另一方向承担很小的竖向荷载,为此将上述楼面桁架布置方向每隔6层交替换向布置。

2.2　浙江高层建筑常用结构体系与经济性指标分析

2.2.1　钢筋混凝土结构体系

浙江已建和在建的高层建筑中,采用现浇钢筋混凝土结构体系的工程有不少,结构造价低是混凝土结构体系的最大优势。混凝土结构超高层建筑项目中,最常见的结构类型包括框架-核心筒结构和密柱外框-核心筒(即筒中筒)结构,其中浙江温州、宁波、台州、舟山等沿海城市的风荷载较大,采用框架-核心筒结构时大多设置了伸臂桁架进行加强,形成框架-核心筒-伸臂结构。

1. 框架-核心筒结构

混凝土结构超高层建筑项目中,框架-核心筒结构体系是最为常见的结构形式,如西湖文化广场、浙江新世界财富中心、温州瓯海中心、绿地集团杭州之门、杭州云城南综合体A塔楼、B塔楼、浙江影视后期制作中心综合大楼(42层、213m)、义乌世贸中心(54层,250m)等。

如西湖文化广场主楼地下2层,地上41层,建筑高度174m,设计采用钢筋混凝土框架-核心筒结构体系,见图2.2.1-1~图2.2.1-4。

杭州之门项目由东西两幢塔楼及裙房组成,东西塔楼地上均为64层,建筑高度约302m,44层以下均为办公,44层以上西塔为办公,东塔为酒店。东西塔楼采用钢筋混凝土框架-核心筒结构体系,裙房为钢拱连桥及大跨度悬垂网格钢结构,钢拱连桥上部的悬垂屋面从双塔的22层悬挂而下,在中间下部的钢桥顶部形成大跨度公共空间。见图2.2.1-5~图2.2.1-7。

图2.2.1-1　西湖文化广场实景

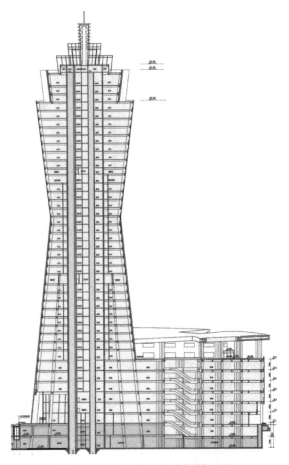

图 2.2.1-2　西湖文化广场剖面图

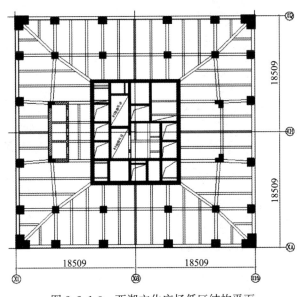

图 2.2.1-3　西湖文化广场低区结构平面

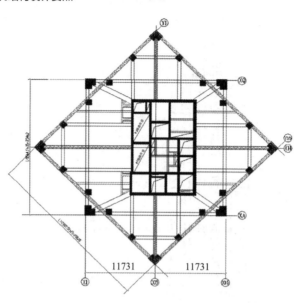

图 2.2.1-4　西湖文化广场高区结构平面

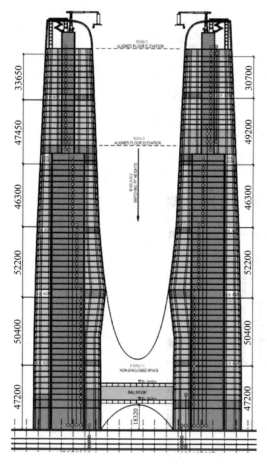

图 2.2.1-5　杭州之门建筑立面

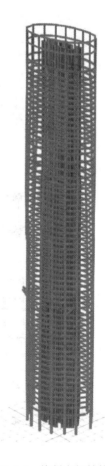

图 2.2.1-6　杭州之门结构模型

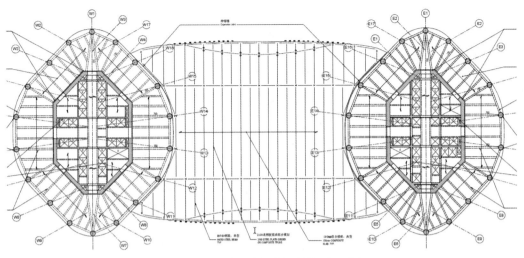

图 2.2.1-7　杭州之门低区结构平面示意

　　杭州云城南综合体 A 塔楼地上 64 层，主屋面结构高度 279.8m，建筑塔冠高度 320m；B 塔楼地上 69 层，主屋面结构高度 286.7m，建筑塔冠高度 300m。A、B 塔楼均采用钢筋混凝土框架-混凝土核心筒结构体系，其中周边框架柱为 SRC 柱，周边框架梁及周边框架与核心筒之间的楼面梁均为 RC 梁。图 2.2.1-8 为杭州云城南综合体 A 塔楼和 B 塔楼的建筑效果图，图 2.2.1-9 和图 2.2.1-10 分别为塔楼 A 和塔楼 B 的结构计算模型，图 2.2.1-11 和图 2.2.1-12 分别为 A 塔楼高区和低区的典型楼层结构平面图。

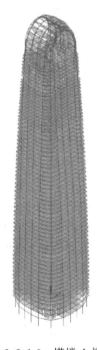

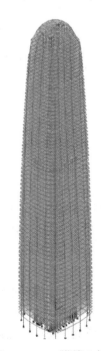

图 2.2.1-8　杭州云城南综合体　　　图 2.2.1-9　塔楼 A 模型　　　图 2.2.1-10　塔楼 B 模型
　　　　　A、B 塔楼效果图

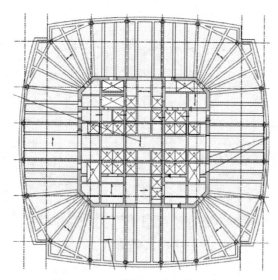

图 2.2.1-11　塔楼 A 高区结构平面

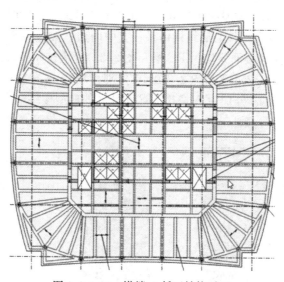

图 2.2.1-12　塔楼 A 低区结构平面

温州瓯海中心南单元区西片地块主塔楼地上 71 层，建筑大屋面高度 299.50m，塔冠造型高度 338.8m。主楼平面形状为下部接近方形，上部接近棱形。结构设计采用混凝土框架-核心筒结构体系，周边框架柱采用现浇钢筋混凝土柱，其中地下 2 层至地上 45 层采用钢管混凝土叠合柱，45 层以上为 RC 柱，柱距为 5.4～9.6m，外框柱 1～45 层向核心筒轻微倾斜，底层外框柱垂直度最大为 85.3°，46 层以上各层外框柱转为垂直。核心筒外墙厚度为 1100～400mm，塔冠外墙为 300mm，内墙从最厚 400mm 减小到 250mm。楼盖结构为现浇钢筋混凝土楼板。见图 2.2.1-13 和图 2.2.1-14。

2. 框架-核心筒-伸臂结构

浙江沿海城市风荷载比较大，为提高结构侧向刚度，满足风荷载作用下的位移控制要求，超高层建筑设置伸臂构件的工程案例比较多。如位于浙江省舟山市小干岛千岛中央商

图 2.2.1-13 温州瓯海中心主塔楼效果图

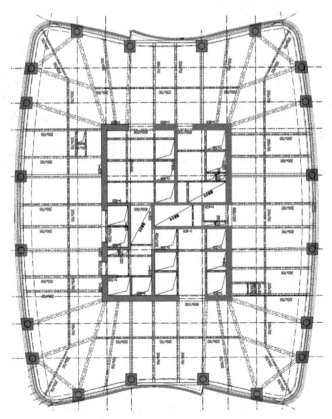

图 2.2.1-14 温州瓯海中心主塔楼典型楼层结构平面

务区的舟山自贸金融中心，地上 50 层，地下 2 层，建筑高度 219m（图 2.2.1-15）。主楼采用框架核心筒结构，利用塔楼中部楼电梯井形成核心筒，作为主要抗侧力构件（图 2.2.1-16）。核心筒宽 13.05m，高宽比接近 17。由于建设地点位于海岛，地面粗糙度取 A 类，50 年一遇基本风压为 0.85kN/m²，100 年一遇基本风压达到 1.0kN/m²。为有效抵抗水平荷载，利用建筑避难层在 29 层设置伸臂桁架结合环带桁架形成结构加强层，增加结构抗侧刚度，控制风荷载作用下的结构位移（图 2.2.1-17）。

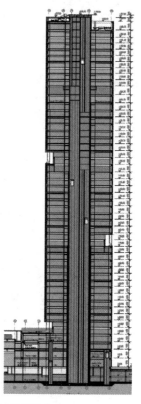

图 2.2.1-15 舟山自贸金融中心建筑效果图和剖面图

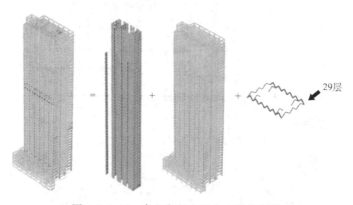

图 2.2.1-16 舟山自贸金融中心结构模型

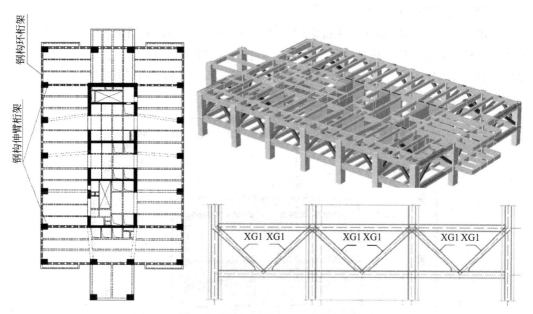

图 2.2.1-17 舟山自贸金融中心加强层结构布置方案

图 2.2.1-18 温州世贸中心大厦实景

3. 筒中筒结构体系

温州世贸中心大厦68层,建筑高度323m(图2.2.1-18),采用钢筋混凝土筒中筒结构体系,其中外筒为密柱框架,标准层柱距4.2m,标准层结构平面见图2.2.1-19。下部楼层柱距8.4~12.8m,在第10~15层采用5层高的斜撑结构进行转换(图1.4.1-10)。

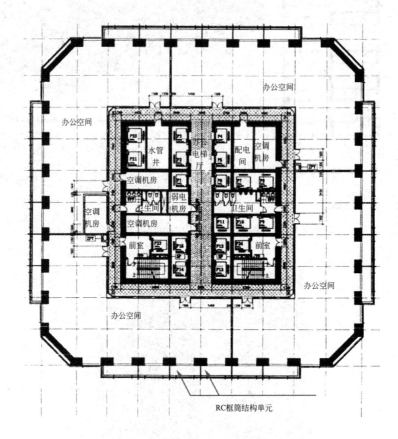

图2.2.1-19 温州世贸中心大厦标准层结构平面

2.2.2 钢-混凝土混合结构体系

1. 框架-核心筒混合高层结构

杭州奥克斯中心塔楼位于杭州未来科技城(图2.2.2-1),地下3层,地上60层,建筑高度约280m,采用框架-核心筒结构体系。

周边框架柱地下室范围内采用型钢混凝土柱,截面大小为1500mm×1500mm(边柱)和1500mm×1600mm(角柱),出地面后采用矩形截面钢管混凝土柱,内灌C60~C40自密实高强混凝土,CFT柱截面尺寸由首层的1100mm×1200mm(角柱)、1000mm×1100mm(边柱)至顶层的600mm×600mm变化。核心筒为钢筋混凝土结构,核心筒外圈墙体厚度自1000mm至顶层400mm变化,内墙厚度为300~400mm。见图2.2.2-2~图2.2.2-4。为提高周边框架的空间效应和减小剪力滞后效应,设置3道带状桁架,但不设伸臂结构。

图 2.2.2-1 杭州奥克斯中心塔楼效果图

图 2.2.2-2 杭州奥克斯中心塔楼施工照片

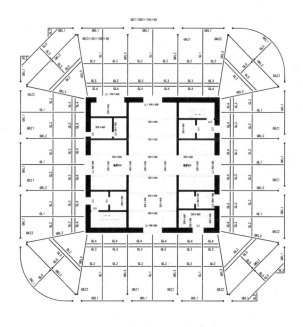

图 2.2.2-3 塔楼低区和中区标准层结构平面

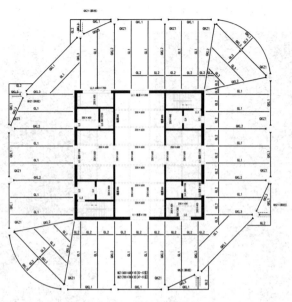

图 2.2.2-4　塔楼高区结构平面

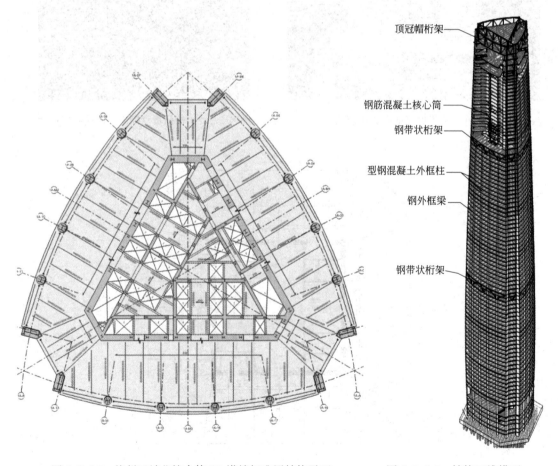

图 2.2.2-5　杭州云城北综合体 T1 塔楼标准层结构平面　　　　图 2.2.2-6　结构三维模型

　　杭州云城北综合体（余政储出［2021］5 号地块项目）T1 塔楼地下 4 层，地上 84 层，建筑高度 399.80m（图 1.1.2-8），结构体系为框架-核心筒，周边框架由型钢混凝土柱（SRC 柱）、钢梁和环带桁架组成，环带桁架层分别位于第 28～30 层和第 62、63 层，结构顶部结合建筑塔冠造型布置帽桁架。本工程不设伸臂结构，布置周边环带桁架可提高周边框架空间作用和减小剪力滞后效应。图 2.2.2-5 为塔楼标准层结构平面，图 2.2.2-6 为结构三维模型。

　　宁波中心大厦（图 1.1.2-13）地上 82 层，建筑高度 409m，设计采用框架-核心筒结构体系，其中周边框架由圆形截面钢管混凝土柱（CFT 柱）和钢梁组成，核心筒为钢筋混凝土结构。为提高周边框架的空间效应和减小剪力滞后效应，设置 3 道带状桁架，但不设伸臂，见图 2.2.2-7。

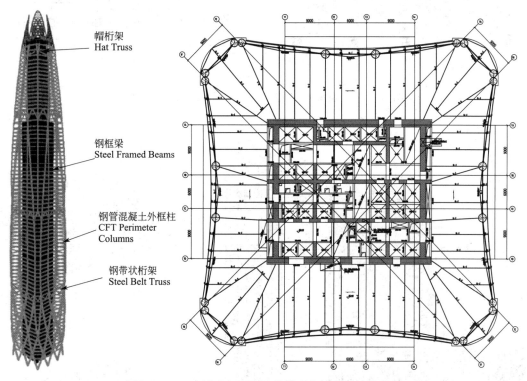

帽桁架
Hat Truss

钢框梁
Steel Framed Beams

钢管混凝土外框柱
CFT Perimeter Columns

钢带状桁架
Steel Belt Truss

图 2.2.2-7　宁波中心大厦结构模型和标准层结构平面

2. 框架-核心筒-伸臂混合高层结构

　　温州国鸿财富中心地下 3 层，地上 74 层，建筑高度 356m，采用钢管混凝土叠合柱-钢梁-RC 核心筒-伸臂结构体系。外框钢梁与柱刚接，外框与核心筒之间的楼面钢梁采用铰接。50 年一遇基本风压 0.60kN/m²。对加强层设置高度、数量及伸臂桁架、环带桁架的不同组合方式进行了分析比较，最终确定在第 28 层和第 51 层设置伸臂和环带桁架进行加强，同时在第 61 层设置环带桁架。见图 2.2.2-8～图 2.2.2-10。

　　宁波城市之光地上 88 层，建筑高度 450m（图 1.1.2-14），采用钢管混凝土框架-RC 核心筒-伸臂结构。其中，周边框架由钢管混凝土柱（CFT 柱）和钢梁、3 道环带桁架组成，52 层以下柱为圆形截面，53 层以上为矩形截面。共设置 3 道伸臂结构，与环带桁架同层

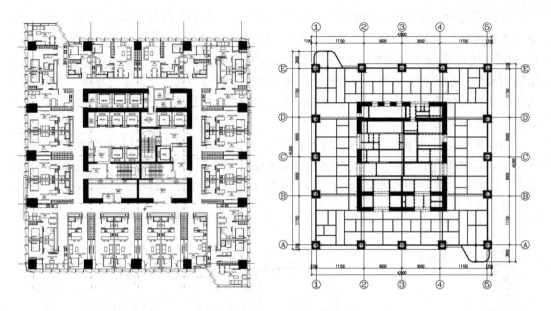

图 2.2.2-8 温州国鸿财富中心标准层建筑和结构平面

图 2.2.2-9 温州国鸿财富中心效果图

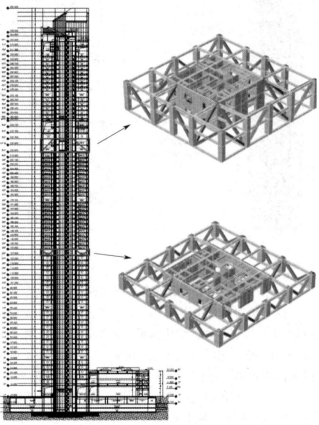

图 2.2.2-10 建筑立面和加强层布置示意

布置在 31 层、52～53 层、68 层。图 2.2.2-11 为标准层建筑平面，图 2.2.2-12 为伸臂桁架和环带桁架结构模型，图 2.2.2-13 为结构整体模型。本工程进行了整体结构缩尺模型振动台试验，图 2.2.2-14 为整体振动台结构模型。

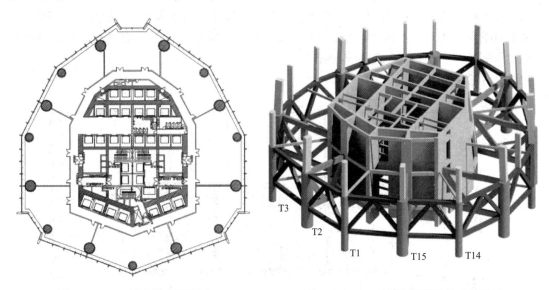

图 2.2.2-11 标准层建筑平面

图 2.2.2-12 伸臂和环带结构三维模型

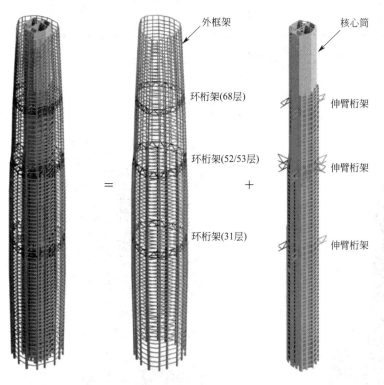

图 2.2.2-13 宁波城市之光超高层塔楼结构模型

图 2.2.2-14 整体振动台
试验模型

3. 斜交网格筒-RC核心筒（筒中筒）混合高层结构

宁波国华金融大厦塔楼地上43层，建筑高度206m，标准层层高4.30m，建筑立面呈网格状造型。结构方案采用筒中筒结构体系，外筒为斜交网格筒，内筒为钢筋混凝土核心筒。其中斜交网格筒的斜柱采用箱形截面钢管柱，以4层为基本单位形成网格，同层节点水平间距为8.70m，轮廓尺寸为61.8m×35.7m，底部20层斜柱内灌混凝土以提高构件刚度和承载力。图2.2.2-15为典型结构平面，图2.2.2-16为现场施工照片，图2.2.2-17为建成后的实景照片。

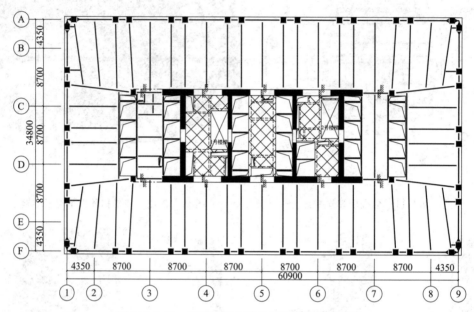

图 2.2.2-15　宁波国华金融大厦标准层结构平面

图 2.2.2-16　宁波国华金融大厦施工照片

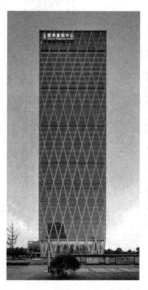

图 2.2.2-17　宁波国华金融大厦建成实景照片

4. 巨柱斜撑框架-RC 核心筒混合高层结构

杭州世茂智慧之门由 A、B 塔楼组成（图 1.1.2-5），地下 3 层，地上均为 63 层，建造高度均为 280m。结构采用筒中筒混合体系，其中内筒为 RC 核心筒，外筒为由每侧两个 SRC 巨柱、钢桁架结合巨型钢斜撑构成的巨型桁架筒。巨柱之间设置小钢柱以减小周边框架梁的跨度，与单向钢斜撑在立面上形成竖向桁架，为塔楼提供较大的侧向刚度。巨柱之间的小钢柱只承担重力荷载，并通过斜撑传递至巨柱，同时在第 12 层和第 38 层利用建筑避难层设有两道环桁架加强结构刚度，并通过环带桁架将中部小钢柱轴力转换到巨柱。周边带斜撑的组合巨柱框架和 RC 核心筒组成双重抗侧力体系，形成多道抗震防线。图 2.2.2-18 为结构三维分析计算模型，图 2.2.2-19 为标准层结构平面，图 2.2.2-20 为施工阶段现场照片。

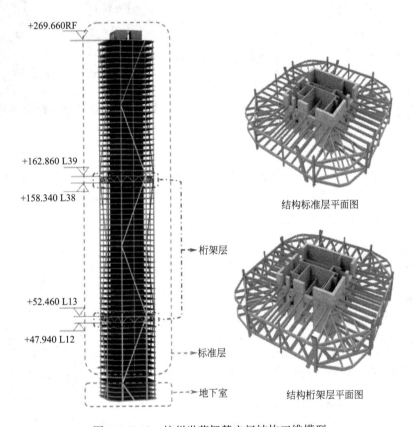

结构标准层平面图

结构桁架层平面图

图 2.2.2-18 杭州世茂智慧之门结构三维模型

5. 巨型框架结构

宁波环球航运广场主楼地下 3 层，地上 51 层，建筑高度 256.6m，主体结构采用巨型框架结构体系。巨型柱为东、西两侧的落地筒体，筒体由钢骨混凝土剪力墙组成；巨型梁为钢桁架梁，跨度 49.2m，每层布置 3 榀，沿竖向共 5 道，其中下面第一道巨型桁架梁布置于第 6～7 层，桁架梁高 10.2m，第二、三、四道巨型桁架梁分别布置于第 19 层、30 层、39 层，桁架梁高度均为 5.4m，第五道（最上面一道）桁架梁布置于第 51 层，梁高 4.5m。次框架采用钢框架结构。如图 2.2.2-21～图 2.2.2-24 所示。

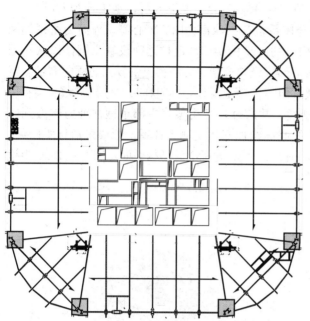

图 2.2.2-19 杭州世茂智慧之门标准层结构平面图   图 2.2.2-20 杭州世茂智慧之门现场照片

巨型钢桁架根据不同的位置和结构特点，采用不同的施工方法。最下道钢桁架层采用首层楼面拼装整体提升，第二道～第四道钢桁架层（39 层）采用高空散装，顶层钢桁架层在 49 层结构上拼装后整体提升。

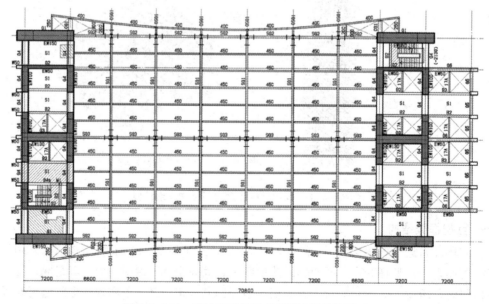

图 2.2.2-21 宁波环球航运广场标准层结构平面

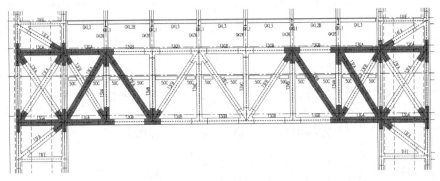

图 2.2.2-22 最下层巨型梁（钢桁架）结构立面图

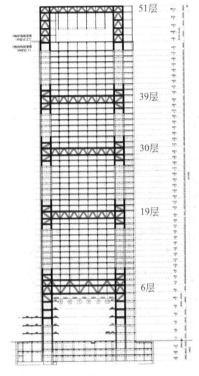

图 2.2.2-23 巨型框架结构立面图

图 2.2.2-24 第一桁架层钢结构整体提升照片

2.2.3 新型装配式高层钢结构住宅结构体系

1. 钢管混凝土束组合剪力墙结构

采用钢管混凝土束组合剪力墙体系的工程项目有不少。如杭州钱江世纪城人才专项用房 11 号楼为一幢板式高层住宅建筑，地下 2 层，地上 30 层，结构屋面标高为 89.6m，建筑高度 95.1m，结构设计采用钢管混凝土束组合剪力墙结构体系，其中钢管混凝土束组合剪力墙厚度 130～150mm，钢板厚度 4～5mm。又如杭州丁桥天阳融信·东方邸由 10 幢高层住宅组成，总建筑面积约 8.1 万 m²，地上 16 层，建筑高度约 50m，结构设计采用钢框架-钢管混凝土束组合剪力墙体系，其中钢管混凝土束组合剪力墙厚度 130～150mm，

95

钢板厚度4~5mm。如图2.2.3-1为杭州钱江世纪城人才专项用房11号楼建筑标准层平面,图2.2.3-2和图2.2.3-3分别为建筑效果图和钢管混凝土束组合墙现场安装照片。

图2.2.3-1　杭州钱江世纪城人才专项用房11号楼建筑标准层平面

图2.2.3-2　钱江世纪城人才专用房效果图　　　　图2.2.3-3　钢管混凝土束组合墙现场安装

2. 桁架加劲多腔体钢板组合剪力墙结构

桁架加劲多腔体钢板组合剪力墙作为结构体系的主要抗侧向力构件,由外侧双钢板与端部矩形钢管、内部平面钢筋桁架焊接形成的具有多个竖向连通腔体的结构单元,内部浇筑混凝土,形成一种以一字形、L形、T形、Z形为主要截面形式的组合构件。

位于杭州市萧山区大江东新城河庄街道的浙江东南新型装配式钢结构绿色建筑基地,由车间一~车间五和综合办公楼组成,其中的车间五为倒班宿舍,无地下室,地上12层,标准层层高3.2m,建筑高度39.65m,结构设计采用钢框架-桁架加劲多腔体钢板组合剪力墙结构体系。图2.2.3-4为标准层结构平面,图2.2.3-5为桁架加劲多腔体工厂制作,图2.2.3-6为桁架加劲多腔体钢板组合剪力墙的加载试验,图2.2.3-7为钢框架-桁架加劲多腔体钢板组合剪力墙结构体系计算模型。

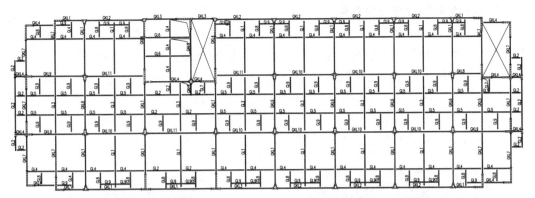

图 2.2.3-4 钢框架-桁架加劲多腔体钢板组合剪力墙结构体系标准层平面

图 2.2.3-5 桁架加劲多腔体工厂制作　　图 2.2.3-6 多腔体钢板组合剪力墙加载试验

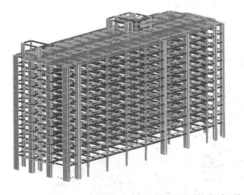

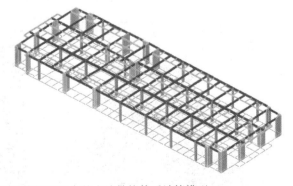

图 2.2.3-7 钢框架-桁架加劲多腔体钢板组合剪力墙结构体系计算模型

3. 波形钢板组合剪力墙结构

浙江中南绿建科技产业基地-宿舍楼，工程地址位于杭州市富阳区，结构体系采用钢管混凝土框架-波形钢板组合剪力墙结构。波形钢板组合剪力墙采用对拉螺栓固定，可有效限制钢板内移及外挠，提高波形钢板稳定承载力，同时，对拉螺栓位于波纹钢板波谷处，可作为墙体装饰板、防火板、幕墙的固定连接点。图 2.2.3-8 为浙江中南绿建科技产业基地宿舍楼的建筑效果图，图 2.2.3-9 为波纹钢板组合剪力墙示意图，图 2.2.3-10 和图 2.2.3-11 为波纹钢板组合剪力墙现场安装施工。

图 2.2.3-8 浙江中南绿建科技产业基地宿舍楼　　　图 2.2.3-9 波纹钢板组合剪力墙示意图

图 2.2.3-10 波纹钢板组合剪力墙现场安装施工（一）

图 2.2.3-11 波纹钢板组合剪力墙现场安装施工（二）

4. 加劲钢板剪力墙结构

杭州融信·傲世邸项目位于浙江杭州西湖区三墩板块，地上建筑面积约 18 万 m^2，南地块由 4 栋 LOFT 高层公寓、底商、商业街及配套用房组成，北地块包含 1 栋 6 层高龙湖天街商业及 1 栋 LOFT 高层公寓，高层公寓建筑高度约 100m，采用隐式钢框架-加劲钢板剪力墙结构体系（图 2.2.3-12）。

图 2.2.3-12 加劲钢板剪力墙现场安装施工

融创·宁波凤凰山项目位于宁波市北仑区，其中 8 号、11 号、13 号楼三幢高层住宅建筑地上 11 层，地下室 1 层，建筑高度 33.3m，设计采用隐式钢框架-加劲钢板剪力墙结构体系。

万科·杭州运河新城项目位于杭州市拱墅区，项目为 1 幢 16 层高层住宅，地上建筑面积为 4156m^2，建筑高度 47.4m，设计采用隐式钢框架-加劲钢板剪力墙结构体系。

滨江·沁语晓庭项目位于杭州拱墅区桃源，由 8 幢高层建筑组成，其中 2 号楼建筑面积 6050m^2，地上 18 层，建筑高度 53.5m，设计采用隐式钢框架-加劲钢板剪力墙结构体系。

滨江绿城·江河鸣翠项目位于杭州江干区三堡，由 15 幢高层建筑组成，其中 2 号、3 号楼采用隐式钢框架-加劲钢板剪力墙结构体系，2 号、3 号楼建筑面积 1.6 万 m^2，地上 23 层，地下 2 层，建筑高度 73m。

滨江·望品项目位于杭州江干区三堡，由 7 幢高层建筑组成，其中 2 号楼建筑面积 4523 m^2，地上 18 层，地下 1 层，建筑高度 54m，结构设计采用隐式钢框架-加劲钢板剪力墙结构体系。

大家·祥符地块项目位于浙江省杭州市拱墅区，总建筑面积 10.4m^2，由 8 栋单体组成，其中 4 号楼地上 22 层，地下 1 层，建筑高度 64.9m，结构设计采用隐式钢框架-加劲钢板剪力墙结构体系。

2.2.4 高层建筑结构经济指标统计分析

高层建筑结构体系（按结构材料区分）包括混凝土结构、全钢结构和钢-混凝土混合结构。出于结构造价、风荷载作用下的舒适性和防火等综合因素，浙江地区高层建筑采用全钢结构的案例很少，如杭州国际会议中心采用了全钢结构体系（钢框架-支撑结构），尽管结构高度仅85m，但结构型钢用量达到179.5kg/m²，当然这里面也有建筑造型较特殊等因素。浙江地区超过200m的超高层建筑中，结构体系以采用钢-混凝土混合结构占多数，也有不少采用混凝土结构体系（表2.2.4-1）。需要说明的是，混凝土结构体系中，底部约1/3～1/2楼层的框架柱一般采用SRC柱，以减小柱截面尺寸，提高建筑面积使用率。

表2.2.4-2为浙江地区典型高层建筑的单位面积型钢、钢筋和混凝土用量指标。可以看到，结构体系、抗侧力单元布置和截面类型、结构高度、基本风压、设防烈度等因素对结构型钢、钢筋和混凝土用量指标均有较大影响，当然这其中也包括设计师的个人设计习惯等因素。

一般来说，采用混凝土结构体系的经济性指标相对较好，单位面积用钢量（含钢筋和型钢）指标显著低于混合高层结构，但混凝土用量相对大一些。如湖州东吴国际广场与杭州未来科技城奥克斯中心塔楼，两者建筑高度相近，基本风压、地面粗糙度和设防烈度相同，前者单位面积用钢量为 8.1(型钢)＋102(钢筋)＝110.1kg/m²，混凝土用量为0.45m³/m²；后者单位面积用钢量为73.6(型钢)＋58(钢筋)＝136.6kg/m²，混凝土用量为0.32m³/m²。考虑钢材和混凝土用量、型钢和钢筋价差、基础造价影响等因素，混合结构与混凝土结构相比，结构造价增加幅度为15%～20%。

混合高层虽在结构经济性指标方面处于劣势，但在施工速度、楼层面积利用率和使用品质等方面具有优势，因而在浙江超高层建筑中，混合结构具有更高接受度。

建筑高度对结构经济性指标也具有显著影响。当结构体系相同，风荷载和设防烈度等设计条件相同的情况下，建筑高度越高，单位面积结构造价也越高。如杭州云城北综合体T1塔楼（俗称金钥匙塔楼）建筑高度400m，单位面积型钢用量指标显著高于建筑高度为280m的杭州世贸智慧之门和杭州未来科技城奥克斯中心塔楼；建筑高度450m宁波城市之光的单位面积型钢用量指标高于宁波中心大厦；湖州东吴国际广场（建筑高度288m）单位面积用钢量大于浙江广电大厦（建筑高度218m）。

风荷载对超高层建筑结构经济性指标影响也十分显著。如台州天盛中心与杭州未来科技城奥克斯中心塔楼均为混合高层结构，两者高度相近，设防烈度相同，但前者设计风荷载大，型钢、钢筋和混凝土用量显著高于后者；又如，舟山自贸中心大厦的钢材和混凝土用量显著高于相同高度的浙江广电大厦，温州置信广场的钢材和混凝土用量显著高于高度相近的浙江新世界财富中心。

设防烈度也是影响结构经济性指标的重要因素。浙江地区设防烈度包括6度（0.05g）和7度（0.10g），设防烈度较低，对于200m以上的超高层建筑而言，结构刚度一般由风荷载控制，但结构经济性指标受风荷载和设防烈度双控。也即，结构的抗侧力构件数量和截面尺寸由风荷载控制，但抗侧力构件截面含钢率同时由地震（抗震构造）控制。如建筑同为400m左右的宁波中心大厦和杭州云城北综合体T1塔楼，前者型钢用量为147.9kg/m²，后者为118kg/m²，用钢量指标除受风荷载影响以外，设防烈度也是主要原因。又如，7度设防的钱江新城杭州国际中心主塔楼，用钢量指标显著高于6度设防的杭州世贸智慧之门和杭州未来科技城奥克斯中心塔楼。

建筑造型复杂或存在转换、连体、悬挑等复杂类型的超高层建筑，结构经济性指标也往往偏高。如杭州钱江世纪城望朝中心，由于建筑造型复杂，外框中柱在底部通过38m

跨度空腹桁架进行转换，钢构件壁厚达到100mm，造成其型钢用量指标显著高于相同高度的杭州世贸智慧之门和杭州未来科技城奥克斯中心塔楼。湖州南太湖主地标超高层建筑，由于建筑造型特殊，其结构材料用量较其他同类结构显著偏高。

浙江典型高层建筑结构体系

表 2.2.4-1

序号	项目名称	建设地点	建筑高度（m）	结构体系（材料）	结构类型（抗侧力）	主要抗侧力构件
1	杭州世贸智慧之门	杭州	280	混合结构	斜撑巨柱框架-核心筒	钢斜撑＋SRC 巨柱＋钢梁＋RC 核心筒
2	杭州钱江世纪城望朝中心	杭州	288	混合结构	框架-核心筒	CFT 曲线柱＋钢梁＋RC 核心筒
3	杭州云城北综合体 T1 塔楼	杭州	400	混合结构	框架-核心筒	SRC 柱＋钢梁＋RC 核心筒
4	杭州来福士广场	杭州	250	混合结构	框架-核心筒	CFT 柱＋SRC/RC 梁＋RC 核心筒
5	钱江新城杭州国际中心主塔楼	杭州	298	混合结构	框架-核心筒	CFT 柱＋钢梁＋RC 核心筒
6	杭州未来科技城奥克斯中心塔楼	杭州	280	混合结构	框架-核心筒	CFT 柱＋钢梁＋RC 核心筒
7	宁波国华金融大厦	宁波	206	混合结构	筒中筒	钢管混凝土斜交网格外筒＋RC 核心筒
8	宁波城市之光	宁波	450	混合结构	框架-核心筒	CFT 柱＋钢梁＋RC 核心筒
9	宁波中心大厦	宁波	409	混合结构	框架-核心筒	CFT 柱＋钢梁＋RC 核心筒
10	温州鹿城广场	温州	379	混合结构	框架-核心筒	SRC 柱＋钢梁＋RC 核心筒
11	温州国鸿财富中心	温州	356	混合结构	框架-核心筒	钢管混凝土叠合柱＋钢梁＋RC 核心筒
12	台州天盛中心	台州	300	混合结构	框架-核心筒	CFT/SRC 柱＋钢梁＋RC 核心筒
13	湖州南太湖主地标超高层建筑	湖州	318	混合结构	框架-核心筒	CFT 柱＋钢梁＋RC 核心筒
14	浙江新世界财富中心	杭州	246	混凝土结构	框架-核心筒	SRC/RC 柱＋RC 梁＋RC 核心筒
15	浙江广电大厦（影视后期制作综合大楼）	杭州	218	混凝土结构	框架-核心筒	SRC/RC 柱＋RC 梁＋RC 核心筒
16	湖州东吴国际广场	湖州	288	混凝土结构	框架-核心筒	SRC/RC 柱＋RC 梁＋RC 核心筒
17	舟山自贸中心大厦	舟山	219	混凝土结构	框架-核心筒	SRC/RC 柱＋RC 梁＋RC 核心筒
18	温州世贸中心大厦	温州	323	混凝土结构	筒中筒	SRC/RC 密柱＋RC 梁＋RC 核心筒
19	温州置信广场	温州	255	混凝土结构	框架-核心筒	SRC/RC 柱＋RC 梁＋RC 核心筒
20	杭州国际会议中心	杭州	85	全钢结构	钢框架-支撑	钢柱＋钢支撑＋钢梁

浙江典型高层建筑结构经济指标　　　　　　表 2.2.4-2

序号	项目名称	设防烈度	基本风压（kPa）	地面粗糙度	混凝土用量（m³/m²）	钢筋用量（kg/m²）	型钢用量（kg/m²）
1	杭州世贸智慧之门（A塔）	6	0.45	B	0.336	73.3	90.5
	杭州世贸智慧之门（B塔）	6	0.45	B	0.344	80.1	83.8
2	杭州钱江世纪城望朝中心	6	0.45	B	0.33	73.0	118.0
3	杭州云城北综合体T1塔楼	6	0.45	B/C	0.43	65.0	118.0
4	杭州来福士广场（T1）	6	0.45	B	0.47	71.9	74.3
5	钱江新城杭州国际中心主塔楼	7	0.45	C	0.31	65.0	106.7
6	杭州未来科技城奥克斯中心塔楼	6	0.45	B	0.32	58.0	78.6
7	宁波国华金融大厦	6	0.50	B	0.15	16.5	119.9
8	宁波城市之光	7	0.50	B/C	0.35	53.0	164.4
9	宁波中心大厦	7	0.50	C	0.41	46.3	147.9
10	温州鹿城广场	6	0.60	B/C	0.385	62.0	120.0
11	温州国鸿财富中心	6	0.60	B	0.38	65.5	110.0
12	台州天盛中心	6	0.65	B	0.4	72.4	89.5
13	湖州南太湖主地标超高层建筑	6	0.45	A	0.368	39.4	152.0
14	浙江新世界财富中心	6	0.45	B	0.4	76.2	21.0
15	浙江广电大厦	6	0.45	B	0.410	70.7	21.6
16	湖州东吴国际广场	6	0.45	B	0.45	102.0	8.1
17	舟山自贸中心大厦	7	0.85	A/B	0.48	87.0	38.5
18	温州世贸中心大厦	6	0.60	B	0.4	119.3	12.9
19	温州置信广场	6	0.60	B	0.487	106.5	34.5
20	杭州国际会议中心	6	0.45	B	0.17	26.9	179.5

2.3　高层建筑结构抗风设计要点

2.3.1　浙江地区风荷载计算参数取值

浙江是我国受台风影响最严重的省份之一。新中国成立以来，影响浙江的台风共有225个，其中登陆浙江的有46个，另外登陆福建80%的台风和登陆广东20%的台风都对浙江造成了影响。表2.3.1-1为1949—2018年登陆浙江的超强台风和强台风。

1949—2018年登陆浙江的超强台风和强台风　　　　表 2.3.1-1

排名	台风编号	台风名称	登陆风速（m/s）	登陆气压（hPa）	登陆日期	登陆地点
1	5612	Wanda	65	923	1956/8/1	象山
2	0608	桑美	60	920	2006/8/10	苍南
3	0515	卡努	50	945	2005/9/11	台州

排名	台风编号	台风名称	登陆风速 （m/s）	登陆气压 （hPa）	登陆日期	登陆地点
4	5310	Nina	50	955	1953/8/17	乐清
5	0414	云娜	45	950	2004/8/12	温岭
6	0509	麦莎	45	950	2005/8/6	玉环
7	0713	韦帕	45	950	2007/9/19	苍南
8	1509	灿鸿	45	955	2015/7/11	舟山
9	1211	海葵	42	965	2012/8/8	象山

注：本表系根据台风年鉴资料整理。

对于浙江沿海强风地区的高层建筑，风荷载往往会超越地震作用成为结构设计的控制荷载，因此对高层建筑进行抗风设计是结构设计的重要内容。

如地处浙江舟山的舟山自贸金融中心，主楼地上 50 层，建筑高度 219m，采用框架-核心筒结构（图 2.2.1-15）。7 度设防，50 年一遇基本风压为 $0.85kN/m^2$，地面粗糙度 A 类。7 度多遇地震作用下 Y 向（两个主轴中的弱轴方向）基底剪力为 $F_{0e}=33241.1kN$，风荷载基底剪力为 $F_{0w}=50266.6kN$；多遇地震和水平风荷载作用下的基底倾覆力矩分别为：$M_{0e}=3684392.3kN \cdot m$、$M_{0w}=6347735.0kN \cdot m$；多遇地震和水平风荷载作用下的最大层间位移角分别为：$\delta_e=1/843$、$\delta_w=1/615$。可见，结构在水平风荷载作用下的基底总剪力、总倾覆力矩和最大层间位移均大于多遇地震作用下的计算结果，结构刚度由水平风荷载控制。

宁波城市之光地上 88 层，建筑高度 450m（图 1.1.2-14），采用钢管混凝土框架-RC 核心筒-伸臂结构体系（图 2.2.2-13）。7 度设防，50 年一遇基本风压为 $0.50kN/m^2$，地面粗糙度取 B 类。多遇地震和水平风荷载作用下，两个主轴方向上的最大层间位移角分别为：$\delta_{ex}=1/854$、$\delta_{wx}=1/524$；$\delta_{ey}=1/871$、$\delta_{wy}=1/547$。可见，结构刚度也是由水平风荷载控制。

温州国鸿财富中心地上 74 层，建筑高度 356m，采用叠合钢管混凝土柱框架-RC 核心筒-伸臂结构体系（图 1.1.2-18）。6 度设防，50 年一遇基本风压为 $0.60kN/m^2$，地面粗糙度取 B 类。多遇地震和水平风荷载作用下，两个主轴方向上的最大层间位移角分别为：$\delta_{ex}=1/1450$、$\delta_{wx}=1/500$；$\delta_{ey}=1/1531$、$\delta_{wy}=1/574$。可见，结构刚度也是由水平风荷载控制。

表 2.3.1-2 为摘自《建筑结构荷载规范》GB 50009—2012（以下简称《荷载规范》）的浙江省基本风压取值表；表 2.3.1-3 为浙江沿海城市宁波、温州、台州的基本风压取值的补充数据，分别摘自《宁波市住宅建筑结构设计细则》《温州地区高层居住建筑结构设计细则》和《台州市住宅品质提升设计指南（试行）》。

浙江省基本风压取值表（一）　　　　　　　　　　　　　　表 2.3.1-2

城市名	基本风压（kN/m²）		
	10 年	50 年	100 年
杭州市	0.30	0.45	0.50
临安县天目山	0.55	0.75	0.85

续表

城市名	基本风压(kN/m²)		
	10 年	50 年	100 年
平湖县乍浦	0.35	0.45	0.50
慈溪市	0.30	0.45	0.50
嵊泗	0.85	1.30	1.55
嵊泗县嵊山	1.00	1.65	1.95
舟山市	0.50	0.85	1.00
金华市	0.25	0.35	0.40
嵊县	0.25	0.40	0.50
宁波市（老城区）	0.30	0.50	0.60
象山县石浦	0.75	1.20	1.45
衢州市	0.25	0.35	0.40
丽水市	0.20	0.30	0.35
龙泉	0.20	0.30	0.35
临海市括苍山	0.60	0.90	1.05
温州市	0.35	0.60	0.70
椒江市洪家	0.35	0.55	0.65
椒江市下大陈	0.95	1.45	1.75
玉环县坎门	0.70	1.20	1.45
瑞安市北麂	1.00	1.80	2.20

注：表中数据摘自《建筑结构荷载规范》GB 50009—2012。

浙江省基本风压取值表（二）　　　　表 2.3.1-3

城市名		基本风压(kN/m²)		
		10 年	50 年	100 年
嘉兴市		0.30	0.50	0.60
绍兴市		0.30	0.45	0.50
宁波市	镇海老城区		0.60	
	北仑城区		0.65	
	北仑春晓		0.75	
	梅山岛		0.85	
	大榭岛		0.80	
	杭州湾		0.50	
温州市	龙湾区		0.70	
	瑞安市		0.70	
	洞头区瓯江口一期		0.75	
	洞头区瓯江口大门镇		0.90	
	洞头区霓屿街道		0.90	
	洞头区鹿西乡		1.10	

续表

城市名		基本风压(kN/m²)		
		10年	50年	100年
温州市	洞头区元觉街道		1.10	
	洞头区东屏镇		1.10	
	洞头区北岙镇		1.10	
	龙港市区		0.70	
	龙港新城		0.75	
	龙港巴曹镇		0.80	
	苍南县宜山镇、沿浦镇、钱库镇、马站镇、赤溪镇、凤阳畲族镇、岱岭畲族乡、望里镇		0.70	
	苍南县金乡镇、炎亭镇、霞关镇、大渔镇		0.80	
	乐清市		0.70	
	平阳县		0.70	
台州市椒江区	海门街道(G228以东)	0.50	0.75	0.90
	海门街道(G228以西)	0.45	0.70	0.85
	白云街道(大环线以北)	0.45	0.70	0.85
	白云街道(大环线以南)	0.40	0.65	0.80
	葭沚街道(大环线以北)	0.45	0.70	0.85
	葭沚街道(大环线以南)	0.40	0.65	0.80
	洪家街道	0.40	0.60	0.75
	三甲街道(G228以东)	0.45	0.70	0.85
	三甲街道(G228以西)	0.40	0.65	0.80
	下陈街道	0.40	0.65	0.80
	章安街道(台金高速以北)	0.40	0.65	0.80
	章安街道(台金高速以南)	0.40	0.65	0.85
	前所街道(G228以东)	0.50	0.70	0.90
	前所街道(G228以西)	0.45	0.70	0.85
	大陈镇	0.95	1.45	1.75
台州市黄岩区	江口街道、富山乡、平田乡	0.40	0.60	0.75
	其他	0.35	0.55	0.65
台州市路桥区	金溪镇(G228以东)、蓬街镇(G228以东)	0.45	0.70	0.85
	金溪镇(G228以西)、蓬街镇(G228以西)	0.40	0.65	0.80
	其他	0.40	0.60	0.75
台州市玉环市	玉成街道、大麦屿街道	0.65	1.00	1.20
	坎门街道	0.70	1.20	1.45
	鸡山乡	0.90	1.45	1.75
	海山乡(海岛)	0.80	1.30	1.55
	海山乡(内陆)	0.55	0.90	1.10
	其他	0.55	0.90	1.11

续表

城市名		基本风压（kN/m²）		
		10 年	50 年	100 年
台州市 三门县	珠岙镇	0.35	0.50	0.60
	健跳镇（G228 以东内陆）	0.50	0.75	0.90
台州市 三门县	健跳镇（G228 以东海岛）	0.90	1.45	1.75
	健跳镇（G228 以西）	0.45	0.70	0.85
	浦坝港镇（G228 以东）	0.50	0.75	0.90
	浦坝港镇（G228 以西）	0.45	0.70	0.85
	蛇蟠乡	0.50	0.75	0.90
	其他	0.40	0.65	0.80
台州市 天台县	石梁镇	0.40	0.60	0.75
	三州乡	0.35	0.55	0.65
	其他	0.35	0.50	0.60
台州市 仙居县	福应街道、南峰街道、安洲街道、下各镇、安岭乡、上张乡、大战乡	0.35	0.50	0.60
	广度乡	0.35	0.55	0.65
	其他	0.30	0.45	0.55
台州市 温岭市	太平街道、城东街道、城西街道、城北街道、横峰街道、新河镇、温峤镇	0.45	0.70	0.85
	城南镇、石桥头镇、坞根镇	0.50	0.75	0.90
	松门镇（S225 以西）	0.50	0.80	0.95
	松门镇（S225 以西）	0.55	0.90	1.10
	箬横镇（S324 以北）	0.45	0.70	0.85
	箬横镇（S324 以南）	0.50	0.75	0.90
	石塘镇	0.55	0.90	1.10
	滨海镇（G228 以东）	0.50	0.75	0.90
	滨海镇（G228 以东）	0.45	0.70	0.85
	其他	0.40	0.60	0.75
台州市 临海市	涌泉镇	0.40	0.60	0.75
	括苍山	0.60	0.90	1.05
	杜桥镇（G228 以东）	0.50	0.75	0.90
	杜桥镇（G228 以西）	0.45	0.65	0.80
	上盘镇（G228 以东内陆）	0.50	0.75	0.90
	上盘镇（G228 以东海岛）	0.90	1.45	1.75
	上盘镇（G228 以西）	0.45	0.70	0.85
	桃渚镇（G228 以东）	0.50	0.75	0.90
	桃渚镇（G228 以西）	0.45	0.70	0.85
	其他	0.35	0.50	0.60

注：1. 宁波市风荷载补充数据摘自《宁波市住宅建筑结构设计细则》；

　　2. 温州市风荷载补充数据摘自《温州地区高层居住建筑结构设计细则》；

　　3. 台州市风荷载补充数据摘自《台州市住宅品质提升设计指南（试行）》。

2.3.2 高层建筑地貌分析

计算风荷载时，一般情况下地面粗糙度类别由结构工程师根据工程所在地的建筑、植被等情况确定，如场地周边建筑物分布明显较多或临近湖边、海边等情况，可直接根据《荷载规范》确定地貌类别。当在建筑周边 360°范围内，场地环境存在明显差异时，可通过地貌分析确定不同来流方向对应的地面粗糙度类别。

1. 基于规范方法的地面粗糙度评估

《荷载规范》给出了四类地面粗糙度，如表 2.3.2-1 所示。在确定地面粗糙度类别时，若无地面粗糙度指数 α 的实测数据，可按下述原则近似确定：

（1）以拟建房 2km 为半径的迎风半圆影响范围内的房屋高度和密集度来区分粗糙度类别，风向原则上应以该地区最大风的风向为准，但也可取其主导风；

（2）以半圆影响范围内建筑物的平均高度 h 来划分地面粗糙度类别，当 $h \geq 18\text{m}$，为 D 类，$9\text{m} < h < 18\text{m}$，为 C 类，$h \leq 9\text{m}$，为 B 类；

（3）影响范围内不同高度的面域可按下述原则确定，即每座建筑物向外延伸距离为其高度的面域内均为该高度，当不同高度的面域相交时，交叠部分的高度取大者；

（4）平均高度 h 取各面域面积为权数计算。

四类地面粗糙度的相关参数　　　　　　　　　　　　表 2.3.2-1

	A 类	B 类	C 类	D 类
地面粗糙度指数 α	0.12	0.15	0.22	0.30
梯度风高度/m	300	350	450	550
名义湍流度 I_{10}	0.12	0.14	0.23	0.39
适用对象	近海海面和海岛、海岸、湖岸及沙漠地区	田野、乡村、丛林、丘陵以及房屋比较稀疏的乡镇	有密集建筑群的城市市区	有密集建筑群且房屋较高的城市市区

采用《荷载规范》的方法计算，数据量大，面域划分方法较为复杂，同时考虑不同风向角情况下的计算，运算极为复杂，一般需编程进行运算，编程思路为：

（1）获取中心点的地理坐标，将半径 2km 范围内的所有建筑的地理坐标减去中心点的地理坐标，进行归一化。

（2）将半径 2km 的运算范围进行网格划分。

（3）对每一幢建筑的外扩面域判定进行程序编制，对被外扩面域覆盖到的小格赋上对应的高度信息。

（4）对于重叠面域，取高者为高值。

（5）考虑不同风向角情况下，进行不同的半圆划分，对不同的计算范围给出对应的平均高度。

在拟建房 2km 为半径的迎风半圆内划分好面域及赋给其对应的影响高度之后，取各面域面积为权数计算平均高度。采用半圆影响范围内建筑物的平均高度 h 来划分地面粗糙度类别，$h \geq 18\text{m}$ 为 D 类，$9\text{m} < h < 18\text{m}$ 为 C 类，$h \leq 9\text{m}$ 为 B 类。

2. 基于 ESDU 方法的远场地貌分析

地球表面会对风的性质产生影响，其最终结果是在地球表面以上的高度处的风是沿着等压线定向的，这就是所谓的梯度风，它的大小不受地球表面细节粗糙度的影响，例如山脉、山谷、城镇、树木和其他障碍物。在地球表面，地面障碍物引起的水平阻力作用在气流上，使其减速。这种力随着离地高度的增加而减小，在风速首先达到梯度风值的梯度高度 h 处可以忽略不计。对于强风，根据地形粗糙度和风的强度，h 可以在离地面 $500 \sim 3000m$ 之间变化。地面与梯度高度之间的区域称为大气边界层，其中风速随高度逐渐增加。表面粗糙度参数的估计都必须在场地和场地的迎风方向上进行。

以目标地块为中心，以某一半径（$\geqslant 20H$，H 为建筑物高度）的圆形范围作为计算区域。计算区域内区分山地、城市、城镇、农田、河流，粗糙高度分别为 5、2、1、0.5、0.01，其余情况按混合地貌计算，混合地貌的有效高度 $z_{0\mathrm{eff}}$ 按照 ESDU 建议方法，即根据各地貌剪切应力的平均来确定高度 $z_{0\mathrm{eff}}$。采用 ESDU 建议方法计算不同来流方向上的风速随高度变化数据，对地面粗糙度指数 α 进行拟合，并将风速与 A、B、C、D 类地貌的风速剖面进行比较，进而确定不同风向的地面粗糙度类别。

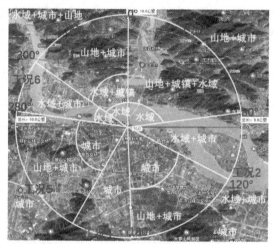

图 2.3.2-1　地貌类别计算区域示意图

温州鹿城广场项目（图 1.1.2-17）扇形面的划分如图 2.3.2-1 所示，其中 0° 位于场地的正北方向，顺时针规定风向角，$0° \sim 80°$ 为工况 1，该工况下沿迎风路径一共有两块粗糙度区域，最靠近一块为水域，取 $z_{0\mathrm{eff}}$ 采用 water 定义，水域之外为城市、水域与山地混合地形，$z_{0\mathrm{eff}}$ 计算值为 1，远处为山地，$z_{0\mathrm{eff}}$ 计算值为 3。相应地，规定 $80° \sim 120°$ 为工况 2，$120° \sim 180°$ 为工况 3，$180° \sim 210°$ 为工况 4，$210° \sim 280°$ 为工况 5，$280° \sim 300°$ 为工况 6，$300° \sim 360°$ 为工况 7。各工况下的各区域地貌如图 2.3.2-1 所示。

工况 $1 \sim 7$ 采用 ESDU 建议方法进行计算，所得各工况下的 $10 \sim 300m$ 高度处的风速见图 2.3.2-2 ~ 图 2.3.2-9。根据计算风速与 A、B、C、D 类地貌风速剖面进行比较，可以判断：温州鹿城广场南面来流工况（工况 3、工况 4、工况 5，角度范围为 $120° \sim 280°$）的拟合粗糙度指数为 C 类，南边多为城市区域，远处为山区和城市。而北面来流工况（工况 1、工况 2、工况 6、工况 7，角度范围为 $280° \sim 0° \sim 120°$）的拟合粗糙度指数为 B 类，该位置临近为瓯江，远处为山区和城市的混合地形。

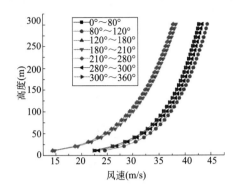

图 2.3.2-2　各工况下沿高度风速计算结果

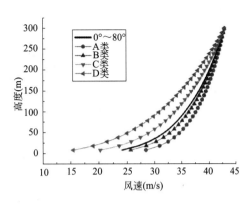

图 2.3.2-3　工况 1 风速与标准地貌风速对比

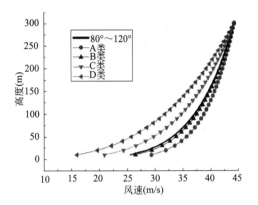

图 2.3.2-4　工况 2 风速与标准地貌风速对比

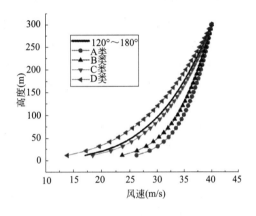

图 2.3.2-5　工况 3 风速与标准地貌风速对比

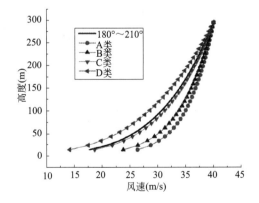

图 2.3.2-6　工况 4 风速与标准地貌风速对比

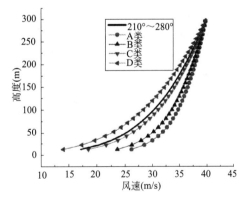

图 2.3.2-7　工况 5 风速与标准地貌风速对比

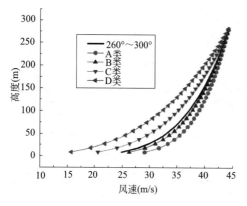

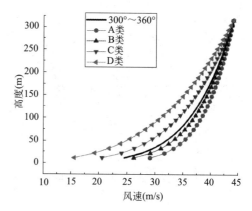

图 2.3.2-8 工况 6 风速与标准地貌风速对比　　　图 2.3.2-9 工况 7 风速与标准地貌风速对比

2.3.3 考虑风速风向折减的风荷载计算

中国幅员辽阔，不同地区风气候特征差异明显，一些地区最大风的主导风向非常明确。建筑结构在不同风向的大风作用下风荷载差别很大，考虑风向影响系数是科学合理的处理方法。根据《建筑工程风洞试验方法标准》JGJ/T 338—2014，风洞试验结果考虑风向折减时，应同时提供未考虑风向折减和考虑风向折减情况下风荷载值的计算结果。风速的风向折减系数不应小于 0.85。

以温州鹿城广场的风气候分析为例：台风历史资料来自中国台风网 "CMA-STI 热带气旋最佳路径数据集"，基于 1949—2015 年间影响西北太平洋海域的热带气旋每 6 小时间隔的中心位置和强度观测记录，首先从所有热带气旋数据中清除热带低压、热带风暴、强热带风暴和变性气旋记录，提取台风、强台风和超强台风记录作为台风关键参数统计的数据基础。根据模拟圆法，以温州气象站（站号：58659，东经 120.67°，北纬 28.02°，海拔高度 7.0m）为模拟计算点，取 250km 为半径做模拟圆，提取进入圆内的台风实测记录共计 96 组。模拟点的风速由台风总体强度、模拟点与台风中心距离以及台风整体移动的速度和方向等众多因素决定，因此需要对各台风关键参数进行具体分析。

根据以温州气象站为中心的台风关键参数的概率模型和 Yan Meng 台风模型，模拟 100000 组台风，通过拟合得到的温州气象站的极值风速累计概率分布曲线和重现期如图 2.3.3-1 和图 2.3.3-2 所示。

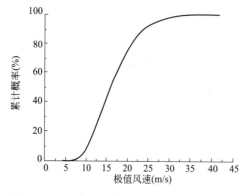

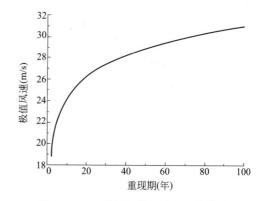

图 2.3.3-1 台风极值风速累计概率分布曲线　　　图 2.3.3-2 台风极值风速重现期曲线

根据《荷载规范》，10min 平均和 B 类地貌条件下，温州 10 年、50 年、100 年重现期风压分别为 0.35kN/m²、0.60kN/m²、0.70kN/m²，对应风速分别为 23.66m/s、30.98m/s、33.47m/s。将气候风和台风合并，得到全风向不同重现期的极值风速，如图 2.3.3-3 所示。由图可知，该曲线与《荷载规范》的建议值比较接近。

图 2.3.3-4～图 2.3.3-6 给出了用于舒适度评价的 10 年重现期风向折减系数和用于结构设计的 50 年、100 年重现期风向折减系数，其中折减系数小于 0.85 时，根据《建筑工程风洞试验方法标准》JGJ/T 338—2014 取最小折减系数 0.85。由图可知，该地区总体上以东南风的风速为最大。

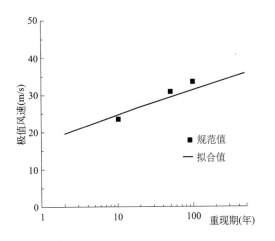

图 2.3.3-3　全风向不同重现期风速

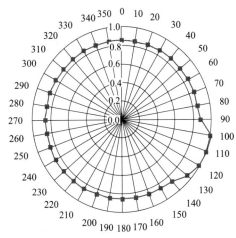

图 2.3.3-4　10 年重现期风速风向折减系数
（$v=23.7$m/s）

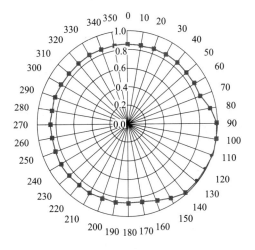

图 2.3.3-5　50 年重现期风速风向折减系数
（$v=31.0$m/s）

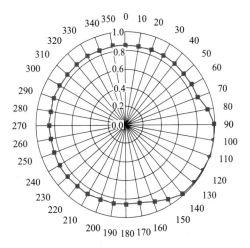

图 2.3.3-6　100 年重现期风速风向折减系数
（$v=33.5$m/s）

根据《工程结构通用规范》GB 55001—2021，风向影响系数应符合下列规定：（1）当有 15 年以上符合观测要求且可靠的风气象资料时，应按照极值理论的统计方法计算不同风向的风向影响系数。所有风向影响系数的最大值不应大于 1.0，最小值不应小于 0.8；
（2）其他情况，应取 1.0。

图 2.3.3-7 为杭州云城南综合体 A、B 超高层塔楼项目的全风向不同重现期的极值风速曲线。根据《荷载规范》，10min 平均和 B 类地貌条件下，杭州市 10 年、50 年、100 年重现期风压分别为 0.30kN/m²、0.45kN/m²、0.50kN/m²，对应风速分别为 21.91m/s、26.83m/s、28.28m/s。可见，该极值风速曲线与规范建议值非常接近。图 2.3.3-8～图 2.3.3-10 给出了用于舒适度评价的 10 年重现期和用于结构设计的 50 年、100 年重现期的风压风向影响系数，其中风压影响系数小于 0.80 时，根据《工程结构通用规范》GB 55001—2021 取 0.80。

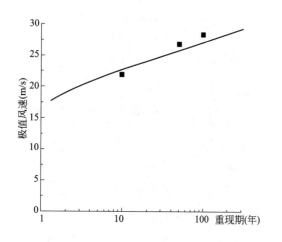

图 2.3.3-7　全风向不同重现期风速

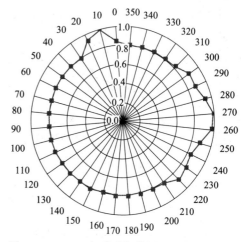

图 2.3.3-8　10 年重现期的风压风向影响系数
（$v=21.91$m/s）

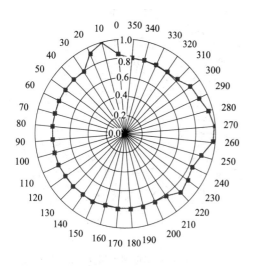

图 2.3.3-9　50 年重现期风速风向折减系数
（$v=26.83$m/s）

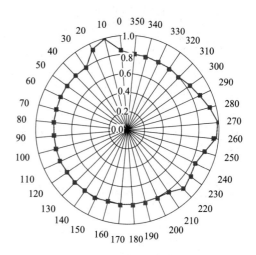

图 2.3.3-10　100 年重现期风速风向折减系数
（$v=28.28$m/s）

2.3.4 风洞试验及风致响应计算

建筑结构的风荷载非常复杂。高层建筑结构风效应的研究方法主要有：①理论分析；②现场实测；③风洞试验；④CFD 数值模拟。其中，通过风洞模型试验确定高层结构风荷载是目前最准确的取值方法。《工程结构通用规范》GB 55001—2021 规定：体型复杂、周边干扰效应明显或风敏感的重要结构应进行风洞试验。该规范条文说明中列举了应当进行风洞试验的三种情况：

（1）体型复杂。这类建筑物或构筑物的表面风压很难根据规范的相关规定进行计算，一般应通过风洞试验确定其风荷载。

（2）周边干扰效应明显。周边建筑对结构风荷载的影响较大，主要体现为在干扰建筑作用下，结构表面的风压分布和风压脉动特性存在较大变化，这给主体结构和围护结构的抗风设计带来不确定因素。

（3）对风荷载敏感。通常是指自振周期较长，风振响应显著或者风荷载是控制荷载的各类工程结构，如超高层建筑、高耸结构、柔性屋盖、大跨桥梁等。当这类结构的动力特性参数或结构复杂程度超过了现有风荷载计算方法的适用范围时，就应当通过风洞试验确定其风荷载。

根据《高规》规定，当房屋高度大于 200m 或有下列情况之一时，宜进行风洞试验判断确定建筑物的风荷载：

（1）平面形状或立面形状复杂；

（2）立面开洞或连体建筑；

（3）周围地形和环境较复杂。

该规程同时规定，当多栋或群集的高层建筑相互间距较近时，宜考虑风力相互干扰的群体效应，一般可将单栋建筑的体型系数乘以相互干扰增大系数，该系数可参考类似条件的试验资料确定，必要时宜通过风洞试验确定。

《空间网格结构技术规程》JGJ 7—2010 规定：对于多个连接的球面网壳和圆柱面网壳，以及各种复杂形体的空间网格结构，当跨度较大时，应通过风洞试验或专门研究确定风荷载体型系数。对于基本自振周期大于 0.25s 的空间网格结构，宜进行风振计算。

《建筑工程风洞试验方法标准》JGJT 338—2014 规定，结构设计采用风洞试验报告确定高层建筑或高耸结构风荷载时，应符合下列规定：

（1）无独立的对比试验结果时，由取定的风荷载得出的主轴方向基底弯矩不应低于现行国家标准《建筑结构荷载规范》GB 50009 规定计算值的 80%；

（2）有独立的对比试验结果时，应按两次试验结果中的较高值取用，且由取定的风荷载得出的主轴方向基底弯矩不应低于现行国家标准《建筑结构荷载规范》GB 50009 规定计算值的 70%。

该标准还规定，采用风洞试验报告确定围护结构的风荷载时，应符合下列规定：

（1）无独立的对比试验结果时，风荷载取值不应低于现行国家标准《建筑结构荷载规范》GB 50009 规定值的 90%；

（2）有独立的对比试验结果时，应按两次试验结果中的较高值取用，且不应低于现行国家标准《建筑结构荷载规范》GB 50009 规定值的 80%。

通过结构模型的风洞试验，可获得作用在结构模型上的气动力。根据风洞试验中是否采用物理模型模拟建筑结构的运动，高层建筑结构风洞试验方法可分为气动弹性模型试验和刚性模型试验。其中，刚性模型试验采用刚性模型，只模拟建筑外形和风环境，不直接模拟结构的动力特性；气动弹性模型试验在模拟结构外形和风环境的同时，还模拟结构的动力特性。

根据获得作用在结构模型上的气动力的方式不同，刚性模型试验又可分为刚性模型高频动态天平测力试验、刚性模型同步测压试验。

1. 刚性模型高频动态天平测力试验

高频动态天平测力技术始于 1883 年，目前已成为高耸结构风振研究的主流方法之一。该方法的基本原理是将高层建筑简化为竖直的悬臂结构，假定其风致振动主要由一阶振型控制，且一阶振型为直线型。则实际结构的水平位移 $u(z, t)$ 可表示为：

$$u(z,t)=U(t) \cdot \phi(z) \tag{2.3.4-1}$$

式中，$U(t)$、$\phi(z)$ 分别为一阶广义位移和一阶振型函数。

基于上述假定，结构风振方程可表示为：

$$M\{\ddot{U}(t)+2\zeta_0\omega_0\dot{U}(t)+\omega_0^2U(t)\}=F(t) \tag{2.3.4-2}$$

式中，M、ω_0、ζ_0、$F(t)$ 分别为一阶振型的广义质量、固有圆频率、阻尼比和广义力。假设沿高层建筑高度方向的分布荷载和分布质量分别为 $f(z, t)$、$m(z)$，则一阶广义质量和广义气动力分别为：

$$M=\int_0^H m(z) \cdot \phi^2(z)\mathrm{d}z \tag{2.3.4-3}$$

$$F(t)=\int_0^H \phi(z)f(z,t)\mathrm{d}z \tag{2.3.4-4}$$

式中，H 为建筑物总高度。高层建筑在水平风荷载作用下同时承受剪力和弯矩，结构侧向变形呈弯剪型，假定高层建筑结构第一阶弯曲振型函数为线性，即：

$$\phi(z)=z/H \tag{2.3.4-5}$$

将上式代入式（2.3.4-4）：

$$F(t)=\int_0^H \frac{z}{H}f(z,t)\mathrm{d}z=\frac{M_\mathrm{w}(t)}{H} \tag{2.3.4-6}$$

式中，M_w 为水平风荷载作用下结构的基底弯矩，可由高频天平测力试验测得。

由上式可以看出，高层建筑结构第一阶弯曲广义气动力与基底弯矩之间存在简单的线性关系。若假设高层结构扭转振型为常数，则高频天平测得的基底扭矩即为一阶广义扭转荷载。一般情况下，高层结构的基底扭矩较小，因而常忽略扭矩引起的位移，广义力 $F(t)$ 的求解可以转变为由高层建筑基底弯矩确定，而基底弯矩可由高频天平测力试验测得。

根据高频动态天平测力试验原理，为了确保试验测得的是广义风荷载，而不是模型的振动响应力（即模型的惯性力），在测试技术上，动态天平必须具有高固有频率和高灵敏度，以保证测量信号具有足够的信噪比。同时，对试验模型也有较高的要求。首先，模型必须是刚性的；其次，为了减小模型振动增加的附加惯性力，模型质量必须尽可能小，模型质量小也有利于提高整个模型系统的自振频率；再次，为了减小模型系统的共振响应，模型系统的自振频率应大于气动力的频率范围。

与测压试验相比，高频动态天平测力试验具有模型制作简单、数据处理方便、试验周期短、试验费用低等优势，目前在高层建筑抗风试验研究中已经得到广泛应用。由于结构模型底部剪力和弯矩由高频动态天平直接测量得到，可避免同步测压试验通过测点压力积分产生的误差。高频动态天平测力试验的不足之处是，只考虑一阶振型的影响，而且计算过程中需要考虑非理想振型的修正，对于复杂结构来说，其应用仍受到一定的局限性。

2. 刚性模型同步测压试验

刚性模型同步测压试验要求能同时测出高层建筑表面所有测点的脉动压力，以获取建筑物表面风压随时空变化的情况。该试验方法假定位于某测点所代表的范围内的压力是完全相关的，这一假定会带来一定程度的测试误差，解决的方法是在模型表面尽可能布置足够多的测点。但另一方面，测点数量又受到扫描阀的限制，不能无限制增加。这是因为在扫描频率一定的情况下，测点数量越多，需要的扫描阀也越多，这会引起各测点的瞬时压力数据的同步性产生误差。因此，测点数的确定需要综合考虑以上两方面的因素。

通过同步测压试验可得到高层建筑表面气动力的时空分布。测得了风压沿建筑物表面的时空分布后，只要代入振型并积分即可得到广义力。而对于作用在建筑围护结构上的风荷载，可由外表面所受压力与内压之差求得。

近年来，随着扫描阀等测试仪器性能的提高，使得同步测压试验方法得到更为广泛的应用。刚性模型同步测压试验的优点在于可以考虑高层建筑结构的非理想模态振型、高阶振型及气动力分量的耦合问题。该方法不仅适用于高层建筑，也适用于大跨度屋盖结构。缺点是对于体型复杂的高层建筑，当布置的测点较少时，很难精确测得表面变化复杂的结构的外气动力；布置测点过多时，需要相应增加 PVC 连接管，使试验过程趋于复杂，数据处理的工作量也会大大增加。

3. 基于刚性模型同步测压试验的结构风振分析

利用刚性模型多点测压试验测得建筑表面的风荷载时程，再依据统计规律获得建筑表面的体型系数或平均（即静力）风荷载，同时基于随机振动理论计算结构的风振响应，按概率统计方法求得结构的顺风向风振系数或等效静力风荷载以及横风向和扭转向的等效风荷载，是工程中较简便实用的一种抗风计算方法，也是我国相关设计规范建议的设计方法。利用该方法进行设计时，平均风荷载（或体型系数）的确定比较简单，主要难点在于顺风向风振系数或等效静力风荷载以及横风向与扭转向等效风荷载的确定，这些设计参数的获得不仅涉及风荷载，还涉及结构计算模型、动力特性以及动力时程分析等。

在进行高层建筑风振响应分析时，首先需要解决的问题是选取结构的简化计算模型。超高层建筑属于多自由度复杂空间体系，常用的模型有以下几种：

精细有限元模型：该方法可以考虑梁、柱、墙、板等各类构件的弯曲、剪切与轴向，是一种较为精细的结构模型。对于结构弹性分析，该方法的精确度很高，但其自由度数目很大，动力时程分析的计算工作量将比较巨大，而且计算结果对网格数量及质量比较敏感，工程实践中仅在特别需要或作对比验证时才会采用。

简化计算模型：高层建筑基于风振分析的简化模型主要分为层刚片模型和平面杆系模型。平面杆系模型是以静力计算方法建立单元刚度矩阵和总刚度矩阵，然后根据自由度缩聚方法消去非侧向位移的其他分量得到，其计算精度较高，但建模过程复杂，计算工作量大，实用性欠佳。层刚片模型虽然相对杆系模型计算精度稍差，但其计算简便，计算结果一般也能满足工程应用需要，因此在结构设计分析中应用十分广泛。对侧向变形以层间剪切为主的结构，可采用层间剪切模型；而对于框-剪、框-筒、筒体结构或者不能忽略柱轴向变形影响的各类高层结构，宜采用层间弯剪型模型。

采用结构简化层模型进行风振响应计算时，作用于建筑表面的风荷载以集中力的形式作用于各结构层上，集中力与结构层的自由度相对应，即将沿建筑周向分布的风荷载合成为水平方向的合力 F_x、F_y、F_θ。

对于塔楼 z 高度的截面，沿外轮廓布置 n 个测点，可以认为某测点在其控制的面积上风压大小和方向均不变，则单位高度上沿 X，Y 和扭转方向的合力 F_x、F_y 和 F_θ 的计算公式为：

$$F_x = -\sum_{i=1}^{n} C_{Pi} w_r L_i \cos\alpha_i \tag{2.3.4-7}$$

$$F_y = -\sum_{i=1}^{n} C_{Pi} w_r L_i \sin\alpha_i \tag{2.3.4-8}$$

$$F_\theta = -\sum_{i=1}^{n} d_y C_{Pi} w_r L_i \cos\alpha_i - \sum_{i=1}^{n} d_x C_{Pi} w_r L_i \sin\alpha_i \tag{2.3.4-9}$$

式中，C_{Pi} 为各测点的风压系数，其时程数据由风洞试验中获得；w_r 为风洞试验参考点的风压；α_i 为 X 轴正方向到测点外法线方向的夹角；L_i 为测点 i 控制的水平长度；d_x、d_y 分别为测点到 X 轴、Y 轴的距离；风压合力 F_x、F_y 的单位为 kN/m；F_θ 的单位为kN，表示沿高度每延米的值。

利用风洞模型试验获得的风压系数时程数据，由式(2.3.4-7)～式(2.3.4-9) 可以得到各测点层的风压合力 F_x、F_y 及 F_θ 的时程。在风致动力响应计算中，所需要的风压合力值须直接作用在结构层上，因此需要把建筑各测点层的数据插值到各结构层上。在插值计算过程中，可以认为测点附近的体型系数相同，仅风压高度变化系数不同。这样，第 k 结构层上的风压合力 $FF_{x,k}$、$FF_{y,k}$（已考虑层高，单位为 kN）的时程可采用下式计算：

$$FF_{x,k}(t) = FF_{x,n}(t) \cdot (h_k/h_n)^{2\alpha} \cdot D_k \tag{2.3.4-10}$$

$$FF_{y,k}(t) = FF_{y,n}(t) \cdot (h_k/h_n)^{2\alpha} \cdot D_k \tag{2.3.4-11}$$

式中，h_k 为第 k 结构层处的高度；h_n 为风洞试验中布置测点的参考层（即测点层，设为第 n 层）处的高度；D_k 为第 k 结构层的层高。

实际计算中，对第 k 结构层的风压合力可进行两次插值。具体插值方法是：先利用式(2.3.4-10)、式(2.3.4-11)求出第 k 结构层的上、下两个相邻测点层的风压合力，再根据第 k 结构层到上、下两个测点层的距离插值得到第 k 层的结果。例如：

$$FF_{x,k1}(t) = FF_{x,n1}(t) \cdot (h_k/h_n)^{2\alpha} \cdot D_k \tag{2.3.4-12}$$

$$FF_{x,k2}(t) = FF_{x,n2}(t) \cdot (h_k/h_n)^{2\alpha} \cdot D_k \tag{2.3.4-13}$$

$$FF_{x,k}(t) = FF_{x,k1}(t) \cdot \frac{S_2}{S} + FF_{x,k2}(t) \cdot \frac{S_1}{S} \tag{2.3.4-14}$$

上述三式中，$F_{x,n1}(t)$、$F_{x,n2}(t)$ 分别为上测点层、下测点层的作用力，S 为上下两个测点层之间的距离，S_1、S_2 分别为第 k 结构层到上、下（第 n_1、n_2）测点层的距离。由上述公式可以得到不同风向角下各结构层风压合力 FF_x、FF_y 的时程，作为有限元分析时输入到结构层上的动力风荷载。

2.4　高层建筑结构抗震设计要点

2.4.1　高层结构基底最小剪力系数控制

高层建筑自振周期一般较长，受长周期地震动的影响较大，如 1985 年 9 月 19 日墨西哥 8.1 级强震中，离震中 400km 以外的墨西哥城内的高层建筑发生严重损坏；2011 年的日本 "3·11" 大地震，远离震中的东京市的高层建筑剧烈晃动，震感明显，甚至造成破坏，距震中 770km 的大阪市政府第二办公楼地震反应持续了近 10min，顶部最大位移达 137cm；1996 年 11 月 9 日南黄海发生 M6.1 级地震，佘山地震台测得的加速度为 9Gal，但距震中 160km 外的上海东方明珠塔震感强烈，塔上顶部球体内工作人员站立不稳，花盆翻倒。

由于长周期地震动受震级、震中距、场地覆盖层厚度等众多因素的影响，加上目前尚缺乏可靠的长周期地震动记录，长周期反应谱将是一个长期的热点研究问题。考虑到对长周期结构，地震动态作用中的地面运动速度和位移可能对结构的破坏具有更大影响，而规范目前所采用的加速度反应谱尚无法对此作出估计，为结构安全考虑，《抗规》提出了对结构总水平地震剪力及各楼层地震剪力最小值的要求，规定了不同烈度下的最小剪力系数。

抗震验算时，结构任一楼层的水平地震剪力应符合下式要求：

$$V_{Eki} > \lambda \sum_{j=1}^{n} G_j \qquad (2.4.1\text{-}1)$$

式中，V_{Eki} 为第 i 层对应于水平地震作用标准值的楼层剪力；G_j 为第 j 层的重力荷载代表值；λ 为剪力系数，不应小于表 2.4.1-1 规定的楼层最小地震剪力系数值，对竖向不规则结构的薄弱层，尚应乘以 1.15 的增大系数。

楼层最小地震剪力系数值　　　　　　　　　表 2.4.1-1

类别	6 度	7 度	8 度	9 度
扭转效应明显或基本周期小于 3.5s 的结构	0.008	0.016(0.024)	0.032(0.048)	0.064
基本周期大于 5.0s 的结构	0.006	0.012(0.018)	0.024(0.032)	0.048

注：1. 基本周期介于 3.5s 和 5s 之间的结构，按插值法取值；
　　2. 括号内数值分别用于设计基本地震加速度为 0.15g 和 0.30g 的地区。

《抗规》对剪力系数的控制，在条文说明中又进行了如下补充说明：出于结构安全的考虑，提出了对结构总水平地震剪力及各楼层水平地震剪力最小值的要求，规定了不同烈度下的剪力系数，当不满足时，需改变结构布置或调整结构总剪力和各楼层的水平地震剪力使之满足要求。例如，当结构底部的总地震剪力略小于本条规定而中、上部楼层均满足最小值时，可采用下列方法（详见规范条文说明）进行地震剪力的调整；当底部总剪力相差较多时，结构的选型和总体布置需重新调整，不能仅采用乘以增大系数方法处理。因此，规范对剪力系数的控制，不仅只是控制地震剪力，很大程度上是对结构整体刚度的控制。

对于受长周期地震动影响显著的高层建筑，有时不断地需要增加结构刚度以满足规范规定的最小基底剪力系数，且结构刚度增加的同时，地震作用随之增大，结构位移并没有明显减小。为控制结构位移而提高结构刚度，这一点很好理解；但有时结构地震位移指标尚有很大富余，单纯为了增加地震剪力而提高结构刚度，道理上似乎讲不通。此外，深厚软弱土层对长周期地震动具有显著的放大效应，而规范对处于不同覆盖层厚度、不同类别场地上的高层建筑，采用统一的最小剪力系数，也不尽合理。实际工程中经常发现，处于Ⅲ、Ⅳ类场地上的高层建筑可满足最小地震剪力系数的要求，而将同样一幢高层建筑放在更有利的场地上（如Ⅰ类或Ⅱ类场地），反而需要大大提高结构刚度以满足最小剪力系数的要求，显然这是非常不合理的。

有关结构地震剪力系数的问题尚需要进一步研究。《超限高层建筑工程抗震设防专项审查技术要点》（以下简称《审查要点》）[15]给出了如下建议：当按弹性反应谱方法计算的结构底部剪力系数与规范规定值"相差不多"时，可不再调整结构布置而直接按规范规定的最小地震剪力进行抗震承载力验算。所谓"相差不多"，就是计算的结构底部剪力系数，对基本周期大于6s的结构不低于规范规定值的80%，对基本周期3.5～5s的结构不低于规范规定值的85%；同时，对于6度设防且基本周期大于5s的结构，若层间位移留有余地（如用底部剪力系数0.8%与计算剪力系数的比值放大后的层间位移满足规范的要求），也可不再调整结构布置而直接按规定的最小地震剪力进行抗震承载力验算。

对于浙江沿海城市的高层建筑，如宁波、温州、台州、舟山等地，风荷载较大，为满足结构在水平风荷载作用下的水平位移限值，高层建筑的侧向刚度较大，且大多为Ⅲ类、Ⅳ类场地，结构各楼层的地震剪力系数多数能满足表2.4.1的要求。

如地处浙江舟山的舟山自贸金融中心，主楼地上50层，建筑高度219m，采用框架核心筒结构（图2.2.1-15）。7度设防，Ⅳ类场地，50年一遇基本风压为0.85kN/m²，地面粗糙度A类。结构基本自振周期为$T_1=4.80s$，根据表2.4.1，按结构周期插值后的基底最小剪力系数分别为：$\lambda_{min,x}=1.51\%$，$\lambda_{min,y}=1.36\%$。多遇地震作用下，实际计算的基底剪力系数分别为：$\lambda_x=1.61\%$，$\lambda_y=1.65\%$，可见满足最小系数的要求。

天盛中心（图1.4.2-1～图1.4.2-4）位于浙江沿海城市台州，地面以上68层，建筑高度299.60m，SRC框架-RC核心筒结构体系。6度设防，Ⅳ类场地，50年一遇基本风压为0.70kN/m²，地面粗糙度B类。结构基本自振周期为$T_1=6.23s$，多遇地震作用下，实际计算的基底剪力系数分别为：$\lambda_x=0.67\%$，$\lambda_y=0.68\%$，可见两个主轴方向的基底剪力系数满足最小剪力系数的要求。

温州国鸿财富中心地上74层，建筑高度356m，采用叠合钢管混凝土柱框架-RC核心筒-伸臂结构体系（图2.2.2-9和图2.2.2-10）。6度设防，Ⅳ类场地，50年一遇基本风压为0.60kN/m²，地面粗糙度取B类。结构基本自振周期为$T_1=7.21s$，多遇地震作用下，实际计算的基底剪力系数分别为：$\lambda_x=0.614\%$，$\lambda_y=0.623\%$（图2.4.1-1a），可见两个主轴方向的基底剪力系数均大于0.6%，故满足最小剪力系数的要求。

宁波城市之光地上88层，建筑高度450m（图1.1.2-14），钢管混凝土框架-RC核心筒-伸臂结构体系（图2.2.2-13）。7度设防，Ⅳ类场地，50年一遇基本风压为0.50kN/m²。结构基本自振周期为$T_1=8.58s$，多遇地震作用下，实际计算的基底剪力系数分别为：$\lambda_x = 1.19\%$，$\lambda_y = 1.18\%$（图 2.4.1-1b），可见两个主轴方向的基底剪力系数基本满足最小剪力系数的要求。

宁波中心大厦地上 82 层，建筑高度 409m，框架-核心筒结构体系，周边框架设置 3 道带状桁架（图 1.1.2-13）。7 度设防，Ⅳ类场地，50 年一遇基本风压为 0.50kN/m²，地面粗糙度取 C 类。结构基本自振周期为 $T_1 = 7.90$s，多遇地震作用下，实际计算的基底剪力系数分别为：$\lambda_x = 1.25\%$，$\lambda_y = 1.21\%$（图 2.4.1-1c），可见两个主轴方向的基底剪力系数满足最小剪力系数的要求。

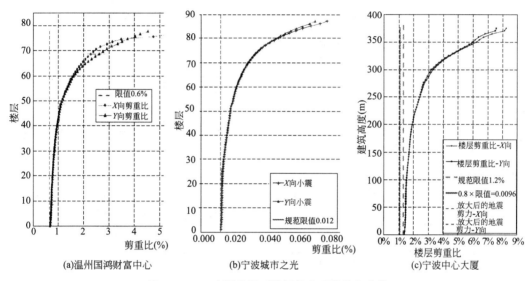

(a)温州国鸿财富中心　　(b)宁波城市之光　　(c)宁波中心大厦

图 2.4.1-1　多遇地震下楼层剪力系数分布曲线

对于浙江的湖州、绍兴、金华、衢州、义乌等城市及杭州的 6 度设防区域，设防烈度低，风荷载也不太大，风荷载和地震作用下的侧向位移较容易满足，因而实际工程中结构的侧向刚度一般较小，使结构地震剪力系数较难满足表 2.4.1-1 的要求，但基本都能满足《审查要点》[15] 关于剪力系数放松的限值要求。

如湖州南太湖主地标建筑（图 1.1.2-24）地上 66 层，建筑高度 318m，框架-核心筒混合结构体系。6 度设防，Ⅲ类场地，50 年一遇基本风压为 0.45kN/m²，地面粗糙度为 A 类和 B 类（不同风向）。结构基本自振周期为 $T_1 = 7.52$s，多遇地震作用下，实际计算的基底剪力系数分别为：$\lambda_x = 0.56\%$，$\lambda_y = 0.51\%$，显然，两个主轴方向的基底剪力系数均小于表 2.4.1-1 的最小剪力系数 0.6% 的限值。但满足《审查要点》[15] 关于"相差不多"的要求，即计算的结构底部剪力系数，对基本周期大于 6s 的结构不低于规范规定限值的 80% 的要求。

杭州云城北综合体项目 T1 塔楼地上 84 层，建筑高度 399.80m，SRC 框架-RC 核心筒结构体系（图 1.1.2-8）。6 度设防，Ⅱ类场地，50 年一遇基本风压为 0.45kN/m²，地面粗糙度 B 类。结构基本自振周期为 $T_1 = 7.65$s。图 2.4.1-2 为各楼层剪力系数和层间位移角曲线，多遇地震作用下，实际计算的基底剪力系数分别为：$\lambda_x = \lambda_y = 0.43\%$，显然，两个主轴方向的基底剪力系数均小于表 2.4.1-1 的最小剪力系数 0.6% 的限值，且小于最小剪力系数限值的 0.8 倍（0.6%×0.8＝0.48%）。参照《审查要点》[15]，对于 6 度设防且基本周期大于5s的结构，若层间位移留有余地（如用底部剪力系数0.8%与计算剪力系数的比值放大后的层间位移满足规范的要求），也可不再调整结构布置而直接按规定的最小地震剪力进行抗震承载力验算。根据计算结果，X轴和Y轴两个方向的多遇地震位移角分别为1/1555和1/1477，底部剪力系数0.8%与计算剪力系数的比值为1.86，按此比值放大后的层间位移角分别为1/836和1/794，放大后的位移角仍满足规范要求，因此，可不再调整结构布置而直接按规定的最小地震剪力进行抗震承载力验算。

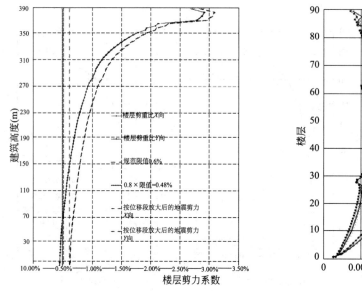
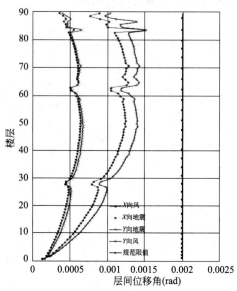

图 2.4.1-2 杭州云城北综合体项目 T1 塔楼楼层剪力系数和层间位移角曲线

2.4.2 高层结构二道防线分担比

本书第2.1节阐述了高层建筑的结构体系和构成高层结构体系的抗侧力单元，对于具有两道防线的框架-剪力墙、框架-核心筒、框架-支撑等结构体系，通常剪力墙、核心筒、支撑单元为第一道防线，框架单元为第二道防线。这里涉及两种抗侧力结构单元之间的协同工作问题，除考察框架部分按弹性刚度计算分配到的倾覆力矩的比例外，还有一个很重要的指标，就是作为第二道防线的框架部分的剪力分担比。《高规》规定，筒体结构的框架部分按侧向刚度分配的楼层地震剪力标准值的最大值不宜小于结构底部总地震剪力标准值的10%，若小于10%，则各层框架部分承担的地震剪力标准值应增大到结构底部总地震剪力标准值的15%，各层核心筒的地震剪力标准值宜乘以增大系数1.1，墙体的抗震构造措施应按抗震等级提高一级后采用（已为特一级的可不再提高）。可见，规程给出了周边框架剪力分担比不满足时的地震剪力调整方法和构造加强措施，属于强度控制要求。但在实际工程的抗震设计中，常常要求按刚度分配的外框剪力分担比满足上述要求。如《审查要点》[15] 规定，对于超高的框架-核心筒结构，其混凝土内筒和外框之间的刚度宜有一个合适的比例，框架部分计算分配的楼层地震剪力，除底部个别楼层、加强层及其相邻上下层外，多数不低于基底剪力的8%且最大值不宜低于10%，最小值不宜低于5%。这对于超高层建筑而言，有时是较难做到的。

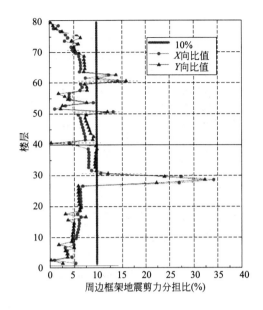

图 2.4.2-1 温州国鸿财富中心外框剪力分担比

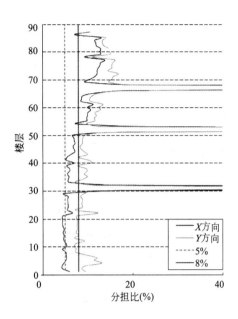

图 2.4.2-2 宁波城市之光塔楼外框剪力分担比

如温州国鸿财富中心地上 74 层（不含塔冠楼层），建筑高度 356m，采用叠合钢管混凝土柱框架-RC 核心筒-伸臂结构体系，第 28 层、50 层设置伸臂和环带桁架，第 60 层设置环带桁架（图 2.2.2-9 和图 2.2.2-10）。图 2.4.2-1 为多遇地震作用下外框剪力分担比，除加强层及相邻上下层外，仅个别楼层的外框剪力分担比大于 10%，如第 30 层为 10.83%（X 向）和 12.35%（Y 向），第 62 层为 12.53%（X 向）和 14.09%（Y 向）。实际上，上述楼层外框剪力一定程度上也受到了伸臂和环带桁架作用的影响。10 层以下楼层基本都不到 5%，最小的楼层为 2 层，仅为 1.17%（X 向）和 0.47%（Y 向）。

宁波城市之光地上 88 层，建筑高度 450m，钢管混凝土框架-RC 核心筒-伸臂结构体系（图 2.2.2-13），7 度设防。图 2.4.2-2 为多遇地震作用下外框剪力分担比，可见，22 层以下楼层 X 轴方向大多不到 5%。

周边框架采用斜柱或设置斜撑，可有效提高外框的剪力分担比。如杭州世茂智慧之门 A、B 塔楼（图 1.1.2-5）采用 SRC 巨柱斜撑框架-RC 核心筒混合结构体系（图 2.2.2-18~图 2.2.2-20），图 2.4.2-3 为多遇地震作用下 A 塔楼的外框剪力分担比，可见，绝大部分楼层的周边框架按刚度分配的地震剪力超过基底总剪力的 10%。

又如宁波国华金融大厦塔楼地上 43 层，建筑高度 206m，采用筒中筒结构体系，外筒为斜交网格筒，内筒为 RC 核心筒（图 2.2.2-16 和图 2.2.2-17）。图 2.4.2-4 为多遇地震作用下外框按刚度分配的地震剪力分担比（X 向），可见，绝大部分楼层外框剪力分担比超过 50%，即地震剪力以外围斜交网格筒承担为主。

当然，超高层建筑能否设置斜撑或采用斜柱方案，一般是由建筑功能布置和外立面效果决定的，结构工程师的话语权并不多。关于超高层建筑二道防线刚度和剪力分配问题，不仅是结构体系布置是否合理的问题，而且是超高层建筑达到一定高度后框架与核心筒两者刚度关系的必然问题[16]。扶长生[17] 基于理论公式的研究表明，超高层结构底部楼层的框架剪力分担比在理论上是很低的。周建龙等[18] 在实际工程中发现，对于巨型框架-核

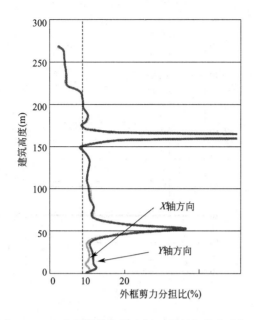
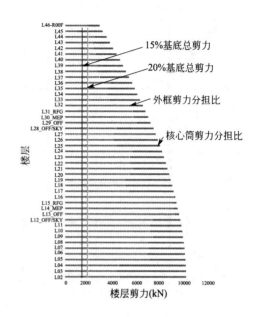

图 2.4.2-3　杭州世茂智慧之门 A 塔外框剪力分担比　　图 2.4.2-4　宁波国华金融大厦外框剪力分担比

心筒结构，关于外框剪力分担比限值一般很难满足，且增设了环带桁架和伸臂桁架以后，普通楼层的框架剪力分担比会更低。对于浙江沿海城市的超高层建筑，结构侧向刚度完全由风荷载控制，多遇地震下结构侧向位移很小。所以，相对于核心筒来说，外框分配到的剪力确实不大，但对于地震作用来说，外框的刚度和承载能力并不低，只要按照规范规定对计算的地震剪力进行相应调整和放大，外框结构的抗震性能是没有问题的，结构弹塑性分析结果也表明，罕遇地震下周边框架柱和梁损伤程度一般很小，型钢或钢筋通常不进入塑性或塑性应变很小。

　　温州国鸿财富中心的水平位移控制，6 度多遇地震作用下最大层间位移角为 1/1450（X 向）和 1/1531（Y 向），仅为规范弹性层间位移角限值的 1/3 左右（图 2.4.2-5），罕遇地震作用下，仅核心筒连梁进入塑性，外框柱型钢和钢筋均未出现塑性变形。

　　宁波城市之光（地上 88 层、建筑高度 450m）7 度设防，结构刚度同样由风荷载控制，水平风荷载作用下最大层间位移角为 1/524（X 向）和 1/547（Y 向），多遇地震下最大层间位移角为 1/854（X 向）和 1/871（Y 向）。根据结构弹塑性分析结果，7 度罕遇地震下，各组波平均结构顶点最大位移为 1.45m（X 向）和 1.42m（Y 向），最大层间位移角 X 向为 1/151（第 79 层）、Y 向为 1/135（第 66 层），外框结构 CFT 柱钢管管壁和周边钢梁均未出现塑性应变，结构整体模型振动台试验结果也验证了 7 度罕遇地震下外框柱和梁基本未出现损伤（图 2.4.2-6）。

2.4.3　抗震性能化设计要点

1. 抗震性能化设计方法的特点

　　我国现阶段的抗震设防目标是"小震不坏、中震可修、大震不倒"（即三水准设防目标），采用"两阶段"设计方法，第一阶段：小震下的结构构件承载力计算＋概念设计与抗震措施；第二阶段：大震下的结构弹塑性变形验算（≤规范限值）。具体来说，对于大

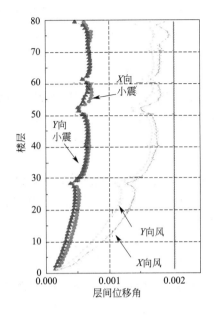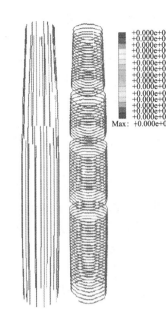

图 2.4.2-5　温州国鸿财富中心层间位移角　　　图 2.4.2-6　宁波城市之光外框型钢塑性应变

多数规则结构，只要进行第一阶段的设计，其中的"小震承载力计算"用于实现"小震不坏"兼顾"中震可修"，"概念设计与抗震措施"用于实现结构"大震不倒"；对于少数不规则结构，除完成第一阶段设计外，还要进行第二阶段设计，即进行大震作用下的结构弹塑性变形验算，通过"概念设计与抗震措施"及结构弹塑性变形验算，共同实现结构"大震不倒"。概念设计和抗震措施的主要内容包括：

（1）合理的结构体系要求（宜具有多道防线）；

（2）结构高度的要求（不超过最大适用高度）；

（3）抗侧力结构布置的规则性要求；

（4）结构和构件的延性要求。

其中，第(1)~(3)项属于"抗震概念设计"的范畴；第（4）项属于"抗震措施"的范畴。"抗震措施"包括"内力调整"和"抗震构造措施"。"内力调整"一般属于结构层面的措施，主要目的是保证结构的延性，如通过结构构件的内力调整，实现"强柱弱梁、强墙肢弱连梁、强节点弱构件"的延性机制，使结构的塑性发展从次要构件开始或从主要构件的次要部位开始，大震下结构持续变形，但竖向承载力基本保持稳定，确保不倒塌。"抗震构造措施"属于构件层面的措施，主要目的是保证构件的延性，通过限制构件的轴压比、剪压比，提高构件配筋率、配箍率等，提高构件的变形能力。

"小震不坏、中震可修、大震不倒"的设防目标，以及将建筑物划分为甲、乙、丙、丁四大类抗震设防分类标准，已初步体现了抗震性能化设计的基本思想。但规范采用"三水准、两阶段"设计方法带有很强的经验性因素，"概念设计和抗震措施"尽管对抵御强震很有效，但尚不能针对不同地震水准下的结构性能进行定量化评估。

而基于性能的抗震设计方法则不同，它要求结构在不同水平地震作用下具有明确的性态水平，其基本设计思想是：使所设计的结构在预定的设计使用年限内、在不同强度水准的地震作用下，达到不同的预定性能目标。这里所指的预定性能目标，具有广泛的含义和内容，既可以是结构和人员生命安全，也可以是建筑物的内部装修、设备、非结构构件等诸多方面。性能目标可根据业主多层次需求和社会经济发展承受能力等多方面因素综合确定。与"三水准、两阶段"设计方法相比，基于性能的抗震设计方法具有以下特点：

（1）基于性能的抗震设计方法可实现所设计的结构，在不同强度水准的地震作用下具有相对明确的性能水平；而传统抗震设计方法尽管也提到三水准，但没有具体明确的量化指标，如"中震可修"，只是一个定性的描述，没有明确的量化指标，很难在实际设计中得到保证。而基于性能的抗震设计方法，可实现结构在不同强度水准的地震作用下具有相对明确的性能水平。

（2）基于性能的抗震设计方法是一种基于"投资成本-效益"准则的设计方法，结构抗震性能目标的确定，可综合考虑社会经济水平、建筑物重要性、建造成本和保养维修费用以及在可能遭受地震作用后的直接和间接损失来优化确定。

（3）基于性能的抗震设计方法是一种可兼顾结构共性和个性要求的抗震设计方法，因而能满足不同业主提出的不同层次的设计需求，可充分发挥研究者和设计者的创造性，并有利于新材料、新技术在抗震设计中的应用。性能化设计方法比较适合于超限高层结构的抗震设计。

根据超限高层建筑定义，其结构或是高度超过了规范规定的最大适用高度，或是结构规则性指标超过了规范要求，或是结构类型超出了现行规范的适用类型。可见，超限高层建筑结构在某一方面或多个方面存在与抗震概念设计要求不相符合的情况。因此，基于小震承载力计算、通过概念设计和抗震措施保证大震不倒的传统抗震设计方法，无法适应超限高层结构的抗震设计，而基于性能的抗震设计方法是比较适合的方法。

2. 性能目标的选用

性能目标选用是性能化抗震设计方法的关键环节之一。结构性能目标选取过高，尽管可以使结构抗震更加安全，但同时会大大增加结构的初期投入；选取过低，尽管可以减小结构的初期造价，但会增加未来的使用风险。因此，选用结构抗震性能目标时需要综合考虑多方面的因素，使设计的结构处于考虑安全性和经济性的合理平衡上。

超限高层结构抗震性能目标的选用应综合考虑以下因素：

（1）结构方案在建筑高度、不规则指标、结构类型等方面的超限程度；

（2）场地条件和设防烈度；

（3）建筑功能和抗震设防类别；

（4）结构初期造价和遭受地震后的直接和间接经济损失、震后修复难易程度；

（5）业主对设防标准等方面的特殊要求以及超限审查专家的意见和建议等。

另外，还应考虑地震作用具有高度随机性和不确定性这一特点。这里包括两层含义，一是指地震发生的时间、地点及强度是随机的、不确定的，地球上的任何一个地方都有可能发生地震，但地震预报特别是临震预报依然是世界性难题，历史上有很多预期不会发生大地震的地方却发生了毁灭性的地震；二是指依据地震区划的地震动参数并不一定可靠，实际地震具有高度不确定性，很多地震区划中的低烈度地区却发生了较大地震或特大地震，结构遭受到了比规范设定的"罕遇地震"等级更高的地震作用（表2.4.3-1）。

对于基于设定地震动水准下进行设计的超限高层建筑，当遭遇比设防大震更高等级的强烈地震（巨震）时，仍有可能因其薄弱部位的构件承载力和延性不足而产生集中变形，造成严重破坏甚至倒塌。因此，抗震性能化设计仍应贯彻多道抗震防线的基本思想，不同部位、不同构件应赋予不同的抗震性能水准，重要竖向构件、关键构件和次要构件的抗震承载力安全度水平应设计在不同层次上，只有这样才能实现结构遭遇强震时以牺牲连梁、水平框架梁等相对次要的构件（进入屈服并消耗地震能量）为代价，达到主体承重结构抗震安全的目标。

中国近 50 年发生的典型地震烈度与设防烈度对比表   表 2.4.3-1

地震名称	发生时间	震级	基本设防烈度	设防大震烈度	实际地震烈度（强震区烈度）
邢台地震	1966.3	6.8、7.2	7 度	8 度	10 度
海城地震	1975.2	7.3	6 度	7 度	9～11 度
唐山地震	1976.7	7.8	6 度	7 度	11 度
汶川地震	2008.5	8.0	7 度	8 度	9～11 度

注：邢台地震由两个大地震组成，即 3 月 8 日邢台专区隆尧县的 6.8 级地震和 3 月 22 日邢台专区宁晋县的 7.2 级地震。

因此，如何划分关键构件、普通竖向构件和次要构件十分重要。次要构件通常为耗能构件，如连梁、框架梁、偏心支撑的耗能梁段等，是发生地震时首先进入塑性和屈服、起到消耗地震能量的构件，大震下破坏程度相对较严重，应以控制其弹塑性变形为主；普通竖向构件通常为除关键构件以外的竖向构件，如框架柱、剪力墙墙肢等，地震时允许少量构件进入塑性，但应控制进入塑性的程度和控制同一层进入屈服的竖向构件数量，确保结构整体承载能力不降低或降低幅度控制不超过 10%；关键构件是发生地震时不进入屈服或最后进入屈服的构件，"关键构件"的破坏可能引起较严重的局部倒塌或整体倒塌，要求无损坏或仅允许出现较轻的损坏。以下构件一般应划为关键构件：

（1）结构底部加强部位的重要竖向构件；

（2）水平转换构件及与其相连的竖向支承构件；

（3）大跨度连体的连接体、与连接体相连的竖向支承构件；

（4）大悬挑结构的主要悬挑构件；

（5）加强层的伸臂构件、与伸臂相连的核心筒墙肢和外框柱；

（6）巨型结构中的巨型柱、巨型梁（巨型桁架）；

（7）扭转变形很大部位的竖向构件、斜撑构件；与斜柱直接连接的重要水平构件；

（8）长短柱出现在同一楼层且数量相当时，该楼层的各个长短柱；

（9）双向传力的大跨度空间结构，临支座 2 个区格内的弦杆和腹杆，或临支座 1/10 跨度范围内的弦杆和腹杆；单向传力的大跨度空间结构，与支座直接相邻间的弦杆和腹杆等；

（10）其他对结构整体刚度或局部承载具有显著影响的构件。

对于关键构件的性能指标的确定，也不能千篇一律，需要根据构件所处位置和受力特点确定不同的性能指标。如对于结构底部加强部位的重要竖向构件剪力墙墙肢，是设计预设的墙肢塑性变形区，设定为关键构件，主要是提高受剪承载力，并通过提高约束边缘构件体积配箍率来提高其延性，避免底部加强部位进入塑性后发生剪切破坏。因此，底部加强部位剪力墙的墙肢受弯和受剪承载力不宜同步同幅度提高，不宜过度提高墙肢受弯承载力，否则墙肢塑性变形将转移到底部加强区的上部楼层，但这些楼层的延性变形能力相对较差，结果适得其反。又如，加强层的伸臂构件（通常为桁架），其承载力性能指标也不宜提得过高，否则会造成较大的刚度突变和传力路径改变，反而产生对抗震不利的影响。对于转换层的水平和竖向构件，构件承载力指标需要适当提得高一些，以确保强震下不进入塑性或延迟进入塑性。

3. 浙江超限结构性能目标选用举例

浙江省舟山为7度（0.10g）设防，国家第五代地震区划图又新增杭州（大部分区域）、宁波、嘉兴为7度（0.10g）设防区，其余地市目前均为6度设防，因此浙江属于典型的设防烈度低、风荷载大的地区。在选用结构性能目标时需要充分考虑这一地域特点。下面是几个典型案例：

杭州地铁5号线萧山姑娘桥车辆段停车场TOD项目，盖下为车辆段运用库，盖上为住宅开发项目。上盖建筑20层，采用剪力墙结构，结构高度68.5m；盖下地铁列车停车场采用框架结构。所有剪力墙墙肢均无法落地至基础，在停车库顶板层进行转换，因此结构形式为全框支剪力墙结构。6度设防，地震分组为一组，场地类别Ⅲ～Ⅳ类（T_g 按插值取0.55s），二层及以下为重点设防类，二层以上为标准设防类。图2.4.3-1为该TOD项目建筑立面图（局部），图2.4.3-2为其中一个结构单元的全框支剪力墙结构计算模型。

选用的性能目标：转换层水平和竖向构件、平台以上剪力墙底部加强区按"中震抗弯抗剪弹性"，转换层水平和竖向构件按"大震抗弯不屈服、抗剪弹性"进行承载力验算，上盖建筑剪力墙底部加强区满足大震抗剪截面条件。

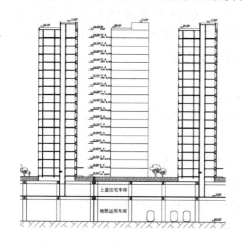

图2.4.3-1 萧山姑娘桥车辆段停车场
TOD项目立面图

图2.4.3-2 全框支剪力墙结构计算模型

宁波城市之光地上88层，建筑高度450m（图1.1.2-14），采用钢管混凝土框架-RC核心筒-伸臂结构，其中周边框架由钢管混凝土柱（CFT柱）和钢梁、3道环带桁架组成，共设置3道伸臂结构，与环带桁架同层布置在31层、52/53层、68层，见图2.2.2-13和图2.2.2-14。7度设防，第一组，Ⅳ类场地，50年一遇基本风压为0.50kN/m²。结构基本自振周期为 $T_1=8.58s$。结构性能目标如下：

（1）核心筒墙肢：底部加强区、斜墙所在楼层、伸臂桁架所在楼层为中震抗弯抗剪弹性、大震抗剪不屈服；其余部位为中震抗弯不屈服、抗剪弹性；

（2）核心筒连梁：耗能构件，可进入屈服，但对于伸臂加强层的连梁、支承框架梁的连梁，要求满足中震抗弯不屈服、抗剪弹性；

（3）外框柱：中震弹性，大震不屈服；

（4）伸臂桁架：中震抗弯不屈服、抗剪弹性；

（5）环带桁架（非转换桁架）：中震抗弯和抗剪弹性；

（6）环带桁架（兼转换桁架）：中震弹性，大震不屈服。

4. 结构构件的性能验算与评价

结构构件的性能验算包括结构层面的验算和构件层面的验算。结构层面的性能验算主要包括：（1）多遇地震和罕遇地震作用下，结构的侧向变形应符合现行有关规范、规程的规定，各楼层侧向变形应平缓变化，不宜出现弹塑性层间位移角突变。（2）强震下结构构件的屈服次序符合延性结构的破坏机制，耗能构件和次要的水平构件先进入屈服，重要的竖向构件、转换部位等关键构件不屈服或最后进入屈服，同时控制进入屈服的竖向构件不集中出现在同一部位或同一楼层。

构件层面的性能验算主要包括构件在不同地震水准下的承载力性能和变形损伤验算两个方面。构件承载力性能验算包括"弹性设计""不屈服验算""极限承载力验算"和"最小截面验算"等，可采用弹性或等效弹性分析方法得到的构件内力进行验算。构件变形损伤验算应采用结构弹塑性分析方法进行验算。

构件变形损伤验算可根据其变形大小和损坏程度从小到大定义为无损坏、轻微损坏、轻度损坏、中度损坏、比较严重损坏和严重损坏等 6 个等级（表 2.4.3-2）。构件的变形损伤程度可采用构件的弹塑性位移角、塑性铰转角或曲率进行评价，也可采用材料应变或材料损伤变量进行评价。

损坏等级与损坏程度的对应关系　　　　　表 2.4.3-2

损坏等级	损坏程度描述	力-变形特征描述
1级	无损坏	构件未屈服或无明显塑性变形
2级	轻微损坏	构件出现较轻微的塑性变形
3级	轻度损坏	构件出现一定的塑性变形，并接近极限承载力
4级	中度损坏	构件超过极限承载力，但承载力无明显退化
5级	比较严重损坏	构件达到极限变形条件，但无显著的承载力退化
6级	严重损坏	构件出现显著的承载力退化，并可能引起坍塌

对于钢筋混凝土构件或组合构件，当采用材料应变或材料损伤变量进行评价时，可根据混凝土受压应变或损伤变量、钢筋/钢材受拉应变的不利情况按表 2.4.3-3 进行综合评价。对以受弯、压弯或拉弯为主的纤维单元梁柱构件，正截面的应变值或损伤变量宜取构件最不利截面的最不利纤维点，斜截面内力宜取构件的最不利截面处；对采用壳单元模拟的剪力墙、连梁和楼板，宜按若干单元组成的整体截面进行评价，正截面的应变值或损伤变量宜取整体截面两端的边缘构件尺寸范围的平均值或最大值，斜截面的损伤评价宜取整体截面上各单元面积的加权平均值，必要时宜对正截面和斜截面进行综合评价；按不同材料应变或损伤评价时，宜取不同材料的最不利结果进行综合评价。

基于材料应变和损伤变量的混凝土构件损坏等级限值   表 2.4.3-3

类型	损坏等级					
	1	2	3	4	5	6
受压损伤变量	$\leqslant 0.01$	$\leqslant 0.2$	$\leqslant 0.5$	$\leqslant 0.65$	$\leqslant 0.8$	> 0.8
受压应变	$\leqslant 0.5\varepsilon_{c,r}$	$\leqslant 1.0\varepsilon_{c,r}$	$\leqslant 1.5\varepsilon_{c,r}$	$\leqslant 1.0\varepsilon_{cu}$	$\leqslant 1.5\varepsilon_{cu}$	$> 1.5\varepsilon_{cu}$
钢筋/钢材拉应变	$\leqslant \varepsilon_y$	$\leqslant 3\varepsilon_y$	$\leqslant 6\varepsilon_y$	$\leqslant 12\varepsilon_y$	$\leqslant 20\varepsilon_y$	$> 20\varepsilon_y$

注:$\varepsilon_{c,r}$为混凝土峰值压应变;ε_{cu}为混凝土极限压应变;ε_y为钢筋或钢材的屈服应变,按材料屈服强度标准值和弹性模量的比值计算;可仅评价受拉侧钢筋/钢材应变。

    需要指出的是,结构在设防地震和预估罕遇地震作用下,部分或较多构件进入屈服,结构整体处于弹塑性状态,因此,在验算结构性能指标和进行性能化设计时,理论上均应采用非线性分析方法进行计算,以考虑部分构件屈服后结构刚度降低和弹塑性耗能的影响。但非线性分析计算成本相对较高,实际工程中大多采用等效线性方法进行估算,如《高规》允许采用弹性方法得到的地震内力进行关键构件承载力性能指标的验算,地震内力计算时适当考虑结构阻尼比的增加(增加值一般不大于0.02)以及剪力墙连梁刚度的折减(刚度折减系数一般不小于0.03)。但实际应用中发现,这种考虑结构阻尼增加和连梁刚度折减的近似估算法,具有很大的经验性和盲目性,计算结果与弹塑性分析结果差异很大。如对于框架-核心筒结构,随着连梁首先屈服进入塑性状态,结构整体刚度下降,总地震剪力随之减小,但核心筒与外围框架并不是随结构总地震剪力的减小而同步减小。某8度设防的超限超高层建筑弹塑性分析表明,随着连梁进入屈服,核心筒承担的地震剪力呈减小趋势,而框架部分承担的地震剪力反而呈增加趋势(图2.4.3-3)。因此,超限结构采用抗震性能化设计时,应采用弹塑性分析进行补充复核和验算。

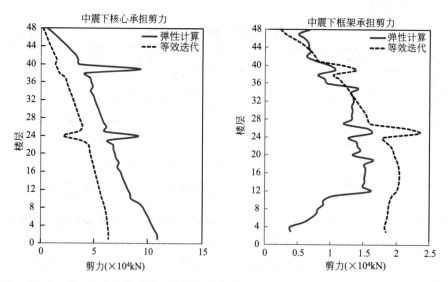

图 2.4.3-3 某8度设防的高层建筑结构在设防地震下框架和核心筒承担的楼层剪力比较

2.4.4 高层结构弹塑性分析要点

    结构部分构件屈服进入塑性,结构整体进入弹塑性状态后,结构的刚度及其分布、振型及其周期、各楼层地震剪力及杆件地震内力分布，均将发生显著变化。对于超高、体型不规则、刚度和承载力突变等特殊结构，部分构件屈服进入塑性后的地震内力重分布将更为显著。因此，采用抗震抗震性能化方法设计时，采用弹塑性分析方法进行补充复核验算是必要的。结构弹塑性分析方法包括静力推覆法（Push-over）和动力弹塑性分析方法。

静力推覆法（Push-over）的优缺点。优点：（1）作为一种简化的非线性分析方法，静力推覆法能够从整体上把握结构的抗侧力性能，对结构的关键构件及单元进行评估，找到结构的薄弱部位，从而为设计改进提供参考；（2）可以获得较为稳定的分析结果，减小分析结果的偶然性和离散性；（3）较之动力弹塑性分析方法，可以花费较少的时间成本，有较强的实际应用价值。缺点：（1）假定所有的多自由度体系均可简化为等效单自由度体系，这一理论假定缺乏严密的理论基础；（2）进行 Push-over 分析时首先要确定一个合理的水平加载方式，分析精度很大程度上依赖于水平加载模式的选择；（3）只能从整体上考察结构的性能，得到的结果较为粗糙，且在过程中未考虑结构在反复加载过程中损伤的累积及刚度的变化，因而不能完全真实反应结构在地震作用下的性状。

动力弹塑性分析方法分析法的优缺点。优点：（1）采用地震动加速度时程曲线作为输入进行结构地震反应分析，全面考虑了地震的三要素，也自然考虑了地震动丰富的长周期分量对高层建筑的不利影响；（2）采用结构弹塑性全过程恢复力特性曲线来表征结构的力学性质，可以比较确切和详细地给出结构的弹塑性地震反应；（3）能给出结构中各构件和杆件出现塑性铰的时刻和顺序，从而可以判明结构的屈服破坏机制；（4）能找出结构的薄弱部位和薄弱楼层，并计算薄弱楼层的塑性变形集中效应。缺点：（1）动力弹塑性分析结果与所选取的地震动输入有关，地震动时程所含频谱成分对结构的模态响应具有选择放大作用，所以不同地震动时程输入得到的结果差异很大；（2）由于采用逐步积分法对动力方程进行直接积分，求得结构在地震过程中每一瞬时的位移、速度和加速度反应，因而计算工作十分繁重，大型复杂结构对计算机性能要求较高，耗时耗力，时间成本高；（3）对工程技术人员素质要求较高，从结构模型建立，材料本构的选取、地震波选取，到参数控制及庞大计算结果的整理及甄别都要求技术人员具有扎实的专业素质以及丰富的工程经验。

在进行结构弹塑性分析时，应注意以下几点：

1. 选择合理的弹塑性分析方法

关于两种弹塑性分析方法，《高规》和《审查要点》[15] 有以下规定：

① $H \leqslant 150\text{m}$：可采用静力推覆分析法（Push-over），H 为结构高度；

② $H > 200\text{m}$：宜采用弹塑性时程分析；

③ $150\text{m} < H \leqslant 200\text{m}$：视结构不规则程度，分别采用静力或动力弹塑性方法；

④ $H > 300\text{m}$：应具有两个独立的弹塑性动力时程分析，并相互校核。

上述规定仅仅是从结构高度和受高阶振型影响程度提出来的。除此以外，尚应考虑结构体型和结构布置的复杂程度等因素，如对于大底盘多塔结构、高位连体结构、大悬挑结构、转换层较高且转换跨度较大的结构、存在多次转换的结构、竖向收进尺寸较大或竖向刚度突变程度较大的结构，以及其他特殊体型的高层建筑结构等，宜采用动力弹塑性分析方法。

2. 静力推覆法（Push-over）宜选择两种及以上的侧向力加载模式

静力推覆法（Push-over）受侧向力加载模式影响较大，不同侧向力加载模式对应的推覆结果往往差异较大。在水平地震作用下，结构侧向惯性力分布会随着结构屈服和刚度特性的变化而不断变化，变化程度取决于地震烈度和结构的非线性响应程度。使用多个侧向力模式进行对比性分析，可以更好地评估实际动态响应过程中可能发生的设计反应。

常见的侧向力模式：（1）倒三角形分布；（2）按振型模态分布；（3）按弹性 CQC 地震力分布；（4）按规定水平力分布；（5）矩形分布；（6）自适应加载侧力模式。

第（4）规定水平力分布的侧力模式，是指根据反应谱计算各楼层的剪力，并反算各楼层的地震力的方法，与我国《抗规》的规定水平力计算方法相同。该方法要求参与计算的质量参与系数不小于90%，且结构基本周期不小于1s。

第（6）自适应加载侧力模式是根据前一步结构弹塑性状态确定的结构振型模态，通过 SRSS 组合法计算各楼层层间剪力，进而得到下一步骤的各楼层惯性力。

在选择侧向力分布模式，宜分别从第（1）～（4）中选择一种，再从第（5）、（6）中选择一种。另外，侧向力需同时考虑其正负方向加载的效应；对于有斜交抗侧力构件的结构，当斜交角度大于15°时，应补充各斜交抗侧力构件方向的推覆分析；当结构存在地震最不利方向时，应补充沿最不利方向的推覆分析。

3. 动力弹塑性显式算法的步长控制

隐式算法需迭代求解耦联方程组，即刚度矩阵求逆运算，数据量大或非线性程度高时难收敛，但积分步长可较大。隐式算法（如 Newmark 法）的递推格式为：

$$\dot{U}_{t+\Delta t}=\dot{U}_t+[(1-\delta)\ddot{U}_t+\delta\ddot{U}_{t+\Delta t}]\Delta t$$
$$U_{t+\Delta t}=U_t+\dot{U}_t\Delta t+[(\frac{1}{2}-\alpha)\ddot{U}_t+\alpha\ddot{U}_{t+\Delta t}]\Delta t^2 \tag{2.4.4-1}$$

$t+\Delta t$ 时刻的动力方程为：

$$M\ddot{U}_{t+\Delta t}+C\dot{U}_{t+\Delta t}+K_{t+\Delta t}U_{t+\Delta t}=R_{t+\Delta t} \tag{2.4.4-2}$$

将式（2.4.4-1）代入动力方程，可得到 $t+\Delta t$ 时刻的解：

$$\hat{K}U_{t+\Delta t}=\hat{R}_{t+\Delta t} \tag{2.4.4-3}$$

式中：

$$\hat{K}=\frac{1}{\alpha\Delta t^2}M+\frac{\delta}{\alpha\Delta t}C+K_{t+\Delta t} \tag{2.4.4-4}$$

$$\hat{R}_{t+\Delta t}=R_{t+\Delta t}+M[\frac{U_t}{\alpha\Delta t^2}+\frac{\dot{U}_t}{\alpha\Delta t}+(\frac{1}{2\alpha}-1)\ddot{U}_t]$$
$$+C[\frac{\delta\dot{U}_t}{\alpha\Delta t}+(\frac{\delta}{\alpha}-1)\dot{U}_t+(\frac{\delta}{2\alpha}-1)\Delta t\ddot{U}_t] \tag{2.4.4-5}$$

显然，式（2.4.4-4）中 $K_{t+\Delta t}$ 为 $t+\Delta t$ 时的刚度矩阵，当结构构件产生塑性变形后，刚度矩阵不再保持定值，需要对 $K_{t+\Delta t}$ 进行更新，同时在 Δt 时间增量步内需要迭代求解以消除误差。

显式算法通常采用中心差分法，其递推格式为：

$$\ddot{U}_t = \frac{1}{\Delta t^2}(U_{t-\Delta t} - 2U_t + U_{t+\Delta t})$$

$$\dot{U}_t = \frac{1}{\Delta t}(U_{t+\Delta t} - U_{t-\Delta t})$$

(2.4.4-6)

t 时刻的动力方程为：

$$M\ddot{U}_t + C\dot{U}_t + K_t U_t = R_t \tag{2.4.4-7}$$

将式（2.4.4-6）代入动力方程，可得到 $t+\Delta t$ 时刻的解：

$$\hat{M}U_{t+\Delta t} = \hat{R}_t \tag{2.4.4-8}$$

式中：

$$\hat{M} = \frac{1}{\Delta t^2}M + \frac{1}{2\Delta t}C \tag{2.4.4-9}$$

$$\hat{R}_t = R_t + (K_t - \frac{2}{\Delta t^2}M)U_t - (\frac{1}{\Delta t^2}M - \frac{1}{2\Delta t}C)U_{t-\Delta t} \tag{2.4.4-10}$$

显然，式(2.4.4-10)中 K_t 为当前时刻的刚度矩阵，因而无需进行求逆和迭代计算，也不存在收敛性的问题，每一个计算步的计算速度会非常快，但需要非常小的时间步长，一般要比隐式算法小几个数量级，通常为 $10^{-5} \sim 10^{-4}$s。

目前，采用隐式求解的软件主要有：MIDAS Gen、SAP2000、PERFORM-3D、STRAT、NIDA 等，采用显式求解的软件有：ABAQUS、SAUSAGE、LS-DYNA 等。显式求解的分析时长与计算自由度数量大致呈线性增长的关系，而隐式算法分析时长与自由度数量呈非线性增长。因此，对于单元和节点数不多的结构，采用隐式算法的效率更高；相反，对于计算自由度数量较大的结构模型，显式算法的效率更高，且随着结构模型中单元和节点数量的增多，显式算法的优势会更加突出。

当采用显式算法时，若时间步长过大，会导致较大的计算误差；若时间步长过小，则会大大延长计算时长，增加计算成本。显式算法的积分步长由结构的最大频率（最小周期）决定，而最大频率通常由结构模型中的单元最小特征尺寸控制。因此，清理结构模型中的无用节点，合理确定单元尺寸和进行网格划分，避免出现尺寸过小的单元，可减小最大计算频率，增大计算步长，有效提高运算效率。

如图 2.4.4-1 所示，左图中次梁搁置在连梁上，导致连梁长度过小；右图中去掉了次梁和对应的节点。去掉次梁前，最大计算频率为 $f_{max}=2.019885\mathrm{e}+003$Hz，时间步长为 $\Delta t=1.41\mathrm{e}-004$s；去掉次梁后，最大计算频率为 $f_{max}=1.134294\mathrm{e}+003$Hz，时间步长为 $\Delta t=2.52\mathrm{e}-004$s。

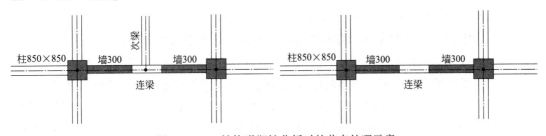

图 2.4.4-1 结构弹塑性分析时的节点处理示意

4. 竖向荷载加载应考虑施工过程影响，作为弹塑性分析的初始状态

对于高层建筑结构，结构计算若不考虑施工过程影响，计算的内力变形与实际情况之间具有显著差异。特别是对于具有高位转换、高位连体、设置加强层、大悬挑等复杂超限高层建筑，采用不同的施工方法和施工工序，以及混凝土的后期收缩和徐变效应，均会对结构的实际内力和变形产生显著影响，如不考虑这些因素，有时会引起显著的计算误差。因此，应先进行考虑建造过程的施工模拟分析，并作为罕遇地震作用下结构弹塑性分析的初始状态。对于某些特殊的混凝土结构，混凝土的收缩变形和徐变变形可能非常显著，必要时在进行重力荷载下的结构施工模拟分析时一并加以考虑。

5. 合理选择材料本构模型和单元类型

结构构件的弹塑性力学模型可选择基于材料的模型，也可选择基于构件的模型。基于材料的模型应采用材料应力-应变关系的本构模型，动力弹塑性分析时应采用能够考虑反复荷载作用下的滞回本构模型，混凝土材料的本构模型应有下降段；基于构件的模型应采用构件的力-变形模型，包括弯矩-曲率模型、弯矩-转角模型、剪力-转角模型、剪力-位移模型、轴力-位移模型等，并且应考虑轴力与弯矩的相关性，必要时尚应考虑剪力与轴力、弯矩的相关性，动力弹塑性分析时应采用反复荷载作用下的构件力-变形滞回模型。进行弹塑性分析时，具体可参考下列原则选择单元类型：

（1）框架梁、框架柱可采用纤维模型，也可采用塑性铰模型；

（2）中心支撑可采用纤维模型或塑性铰模型，但应考虑支撑的屈曲行为；

（3）剪力墙可采用非线性分层壳模型，连梁应合理计算受弯和受剪承载力，对跨高比比较小的连梁应考虑受剪与受弯承载力的耦合影响；

（4）巨柱等大尺度构件可采用实体单元或壳元进行模拟，并应注意与梁单元或壳单元在连接处的变形协调性；

（5）钢管混凝土构件宜考虑钢管约束对混凝土轴心抗压强度和受压变形能力的影响；普通混凝土构件宜考虑箍筋约束作用对变形能力的影响；对宽厚比较大的钢结构构件，应考虑板件屈曲对承载力的不利影响；

（6）当节点性能明显地影响到结构抗震性能时，应对节点性能进行合理的模拟；

（7）一般楼层的楼板可采用弹性壳单元，加强层、转换层、细腰部位、刚度明显削弱部位的楼板及其他复杂受力区域的楼板应采用弹塑性模型，或不考虑楼板刚度贡献进行分析。

当采用纤维梁（积分梁）单元模拟框架梁、框架柱时，单个构件的单元划分数量，对于两个积分点的单元不应小于3个，对于单个积分点的单元不应少于6个；采用壳单元模拟剪力墙时，单元尺寸不宜大于1m，且不应大于1.5m。

6. 弹塑性分析结果应能揭示和判断结构构件的屈服次序和破坏机制

鉴于地震动的不确定性，合理的结构构件屈服顺序和损伤破坏机制，对结构抵御超大震具有十分重要的意义。揭示和判断结构构件的屈服次序和破坏机制，是结构弹塑性分析的目的之一。对于浙江沿海的高层建造，风荷载大，地震作用较小，罕遇地震作用下结构的弹塑性表现并不充分。如浙江温州某超高层建筑，框架-核心筒结构体系，6度设防，50年一遇基本风压0.60kPa。6度罕遇地震作用下，除核心筒少数连梁进入塑性外，核心筒墙肢、外框柱和外框梁、加强层伸臂和环带桁架等构件的型钢和钢筋均未出现塑性变形，从弹塑性计算结果难于判断构件的屈服次序和结构的破坏模式。为此，需补充 7 度罕遇地震或更大地震作用水准下的结构弹塑性分析，直至能揭示出结构构件的先后屈服次序为止。当分析结果表明结构构件的屈服机制不合理时，应进一步采取优化设计措施，确保耗能构件、次要构件先屈服，关键构件和重要的竖向构件不屈服或最后屈服。

7. 其他应关注的问题

（1）结构构件的截面尺寸、配筋等应与施工图一致；结构弹塑性分析模型的总质量、周期、振型应与多遇地震弹性分析结果基本一致，确保模型正确。

（2）考虑到地震波的离散性，宜采用不少于七组地震波（5 组天然波＋2 组人工波）进行双向或三向输入；必要时应考虑最不利方向的输入；当结构正、反方向存在较大抗震性能差异时尚应沿正、反方向分别进行输入和计算。实际工程计算时，可先选择某组波的 1～2s 时间段进行试算，试算正常后再进行地震波的全时程计算。

（3）建议去掉不影响计算结果的构件（如次梁），地下室结构构件可考虑为弹性单元，以提高运算效率，节省时间成本。

（4）动力弹塑性分析可采用瑞利阻尼、等效振型阻尼或其他简化阻尼输入方法，但使用该阻尼输入方法的弹性时程分析得到的每组地震波对应的地震力和位移，应与基于振型叠加法的弹性时程结果基本一致。

（5）应重视对弹塑性计算结果合理性的基本判断，动力弹塑性分析的输出结果应包含构件内力、位移、应力、应变、损伤程度及能量等指标。对根据弹塑性分析结果需要加强的结构构件，应按加强后的截面和配筋重新分析和复核。

（6）应正确认识当前弹塑性模型和分析软件的局限性。除前述关于侧向力分布模式对静力推覆结果的影响、地震波选取对动力弹塑性分析结果的影响外，当前弹塑性建模与分析方法存在的局限性还包括：纤维单元的抗剪仍按弹性计算，需要单独进行承载力复核，同时在剪压比较大时无法考虑剪力对受弯承载力的耦合影响，过高估计受弯承载力；塑性铰单元可以考虑受剪承载力，但往往不考虑与正截面承载力的耦合；分层壳单元可以考虑受弯、受剪的承载力耦合关系，但受剪承载力通常无法计入分布筋的影响，导致受剪承载力偏低；纤维单元的塑性铰只能出现在沿单元长度方向的积分点位置，单元划分不充分时容易高估单元的受弯承载力；塑性铰单元的塑性铰只能出现在梁端处，无法出现在跨中而无法反映钢结构构件的跨中屈服或弹塑性失稳；纤维单元和积分壳元按平截面假定，无法考虑纵筋屈曲现象，因而高估其延性变形能力；剪力墙采用纤维单元时，两个方向的混凝土纤维是独立受力的，无法考虑承载力的相关性，容易过高估计承载力；钢结构构件不会发生截面局部失稳，因而对较大宽厚比的截面总是高估其延性变形能力。

2.5 高层建筑结构整体稳定性分析

2.5.1 高层建筑结构抗侧刚度的位移控制和稳定控制

高层建筑结构应具有足够的侧向刚度，满足规范对结构侧向位移和结构整体稳定性的控制要求。针对不同结构类型的高层建筑，现行规范、规程给出了在水平风荷载和多遇地震作用下的结构侧向位移（层间位移角）限值，也给出了结构整体稳定性验算的控制指标。如现行《高规》采用刚重比来验算高层结构的整体稳定性，对剪力墙结构、框架-剪力墙结构、筒体结构等，其刚重比应满足下式：

$$EJ_d/H^2\sum G_i \geqslant 1.4 \tag{2.5.1-1}$$

式中，EJ_d 为结构等效抗侧刚度；H 为结构总高度；G_i 为第 i 层的重力荷载设计值。刚重比≥2.7 时可不考虑 $P\text{-}\Delta$ 效应；$1.4\leqslant$刚重比<2.7 时应考虑 $P\text{-}\Delta$ 效应的影响；刚重比 <1.4 时 $P\text{-}\Delta$ 效应引起的附加侧向变形将呈非线性急剧增大，可能导致结构整体失稳，因此规定结构刚重比必须满足式（2.5.1-1）。

高层结构所受的水平风荷载或水平地震作用越大，则结构的侧向位移也越大，此时必须相应增大结构侧向刚度才能满足水平位移限值要求；而结构刚重比与结构重力荷载和侧向刚度有关，与所受的水平荷载（作用）大小无关。

因此，对于风荷载较大的沿海城市或高烈度设防地区的高层建筑，结构侧向刚度通常受水平位移控制，即结构只要满足位移控制要求，刚重比计算指标一般很容易满足式（2.5.1-1），结构稳定一般不会有问题。反过来，对于风荷载较小、设防烈度较低的高层建筑，结构侧向刚度通常受结构稳定控制，即结构的计算位移满足控制要求，刚重比计算指标不一定满足式（2.5.1-1）[19]。

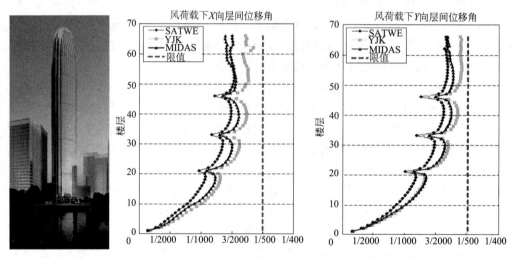

图 2.5.1-1 浙江天盛中心（台州）建筑效果图及结构层间位移角计算曲线

如浙江天盛中心位于浙江沿海城市台州，地面以上 68 层，建筑高度 299.60m，6 度设防，50 年一遇基本风压为 0.70kN/m²，地面粗糙度 B 类。为有效抵抗水平荷载，利用建筑避难层分别在第 23 层、36 层、50 层设置了伸臂桁架和腰桁架，构成 3 道加强层，有效增强整体结构的抗侧刚度。由于地处低烈度设防区，但风荷载较大，结构侧向刚度受位移控制，在水平风荷载作用下两个主轴方向的最大层间位移角均已接近规范限值 1/500（图 2.5.1-1），但刚重比计算指标尚有较大余地，两个主轴方向的计算刚重比分别为 2.27 和 2.22。

杭州未来科技城奥克斯中心塔楼（图 1.1.2-3）地上 60 层，建筑高度约 280m，采用钢管混凝土框架-RC 核心筒结构体系，设置 3 道带状桁架（不设伸臂结构）。抗震设防烈度 6 度，50

年一遇基本风压 0.45kPa。由于设防烈度较低,且风荷载不大,结构侧向刚度受稳定控制。多遇地震作用下两个主轴方向的最大层间位移角分别为 1/1780、1/1719;水平风荷载作用下两个主轴方向的最大层间位移角分别为 1/851、1/819 (图 2.5.1-2),可见结构侧向位移远小于限值 1/500,说明从位移控制角度看,结构刚度尚有较大余地。但两个主轴方向的计算刚重比分别为 1.51 和 1.44,已接近规范限值,故结构刚度由稳定控制。

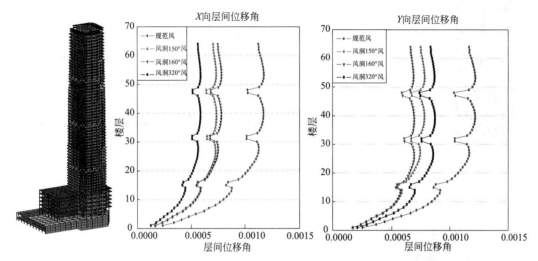

图 2.5.1-2 杭州未来科技城奥克斯中心塔楼结构模型及层间位移角曲线

义乌世贸中心酒店塔楼地上 54 层,建筑高度约 250m,采用 SRC 框架-RC 核心筒结构体系,设置 3 道带状桁架(不设伸臂结构)。抗震设防烈度 6 度,50 年一遇基本风压 0.35kPa,地面粗糙度 C 类。由于地处低烈度设防区,且风荷载小,结构侧向刚度受稳定控制。多遇地震作用下两个主轴方向的最大层间位移角分别为 1/2142、1/2080;水平风荷载作用下两个主轴方向的最大层间位移角分别为 1/1309、1/1032 (图 2.5.1-3),可见结构侧向位移远小于限值 1/500,说明从位移控制角度看,结构刚度尚有较大余地。但两个主轴方向的计算刚重比分别为 1.70 和 1.59,已接近规范限值,故结构刚度由稳定控制。

杭州政储出 2005(70)号地块项目(卓越恒兴大厦)由 A 塔楼、B 塔楼、C 塔楼及裙房组成,A、B 塔楼地上 70 层,建筑高度 230.9m,C 塔楼地上 25 层,建筑高度 95.6m,裙房 4 层,地下 3 层。3 幢塔楼均采用现浇钢筋混凝土框架-核心筒体系。抗震设防烈度 6 度,50 年一遇基本风压 0.45kPa,地面粗糙度 B 类。以 A 塔为例,多遇地震作用下两个主轴方向的最大层间位移角分别为 1/2251、1/1557,水平风荷载作用下两个主轴方向的最大层间位移角分别为 1/1595、1/790 (图 2.5.1-4),两个主轴方向的计算刚重比分别为 1.52 和 1.44。可见,刚重比计算指标已接近规范限值,而结构侧向位移计算值远小于规范限值,故结构刚度也是由稳定控制。

2.5.2 复杂体型高层建筑结构整体稳定验算

在水平荷载作用下,高层剪力墙结构、框架-剪力墙结构、筒体结构变形形态一般呈弯曲型或者弯剪型,P-Δ 效应与刚重比呈双曲线分布。

当荷载作用于弯剪型构件顶部时,顶点临界荷载由欧拉公式可得:

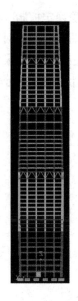
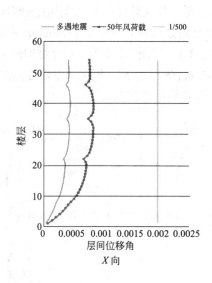
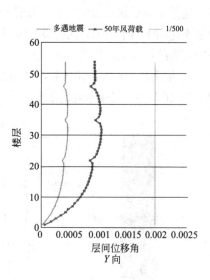

图 2.5.1-3 义乌世贸中心酒店塔楼结构模型及层间位移角曲线

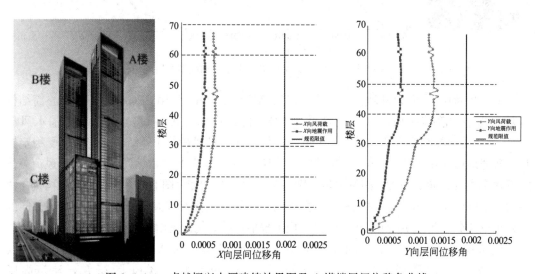

图 2.5.1-4 卓越恒兴大厦建筑效果图及 A 塔楼层间位移角曲线

$$P_{cr} = \frac{\pi^2 EJ_d}{4H^2} \qquad (2.5.2\text{-}1)$$

式中，EJ_d 为结构等效抗侧刚度；H 为结构总高度。

高层建筑荷载近似分布在楼层位置，则顶部等效临界荷载为[20-21]：

$$P_{cr} = \lambda_{cr} G_e \qquad (2.5.2\text{-}2)$$

$$\lambda_{cr} = \frac{\pi^2 EJ_d}{4H^2 G_e} \qquad (2.5.2\text{-}3)$$

$$G_e = \sum_{i=1}^{n} G_i \left(\frac{H_i}{H}\right)^2 \qquad (2.5.2\text{-}4)$$

式中，λ_{cr} 为临界荷载参数；G_i 为第 i 层重力荷载设计值；G_e 为顶部等效重力荷载设计值，H_i 为第 i 层至底部嵌固端的距离。

弯剪型高层结构考虑 P-Δ 效应后，其侧移近似可采用下式计算[22]：

$$\Delta^* = \frac{\Delta}{1 - \sum\limits_{i=1}^{n} G_i / (\sum\limits_{j=1}^{n} G_j)_{cr}} \qquad (2.5.2\text{-}5)$$

式中，Δ^* 和 Δ 分别为考虑 P-Δ 效应和不考虑 P-Δ 效应的结构侧向位移；$(\sum\limits_{j=1}^{n} G_j)_{cr}$ 为荷载实际分布下重力荷载临界值。

式（2.5.2-5）也可表示为[23]：

$$\Delta^* = \frac{\Delta}{1 - G_e / P_{cr}} \qquad (2.5.2\text{-}6)$$

根据《高规》，为控制结构整体稳定，P-Δ 效应增幅控制在 10% 之内，考虑实际刚度折减 50%，效应增幅控制在 20% 之内，则需满足：

$$\frac{\Delta^* - \Delta}{\Delta} \leqslant 10\% \qquad (2.5.2\text{-}7)$$

即：

$$G_e / P_{cr} = \frac{4 H^2 G_e}{\pi^2 E J_d} \leqslant 0.1 \qquad (2.5.2\text{-}8)$$

则有：

$$\frac{E J_d}{H^2 G_e} \geqslant \frac{4}{0.1 \pi^2} \qquad (2.5.2\text{-}9)$$

定义楼层质量分布系数：

$$\beta = \sum\limits_{i=1}^{n} G_i \left(\frac{H_i}{H}\right)^2 / \sum\limits_{i=1}^{n} G_i \qquad (2.5.2\text{-}10)$$

则式（2.5.2-9）化为：

$$\frac{E J_d}{H^2 \sum\limits_{i=1}^{n} G_i} \geqslant \frac{4\beta}{0.1 \pi^2} \qquad (2.5.2\text{-}11)$$

《高规》提出的刚重比指标是针对质量沿高度均匀分布这一特殊情况的，假设此时的楼层质量分布系数为 β_0，由式（2.5.2-10）可得：

$$\beta_0 = \sum\limits_{i=1}^{n} G_i \left(\frac{H_i}{H}\right)^2 / \sum\limits_{i=1}^{n} G_i = \int_0^H \frac{1}{H} dx \left(\frac{x}{H}\right)^2 = \frac{1}{3} \qquad (2.5.2\text{-}12)$$

将 $\beta = \beta_0 = 1/3$ 代入式（2.5.2-11）得：

$$\frac{E J_d}{H^2 \sum\limits_{i=1}^{n} G_i} \geqslant \frac{4\beta_0}{0.1 \pi^2} = 1.352 \approx 1.4 \qquad (2.5.2\text{-}13)$$

显然，上式与现行《高规》要求刚重比不小于 1.4 的规定是一致的。对于楼层质量沿高度不均匀分布的高层建筑，式（2.5.2-11）可改写为：

$$\frac{E J_d}{H^2 \sum\limits_{i=1}^{n} G_i} \cdot \frac{\beta_0}{\beta} \geqslant \frac{4\beta}{0.1 \pi^2} \cdot \frac{\beta_0}{\beta} = \frac{4\beta_0}{0.1 \pi^2} \approx 1.4 \qquad (2.5.2\text{-}14)$$

上式可进一步改写为：

$$\frac{EJ_{d}}{H^{2}\sum_{i=1}^{n}G_{i}} \cdot \omega \geqslant 1.4 \qquad (2.5.2\text{-}15)$$

式中，$\omega = \beta_{0}/\beta$，称为高层建筑楼层质量不均匀分布修正系数。下面举例加以说明：

（1）某高层建筑共 36 层，各层层高相等，高层建筑荷载近似均匀分布在各楼层位置（图 2.5.2-1a），即 $G_{1}=G_{2}=\cdots=G_{i}=G$，总荷载 $\sum\limits_{i=1}^{36}G_{i}=36G$，则：

$$\beta = \sum_{i=1}^{n}G_{i}\left(\frac{H_{i}}{H}\right)^{2} / \sum_{i=1}^{n}G_{i} = \frac{1}{n^{2}}(1^{2}+2^{2}+\cdots+n^{2})\frac{G}{nG}$$

$$= \frac{1}{n^{2}}\frac{n}{6}(n+1)(2n+1)\frac{1}{n} \approx \frac{1}{3} \qquad (2.5.2\text{-}16)$$

楼层质量不均匀分布修正系数为：

$$\omega = \beta_{0}/\beta = 1.0 \qquad (2.5.2\text{-}17)$$

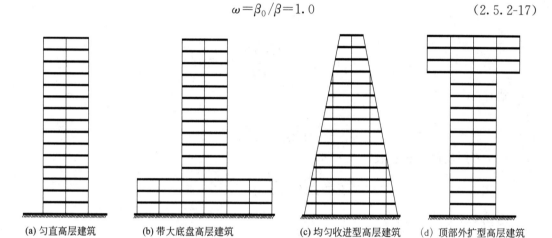

(a) 匀直高层建筑　　(b) 带大底盘高层建筑　　(c) 均匀收进型高层建筑　　(d) 顶部外扩型高层建筑

图 2.5.2-1　不同体型的高层建筑结构模型

（2）对于带大底盘裙房的高层建筑（图 2.5.2-1b），如某建筑 36 层，各层层高相等，楼层荷载为：底部三层裙房荷载 $G_{1}=G_{2}=G_{3}=9G$，三层以上荷载 $G_{4}=G_{5}=\cdots=G_{36}=G$，总荷载 $\sum G_{i}=60G$。则有：

$$\beta = \sum_{i=1}^{n}G_{i}\left(\frac{H_{i}}{H}\right)^{2} / \sum_{i=1}^{n}G_{i} = 1/4.76 \qquad (2.5.2\text{-}18)$$

楼层质量不均匀分布修正系数为：

$$\omega = \beta_{0}/\beta = \frac{1/3}{1/4.76} = 1.587 \qquad (2.5.2\text{-}19)$$

上式表明，对于本算例，只要刚重比计算指标满足不小于 1.4/1.587＝0.88，即可使 P-Δ 效应引起的结构侧移增量控制在 10% 之内，满足结构整体稳定验算要求。当然，这里还要考虑裙房屋面以上部分结构的稳定验算，可与不含裙房结构的刚重比指标进行包络复核。

（3）对于高层建筑中经常采用的体型收进建筑，如图 2.5.2-1(c) 所示，共 30 层，各层层高相等，楼层荷载如下：$G_i = (n-1)G$，总荷载 $\sum\limits_{i=1}^{30} G_i = 465G$。则：

$$\beta = \sum_{i=1}^{n} G_i \left(\frac{H_i}{H}\right)^2 / \sum_{i=1}^{n} G_i = 1/5.44 \qquad (2.5.2-20)$$

楼层质量不均匀分布修正系数为：

$$\omega = \beta_0/\beta = \frac{1/3}{1/5.44} = 1.813 \qquad (2.5.2-21)$$

上述计算结果表明，对于本算例，只要刚重比计算指标满足不小于 $1.4/1.813 = 0.77$，即可满足结构整体稳定验算要求。

（4）对于顶部带大悬挑的高层建筑，如图 2.5.2-1（d）所示，假设共 36 层，各层层高相等，顶部三层荷载为 $G_{34} = G_{35} = G_{36} = 2.2G$，其余各楼层荷载为 $G_1 = G_2 = \cdots = G_{33} = G$，总荷载为 $\sum\limits_{i=1}^{36} G_i = 39.6G$。则有：

$$\beta = \sum_{i=1}^{n} G_i \left(\frac{H_i}{H}\right)^2 / \sum_{i=1}^{n} G_i = 1/2.49 \qquad (2.5.2-22)$$

楼层质量不均匀分布修正系数为：

$$\omega = \beta_0/\beta = \frac{1/3}{1/2.49} = 0.83 \qquad (2.5.2-23)$$

上述计算结果表明，对于本算例顶部带大悬挑的高层建筑，刚重比计算指标满足不小于 $1.4/0.83 = 1.69$，才能满足结构整体稳定验算要求。

2.5.3 任意水平荷载作用下结构等效侧向刚度的计算

高层建筑结构体型日益复杂，荷载竖向分布模式变化的同时，结构等效侧向刚度的计算也将发生变化。《高规》明确，结构等效侧向刚度可近似按倒三角形分布荷载作用下结构顶点位移相等的原则，将结构的侧向刚度折算为竖向悬臂受弯构件的等效侧向刚度。假定倒三角形分布荷载最大值为 q，在该荷载作用下结构顶点质心的弹性水平位移为 u，则结构的弹性等效侧向刚度可按下式计算：

$$EJ_d = \frac{11qH^4}{120u} \qquad (2.5.3-1)$$

由于建筑体型发生变化，显然地震力和风荷载沿高度的分布情况与体型及荷载分布均匀的结构具有明显区别。特别是顶部悬挑结构，实际等效侧向刚度将比按照规范采用的倒三角形荷载分布所得出的值偏小，使得该类型结构实际 $P\text{-}\Delta$ 效应大于规范值，故刚重比仅满足 1.4 是不够的。

在水平力作用下，结构顶部位移等于各层水平力分别作用下的顶部位移之和。如图 2.5.3-1 所示，当第 i 层作用水平力 F_i，相应顶部位移如下：

$$u_i = \frac{F_i H_i^3}{3EJ_{di}} + \frac{F_i H_i^2}{2EJ_{di}}(1-\gamma_i)H = \frac{F_i H_i^2 H}{6EJ_{di}}(3-\gamma_i) \qquad (2.5.3-2)$$

故有：

$$u = \sum_{i=1}^{n} u_i = \frac{1}{6EJ_d} \sum_{i=1}^{n} F_i H_i^2 H(3-\gamma_i) \qquad (2.5.3-3)$$

式中，F_i 为第 i 层水平集中荷载；u_i 为第 i 层水平集中荷载作用下顶部位移；EJ_{di} 为第 i 层以下弹性等效抗侧刚度；$\gamma_i = H_i/H$。

对于一般风荷载或者地震作用下的水平力分布模式，结构弹性等效侧向刚度按下式计算：

$$EJ_d = \sum_{i=1}^{n} \frac{F_i H_i^2 H(3-\gamma_i)}{6u} \qquad (2.5.3-4)$$

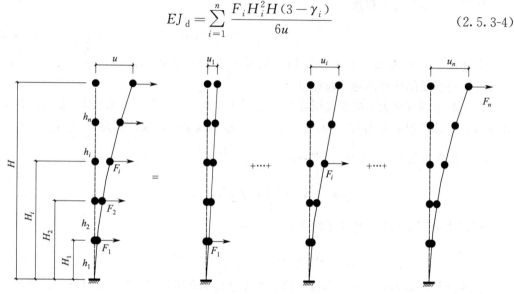

图 2.5.3-1 水平力作用下的结构顶部位移

2.5.4 应用实例

杭州云城北综合体（余政储出［2021］5号地块项目）T1 塔楼地下 4 层，地上 84 层，建筑高度 399.80m（图 1.1.2-8），结构体系为框架-核心筒，周边框架由型钢混凝土柱（SRC 柱）、钢梁和环带桁架组成，环带桁架层分别位于第 28~30 层和第 62~63 层，结构顶部结合建筑塔冠造型布置帽桁架。塔楼标准层结构平面和结构三维模型分别见图 2.2.2-5 和图 2.2.2-6。图 2.5.4-1 为结构在风荷载和多遇地震作用下的层间位移角分布曲线，多遇地震作用下两个主轴方向的最大层间位移角分别为 1/1771、1/1723；水平风荷载作用下（按风洞风荷载）两个主轴方向的最大层间位移角分别为 1/841、1/812，可见结构侧向位移远小于限值 1/500，说明从位移控制角度看，结构刚度尚有较大余地。

根据《高规》，按倒三角形分布荷载作用下结构顶点位移相等的原则，将结构的侧向刚度折算为竖向悬臂受弯构件的等效侧向刚度。塔楼结构高度为 $H = 409$m（嵌固端为 B1 层楼板），假定倒三角形分布荷载的最大值为 $q = 409$kN/m，在该荷载作用下的结构顶点质心的弹性水平位移为 $u_x = 1.07$m，$u_y = 1.06$m，则结构的弹性等效侧向刚度 EJ_d 为：

$$EJ_{dx} = \frac{11qH^4}{120u_x} = \frac{11 \times 409 \times 409^4}{120 \times 1.07} = 9.69 \times 10^{11} \text{kN} \cdot \text{m}^2$$

$$EJ_{dy} = \frac{11qH^4}{120u_y} = \frac{11 \times 409 \times 409^4}{120 \times 1.06} = 9.80 \times 10^{11} \text{kN} \cdot \text{m}^2$$

各楼层重力荷载设计值（1.2 倍恒荷载＋1.4 倍活荷载组合）总和为：

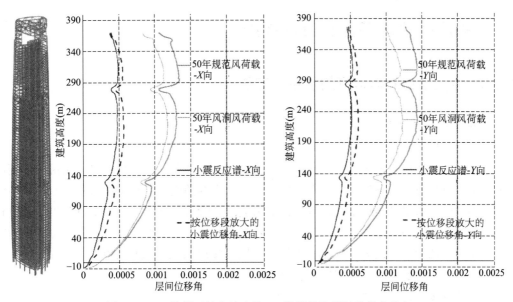

图 2.5.4-1 杭州云城北综合体 T1 塔楼结构层间位移角分布

$$\sum_{i=1}^{n} G_i = 4550508 \text{kN}$$

$$\frac{EJ_{dx}}{H^2 \sum_{i=1}^{n} G_i} = \frac{9.69 \times 10^{11}}{409^2 \times 4550508} = 1.27$$

$$\frac{EJ_{dy}}{H^2 \sum_{i=1}^{n} G_i} = \frac{9.80 \times 10^{11}}{409^2 \times 4550508} = 1.28$$

可见，按现行《高规》方法计算的两个主轴方向的刚重比指标分别为 1.27 和 1.28，不满足刚重比不得小于 1.4 的规定。下面来计算按本书方法考虑楼层质量不均匀分布对刚重比的修正。由式（2.5.2-10）可计算楼层质量分布系数：

$$\beta = \sum_{i=1}^{n} G_i \left(\frac{H_i}{H}\right)^2 / \sum_{i=1}^{n} G_i = \frac{1145999}{4550508} = \frac{1}{3.97}$$

则楼层质量不均匀分布修正系数为：

$$\omega = \beta_0 / \beta = \frac{1/3}{1/3.97} = 1.32$$

$$\frac{EJ_{dx}}{H^2 \sum_{i=1}^{n} G_i} \cdot \omega = 1.27 \times 1.32 = 1.67$$

$$\frac{EJ_{dy}}{H^2 \sum_{i=1}^{n} G_i} \cdot \omega = 1.28 \times 1.32 = 1.69$$

可见，按本书方法考虑楼层质量不均匀分布修正后的结构刚重比计算指标均大于 1.4 的最小限值，说明结构整体稳定性满足要求。

2.6 高层建筑地基基础设计要点

2.6.1 浙江地区新型桩基的创新与实践

1. 预制类桩新技术

（1）预制桩截面类型多样化、异形化

近年来，预制桩技术发展非常迅速，呈截面类型多样化、异形化趋势。从最早应用的传统预制混凝土方桩，到后来采用离心成型工艺生产的预应力混凝土圆形管桩和预应力混凝土空心方桩。后来又出现了表面带肋预应力混凝土管桩和预应力混凝土竹节桩，通过桩与桩周土咬合，提高侧阻力，同时与扩底有效咬合，提高桩端部承载力。还有像预应力变径桩、预应力螺旋桩、桩尖与桩体一体化等，以及预应力离心板桩和预应力浇筑平板桩，结合 TRD 工法形成预制混凝土地下连续墙（TAD）。

（2）桩身接头连接技术

预制桩接头连接对工程应用十分关键，近年来接头连接技术发展也非常迅速，如从最早应用的传统焊接接头，到后来采用的抱箍式机械连接接头、承插式机械连接接头和销钉抗拔接头，大大丰富了预制桩接头形式。为解决预应力混凝土桩受力钢棒与钢端板之间容易拉脱问题，出现了复合配筋预制桩，采用预应力钢棒和非预应力钢筋的组合使用，可有效提高桩身纵筋与钢端板之间的连接可靠性，同时又可改善桩身抗弯和抗剪性能。

（3）预制桩植入技术（非挤土植入）

预制桩植入技术可较好解决预制桩的挤土效应带来的环境问题和桩基施工质量问题，同时由于植入成孔设备通常具有较大扭矩，对地质较复杂的情况具有良好的适应性，可较好解决预制桩与硬土层无法压入或沉桩不到位的问题。预制桩植入技术包括搅拌注浆植入技术（或称静钻根植桩）、钻孔取土注浆植入技术、旋挖成孔注浆植入技术等。

（4）预应力管桩桩端后注浆技术

预应力管桩后注浆技术是通过在桩端加装带注浆功能的桩尖，采用静力压桩法，使用压桩机将焊接牢固的带有注浆器的管桩沉压至设计标高，终止沉桩 48 小时后，采用高压注浆泵，通过导管对 PHC 管桩桩底进行压浆，桩底压力浆液通过渗透、挤密、填充及固化作用，对桩底土层进行置换、挤密或发生化学反应形成结石体，可有效提高持力层强度和变形能力，并形成扩大头，增加桩端承压面积，有效提高单桩承载力。该技术的核心是带注浆功能的桩尖设计，既要具备止回功能，防止出浆孔被土体堵塞，又要具备足够抗压能力，能够克服沉桩障碍。

2. 灌注类桩新技术

（1）超长灌注桩技术

随着高层建筑的高度不断增加，对桩基的承载力要求越来越高，灌注桩的成孔设备和工艺不断改进，桩基穿越碎石、卵石、圆砾等特殊坚硬土层的能力大大提高，使长桩、超长桩技术等到推广和应用。如 20 世纪 90 年代杭州钱江新城内建造的高层建筑，桩基持力层多选择圆砾、卵石层。如 209m 高的杭州第二电信枢纽大楼，采用 1500mm 大直径钻孔灌注桩，桩端进入卵石层 8m。限于当时的施工设备，进入卵石层 8m 似乎已是施工极限，若要想穿越 20～30m 厚卵石层进入下部基岩作为持力层，在当时几乎是不可想象的。

但现在随着德国宝峨旋挖钻机等大功率设备的引入和发展，钻孔成桩设备穿越碎石、卵石、圆砾等特殊坚硬土层的能力大大提高，入岩旋挖钻机可进入 100MPa 以上的基岩，并可达到 0.3～1.0m/h 的进尺速度。如浙江财富中心作为杭州钱江新城第一个采用嵌岩桩的超高层建筑，采用高效率旋挖钻机，可轻松穿越 20～30m 厚卵石层。采用长桩，单桩承载力特征值大大提高，桩基工程性价比比短桩更高（筏板厚度和配筋大大减小），见图 2.6.1-1。

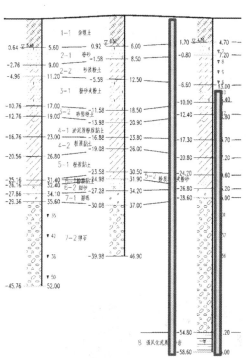

图 2.6.1-1　钱江新城浙江财富中心及典型地质剖面

又如温州鹿城广场超高层塔楼，地下 4 层，地上 75 层，建筑高度 350m，始建于 2009 年。设计采用钻孔灌注桩，桩径 1100mm，以中风化闪长岩为桩端持力层，设计有效桩长 $L \approx 80～90m$，单桩承载力特征值 $R_a = 12500kN$。为使桩端入岩，自地面起算的成孔深度超过 100m，并需穿越约 40～50m 厚的卵石层（图 2.6.1-2），单桩承载力特征值为 12500kN。

宁波中心大厦超高层塔楼总建筑面积约 23 万 m²，地下 3 层，地上 80 层，建筑高度 409m，包含国际甲级写字楼、世界顶级五星酒店。项目位于东部新城核心区，海晏北路以西，宁穿路以北。设计采用钻孔灌注桩，桩径 1100mm，自地面起算的成孔深度约 108m，桩端持力层为 10-2c 中风化玄武玢岩（图 2.6.1-3），单桩极限承载力达到 31200kN。

（2）灌注桩入岩扩底技术

灌注桩入岩扩底技术可大大提高单桩承载力（图 2.6.1-4），近十多年来在浙江有较多应用，如杭州某工程桩径为 1600mm，入中风化岩层后扩底至 2600mm（图 2.6.1-5），根据静载荷试验，单桩竖向抗压极限承载力达到 42000kN，单桩竖向抗拔极限承载力达到 12000kN。

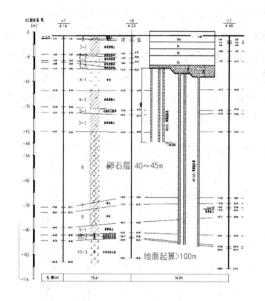

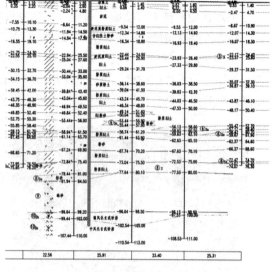

图 2.6.1-2　温州鹿城广场典型地质剖面　　　　图 2.6.1-3　宁波中心大厦典型地质剖面

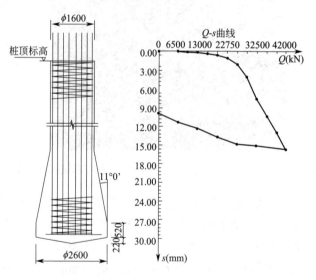

图 2.6.1-4　AM工法液压可视扩底设备　　　图 2.6.1-5　旋挖扩底灌注桩剖面及静载 Q-s 曲线

（3）桩-柱一体化施工技术

桩-柱一体化施工技术特别适合用于地下室基坑逆作工程，尤其适用于上部结构和地下结构同步施工的逆作工程。采用逆作技术，可最大程度控制基坑变形，保护周边环境安全；可实现业主对工期的特殊需求，如富力杭州未来科技城项目，采用上部高层结构与地下4层结构同步逆作施工技术，实现高层住宅提前销售；可实现工程的分期建设，如杭州临安某工程，市政道路穿越地下室，采用逆作技术实现市政道路与地下室结构分期建设，道路先施工先通行，两年后再逆作开挖施工道路下方的地下室结构。

逆作技术的核心环节是竖向支承结构的设计和施工，尤其是桩-柱一体化设计和施工技术。桩-柱一体化技术是指竖向立柱（钢管柱或格构柱）与下部混凝土桩采用一体化设计和施工，竖向立柱在逆作阶段用于基坑支护结构的竖向支承体系，使用阶段通常将钢管桩或灌格构柱外包混凝土形成永久结构柱，如图 2.6.1-6 和图 2.6.1-7 所示。桩-柱一体化的核心是柱及桩的平面定位和垂直度控制，使其能满足后期作为永久结构的精度要求。HPE 液压垂直插入工法（图 2.6.1-8）可较好满足调垂精度要求，插入过程全部由电脑进行控制。如杭州地铁 1 号线武林广场站逆作工程，地下 3 层，基坑开挖挖深 28m，采用直径 900mm 的钢管桩，钢管长度 25.85～28.5m，设计要求钢管柱垂直度偏差$<L/500$，且不大于 25mm。实际施工达到 1/1200。

图 2.6.1-6　逆作阶段的钢管柱

图 2.6.1-7　外包混凝土作为永久结构柱

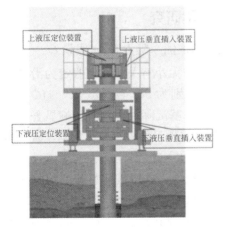

图 2.6.1-8　HPE 液压垂直插入机及施工工法

（4）灌注桩囊袋式后注浆技术

钻孔灌注桩受施工工艺所限，桩身与周围土体之间往往存在较厚泥皮，严重削弱桩土咬合力，桩身强度因地基承载力不足而得不到充分发挥，造成资源浪费。囊袋式后注浆技术基于土体可塑性和压缩性比较大的力学特性，将高压水泥浆通过注浆装置注入预先布置在桩底的束浆袋中，束浆袋在高压水泥浆作用下不断挤扩桩周土体，水泥浆硬化后即在桩底周围形成水泥浆扩大段，可显著提高单桩承载力。

（5）缓粘结预应力抗拔灌注桩技术

抗拔灌注桩桩身配筋受裂缝验算控制，配筋率往往非常大，当抗拔桩承载力较高时，桩身配筋异常密集，不仅造价高，且桩身混凝土水下浇筑密实度难以保证。缓粘结预应力抗拔灌注桩技术通过设置缓粘结预应力筋，可大大减小桩身配筋量，节省造价，方便桩身钢筋笼制作，有效提高单桩抗拔承载力。图 2.6.1-9 为杭州某工程缓粘结预应力抗拔灌注桩钢筋笼现场制作和安装。

图 2.6.1-9　缓粘结预应力抗拔灌注桩钢筋笼现场制作和安装

2.6.2　软土地基超长桩端阻力和侧阻力分布试验研究

单桩在桩顶轴心竖向力 Q 作用下产生桩端阻力 Q_p 和桩侧摩阻力 Q_s，假设 $Q_p=\alpha Q$，α 为桩端阻力比；桩侧摩阻力分布与土层分布和桩顶作用力大小有关，通常假定为沿桩身均匀分布和沿桩身线性增长分布两种形式的组合，其值分别为 βQ 和 $(1-\alpha-\beta)Q$，见图 2.6.2-1。众所周知，桩端阻力比和桩侧摩阻力分布对桩基沉降计算结果影响显著。这里以宁波城市之光和宁波中心大厦两个浙江沿海典型超高层项目的桩基试验为例，研究浙江沿海深厚软弱土地基超长灌注桩的桩端阻力比和桩侧阻力分布。

宁波城市之光位于宁波市江东区东部新城区 C3-4 号地块，主塔楼建筑高度约 450m，地下 4 层，地上 88 层。典型地质剖面见图 2.6.2-2。3 根设计试桩的编号分别为 SYZ-E-1、SYZ-E-2、SYZ-E-3，桩径均为 1000mm，桩长分别为 85.46m、84.84m、85.39m，桩端持力层为（10）号圆砾层。SYZ-E-1、SYZ-E-2 试桩 Q-s 曲线均为缓变型，考虑桩身弹性压缩后，单桩竖向抗压极限承载力取最大加载实验值，均为 32195kN；SYZ-E-3 试桩

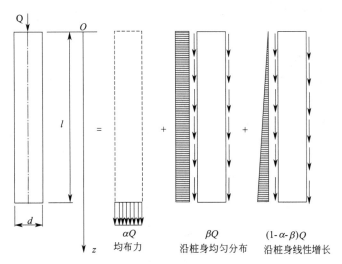

图 2.6.2-1 桩端阻力、侧阻力分布示意图

Q-s 曲线为陡降型，单桩竖向抗压极限承载力取发生明显陡降的起始点对应的加载值，即为 31780kN。3 根设计试桩结果见表 2.6.2-1。图 2.6.2-3 为 3 根设计试桩的静载荷试验 Q-s 曲线。

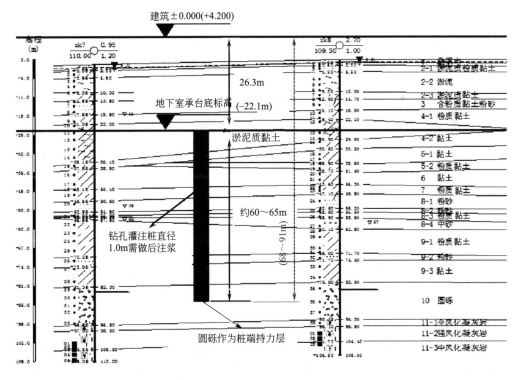

图 2.6.2-2 宁波城市之光超高层塔楼典型地质剖面

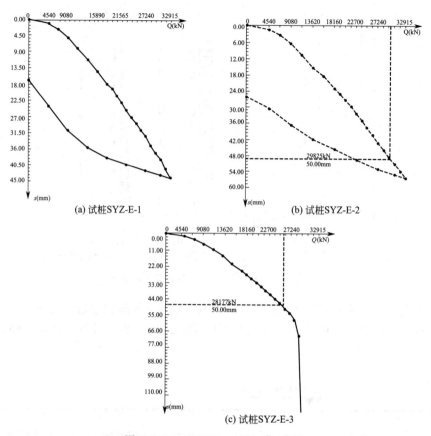

图 2.6.2-3 SYZ-E-3 试桩 *Q-s* 曲线

3 根设计试桩静载荷试验结果汇总表 表 2.6.2-1

桩号	最大试验荷载 （kN）	最后一级沉降 （mm）	累计沉降 （mm）	回弹后残余 变形（mm）	桩身最大压缩 量（mm）	极限承载力 （kN）
SYZ-E-1	32195	2.44	43.63	16.95	39.81	32195
SYZ-E-2	32195	2.29	57.05	26.79	53.54	32195
SYZ-E-3	32195	—	＞140.00	—	48.15	31780

　　从试桩结果可以看出，试桩 SYZ-E-1 当加载到极限荷载 32195kN 时，桩顶累计沉降 43.63mm，桩底累计沉降 3.82mm，桩身总压缩量为 39.81mm，占桩顶累计沉降的 91.2%；试桩 SYZ-E-2 当加载到极限荷载 32195kN 时，桩顶累计沉降 57.05mm，桩底累计沉降 3.51mm，桩身总压缩量为 53.54mm，占桩顶累计沉降的 93.8%；试桩 SYZ-E-3 当加载到破坏前一级荷载 31780kN 时，桩顶累计沉降 69.50mm，桩底累计沉降 21.50mm，桩身总压缩量为 48.00mm，占桩顶累计沉降的 69.0%。可见，对于超长桩，单桩静载荷试验条件下，桩顶沉降主要为桩身压缩，桩端的沉降非常小，极限荷载作用下 SYZ-E-1 和 SYZ-E-2 的桩端沉降占比仅为 8.8%、6.2%，工作荷载作用下，3 根试桩的桩端沉降均小于桩顶沉降的 5%。

　　图 2.6.2-4 为试桩 SYZ-E-1 在不同桩顶荷载作用下的桩身轴力分布。试验结果表明，

在桩顶极限荷载作用下,桩端阻力发挥很小,桩端阻力比不到 5%。在工作荷载作用下,桩端阻力比则更小。

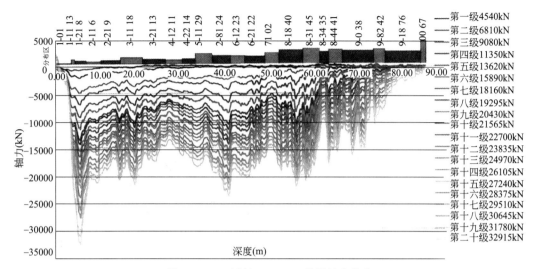

图 2.6.2-4　试桩 SYZ-E-1 桩身轴力分布

宁波中心大厦超高层塔楼地下 3 层,地上 80 层,建筑高度 409m。3 根试桩编号为 SZ1、SZ2、SZ3,桩径均为 1100mm,桩长约 108m,桩端持力层为 10-2c 中风化玄武玢岩。SZ1 最大加载量 32760kN,SZ2、SZ3 最大加载量 31200kN。

从各级荷载作用下桩身轴力分布(图 2.6.2-5)可见,桩顶受竖向荷载后,桩身压缩而产生向下位移,桩侧产生向上的摩阻力,桩顶荷载通过发挥出来的摩阻力传递到桩周土层中去,从而使桩身轴力随深度递减,且荷载的传递深度也逐渐加深,递减速率反映桩身周边土体摩阻力发挥的情况;在 84m 以上桩身轴力递减迅速,表明 84m 以上桩侧土阻力发挥较充分,84m 以下桩身轴力变化速率明显变小,说明 84m 以下桩侧摩阻力未充分发挥。

再来分析桩侧摩阻力的分布情况(以 SZ1 为例)。桩顶～J2 截面间,桩侧地层为①1～③1 层杂填土、黏土、淤泥质粉质黏土,桩侧摩阻力一般随荷载的增加而逐渐发挥,极限摩阻力为 30～31kPa。J2～J3 截面间,桩侧地层为③2、③3 层粉质黏土、淤泥质黏土,随着桩土相对位移增加,桩侧摩阻力逐步增加,极限摩阻力为 37～39kPa。J3～J4 截面间,桩侧地层为④1～④3 层黏土、粉质黏土、砂质黏土,随着桩土相对位移增加,桩侧摩阻力逐步增加,极限摩阻力为 47～60kPa。J4～J5 截面间,桩侧地层为⑥1、⑥2 层粉质黏土、黏土,随着桩土相对位移增加,桩侧摩阻力逐步增加,极限摩阻力为 71～84kPa。J5～J6 截面间,桩侧地层为⑥3、⑥4 层粉质黏土,随着桩土相对位移增加,桩侧摩阻力逐步增加,极限摩阻力为 139～166kPa。J6～J7 截面间,桩侧地层为⑦层粉砂,随着桩土相对位移增加,桩侧摩阻力逐步增加,极限摩阻力为 177～199kPa。J7～J8 截面间,桩侧地层为⑧1、⑧1a 层粉质黏土、砂质黏土,随着桩土相对位移增加,桩侧摩阻力逐步增加,极限摩阻力为 226～265kPa。J8～J9 截面间,桩侧地层为⑧2、⑧2a 层粉质黏土、粉砂,随着桩土相对位移增加,桩侧摩阻力逐步增加,实测摩阻力为 132～233kPa。J9～J10 截面间,桩侧地层为⑨层砾砂,随着桩土相对位移增加,桩侧摩阻力逐步增加,

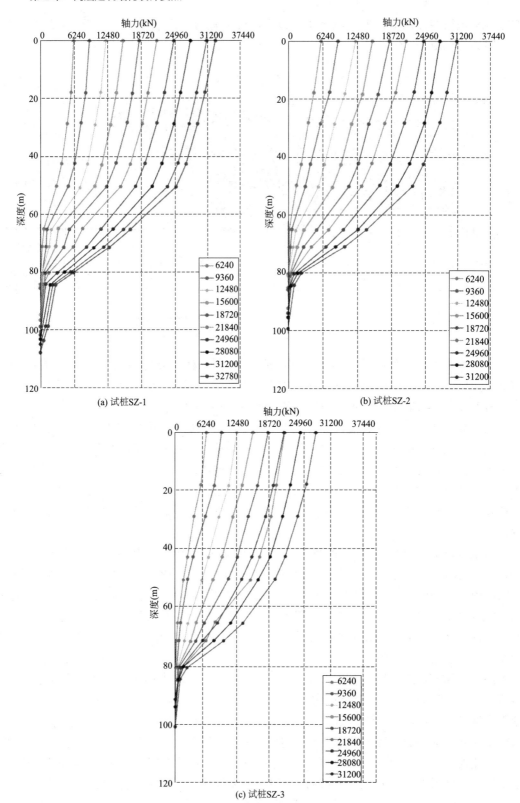

图 2.6.2-5 宁波中心大厦塔楼 3 根设计试桩的桩身轴力分布

加载至最大荷载时，桩侧摩阻力未充分发挥，实测摩阻力为 $18 \sim 29$ kPa。J10~J11 截面间，桩侧地层为⑩2b 层强风化玄武玢岩，随着桩土相对位移增加，桩侧摩阻力逐步增加，加载至最大荷载时，桩侧摩阻力未充分发挥，实测摩阻力仅为 $3 \sim 58$ kPa。J11~J12 截面间，桩侧地层为⑩2c 层中风化玄武玢岩，随着桩土相对位移增加，桩侧摩阻力逐步增加，加载至最大荷载时，桩侧摩阻力未充分发挥，实测摩阻力仅为 $0 \sim 24$ kPa。可见，84m 以下桩侧土层的侧摩阻力基本没有发挥。

2.6.3 基于载荷试验考虑桩端阻力和侧摩阻力分布的桩基沉降计算

桩端阻力比和桩侧摩阻力分布对桩基沉降计算结果影响显著。基于静载荷试验数据，根据正常使用条件下桩顶工作荷载对应的实测端阻比和侧摩阻力分布，可使桩基沉降计算更符合实际情况。但传统 Geddes 方法利用 Mindlin 应力公式积分计算桩端平面以下土体附加应力时，只给出了桩侧阻力均匀分布和线性分布两种最简单的情形。可实际桩侧阻力分布要复杂得多，特别是对于长桩和超长桩，当单桩达到极限承载力时，桩端土层承载力和下部土层侧摩阻力常常未能得到充分发挥，有时甚至不发挥作用。因此，有必要基于单桩静载荷试验的实测端阻比和侧摩阻力分布进行桩基沉降计算。

基于单桩静载荷试验实测数据，将桩侧摩阻力分布划分为若干段，如图 2.6.3-1 所示。假设桩顶作用力为 Q，桩端阻力为 αQ，第 i 层侧摩阻力为 $\beta_i Q$，则该层侧摩阻力引起的附加应力为：

$$\sigma_{\mathrm{zs},i} = \frac{\beta_i Q}{(l_i + h_i)^2} I_{\mathrm{s1}}(l_i + h_i) - \frac{\beta_i Q}{l_i^2} I_{\mathrm{s1}}(l_i) \tag{2.6.3-1}$$

式中，$\sigma_{\mathrm{zs},i}$ 为第 i 层侧摩阻力 $\beta_i Q$ 产生的附加应力；$I_{\mathrm{s1}}(l_i + h_i)$ 为自桩顶至第 i 层底的均匀分布侧摩阻力对应力计算点的 Mindlin 应力影响系数；$I_{\mathrm{s1}}(l_i)$ 为自桩顶至第 i 层面的均匀分布侧摩阻力对应力计算点的 Mindlin 应力影响系数。对本桩，应考虑桩径影响，按式（2.6.3-2）进行计算；对邻桩，可不考虑桩径影响，按式（2.6.3-3）进行计算。

$$\begin{aligned} I_{\mathrm{s1}} = \frac{l}{2\pi r} \cdot \frac{1}{4(1-\mu)} \Big\{ &\frac{2(2-\mu)r}{\sqrt{r^2+(z-l)^2}} - \frac{2(2-\mu)r^2+2(1-2\mu)z(z+l)}{r\sqrt{r^2+(z+l)^2}} \\ &+ \frac{2(1-2\mu)z^2}{r\sqrt{r^2+z^2}} - \frac{4z^2[r^2-(1+\mu)z^2]}{r(r^2+z^2)^{3/2}} - \frac{4(1+\mu)z(z+l)^3-4z^2r^2-r^4}{r[r^2+(z+l)^2]^{3/2}} \\ &- \frac{r^3}{[r^2+(z-l)^2]^{3/2}} - \frac{6z^2[z^4-r^4]}{r(r^2+z^2)^{5/2}} - \frac{6z[zr^4-(z+l)^5]}{r[r^2+(z+l)^2]^{5/2}} \Big\} \end{aligned} \tag{2.6.3-2}$$

$$\begin{aligned} I_{\mathrm{s1}} = \frac{1}{8\pi(1-\mu)} \Big\{ &\frac{2(2-\mu)}{A} - \frac{2(2-\mu)+2(1-2\mu)(m^2/n^2+m/n^2)}{B} \\ &+ \frac{2(1-2\mu)(m/n)^2}{F} - \frac{n^2}{A^3} - \frac{4m^2-4(1+\mu)(m/n)^2 m^2}{F^3} \\ &- \frac{4m(1+\mu)(m+1)(\frac{m}{n}+\frac{1}{n})^2 - (4m^2+n^2)}{B^3} \end{aligned}$$

$$-\frac{6m^2(m^4-n^4)/n^2}{F^5}-\frac{6m[mn^2-(m+1)^5/n^2]}{B^5}\Bigg\} \qquad (2.6.3\text{-}3)$$

式中，$A^2=[n^2+(m-1)^2]$；$B^2=[n^2+(m+1)^2]$；$F^2=n^2+m^2$；$n=R/l$；$m=z/l$；μ 为地基土的泊松比；l 为桩长；R 为计算点离桩身轴线的水平距离；r 为桩身半径；z 为计算应力点离承台底面的竖向距离。

将桩侧各分段的侧摩阻力产生的附加应力叠加，最终可得到桩侧任意分布摩阻力产生的总的附加应力 σ_{zs}：

$$\sigma_{zs}=\sum_{i=1}^{n}\sigma_{zs,i}=\sum_{i=1}^{n}\Big[\frac{\beta_i Q}{(l_i+h_i)^2}I_{s1}(l_i+h_i)-\frac{\beta_i Q}{l_i^2}I_{s1}(l_i)\Big] \qquad (2.6.3\text{-}4)$$

式中，n 为桩侧土分层数。

取单桩直径为 1000mm，桩长为 60m，桩顶荷载为 4500kN，端阻比 α 为 0.1。分别计算以下几种情况的单桩沉降以及地基中桩端以下的附加应力：

（1）侧摩阻力正梯形分布-1（按传统 Geddes 方法）

（2）侧摩阻力正梯形分布-2（按本书方法）

（3）侧摩阻力倒梯形分布

（4）侧摩阻力单峰形分布-1

（5）侧摩阻力单峰形分布-2

上述 5 种情况的侧摩阻力分布如图 2.6.3-2 所示，单桩沉降计算结果见表 2.6.3-1，桩端平面以下土体附加应力计算结果见图 2.6.3-3。计算结果表明，对于正梯形分布，按本书方法与传统 Geddes 方法计算得到的桩端以下土体附加应力和单桩沉降结果完全一致，说明本书方法是可行的。对于桩侧摩阻力呈倒梯形分布、单峰形分布-1 和单峰形分布-2，桩端以下土体附加应力和单桩沉降计算结果差异明显，说明桩侧摩阻力分布对沉降计算具有显著影响。

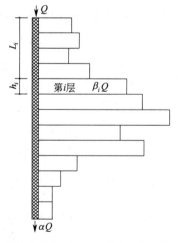

图 2.6.3-1　桩侧摩阻力分布示意

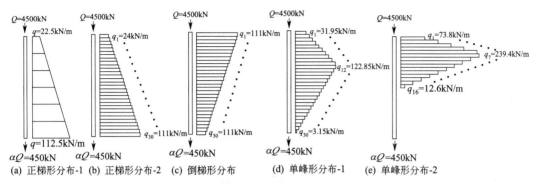

图 2.6.3-2 桩侧摩阻力分布示意

不同桩侧阻力分布模式计算得到的单桩桩顶沉降（mm）　　表 2.6.3-1

	正梯形分布-1（Geddes 法）	正梯形分布-2（本书方法）	倒梯形分布	单峰形分布-1	单峰形分布-2
桩端沉降	13.27	13.27	11.30	10.92	10.57
桩身压缩	7.45	7.45	5.16	5.50	3.32
总沉降	20.72	20.71	16.46	16.42	13.90

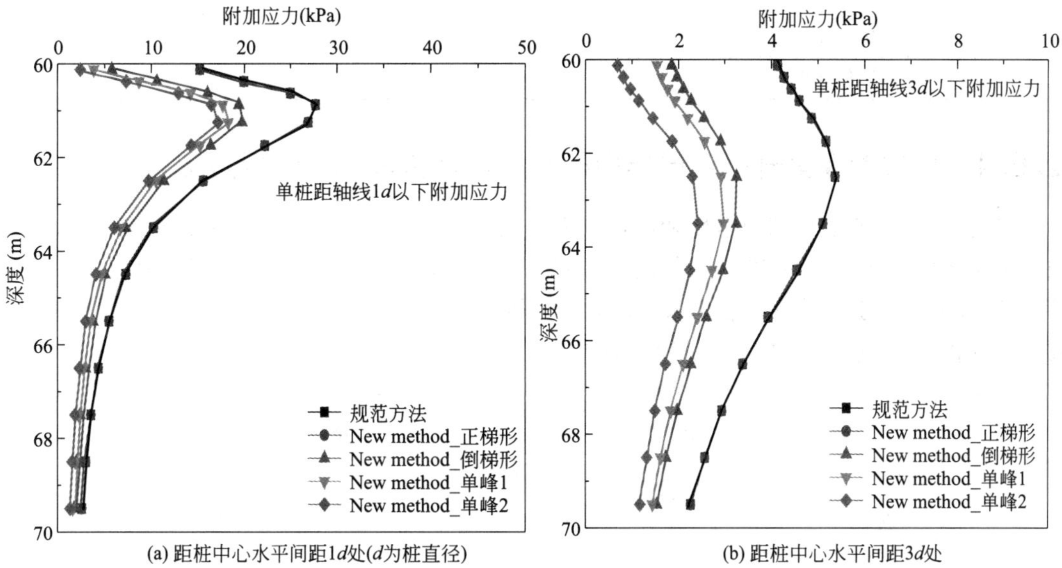

图 2.6.3-3　不同方法计算的附加应力对比

以 5×5 群桩为例（图 2.6.3-4），桩中心距为 3d，其余参数不变，针对图 2.6.3-2 所示 5 种桩侧阻力分布模式，计算得到群桩沉降结果见表 2.6.3-2。计算结果表明，对于正梯形分布，按本书方法与传统 Geddes 方法计算得到的群桩桩顶沉降结果完全一致；对于桩侧摩阻力呈倒梯形分布、单峰形分布-1 和单峰形分布-2，桩顶沉降计算结果具有明显差异，说明桩侧摩阻力分布对群桩沉降计算同样具有显著影响。

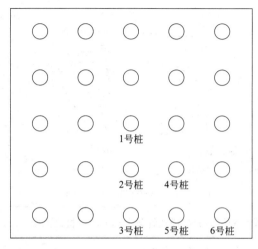

图 2.6.3-4 5×5 群桩平面布置图

不同桩侧阻力分布模式计算得到的群桩桩顶沉降 (mm)　　　　　表 2.6.3-2

计算方法	中心桩(1 号)	边桩(3 号)	角桩(6 号)
正梯形分布-1(Geddes 法)	52.32	46.51	42.06
正梯形分布-2(本书方法)	52.31	46.51	42.06
倒梯形分布	37.69	34.51	32.05
单峰形分布-1	36.56	33.78	31.61
单峰形分布-2	29.29	27.36	25.87

2.6.4　考虑地下室开挖补偿作用的高层建筑桩基沉降分析方法

高层建筑为满足基础稳定性和埋置深度要求，下部地下室往往比较深，地下室基坑开挖对高层建筑基础沉降具有补偿作用，桩基沉降计算如能考虑地下室开挖的补偿作用，计算沉降将更符合实际情况。根据 Mindlin 应力解，在土体内部距地表 h 处作用一集中荷载 Q，土体内部任意一点 M 处的附加应力为：

$$\sigma_z = \frac{Q}{8\pi(1-\mu)} \left[\frac{(1-2\mu)(z-h)}{R_1^3} - \frac{(1-2\mu)(z-h)}{R_2^3} \right.$$

$$\left. + \frac{3(z-h)^3}{R_1^5} + \frac{3(3-4\mu)z(z+h)^2 - 3h(2+h)(5z-h)}{R_2^5} + \frac{30hz(z+h)^3}{R_2^7} \right]$$

(2.6.4-1)

式中，μ 为土体泊松比；$R_1^2 = \rho^2 + (z-h)^2$；$R_2^2 = \rho^2 + (z+h)^2$。

基坑土方开挖是一个坑底以上土体逐步卸除的过程，可以把土体卸除看作是在基坑底部施加一个方向垂直向上的附加分布荷载。利用 Mindlin 应力解，对式 (2.6.4-1) 积分可以得到任意形状基坑坑底以下土体不同位置的竖向卸荷附加应力。若假设土体内部作用力方向向上，数值等于卸荷土体的有效重量，便可模拟基坑土体开挖卸荷的工况 (图 2.6.4-1)。

深基坑开挖引起坑底土体卸荷回弹，使坑底工程桩产生上抬趋势，并在桩身产生一定的轴向拉力，但这种轴向拉力引起的桩身伸长量一般不大，故在计算群桩桩顶沉降时忽略不计，同时假定坑底土体回弹不会导致坑底工程桩桩端与土体脱空。群桩的桩顶沉降可利用单向压缩分层总和法计算，群桩中第 i 根桩的桩顶沉降 s_i 为：

$$s_i = s_{bi} + s_{ei} \tag{2.6.4-2}$$

$$s_{bi} = \begin{cases} \sum_{k=1}^{n} \dfrac{\Delta\sigma_{i,k}}{E_{rc\_i,sk}} H_{i,k} & (\Delta\sigma_{i,k} \leqslant \Delta\sigma_{unload\_i,k}) \\[2ex] \sum_{k=1}^{n} \dfrac{\Delta\sigma_{unload\_i,k}}{E_{rc\_i,sk}} H_{i,k} + \sum_{k=1}^{n} \dfrac{\Delta\sigma_{i,k} - \Delta\sigma_{unload\_i,k}}{E_{i,sk}} H_{i,k} & (\Delta\sigma_{i,k} > \Delta\sigma_{unload\_i,k}) \end{cases}$$

$$\tag{2.6.4-3}$$

式中，s_i 为第 i 根桩的桩顶沉降；s_{bi} 为第 i 根桩的桩端沉降；s_{ei} 为第 i 根桩的桩身压缩；$E_{i,sk}$ 为第 i 根桩下第 k 层土的压缩模量；$E_{rc\_i,sk}$ 为第 i 根桩的桩端以下第 k 层土的土体回弹再压缩模量；$\Delta\sigma_{i,k}$ 为第 i 根桩的桩端以下第 k 层土 $1/2$ 厚度处竖向附加应力；$\Delta\sigma_{unload\_i,k}$ 为第 i 根桩的桩端以下第 k 层土 $1/2$ 厚度处竖向卸荷应力；$h_{i,k}$ 为第 i 根桩的桩端以下第 k 层土的厚度。

对于如图 2.6.2-1 所示桩侧阻力沿桩身均匀分布和线性变化的情况，在桩顶荷载 Q 作用下，桩顶以下深度 z 处的桩身轴力 $Q(z)$ 为：

$$Q(z) = \left(1 - \frac{\beta}{l}z - \frac{1-\alpha-\beta}{l^2}z^2\right)Q \tag{2.6.4-4}$$

则桩身压缩 s_e 为：

$$s_e = \frac{1}{E_c A_p} \int_0^l Q(z)\,dz = \frac{Q}{E_c A_p}\left(1 - \frac{\beta}{2} - \frac{1-\alpha-\beta}{3}\right) = \omega \cdot \frac{Q}{E_c A_p} \tag{2.6.4-5}$$

式中，E_c 为桩身混凝土弹性模量；A_p 为桩的横截面面积；ω 为桩身压缩系数。对于端承桩，$\alpha=0$，$\beta=1$，则桩身压缩 $\omega=1.0$；对于摩擦桩且侧阻力均匀分布时，$\alpha=0$，$\beta=1$，则桩身压缩 $\omega=0.5$；对于摩擦桩且侧阻力线性增长时，$\alpha=0$，$\beta=0$，则桩身压缩 $\omega=2/3$。

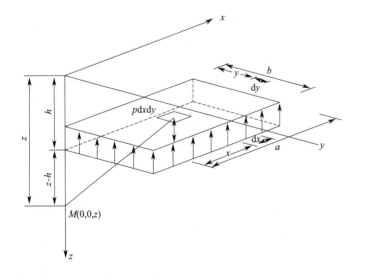

图 2.6.4-1 深基坑开挖卸荷引起的附加应力计算模型

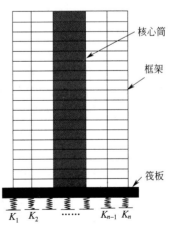

图 2.6.4-2 高层建筑上部结构-筏板-群桩计算模型

受桩基与上部结构共同作用的影响，群桩基础中的每一根桩的桩顶反力各不相同，一般呈现中部大四周小的趋势，同时群桩中桩与桩之间的相互作用使得桩基础中的每一根桩的沉降亦不相同。本书提出的群桩计算方法在考虑前两个问题的基础上考虑了深基坑开挖卸荷的影响，该方法基本思路为通过迭代计算得到群桩基础中每一根桩的单桩刚度，从而计算得到每一根桩的沉降。具体计算流程可归纳如下：

（1）建立高层建筑上部结构-筏板-群桩的计算模型（图 2.6.4-2），其中筏板采用考虑剪切变形的厚板单元模拟，桩采用节点弹性支承代替，并假设每根桩的竖向刚度初始值为 K_{0i}（第 i 根桩的初始刚度）。

（2）利用上述结构-筏板-群桩模型，可计算得到每一节点弹性支承的反力 F_i，该反力 F_i 即为作用于第 i 根桩的桩顶集中力。

（3）计算每根桩在桩端以下土体的附加应力 $\Delta\sigma_{i,k}$ 和卸荷应力 $\Delta\sigma_{unload\_i,k}$，附加应力 $\Delta\sigma_{i,k}$ 包括本桩荷载引起的附加应力、周围其他邻桩引起的附加应力。

（4）按照有限压缩层模型，利用式（2.6.4-2）和式（2.6.4-3）计算群桩中每根桩的桩顶沉降 s_i。

（5）利用已求得的每根桩的桩顶作用力 F_i 和桩顶沉降 s_i，根据 $K_i = F_i/s_i$ 计算每一根桩的新刚度 K_i。

（6）将计算得的新刚度 K_i 重新代入计算模型，并重复上述步骤(2)～(5)。一般情况下，只要重复上述迭代过程 4～6 次，即可使群桩中各单桩的桩顶沉降与对应节点的筏板竖向变形趋于一致，此时计算得到群桩基础沉降即为最终沉降。

以一高层建筑作为算例，计算分析不同尺寸、开挖深度的基坑对于群桩沉降计算的影响。高层建筑共 50 层，结构体系为框架-核心筒结构。基础形式为群桩基础，桩数 $n=16\times16=256$，桩长 $l=80$m，桩径 $d=800$mm，桩距 $s_a=3d=2400$mm，上部结构作用于群桩的总荷载为 1176697.288kN，筏板厚 3m，采用 C40 混凝土端阻比 $\alpha=0.2$，均布侧阻比 $\beta=0.5$，基坑中心与群桩中心重合。土层参数见表 2.6.4-1。

为研究基坑平面尺寸对群桩沉降计算的影响，分以下 5 种计算工况：不考虑开挖卸荷影响、基坑平面尺寸 50m×50m、100m×100m、150m×150m、300m×300m，开挖深度均为 15m。采用本书方法可计算得到上述 5 种计算工况下的群桩桩顶沉降（图 2.6.4-3）。计算结果表明，在开挖深度相同的条件下，基坑的开挖尺寸越大则群桩计算沉降越小。相比于不考虑基坑开挖卸荷影响，当基坑平面尺寸为 50m×50m（基坑平面尺寸与群桩筏板相同）时，考虑开挖卸荷影响的群桩基础中心桩的桩顶沉降从 90.7mm 减小到 82.2mm。随着基坑开挖尺寸的增大，群桩的沉降出现较明显的减小，当基坑尺寸为 300m×300m 时，群桩基础的中心桩沉降减小为 55.9mm，仅为不考虑基坑开挖卸荷工况下群桩中心桩沉降的 61.1%。

为研究基坑开挖深度对群桩沉降计算的影响，分以下 5 种计算工况：不考虑开挖卸荷影响、基坑开挖深度分别为 10m、15m、20m、30m（基坑平面尺寸均为 50m×50m），采用本书方法可计算得到上述 5 种计算工况下的群桩桩顶沉降（图 2.6.4-4）。计算结果中表明，在基坑平面尺寸相同的条件下，基坑的开挖深度越大，则群桩基础沉降越小。相比于不考虑基坑开挖卸荷的工况，在基坑平面尺寸为 50m×50m，开挖深度为 10m 的计算工况下，群桩基础中心桩的沉降从 90.7mm 减小到 84.9mm。随着基坑开挖深度的增大，群桩的沉降出现进一步减小，当基坑开挖深度为 30m 时群桩中心桩的沉降减小为 74.7mm，为不考虑基坑开挖卸荷工况下群桩中心桩沉降的 82.4%。

算例土层参数   表 2.6.4-1

土层	底部标高(m)	浮重度(kN/m³)	压缩模量(MPa)	泊松比	厚度(m)
填土	3	7	5	0.2	3
黏性土	13	8	15	0.2	10
淤泥质土	43	7	12	0.2	30
黏性土	58	8	16	0.2	15
粉砂	68	8.6	22	0.2	10
圆砾	98	9.2	50	0.2	30

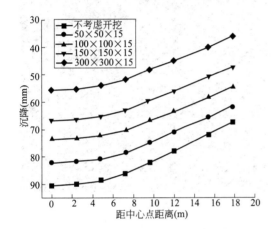

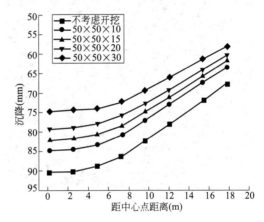

图 2.6.4-3 基坑尺寸对群桩计算沉降的影响 图 2.6.4-4 基坑开挖深度对群桩计算沉降的影响

2.6.5 考虑筏板弯矩调幅的桩-筏计算方法

  钢筋混凝土结构在受力状态下由于受拉区开裂以及其他非弹性性能的发展，从而导致构件截面弯曲刚度降低。由于各类构件沿长度方向各截面所受弯矩的大小不同，非弹性性能的发展特征也各有不同，这导致了构件弯曲刚度的降低规律较为复杂。《混凝土结构设计规范》GB 50010—2010（2015 年版）以我国完成的结构及构件非弹性性能模拟分析结果和试验结果为依据，在附录 B 中给出了混凝土构件弹性抗弯刚度 E_cI 的折减系数：对梁，取 0.4；对柱，取 0.6；对剪力墙肢及核心筒壁墙肢，取 0.45。

  在进行桩-筏-上部结构分析时，经常会出现筏板应力集中现象，造成应力集中部位配筋异常密集，不仅增加基础造价，且无法保证混凝土浇筑质量。参照混凝土构件截面设计时的弯矩调幅处理方法，对筏板应力集中部位进行适当的弯矩调幅，可较好解决筏板计算配筋大、局部钢筋密集、混凝土浇筑困难的工程难题。具体的调幅方法是根据筏板初次计算的应力，对应力大的部位和单元的面外抗弯刚度进行适当折减，折减程度可根据计算应力大小确定。

  图 2.6.5-1 为考虑筏板刚度折减对筏板计算弯矩影响的比较分析。计算结果表明，当

不考虑筏板刚度折减（即 $EI=1.0E_cI$ 时），核心筒周边筏板单元的弯矩较大，最大弯矩为 $M_{max}=22401kN \cdot m$，需要单方向配筋 $A_s=22610mm^2$，约 $22.2\phi36$（$4\phi36@180$）。当考虑筏板刚度折减到弹性刚度 0.5 倍（即 $EI=0.5E_cI$ 时），核心筒周边筏板单元弯矩减小为 $M_{max}=17310kN \cdot m$，需要单方向配筋 $A_s=17151mm^2$，约 $17\phi36$（$3\phi36@180$）。可见，考虑对应力较大的筏板单元刚度进行适当折减，可明显减小筏板内力，使筏板配筋更趋合理。当然，在对筏板单元进行刚度折减时，要考虑其对筏板沉降变形和桩顶反力的影响。对于本算例，取筏板计算刚度 $EI=0.5E_cI$ 时，筏板最大沉降变形由 $S_{max}=71.9mm$ 增大为 $S_{max}=73.8mm$，最大桩顶计算反力由 $P_{max}=5197kN$ 增大为 $P_{max}=5616kN$。

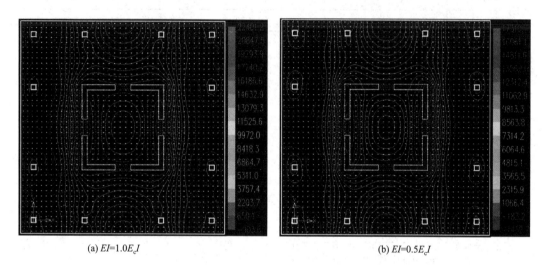

(a) $EI=1.0E_cI$ (b) $EI=0.5E_cI$

图 2.6.5-1 筏板单元刚度折减对计算弯矩的影响比较（kN·m）

参考文献

［1］ 中华人民共和国住房和城乡建设部．钢板剪力墙技术规程．JGJ/T 380—2015［S］．北京：中国建筑工业出版社，2015.

［2］ 中国工程建设标准化协会．钢管混凝土束结构技术标准：T/CECS 546—2018［S］．北京：中国计划出版社，2018.

［3］ 浙江省住房和城乡建设厅．桁架加劲多腔体钢板组合剪力墙技术规程：DBJ33/T 1273—2022［S］．浙江省工程建设标准，2022.

［4］ 中国工程建设标准化协会．波纹钢板组合结构技术标准．T/CECS 624—2019［S］．北京：中国建筑工业出版社，2019.

［5］ 中华人民共和国住房和城乡建设部，国家质量监督检验检疫总局．建筑抗震设计规范：GB 50011—2010（2016 年版）［S］．北京：中国建筑工业出版社，2016.

［6］ 中华人民共和国住房和城乡建设部．高层民用建筑钢结构技术规程：JGJ 99—2015［S］．北京：中国建筑工业出版社，1998.

［7］ 中华人民共和国住房和城乡建设部．高层建筑混凝土结构技术规程：JGJ 3—2010［S］．北京：中国建筑工业出版社，2010.

[8] 方鄂华. 高层建筑钢筋混凝土结构概念设计 [M]. 北京：机械工业出版社，2005.

[9] 杨学林，周平槐，徐燕青. 兰州红楼时代广场超限高层结构分析与设计 [J]. 建筑结构，2012，42（8）.

[10] 吴国勤，等. 华润深圳湾总部大楼结构设计 [J]. 建筑结构，2019，49（7）：43-50.

[11] 丁洁民，巢斯，等. 上海中心大厦结构分析中若干关键问题 [J]. 建筑结构学报，2010，31（6）：122-131.

[12] 徐朔明，等. 上海环球金融中心结构设计简析 [J]. 建筑钢结构进展，2003，5（4）：14-20.

[13] 刘鹏，等. 北京 CBD 核心区 Z15 地块中国尊大楼结构设计和研究 [J]. 建筑结构，2014，44（24）：1-8.

[14] 刘鹏，等. 天津高银 117 大厦结构体系设计研究 [J]. 建筑结构，2012，43（3）：1-9.

[15] 中华人民共和国住房和城乡建设部. 超限高层建筑工程抗震设防专项审查技术要点 [Z]. 建质 [2015] 67 号，2015.

[16] 周建龙. 超高层建筑结构设计与工程实践 [M]. 上海：同济大学出版社，2017.

[17] 扶长生，张小勇，周立浪. 框架-核心筒结构体系及其地震剪力分担比 [J]. 建筑结构，2015，45（4）：1-8.

[18] 周建龙，安东亚. 基于力学概念的超高层结构设计相关问题探讨 [J]. 建筑结构，2021，51（17）：67-84.

[19] 杨学林，祝文畏. 复杂体型高层建筑结构稳定性验算 [J]. 土木工程学报，2015，48（11）：16-26.

[20] 徐培福，肖从真. 高层建筑混凝土结构的稳定设计 [J]. 建筑结构，2001，31（8）：69-72.

[21] 陈载赋. 结构力学简明手册 [M]. 成都：四川科学技术出版社，1986.

[22] Smith B S, Coull A. Tall building structures：analysis and design [M]. New York：John Wiley & Sons，Inc.，1991.

[23] Timoshenko S P, Gere J M. Theory of Elastic Stability [M]. New York：McGraw-Hill，1961.

第3章
浙江高层建筑结构设计典型案例

3.1 杭州世茂智慧之门

3.1.1 工程概况

杭州世贸智慧之门[①]项目位于杭州市滨江区，毗邻机场高速，远观钱塘江，对望杭州奥体中心。项目为集办公、商务、商业、教育、生活休闲于一体的多业态、多功能城市商务综合体，包括A、B、C、D、E楼五个单体，其中A、B塔楼地上62层，建筑高度280m；C楼为高约90m的配套公寓；D、E楼为2~3层配套商业用房；设3层整体地下室。总建筑面积37.11万 m^2，其中地上27.93万 m^2，地下9.18万 m^2。项目于2021年底建成，现已成为杭州市城市入口的门户建筑和杭州最高的标志性建筑之一（图3.1.1-1和图3.1.1-2），塔楼的建筑标准层平面图、剖面图见图3.1.1-3和图3.1.1-4。A、B塔楼除核心筒布置略有不同外，其余结构布置及分析结果基本相似，限于篇幅，下文叙述以A塔为例。

图 3.1.1-1 建筑实景

图 3.1.1-2 主体施工实景

---

① 本项目建筑方案设计单位为德国 SOL 联合事务所，结构方案由 LERA 结构工程咨询有限公司和浙江省建筑设计研究院合作完成；施工图设计单位为浙江省建筑设计研究院。

塔楼结构设计基本参数：设计使用年限为 50 年，结构安全等级为二级，抗震设防烈度为 6 度，设计地震分组为第一组，场地土类别为Ⅲ类，地震基本加速度为 $0.05g$，抗震设防类别为标准设防类。基本风压为 $0.45kN/m^2$，地面粗糙度为 B 类，风荷载体型系数为 1.4。结构阻尼比分别取为 0.04（小震）、0.035（风荷载）、0.015（舒适度）。

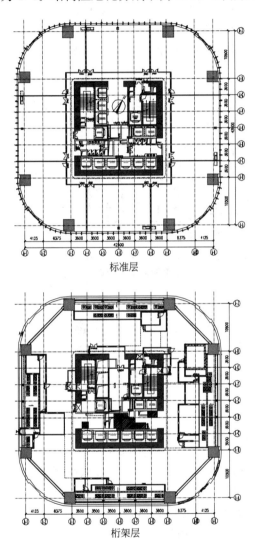

标准层

桁架层

图 3.1.1-3 塔楼典型楼层建筑平面图

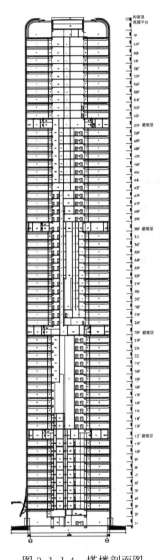

图 3.1.1-4 塔楼剖面图

3.1.2 结构方案

1. 结构体系

（1）塔楼抗侧力体系

塔楼采用"混凝土核心筒＋型钢混凝土巨柱框架＋钢斜撑"组合结构体系。为满足建筑无柱窗口要求，外框每边两根型钢混凝土巨柱避开角部，巨柱之间设置小柱，与单向钢斜撑在立面上形成竖向桁架；在 12 层及 38 层利用建筑避难层设有两道环桁架加强层，并通过环桁架将中部小柱竖向荷载转换到端部巨柱。周边带斜撑组合框架和混凝土核心筒组成多重结构抗侧力体系，形成多道抗震防线。

（2）塔楼重力体系

塔楼典型楼层采用由 110mm 厚钢筋桁架混凝土组合楼板、H 型钢梁及栓钉组成的楼板体系，联系核心筒和外围框架的楼面梁均采用两端铰接连接方式。核心筒内的楼盖采用 150mm 钢筋混凝土板。在该体系下，无论是某根轴力柱或支撑破坏，竖向力仍可以通过支撑和桁架传递到两侧的 SRC 巨柱上，塔楼外框架重力体系有良好的冗余度，提供足够的抗连续倒塌能力。塔楼模型如图 3.1.2-1 所示。

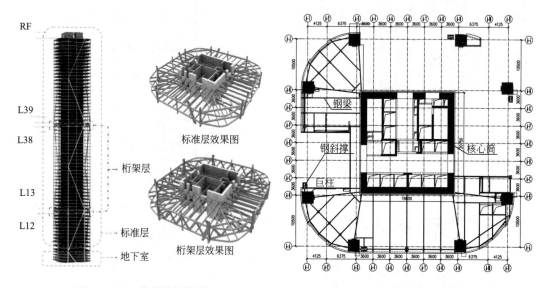

图 3.1.2-1　塔楼结构模型　　　　　图 3.1.2-2　塔楼二层结构平面图

2. 结构布置方案

塔楼结构典型平面布置图如图 3.1.2-2～图 3.1.2-5 所示。塔楼核心筒剪力墙厚度由底部 1.4m 逐步收缩至 0.4m；巨柱截面尺寸由 2.6m×2.6m 逐步收缩至 1.0m×1.0m，柱内型钢（双钢骨）由 H550×550×90×100、H550×300×90×100 逐步收缩至 H480×200×40×65，柱内型钢采用 Q390GJ 钢材；钢斜撑采用 Q420GJ 钢材，典型截面及尺寸如图 3.1.2-6 所示。巨柱及核心筒剪力墙混凝土强度等级为 C60～C40。

塔楼各部分构件的抗震等级取值如下：加强区域（环桁架层及相邻层、底部加强区）框架一级、剪力墙一级；其余区域框架二级、剪力墙二级。

3. 地基基础设计方案

（1）地质条件

场地地貌属冲海积平原，地形平坦，场地地层分布均匀稳定，不存在断裂、滑坡、崩塌、泥石流、地裂缝、岩溶等影响场地稳定性的不良地质作用及地质体。根据地层成因不同及物理力学性质差异，勘探深度内地层可分为 9 个层次，14 个亚层。典型工程地质剖面图如图 3.1.2-7 所示。

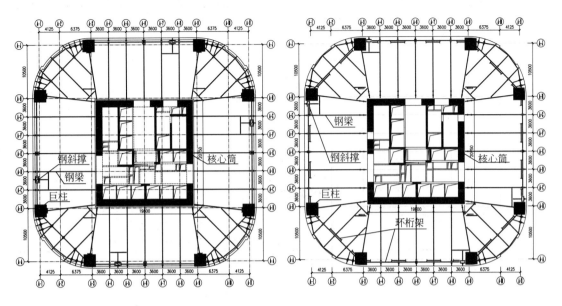

图 3.1.2-3　塔楼标准层结构平面图　　　　　图 3.1.2-4　塔楼桁架层结构平面图

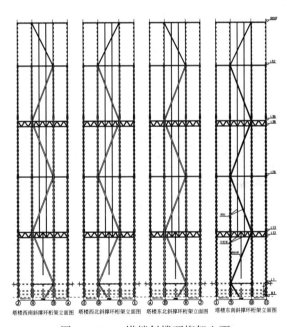

图 3.1.2-5　塔楼斜撑环桁架立面

（2）基础设计方案

塔楼上部结构为带支撑的巨型框架-核心筒结构体系，侧向力将转换为拉压力传递到周边巨柱，并且周边小柱子的轴力由环桁架和斜撑传至巨柱，因此角部巨柱荷载较大。塔楼采用桩径 900mm 的钻孔灌注桩，桩身混凝土强度等级为 C40，桩端进入持力层为⑧₂圆砾层 7m，桩端埋深约 53m，有效桩长约 35m，采用桩端后注浆工艺，单桩抗压承载力特征值 7300kN。地下室抗拔桩则采用直径 700mm 的钻孔灌注桩，桩身混凝土强度等级为 C25，桩端进入持力层⑧₂圆砾层 2m，单桩抗拔承载力特征值为 1000kN。塔楼范围内筏板厚度为 3.3m，核心筒及巨柱下承台厚度为 4.0m，其余范围抗浮底板厚度为 1.0m。塔楼桩位布置及基础平面见图 3.1.2-8。

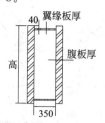

钢斜撑箱形截面示意

塔楼钢斜撑截面尺寸

楼层	A 塔楼斜撑截面尺寸(mm)			B 塔楼斜撑截面尺寸(mm)			钢材型号
	高(mm)	翼缘板厚(mm)	腹板厚(mm)	高(mm)	翼缘板厚(mm)	腹板厚(mm)	
L52~ROOF	600	25	35	600	25	35	
L40~L52	900	25	60	850	25	55	
L26~L40	1000	25	70	850	25	60	
L13~L26	1000	25	75	1000	25	65	Q420GJ
L3~L13	1000	25	95	1000	25	80	
L1~L3	1400	25	100	1100	25	100	
B3~L1	1000	25	95	1000	25	80	

图 3.1.2-6 塔楼钢斜撑截面

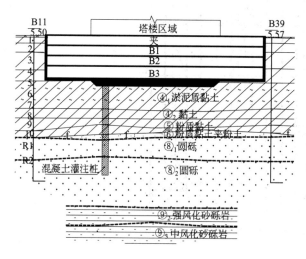

图 3.1.2-7 典型地质剖面图

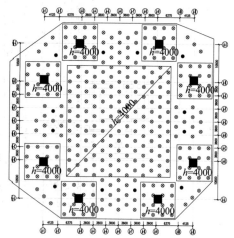

图 3.1.2-8 塔楼桩基及基础图

3.1.3 结构抗震计算

1. 多遇地震计算

由于塔楼离地下室外墙较远，且地下室内部无法增加混凝土墙以提供嵌固刚度要求，因此塔楼嵌固端取在基础底板面。采用 SATWE 和 ETABS 两种分析软件进行计算对比。结构整体分析时考虑楼板对结构刚度的影响。

（1）结构动力特性分析

两种软件对比计算多遇地震下结构的周期和振型等结构动力特性指标，结果基本一致，见表 3.1.3-1。第一、二振型为平动振型，第三振型为扭转振型，各指标均满足《抗规》要求，结构楼层抗侧力体系的承载能力变化平稳，风荷载作用下的底部剪力、倾覆力矩及层间位移角均大于地震作用，塔楼结构受力由风荷载控制。

塔楼弹性分析计算结果 表 3.1.3-1

不同软件	周期(s)			最大扭转位移比	最大层间位移角		最小剪重比	最小刚度比	最小抗剪能力比值	最小刚重比
	T_1	T_2	T_3		风荷载	地震				
ETABS	7.77	7.44	3.80	1.34	1/522	1/1153	0.0069	1.10	0.67	1.75
SATWE	7.89	7.59	3.94	1.39	1/512	1/1152	0.0070	1.12	0.65	1.79

（2）地震剪力系数分析

按规范反应谱得到多遇地震下楼层地震剪力系数，各层剪力系数（剪重比）（图 3.1.3-1）均大于 0.006，满足规范要求。对于薄弱层，剪力按 1.25 倍放大，同时考虑薄弱层剪力系数按照 1.15 倍调整。

（3）结构扭转效应分析

采用规范多遇地震的反应谱得到的荷载作为水平侧向力施加于整体结构，同时 5% 的偶然偏心，计算塔楼的扭转位移比，如图 3.1.3-2 所示。在规范地震作用下最大扭转位移比大于 1.2，但均未超出 1.4。

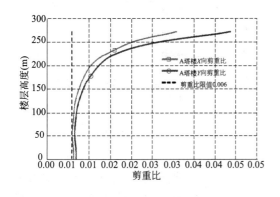

图 3.1.3-1 塔楼剪重比

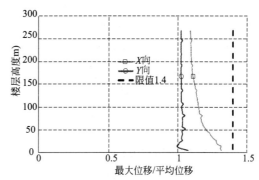

图 3.1.3-2 塔楼扭转位移比

（4）楼层刚度比分析

根据《高规》：对框架-核心筒结构，楼层与上部相邻楼层侧向刚度比 γ 不宜小于 0.9，楼层层高大于相邻上部楼层层高 1.5 倍时，不应小于 1.1，底部嵌固楼层不宜小于 1.5。根据场地谱地震作用计算得到楼层剪力，通过三维有限元模型计算分析，除桁架楼层以外，所有楼层的刚度满足以上的具体要求，见图 3.1.3-3 和图 3.1.3-4。

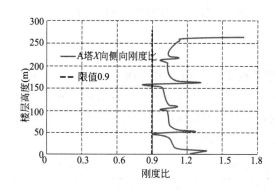

图 3.1.3-3 塔楼 X 向刚度比   图 3.1.3-4 塔楼 Y 向刚度比

（5）框架剪力分配及二道防线分析

沿塔楼高度的多遇地震弯矩的分配如图 3.1.3-5 和图 3.1.3-6 所示。A 塔楼由 X 及 Y 方向地震作用引起的底部弯矩约 35%～40%由框架承担。塔楼底部倾覆力矩在 10%～50%之间，因此在多遇地震结构设计中，塔楼结构按照框架-剪力墙进行设计。

从图 3.1.3-5 和图 3.1.3-6 可知，整体计算分析得到塔楼大部分楼层框架承担底部剪力超过 10%，满足规范要求。框架分担的剪力显示其外围框架能与核心筒协同工作，组成双重抗侧力体系，满足抗震二道防线要求。

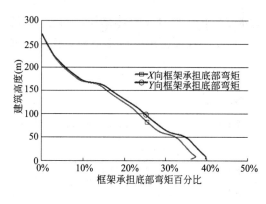

图 3.1.3-5 塔楼弯矩分配图

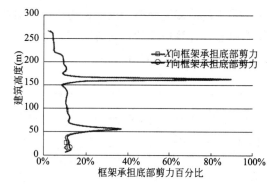

图 3.1.3-6 塔楼剪力分配图

（6）墙柱轴压比分析

根据《高规》和《抗规》，在多遇地震组合值作用下对塔楼核心筒墙肢及型钢混凝土巨柱的轴压比验算。塔楼核心筒墙肢在底部加强区域及环桁架层最大轴压比为 0.51，略大于 0.50 限值；在其他区域均小于轴压比 0.60 限值。塔楼框架巨柱最大轴压比为典型层 0.75、加强层 0.65，均小于规范限值，框架巨柱的轴压比如图 3.1.3-7 所示。

（7）小震弹性时程分析

选择 5 条天然波（GM2～GM6）和 2 条人工波（GM7、GM8）对塔楼结构进行弹性时程分析。每组时程曲线主方向作用下的基底剪力均处于反应谱计算基底剪力的 65%～135%之间，七条波平均值处于 80%～100%之间，满足地震波选波要求。现将各条时程波对应的楼层剪力和层间位移角平均值与安评反应谱进行比较，如图 3.1.3-8～图 3.1.3-

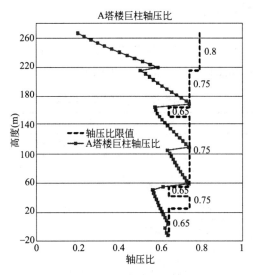

图 3.1.3-7　A 塔楼巨柱轴压比

11 所示。楼层剪力平均值在顶部楼层略大于安评反应谱结果，利用反应谱进行内力计算时，相应楼层予以放大调整。

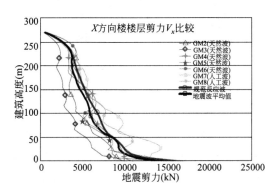

图 3.1.3-8　塔楼 X 方向楼层剪力

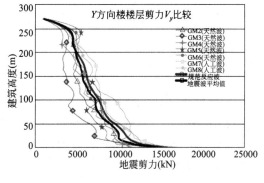

图 3.1.3-9　塔楼 Y 方向楼层剪力

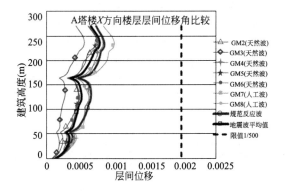

图 3.1.3-10　A 塔楼 X 方向层间位移角

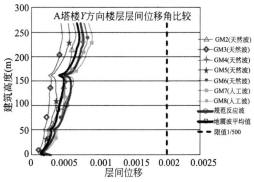

图 3.1.3-11　A 塔楼 Y 方向层间位移角

2. 性能目标和构件性能验算

（1）抗震性能目标

塔楼结构根据高规要求进行抗震性能化设计，整体结构抗震性能目标选用 C 级，关键构件、普通竖向构件和耗能构件的性能设计指标见表 3.1.3-2。

结构构件抗震性能设计指标

表 3.1.3-2

抗震烈度			频遇地震	设防烈度地震	罕遇地震
性能水平定性描述			不损坏	修理后即可使用	较大的修复或加固可使用
层间位移角限值			1/500	—	1/100
构件抗震设计性能目标	核心筒	底部加强区 抗弯	弹性	不屈服	可进入塑性，损坏程度 $\theta \leqslant LS$
		底部加强区 抗剪	弹性	弹性	不屈服
		环桁架层及相邻层 抗弯	弹性	弹性	不屈服
		环桁架层及相邻层 抗剪	弹性	弹性	
		普通楼层 抗弯	弹性	不屈服	可进入塑性，损坏程度 $\theta \leqslant LS$
		普通楼层 抗剪	弹性	不屈服	
	连梁		弹性	可进入塑性	可进入塑性，损坏程度 $\theta \leqslant CP$
	斜撑		弹性	不屈服	可进入塑性，损坏程度 $\theta \leqslant CP$
	环桁架		弹性	弹性	不屈服
	巨柱		弹性	弹性	不屈服
	其他结构构件		弹性	可进入塑性	可进入塑性，损坏程度 $\theta \leqslant CP$
	节点		不先于构件破坏		

（2）巨柱中震性能验算

中震作用下地震内力组合不考虑与抗震等级相关的内力调整。如图 3.1.3-12 和图 3.1.3-13 所示分别为巨柱在多遇地震和中震作用下的截面承载力验算结果，图中圆点代表同一截面各柱子的所有组合下的轴力和弯矩设计值的集合。

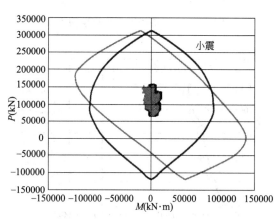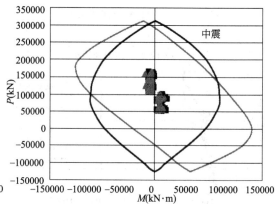

图 3.1.3-12　小震下巨柱 L1～L3 的 P-M 曲线　　图 3.1.3-13　中震下巨柱 L1～L3 的 P-M 曲线

（3）环桁架中震性能验算

塔楼设有两道环桁架，分别位于12～13层和38～39层。环桁架是塔楼的重要结构构件，设计时将其性能目标确定为中震弹性、大震不屈服。表3.1.3-3为环桁架各工况下的杆件应力比计算结果，桁架各构件均能满足中震弹性要求。

环桁架最大应力比   表 3.1.3-3

环桁架位置	杆件		小震	中震	环桁架位置	杆件		小震	中震
38～39 层	角部	弦杆	0.29	0.36	12～13 层	角部	弦杆	0.27	0.33
		腹杆	0.46	0.58			腹杆	0.43	0.52
	四边	弦杆	0.67	0.57		四边	弦杆	0.64	0.56
		腹杆	0.86	0.73			腹杆	0.82	0.72

（4）斜撑中震性能验算

塔楼的斜撑与巨柱组成的竖向桁架，为整体结构提供了很大的抗侧力刚度，承担了大部分的侧向力，同时由于中部有周边柱落到斜撑上，周边柱的重力一部分通过环桁架传至巨柱，另一部分通过斜撑传至巨柱。因此，斜撑性能目标确定为小震弹性、中震不屈服。表3.1.3-4为斜撑在小震及中震下的应力比，小震下斜撑的最大应力比约为0.85，中震下斜撑最大应力比约为0.77，满足性能目标要求。

斜撑最大应力比   表 3.1.3-4

斜撑位置	1～3 层	3～13 层	13～26 层	26～39 层	39～40 层	40～52 层	52 层～屋面
小震	0.76	0.85	0.82	0.84	0.83	0.85	0.63
中震	0.65	0.73	0.75	0.75	0.75	0.77	0.60

3. 结构弹塑性分析

为评价结构在罕遇地震作用下的弹塑性行为和了解构件在罕遇地震下的屈服次序，选用5组天然波（GM1～GM5）和2组天然波（GM6、GM7）对塔楼进行弹塑性时程分析。根据安评报告地震波峰值选用153Gal，采用双向同时输入，主、次向幅值比为1.0：0.85。根据主要构件的塑性发展情况和整体变形情况，确定结构是否满足设计预期的设防水准要求，同时根据结构在大震作用下的基底剪力、顶点位移、层间位移角等综合指标，评价结构在大震作用下的力学性能。

（1）整体指标分析

7组地震波中两个方向的最大底部剪力分别为72950kN和64650kN，两个方向底部最大倾覆力矩分别为699540kN·m和8285680kN·m。从罕遇地震位移角计算结果表明各组地震波计算完成后结构依然处于稳定状态，整体没有出现较大的侧向变形，7组地震波的最大层间位移角分别为1/153（X 向）、1/183（Y 向），均小于限值1/100要求，表明塔楼结构在罕遇地震作用下有足够的刚度。

（2）构件抗震性能评价

连梁约10.6s出现弯曲塑性铰并逐渐发展。地下室少数连梁形成了弯曲塑性铰进入了塑性阶段；1～13层连梁弹性变形达到30%～70%，均未进入塑性；13～26层连梁少部分形成塑性铰，大部分连梁弹性变形达到30%～70%；26～39层连梁部分形成塑性铰，大部分连梁弹性变形达到30%～70%；39～52层连梁大部分形成塑性铰，小部分连梁弹性变形达到 30%～70%；52 层以上连梁大部分形成塑性铰，小部分连梁弹性变形达到 30%～70%；进入塑性的部分连梁末端转角达到 IO 水平但均未达到 LS 水平；整个塔楼连梁抗剪均处于弹性阶段，大部分连梁剪切变形达到 30%～50%。核心筒墙体混凝土均未达到极限压应变，且钢筋均未达到极限拉/压应变。地下室核心筒墙体弹性变形达到 30%～70%；1～26 层大部分墙体混凝土弹性变形达到 30%～50%；26～52 层以上大部分墙体混凝土弹性变形达到 30%；52 层以上大部分墙体混凝土弹性变形未达到 30%。钢斜撑和环桁架在罕遇地震作用下均未达到极限拉/压应变，大部分构件弹性变形未超过 30%，个别环桁架构件弹性变形达到 50%。巨柱均未达到极限承载力，P-M-M 曲面未达到极限曲面，罕遇地震下应力比仅为 0.3。

计算分析表明，塑性铰最早出现在连梁，其余构件均未形成塑性铰，仍处于弹性阶段，破坏模式符合设计预期。核心筒连梁普遍形成弯曲塑性铰耗能，达到设计意图；连梁破坏在可修复可保证生命安全范围内，达到预定的抗震性能目标。核心筒剪力墙混凝土未达到极限压应变且满足抗剪大震不屈服。斜撑、环桁架构件、巨柱及周边钢柱构件均未形成塑性铰，达到预定的抗震性能目标，结构在罕遇地震作用下，抗震性能满足要求，可修复后使用。

3.1.4 结构抗风计算

1. 风洞试验

风洞试验在 B 类地貌的边界层风洞中进行，地貌粗糙度指数 α＝0.15。风洞模型缩尺比为 1∶400，共布置了 496 个测点；试验在 0°～360°范围内每隔 15°为一个风向角，共进行了 24 个风向角工况的动态压力测试。

图 3.1.4-1 和图 3.1.4-2 分别为塔楼基底总剪力和合力矩结果，从中可知，A 楼由平均风荷载引起的水平方向总阻力的最大值 18991.8kN，对应最不利风向角为 180°；绕 X 轴和 Y 轴弯矩的最不利风向角分别为 345°、270°，最不利值各为 2297883.9kN・m、2172753.5kN・m。塔楼的扭矩与弯矩相比都小得多，最不利扭矩数值比最不利弯矩小约两个数量级，可见风荷载引起结构的扭矩并不显著。

塔楼体型系数沿高度取值如图 3.1.4-3 所示，塔楼在高度 80m 以下范围，体型系数试验值略大于规范值，约为 1.4～1.9；高度 100～270m 范围内试验值小于规范值，约为 1.1～1.3；顶部突出处考虑内外风压共同作用，其值高于规范值，约为 1.6。由图 3.1.4-4 可知，塔楼顺风向峰值位移最大值为 35.12cm，发生在 345°风向角；横风向位移最大值为 35.05cm，发生在 60°风向角。塔楼的顶层最大位移值均未超出规范规定的位移限值。

由图 3.1.4-5 和图 3.1.4-6 可知，A 塔楼顺风向峰值加速度最大值为 8.73cm/s²，发生在 330°风向角；横风向加速度最大值为 16.15cm/s²，发生在 315°风向角。B 塔楼顺风向峰值加速度最大值为 11.60cm/s²，发生在 270°风向角；横风向加速度最大值为 18.0cm/s²，发生在 240°风向角。项目的顶点峰值加速度符合《高规》规定的办公、旅馆等结构的风振加速度的限值（25cm/s²）要求。

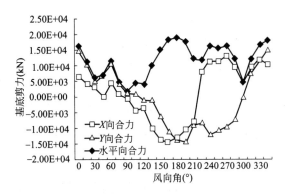

图 3.1.4-1 不同风向角对应的塔楼基底总剪力

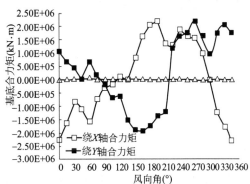

图 3.1.4-2 不同风向角对应的塔楼基底合力矩

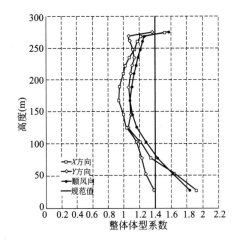

图 3.1.4-3 塔楼体型系数随高度变化

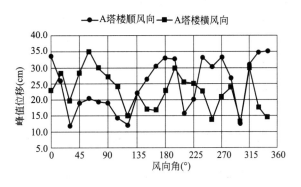

图 3.1.4-4 不同风向角下塔楼结构顶层峰值位移

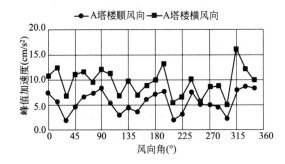

图 3.1.4-5 A塔楼结构顶层峰值加速度变化

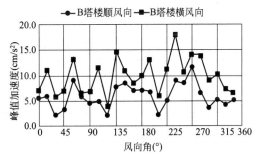

图 3.1.4-6 B塔楼结构顶层峰值加速度变化

2. 风洞试验与规范风荷载比较

图 3.1.4-7～图 3.1.4-10 为规范计算风荷载和风洞试验得到风荷载比较。可以看出，无论是在 X 方向还是在 Y 方向，根据规范计算的风荷载都大于风洞试验的结果。风洞试验结果约为规范计算风荷载的 90% 左右。由于风洞试验真实模拟了场地地貌以及大气气候，风洞试验的荷载结果更符合塔楼使用阶段的真实情况。因此，在设计中采用风洞试验

结果对塔楼进行风荷载作用计算分析。

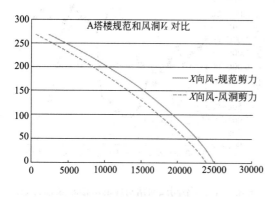

图 3.1.4-7 塔楼风荷载 X 向剪力对比

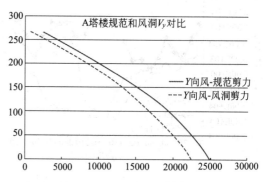

图 3.1.4-8 塔楼风荷载 Y 向剪力对比

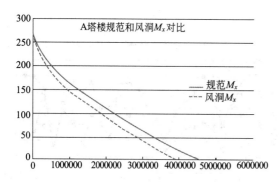

图 3.1.4-9 塔楼风荷载 X 向弯矩对比

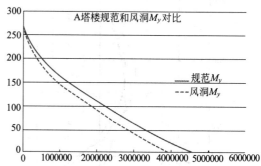

图 3.1.4-10 塔楼风荷载 Y 向弯矩对比

两种软件对比计算风荷载作用下结构受力及位移等指标，结果基本一致，见表 3.1.4-1。由表中可知，比较风荷载的基底剪力和小震基底剪力，各风向角下，风荷载工况下的基底剪力要比小震工况大约 80%。因此风荷载将控制大部分构件的弹性设计。

两种软件所得风荷载下的主要计算结果　　　　　　表 3.1.4-1

软件	基底剪力(kN)		基底弯矩(kN·m)		最大层间位移角	
	F_{wx}	F_{wy}	M_{wx}	M_{wy}	δ_{wx}	δ_{wy}
SATWE	23867	22361	3781949	3619930	1/512	1/559
ETABS	23867	22361	4019662	3884994	1/522	1/569

3.1.5 结构超限判断和主要加强措施

1. 结构超限判断

经对结构规则性及高度进行检查，项目存在 5 项超限内容，详见表 3.1.5-1，塔楼属于超限高层建筑结构。

塔楼结构超限内容　　　　　　　　　　表 3.1.5-1

项目	判别类型
塔楼高度279m超过B级高度220m限值	高度超限
扭转位移比大于1.2，小于1.4	扭转不规则
2层有效楼板宽度<50%，核心筒外楼面大开洞，同时具有穿层柱	楼板局部不连续
环桁架加强层侧向刚度突变	侧向刚度不规则
环桁架加强层楼层受剪承载力突变	楼层承载力突变

2. 主要抗震加强措施

针对塔楼结构存在高度超限、楼板开大洞以及穿层柱等超限内容，设计中采取了如下加强措施：

（1）设置多道竖向力、抗侧力体系，增加结构冗余度；

（2）保证巨柱桁架具有足够的承载能力，增加关键构件的延性。巨柱桁架等关键构件的性能目标选为中震弹性，大震不屈服设计；斜撑构件则选用中震不屈服；

（3）增强核心筒的延性；提高底部楼层核心筒的抗震等级，并且提高墙体配筋率，按照中震抗剪弹性；

（4）采用简单的构件连接方式，使主要构件有最直接的传力方式，并能有效保证施工质量；

（5）楼板开洞较多的第2层，楼板加厚至150mm，并补充该层楼板的有限元分析。开洞处柱子按穿层柱设计，承载力验算时将采同层普通柱在同一个方向的剪力（调整后）并考虑计算长度的不同；

（6）在环桁架上下弦杆所在楼层，楼板加厚为200mm，并适当加强楼板的配筋（双层双向），补充加强层楼面采用有限元分析，保证其在大震下能有效传递水平力。

3.1.6 专项分析

1. 塔楼全过程施工模拟及内力分析

混凝土收缩徐变对超高层结构内力影响较大，在混凝土收缩徐变的影响下，塔楼钢斜撑和外框柱中的内力以及型钢混凝土巨柱中型钢的应力将随时间发生变化。

（1）分析模型

采用混凝土收缩徐变模型CEB-FIP（2010），分别建立施工完成时、施工完成后半年、施工完成后两年、施工完成后十年、施工完成后二十年的对比模型，各模型名称如表3.1.6-1所示。为增加施工模拟分析过程中的稳定性，斜撑采用随层封闭，获取在不同时间段考虑混凝土收缩徐变作用下的支撑内力（轴力受压为负、受拉为正）。

不同时间的对比模型　　　　　　　　表 3.1.6-1

模型名称	时间
模型1	施工完成时
模型2	施工完成后半年
模型3	施工完成后两年
模型4	施工完成后十年
模型5	施工完成后二十年

（2）施工全过程模拟分析

塔楼在模拟施工条件下的竖向变形如图 3.1.6-1 所示。从图中可以看出，顶部和底部变形值较小，而最大处在中间层附近，总体呈鱼腹形，这主要是因为在模拟施工过程中考虑了施工找平对墙柱变形差异的影响。从图中还可以看出，墙柱变形差异最大大约为12mm，柱位移突变处为柱截面突变楼层。墙柱的变形差异也和柱的刚度相关，柱刚度越大差异变形越小。

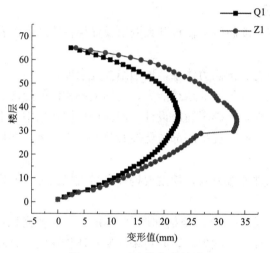

图 3.1.6-1　墙柱变形差异

墙柱的最终变形由三部分组成：徐变、弹性变形和收缩变形。图 3.1.6-2 和图 3.1.6-3 分别为模型 1 和 5 的最终墙柱压缩变形。由图可知，随着时间的推移，墙柱的总压缩变形在增长，二十年后相较于刚刚施工完成时的总压缩变形，墙柱分别增长了 79% 和 59%。其中的徐变、弹性变形和收缩变形占比情况见表 3.1.6-2。

墙柱最终变形占比　　　　表 3.1.6-2

编号	徐变		弹性变形		收缩变形	
	模型 1	模型 5	模型 1	模型 5	模型 1	模型 5
Z1	24.5%	27.4%	68.3%	47.9%	7.1%	24.6%
Q1	31.2%	35.7%	62.1%	39.6%	6.6%	24.7%

随着时间的推移，徐变和收缩变形占比越来越大，而弹性变形占比越来越小，刚刚施工完的弹性变形和二十年后的弹性变形几乎没有变化，也就是说弹性变形在混凝土初期阶段已经完成，后期的变形主要是徐变和收缩引起的，二十年后徐变和收缩变形占总变形的比例分别约为 60% 和 52%。

随着时间的推移，施工完成后 Z1 和 Z2 柱受到混凝土收缩徐变的影响，柱的竖向位移和内力持续发展。图 3.1.6-4 为施工完成时及施工完成不同时间后柱底反力的变化。据图可得，柱受到混凝土压缩和斜撑的作用，随着时间变化，Z1 柱底反力增大，Z2 柱底反力反而减小，说明随着时间的推移，部分荷载逐渐往柱 Z1 转移。结构完工后，巨型柱受到材料持续的收缩徐变作用，但是跨层斜撑的存在限制了柱的变形，所以随着时间的推移，斜撑的内力在持续增长，如图 3.1.6-5 所示。

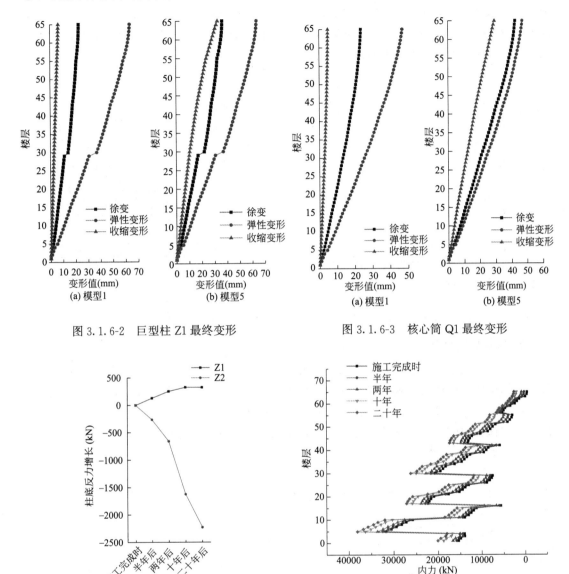

图 3.1.6-2　巨型柱 Z1 最终变形　　　　图 3.1.6-3　核心筒 Q1 最终变形

图 3.1.6-4　施工完成后不同时间柱内力变化　　图 3.1.6-5　施工完成后不同时间斜撑内力变化

在考虑巨柱的收缩徐变时，应当考虑混凝土中型钢的作用，否则分析结果容易失真。考虑巨柱中型钢的作用，并按照比例折算巨型柱的刚度，考察巨型柱 Z1 在时间推移过程中，混凝土和型钢中的应力变化，结果见图 3.1.6-7，图中 part1 为型钢部分，part2 为混凝土部分。

从图 3.1.6-6 可以看出，随着时间的推移，斜撑的内力不断增长，二十年后较刚刚施工完毕时增长了 25%～32%。因此在超高层带斜撑的项目中，应当充分考虑斜撑的内力增长，钢构件的应力比应当留出充足的余量。

从整个施工过程和后续使用过程中，混凝土部分和型钢部分虽然共同受力，但是其轴力占比却随着时间变化而变化。图中从 CS64（即施工到 64 层）到施工完成的突变是因为施工完成投入使用，活荷载增加。从图 3.1.6-7 中可以看出，巨柱中的型钢轴力占比持续增长，这种增长是因为混凝土收缩徐变，轴力在往型钢中转移。投入使用二十年后型钢部分较刚施工完成投入使用时的轴力，增长了约 20%。

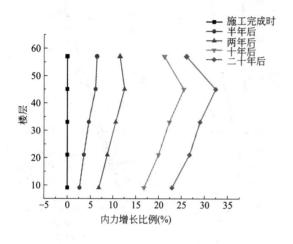

图 3.1.6-6　施工完成后部分层斜撑内力增长率　　　图 3.1.6-7　施工完成后各部分轴力占比图

2. 钢斜撑轴力分析

　　塔楼周边框架设置了钢斜撑，12～13 层及 38～39 层之间设置了环桁架，与巨柱框架和核心筒构成了塔楼的主要抗侧力体系。计算分析表明，巨柱、斜撑和桁架组成的抗侧力体系承担了 10% 的剪力以及超过 25% 的弯矩。由图 3.1.6-8～图 3.1.6-10 可得，小震作用下，斜撑轴力中重力荷载所占比重较大，而在风荷载及中震作用下，相应侧力与重力荷载占比相近。

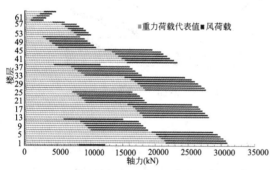

图 3.1.6-8　风荷载作用下斜撑轴力　　　　　　　图 3.1.6-9　小震作用下斜撑轴力

3. 楼板应力分析

　　塔楼采用多重抗侧力体系，在 12～13 层以及 38～39 层设置了环桁架。桁架楼层的上下楼板，作为联系核心筒和外围侧力体系的桥梁，将进行水平力传递，其水平力相比其余楼层明显加大。此外在单向斜撑转折处，单向斜撑所承担的重力会在角部转折处产生水平推力，这个水平推力位于对称的角部，需要通过楼板和核心筒来相互抵消。由于 A、B 塔楼结构及分析结果类似，限于篇幅，仅给出 A 塔楼计算分析结果。如图 3.1.6-11 所示，在荷载标准组合下，楼板内最大拉应力基本处于4～5MPa（除去部分应力集中区域），超过C35混凝土的开裂应力，楼板配筋应加大，以确保核心筒与外围框架之间在风荷载下的剪力传递及楼板在罕遇地震作用下保持弹性受力状态。

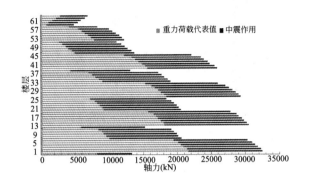

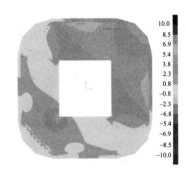

图 3.1.6-10　中震作用下斜撑轴力　　　图 3.1.6-11　A塔楼39层楼板应力（MPa）

塔楼2层楼板大开洞处楼板应力情况。在风荷载工况下，楼板最大水平向应力为1.44MPa，小于混凝土的抗拉强度设计值，满足受剪截面和承载力要求；罕遇地震作用下，除边界处应力集中位置，其余楼板最大应力约为1.35MP，仍可以满足水平力传递要求。

4. 巨柱、斜撑和环桁架关键K形连接节点分析

项目采用通用有限元软件对K形连接点节点进行模拟分析。节点所处位置见图3.1.6-12，包括桁架上弦杆、腹杆、巨柱及水平梁，建立模型如图3.1.6-13所示。图3.1.6-14和图3.1.6-15分别为风荷载及地震作用下K形连接节点应力云图。从图中可知，风荷载及地震作用下混凝土应力均小于抗压强度设计值27.5MPa，钢构件仅在个别应力集中点出现较大应力，应力基本在100～300MPa间，构件处于弹性阶段。

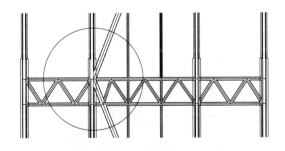

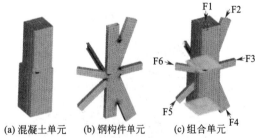

(a) 混凝土单元　(b) 钢构件单元　(c) 组合单元

图 3.1.6-12　连接节点位置示意图　　　图 3.1.6-13　连接节点模型（F_i 为节点施加荷载）

3.1.7　地基基础计算

考虑低水位有利影响后的塔楼桩顶反力如图3.1.7-1所示，核心筒范围及巨柱承台范围内的桩反力较为均匀，核心筒内的桩反力明显大于外围桩反力，但未超出规范要求。图3.1.7-2为沉降计算结果，其中塔楼巨柱计算沉降量约为27mm，项目封顶时巨柱实测沉降约为18mm，与计算较为吻合。考虑底板刚度折减前后，底板弯矩（X 向）对比如图

3.1.7-3 所示。可见塔楼底板在核心筒外墙处应力集中导致底板配筋大,对底板刚度进行折减后,根据底板重分布后的内力进行配筋,可减少底板配筋,降低工程造价。

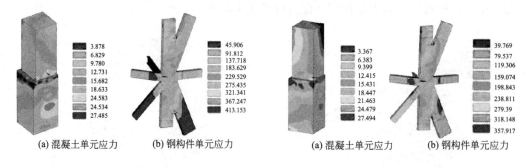

(a) 混凝土单元应力　(b) 钢构件单元应力　　　(a) 混凝土单元应力　(b) 钢构件单元应力

图 3.1.6-14　风荷载作用下节点应力云图(MPa)　　图 3.1.6-15　大震作用下节点应力云图(MPa)

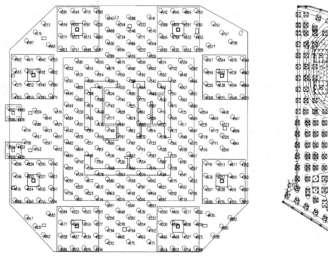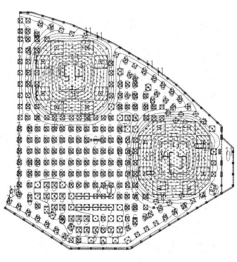

图 3.1.7-1　塔楼受压桩顶反力(kN)　　　　图 3.1.7-2　塔楼基础沉降(mm)

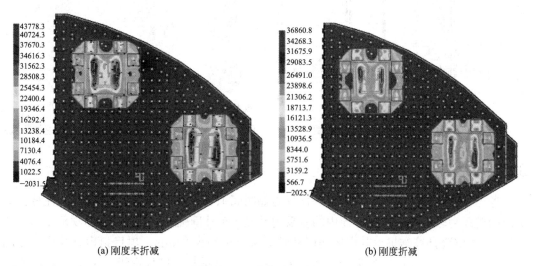

(a) 刚度未折减　　　　　　　　　　(b) 刚度折减

图 3.1.7-3　底板弯矩图对比

178

3.2 杭州钱江世纪城望朝中心

3.2.1 工程概况

杭州钱江世纪城望朝中心①位于杭州市萧山区钱江世纪城的盈丰路东侧，市心北路北侧，总建筑面积 16.2 万 m²，地上总计建筑面积 12.5 万 m²，地下 3.7 万 m²，地下设有四层地下车库，由主楼及其裙房组成。主楼地上 61 层，建筑高度 288m（图 3.2.1-1）；裙房地上 10 层，建筑高度 50m；主楼和裙楼在二层设置连廊（图 3.2.1-3）。项目用途为商业金融业、办公，工程于 2021 年底结构封顶，已成为杭州城市新形象的标志性建筑之一（图 3.2.1-2）。

结构安全等级为二级，设计使用年限为 50 年。主楼和裙房的设计基本地震加速度值为 0.05g，设计地震分组为第一组。场地类别为Ⅲ类，设计特征周期为 0.45s。抗震类别：主楼为重点设防类（简称乙类），按本地区地震烈度 6 度计算地震作用，按 7 度采取抗震措施；裙房为标准设防类（简称丙类），按 6 度计算地震作用并采取相应抗震措施。基本风压为 0.45kPa，地面粗糙度类别为 B 类，基本雪压 0.45kPa。

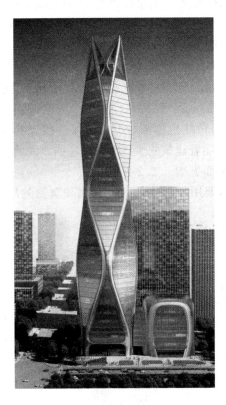

图 3.2.1-1 建筑效果图

图 3.2.1-2 工程实景照片

---

① 本项目设计由浙江省建筑设计研究院和美国 SOM 建筑设计事务所合作完成。

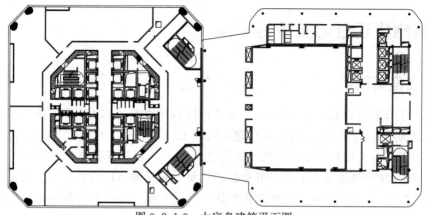

图 3.2.1-3　大底盘建筑平面图

3.2.2　结构方案

1. 主楼结构方案

主楼采用钢管混凝土框架-钢筋混凝土核心筒体系。主楼外形高宽比为 6，核心筒高宽比为 11。重力体系由组合钢梁、钢筋桁架楼承板组成。钢梁高度为 700～250mm，典型间距为 3m，连接核心筒和外框柱的钢梁两端均为铰接，钢筋桁架楼承板 110mm 厚。在核心筒内部，钢筋混凝土现浇板 150mm 厚，钢筋混凝土梁高度 800～450mm。柱采用钢管混凝土圆柱和马蹄形柱，钢材为 Q345～Q460GJC，钢管内部混凝土为 C60。随着高度的增加，主角柱直径从 1600mm 变化到 600mm，次柱的直径从 1200mm 变化到 450mm。位于塔楼周边的角柱和次柱共同承担重力。八个外围角柱沿两个方向倾斜，跟随塔楼的建筑表现。随着角柱的逐步分开，次柱与角柱也逐渐分开，以保持相等的柱间距。在各楼层之间，角柱保持直线形态，但总体上随着建筑的表现形态而弯曲，并通过楼面系统主梁与核心筒连接固定。主楼标准层结构平面见图 3.2.2-1 所示。

底层大厅上方设计了 3 榀 38m 跨度的空腹桁架用于转换西侧、北侧和南侧的次柱，形成一个敞开的 12m 通高大堂空间，见图 3.2.2-2。

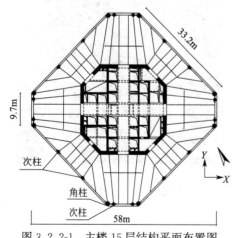

图 3.2.2-1　主楼15层结构平面布置图

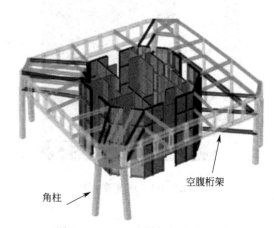

图 3.2.2-2　空腹转换桁架模型图

主楼抗侧力体系由位于中央的钢筋混凝土核心筒墙和沿建筑外表面布置的空间连续斜钢管混凝土柱抗弯框架组成。塔楼底部范围核心筒成八角形，电梯、楼梯等周边设有直线隔墙；塔楼顶部，随着八角形外墙逐渐减少，核心筒变成一个矩形。外筒墙体厚度为1000～450mm，内筒墙厚500～350mm，混凝土为C60～C40。周边钢管混凝土抗弯框架是由钢管混凝土柱以及700～800mm高的边钢梁组成。边梁的长度随柱间距离的逐渐变大而随之增大。在角柱趋于融合的节点层，布置平面内支撑与边梁相结合，以抵抗楼层存在的张力和压缩力。主楼抗侧力体系构成见图3.2.2-3。

主楼竖向传力途径为：非融合区的斜角柱和斜次柱各自承担竖向荷载和水平荷载产生的轴力；融合区两根斜角柱合并为一根共同受力，并依靠融合柱之间的短梁和楼面斜撑承担侧向力。非融合区和融合区经多次交替后，在下部大堂空间处的次柱最终通过空腹桁架将轴力传递至斜角柱。

主楼结构抗震等级：钢筋混凝土核心筒为一级，钢管混凝土框架柱为一级，其余钢结构为三级。地下室顶板作为上部结构的嵌固部位，地下一层抗震等级同上部结构，地下二层～地下四层抗震等级逐层降低一级，最低取四级。

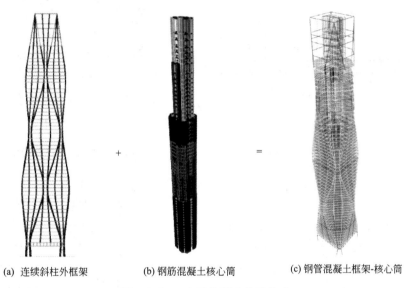

(a) 连续斜柱外框架   (b) 钢筋混凝土核心筒   (c) 钢管混凝土框架-核心筒

图 3.2.2-3 主楼抗侧力体系构成

2. 裙房结构方案

裙房重力体系由钢筋桁架楼承板、楼面钢梁、2榀单层空腹桁架和3榀5层空腹桁架组成。钢筋桁架楼承板110mm厚。钢梁典型间距为3m，梁高1000～600mm。底层楼面处为无柱大堂空间，三层楼面处布置了无柱的两层通高大堂，上部楼层柱均不能下落。为保证建筑自由分隔，上部桁架也不能有斜腹杆，因此采用空腹桁架，跨度为30m，弦杆高度1300～900mm，腹杆间距6m，高度800mm。柱采用方形和圆形钢管混凝土柱，方柱宽400～850mm，圆柱直径400～600mm，钢材为Q345，钢管内部混凝土为C40。随着高度的增加，外围边柱从向外倾斜变为向内倾斜（图3.2.2-4和图3.2.2-5）。

裙房抗侧力体系由钢框架和斜支撑组成。钢斜支撑均利用建筑隔墙处布置，截面高度为600～300mm，钢材为Q345B（图3.2.2-6和图3.2.2-7），作为抗震的首道防线。裙房结构抗震等级为四级。

3. 连接体结构方案

主楼和裙房在二层楼面处连为一体，形成层数差异较大的复杂连体超高层结构，连接体结构和主体结构之间采用滑动连接。裙房边柱在与主楼交界处要求为不落地，因此在主楼的二层楼面设置了牛腿和挑梁，其中裙房边跨的两根中柱落在主楼钢柱的牛腿上（图3.2.2-8和图3.2.2-9），裙房边跨的两根边柱则落在主楼的悬挑钢梁上（图3.2.2-10和图3.2.2-11），牛腿和悬挑钢梁上部都设有抗震型球形钢支座，裙房边跨柱均首先落在球形钢支座上，Z向固定，X、Y向滑动。

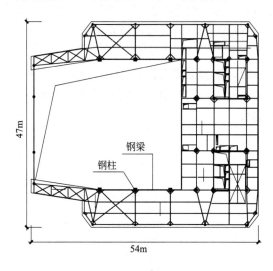

图 3.2.2-4 裙房4层结构平面图

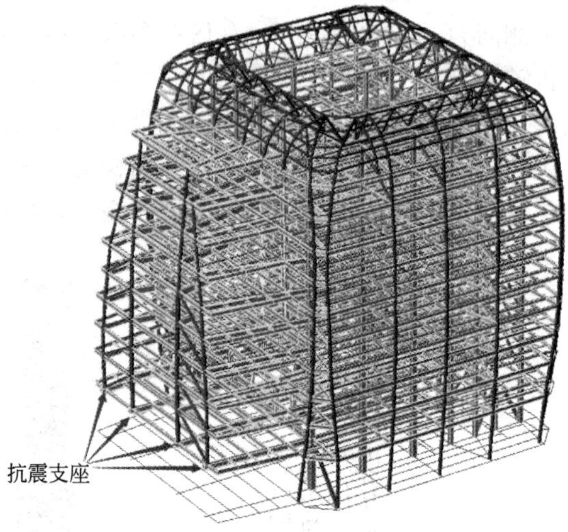

图 3.2.2-5 裙房结构模型图

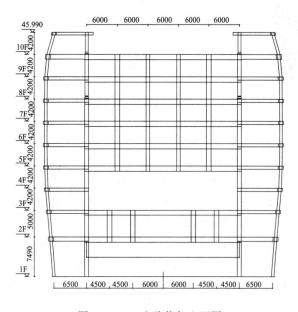

图 3.2.2-6 空腹桁架立面图

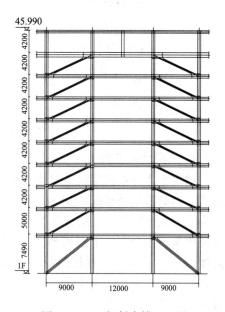

图 3.2.2-7 钢斜支撑立面图

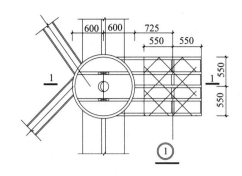

图 3.2.2-8 柱搁置端平面图

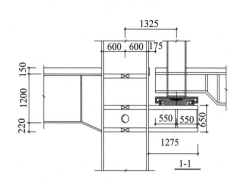

图 3.2.2-9 柱搁置端剖面图

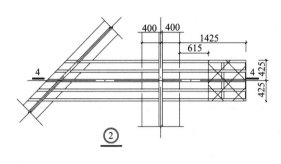

图 3.2.2-10 梁搁置端平面图

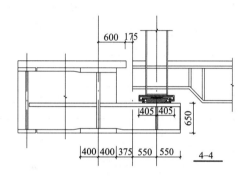

图 3.2.2-11 梁搁置端剖面图

4. 地基基础方案

场地土层分布从上至下依次为素填土、砂质粉土、粉砂、黏质粉土、淤泥质黏土、粉质黏土、细砂、上层圆砾、粉质黏土、下层圆砾、强风化砂砾岩和中风化砂砾岩（图3.2.2-12和图3.2.2-13）。场地勘察期间测得场地勘探孔的孔隙潜水水位在1.57～2.38m，相对应高程为4.64～4.88m（1985国家高程基准），承压水隔水层主要为淤泥质黏土和粉质黏土。上层圆砾和下层圆砾中存在孔隙承压水，承压水水位在地面下约9.0m。基岩裂隙水主要赋存在基岩风化裂隙中。

主楼采用桩径900mm的钻孔灌注桩，穿越上部的粉土、砂质粉土、粉砂和细砂后，以⑧-2层圆砾为持力层，并采用桩端后注浆，有效桩长约37m，单桩竖向抗压承载力特征值为7300kN。与以⑩-2层中风化岩石为持力层相比，桩长可减短约22m。裙房采用桩径700mm的钻孔灌注桩，以⑧-2层圆砾为持力层，单桩竖向抗压承载力特征值4200kN，单桩竖向抗拔承载力特征值2140kN。主楼采用桩筏基础，因下部土层存在孔隙承压水，经抗突涌验算最小隔水层厚度，基底标高需控制在不超过−18m，因此主楼基础采用筏板整体上翻的做法，上翻区域板厚4.35m，其余区域板厚1.0m。裙房采用桩-承台基础，裙房处承台厚1.5～2.0m，其余区域板厚1.0m，见图3.2.2-14和图3.2.2-15。

建议值					抗拔承载力系数	层号	岩土名称
地基承载力特征值	预制桩 特征值		钻孔灌注桩 特征值				
	桩周土摩擦力	桩端土承载力	桩周土摩擦力	桩端土承载力			
f_{ak} (kPa)	q_{sa} (kPa)	q_{pa} (kPa)	q_{sa} (kPa)	q_{pa} (kPa)	λ		
						①	素填土
140	20		16		0.75	②-1	砂质粉土
120	16		14		0.75	②-2	砂质粉土
150	20		16		0.75	②-3	砂质粉土
170	28		25		0.70	②-4	粉砂
100	14		12		0.75	②-5	黏质粉土
80	10		8		0.80	③	淤泥质黏土
180	28		25		0.80	④	粉质黏土
220	30		27		0.65	⑥	细砂
420	70	4600	62	2400	0.55	⑧-1	圆砾
130			25	700	0.75	⑧-1a	粉质黏土
480			70	2600	0.55	⑧-2	圆砾
450			58	2000		⑩-1	强风化砂砾岩
800			85	3000		⑩-2	中风化砂砾岩

图 3.2.2-12 主要土层物理力学参数

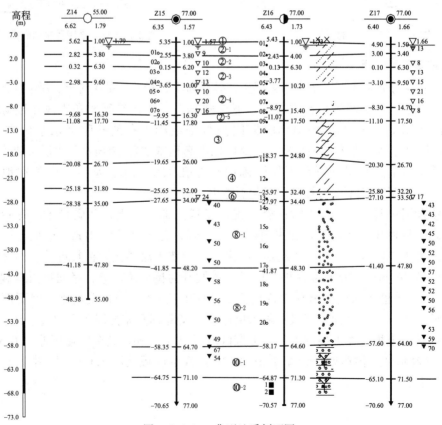

图 3.2.2-13 典型地质剖面图

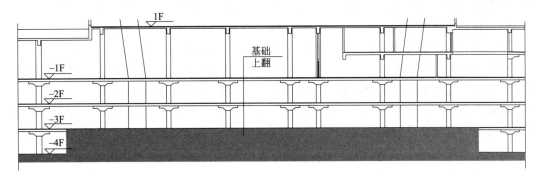

图 3.2.2-14 基础剖面图

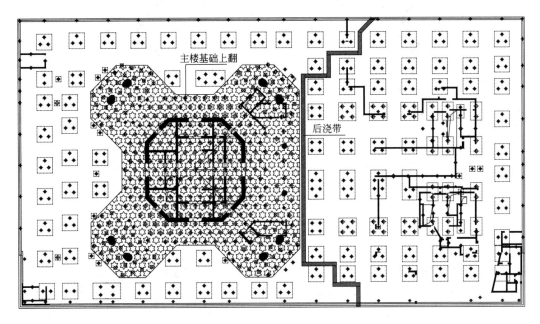

图 3.2.2-15 基础平面图

3.2.3 结构抗震分析

1. 多遇地震计算

（1）结构动力特性分析

采用 ETABS 和 YJK 程序对比计算，主楼质量和周期的计算结果基本一致。以 ETABS 为例，前 3 阶周期为 5.55s、5.34s、2.61s，分别为 X 向平动、Y 向平动和扭转；T_z/T_1=0.47，不大于 0.85，满足规范要求。计算采用振型分解反应谱法，取 60 个振型，考虑竖向地震对建筑的影响，竖向第一主导振型为第 21 振型，周期为 0.58s。裙房前 3 阶周期为 2.07s、1.51s、1.36s，分别为 X 向平动，Y 向平动和扭转，T_z/T_1=0.66，不大于 0.85，满足规范要求。

（2）地震剪力系数分析

主楼地震剪力系数 X 方向为 0.62%，Y 方向为 0.64%，满足规范不小于 0.6% 的要求。

裙房地震剪力系数 X 方向为 1.07%，Y 方向为 1.28%，满足规范不小于 0.8% 的要求。

（3）地震位移分析

主楼结构在多遇地震下的层间位移比总体自下而上呈逐渐增大趋势，因核心筒在上部 45 层处有较大收进，故层间位移比在此处有突变（图 3.2.3-1），但变形值满足规范的要求，详见表 3.2.3-1。鉴于主楼结构在 45° 和 135° 方向有斜柱和框架梁布置，故按上述方向进行规范地震反应谱补充分析，其计算结果近似于或小于正交计算结果。裙房因空腹桁架受力需要，其竖向构件刚度较大，且布置有钢斜撑，因此地震作用下的楼层变形值较小，能满足规范的要求，见表 3.2.3-2。

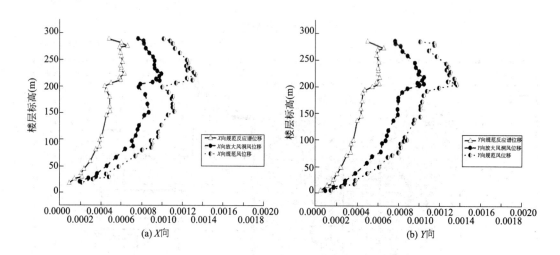

(a) X 向　　　　　　　　　　　　　(b) Y 向

图 3.2.3-1　主楼层间位移角

主楼层间位移角比较

表 3.2.3-1

位移角	X 向	Y 向	部位
50 年规范风荷载	1/761	1/750	第 49 层
规范小震	1/1607	1/1624	第 49 层

裙楼层间位移角比较

表 3.2.3-2

位移角	X 向	Y 向	部位
50 年规范风荷载	1/2262	1/3319	第 3 层
规范小震	1/2131	1/2494	第 2 层

（4）结构扭转效应分析

主楼最大位移与层平均位移的比值以及最大层间位移与平均层间位移的比值均未超过 1.14，满足规范要求；扭转周期比也远小于 0.85 的规范限值，由此可看出，空间连续斜柱外框架提供了较大的抗扭刚度。

（5）楼层刚度比及抗剪承载力比分析

主楼相邻楼层刚度比 X 方向最小为 0.93，Y 方向最小为 0.94；楼层抗剪承载力比 X 方向最小为 0.94，Y 方向最小为 0.95。裙房相邻楼层刚度比 X 方向最小为 0.81，Y 方向最小为 0.71；楼层抗剪承载力比 X 方向最小为 0.72，Y 方向最小为 0.73，属于楼层刚度和承载力突变，但突变程度较轻。

（6）框架剪力分担比及二道防线分析

主楼外框架因采用空间连续斜柱，侧向刚度比普通直柱框架要大很多。分析结果表明，主楼框架部分按刚度分配的地震剪力，多数楼层达到基底总剪力的 19%（X 向）和 17%（Y 向）以上，最大值为 48%（X 向），最小值为 8.0%（Y 向）。与普通直柱框架相比，空间连续斜柱外框架分担了更多的地震剪力，既能作为抗震二道防线，也能减轻核心筒构件的负担，缩小核心筒的尺寸，还能与建筑外表面充分融合、协调统一，对于建筑的布局和使用无疑都是有利的。

（7）墙、柱轴压比分析

主楼核心筒墙肢轴压比最大为 0.5，钢管混凝土柱轴压比最大为 0.7。裙房钢管混凝土柱轴压比最大为 0.55。钢管混凝土柱因充分利用混凝土的约束强度，其截面尺寸可比型钢混凝土柱减少 38%。而且可利用钢管做模板，充分贴近建筑外表面作连续斜向构件的混凝土施工，这是型钢混凝土柱施工难以做到的，因此钢管混凝土柱能减小落地面积，拓展室内空间。同时，因充分贴近建筑外表面，连续斜钢柱还能参与幕墙受力，代替部分幕墙构件，节省幕墙造价。

（8）多遇地震弹性时程分析法

选取 5 条天然波，2 条人工波进行弹性时程分析，每条时程曲线计算所得的结构基底剪力均不小于振型分解反应谱法结果的 65%，7 条时程曲线计算所得的结构基底剪力平均值不小于振型分解反应谱法结果的 80%。计算显示，弹性时程分析的平均值比 CQC 法的结果略大，见图 3.2.3-2。

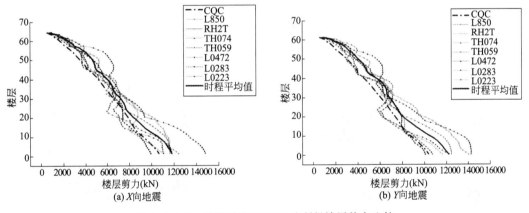

图 3.2.3-2 弹性时程和 CQC 法所得楼层剪力比较

2. 性能目标和构件性能验算

结构整体抗震性能目标按 C 类设计。主楼外框主要斜柱和转换桁架均按照中震弹性设计，并保证在大震下斜截面受剪不屈服；核心筒区（从底层到 5 层楼板之间）的剪力墙设计为轴力和弯矩作用下，中震不屈服和抗剪中震弹性，大震抗剪、抗弯不屈服；有外框柱融合的楼层，在相应楼板区域增加水平支撑以增加楼板刚度。裙房空腹桁架及其支座、斜撑和悬挑梁均按照中震不屈服设计，其余构件按小震弹性。

3. 结构弹塑性分析

采用 PKPM-SAUSAGE 软件进行罕遇地震下的动力弹塑性分析。结果表明，本项目结构抗震性能良好，在天然波和人工波罕遇地震作用下结构仍保持直立，最大弹塑性层间位移角为 1/175（X 向）、1/203（Y 向），均小于框架-核心筒结构 1/100 的限值。构件屈服次序依次为核心筒连梁，框架梁，局部核心筒墙肢。

核心筒在上部 45 层处有较大收进，并因刚度突变而造成应力集中，相邻楼层剪力墙损伤程度有所加大，个别墙体局部出现中度损坏，连梁均屈服，详见图 3.2.3-3 和图 3.2.3-4。

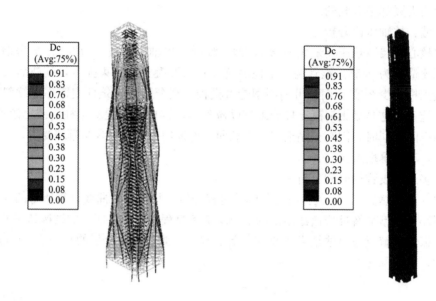

图 3.2.3-3 主楼框架和剪力墙整体损伤图

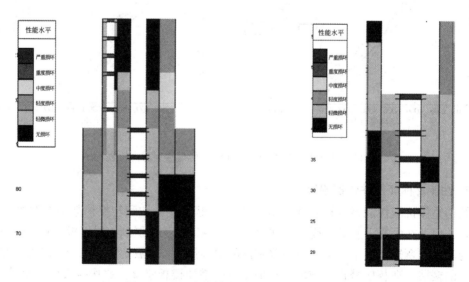

图 3.2.3-4 主楼剪力墙收进处墙体损伤图

3.2.4 结构抗风计算

1. 风工程试验概述

本工程立面造型复杂，委托加拿大 RWDI 工程顾问公司进行了风洞试验和风振响应分析。模型试验在 3.7m×2.2m 边界层风洞中进行，模型安装了测压点并包括大楼周围 500m 半径范围内所有建筑地貌。在风洞工作段前方设置适当的地面粗糙元与紊流尖塔对每个风向逐一模拟。地面粗糙度类别根据不同地貌对应的风向角，在 10°～70° 及 350°～360° 区间内按 B 类取值，在 80°～180° 以及 240°～340° 区间内按 C 类取值，在 190°～230° 区间按 D 类取值。风气候统计模型由 2015 年杭州萧山气象站的近地风记录和计算机台风模拟得到。台风模拟采用蒙特卡洛法，模拟了 10 万个热带风暴以确定台风的强度和风向。试验结果显示两个方向的基底剪力和倾覆弯矩均小于荷载规范的近似值。设计按风洞试验 24 个风向角和 80% 规范风荷载取包络值。

2. 风洞试验与规范风荷载比较

本工程底部的平面形状为正方形，四个角部切除，各楼层切角宽度为 4.8～10.5m，达到平面宽度的 10%～20%，有效降低了横风向涡激振动的幅度。立面上随着高度的增加，平面宽度总体上呈收小的趋势，从二层的 48.5m 宽收小到屋面的 40m 宽，直至塔冠的 29.6m 宽，让旋涡脱落特性随着高度而变化，使其不具备规则性和周期性。同时，角部布置的斜柱的多次融合与分离，造成立面内倾和外斜的多次交替变换，降低横风向涡激振动的相关性，使结构不具备足够的共振条件。

通过以上措施，超高层主楼风荷载得到显著减小，较规范风荷载下降 30% 以上，设计按风洞试验等效风荷载和 80% 规范风荷载进行设计，见图 3.2.4-1 和表 3.2.4-1。鉴于结构在 45° 和 135° 方向存在迎风面，且迎风面宽度与正交处不同，故按上述风向角进行补充计算，结果略小于正交方向。

3. 风振舒适度分析

根据风振分析报告，结构顶点风振加速度最大值为 0.12m/s^2，满足规范要求。

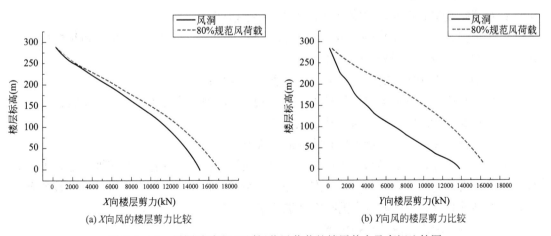

(a) X 向风的楼层剪力比较　　　　(b) Y 向风的楼层剪力比较

图 3.2.4-1　风洞试验和 80% 规范风荷载的楼层剪力及弯矩比较图

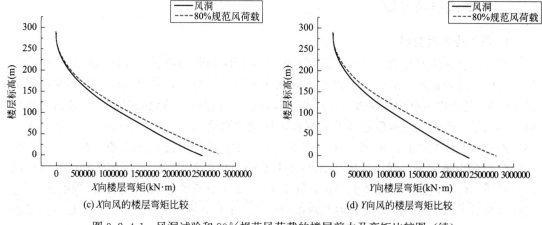

(c) X 向风的楼层弯矩比较　　　　　(d) Y 向风的楼层弯矩比较

图 3.2.4-1　风洞试验和 80％规范风荷载的楼层剪力及弯矩比较图（续）

风荷载下基底剪力和倾覆弯矩比较　　　　　　　　　　表 3. 2. 4-1

工况	底层弯矩			底层剪力	
	M_x(kN・m)	M_y(kN・m)	M_z(kN・m)	F_x(kN)	F_y(kN)
风洞试验	2.43E6	2.27E6	2.97E4	1.51E4	1.39E4
80％规范风荷载	2.76E6	2.75E6	3.12E4	1.71E4	1.68E4
风洞试验/80％规范风荷载	0.88	0.83	0.95	0.88	0.83

3.2.5　结构超限判断和主要加强措施

1. 结构超限判断

本工程结构实际高度 288m，规范允许最大适用高度 220m，属高度超限。另外还存在构件间断（上下柱不连续）和局部不规则（有穿层柱和斜柱）等不规则内容。

2. 主要抗震加强措施

针对超限类型和程度，主楼结构采取以下加强措施：

（1）加强 3～4 层处的空腹转换桁架构件截面，使其在大震时上下弦杆和腹杆均只出现轻微的塑性应变，大部分处于弹性状态；

（2）加大 8 根转换柱的壁厚，使其在大震时无损坏；

（3）提高裙房搁置端支撑柱的材质，采用 Q460GJ 钢，使其在大震时不屈服；

（4）提高连梁的配箍率，增强其延性和耗能能力；

（5）加强楼板配筋，并增大核心筒内的楼板厚度。

通过以上措施，框架梁基本无损坏；空腹转换桁架杆仅出现轻微的塑性应变，大部分处于弹性状态；转换柱均处于弹性状态；楼板轻微损坏；连梁中度损坏（部分有较严重的损坏）的性能目标，满足所设定的抗震性能要求。

裙房结构采取以下设计加强措施：

（1）空腹桁架的弦杆和腹杆均采用矩形钢管，增强其双向抗弯能力。

（2）加大空腹桁架两端支撑柱的壁厚，降低其应力比。

（3）采用临时支撑，楼板混凝土延后浇筑，降低空腹桁架构件的初始内力。

3.2.6 专项分析

1. 施工模拟分析

同一楼层分步施加恒载和部分楼层楼板滞后施工对减小构件截面尺寸有积极作用。因建筑功能需要，主楼外围框架在南、北、西三面的中柱均不能落地，需在3～4层采用桁架进行转换，跨度为38m，且建筑立面不允许设斜杆，故采用空腹桁架（图3.2.6-1）。计算分析表明，该桁架第一节间的下弦杆受力较大，且对加载模式和顺序极为敏感。由表3.2.6-1和表3.2.6-2可知，分层加载和一次性加载的计算结果相差很大。在内隔墙和幕墙未施工之时，按分层加载模式，第一节间下弦杆的弯矩比一次性加载增加201%，轴力比一次性加载增加583%，YJK和ETABS两个程序的计算结果较为接近，都反映出各楼层刚度因逐次形成而对桁架内力产生的增大作用。

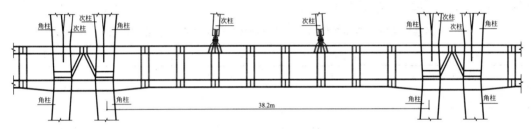

图 3.2.6-1 转换桁架立面图

转换桁架第一节间
弦杆内力对比　　表 3.2.6-1

计算	刚度形成以及加载方式	轴力(kN)	弯矩(kN·m)
模式 1	ETABS（一次性形成刚度并加载）	286	3264
模式 2	ETABS（分层形成刚度,分层加载）	1956	9845
模式 3	YJK（分层形成刚度,分层加载）	1854	8630

注：均按加载1计算。

加载 1 内容　　表 3.2.6-2

加载编号	DL 管线吊顶重	SDL 面层重量	LL 施工荷载	SDL2 玻璃幕墙自重
加载 1	0.5	2.0	1.0	0

注：不考虑楼层内部隔墙自重,DL 中的梁板柱自重另计,单位均为 kPa。

2. 混凝土收缩徐变效应影响分析

连接外围钢柱和核心筒的钢梁两端均采用铰接，因此核心筒混凝土的收缩和徐变不会对钢柱和钢梁带来受力影响。核心筒和外围钢柱均按照实际标高测量、建造和下料，并随每一层楼板面找平，以部分补偿竖向构件的压缩变形。

3. 主楼空腹转换桁架力学分析

因建筑立面要求，转换桁架杆件截面高度不超过1m，仅首跨端部可加腋。为降低桁架内力，设计采用同一楼层分步施加恒载和部分楼层楼板滞后施工的方法，即先浇捣第

17、18 层楼板，待空腹桁架和上部各楼层（至 18 层楼面）形成整体作用以后，再浇捣 2～16 层楼板混凝土。计算结果显示，同一楼层经分步施加恒载后，作为桁架弦杆主控因素的弯矩值有了显著下降，其中下弦杆的下降幅度达 23%，仅下弦杆的第一节间需要加腋至 1.4m 高，其余各节间的梁高均未超过 1m，满足了建筑的立面需求，见表 3.2.6-3 和表 3.2.6-4。

按上述分步施加恒载工况下的下弦杆首跨杆顶弯矩标准值，转换桁架完工时为 2638kN·m，第 11 楼面完工时为 4449kN·m，第 18 楼面完工时为 5660kN·m，屋顶层完工时加上活载为 25218kN·m。综合最不利工况的轴力、弯矩和剪力作构件应力比计算，下弦杆应力比按一次性施加恒载时最大为 1.0，按分步施加恒载则下降为 0.73；腹杆应力比按一次性施加恒载时最大为 1.11，分步施加恒载则下降为 0.94，构件受力状况得到显著改善（图 3.2.6-2）。桁架跨中挠度在恒载作用下降低了约 26%，在恒载＋活载作用下降低约 23%，最大为跨度的 1/388，见表 3.2.6-5；施工时采取预起拱 50mm，最终恒载＋活载作用下挠度为跨度的 1/792。

转换桁架第一节间弦杆内力比较（均按加载 2 计算，单位 kN·m） 表 3.2.6-3

恒载＋活载	①楼板逐层浇捣	②2～16 层楼板整体后浇	(①－②)/①
上弦杆弯矩标准值	14104	12207	15%
下弦杆弯矩标准值	31973	25218	23%

加载 2 内容（kN/m²） 表 3.2.6-4

加载编号	DL	SDL	LL	SDL2	SDL3	LL1
加载 2	0.5	2.0	2.0～3.0	1.5	2.5	7.0～10.0

注：DL 为管线及吊顶重量，SDL 为面层粉刷重量，LL 为限制施工荷载，SDL2 为玻璃幕墙自重，SDL3 为内部隔墙自重，LL1 为设备层活荷载。考虑楼层内部隔墙自重。

不同加载模式下的转换桁架跨中挠度对比（mm） 表 3.2.6-5

荷载工况	①同一楼层一次性加载	②同一楼层分步加载	(①－②)/①
恒载	112	83	26%
恒载＋活载	127	98	23%

(a) 分步加恒载的构件应力比　　　　　　(b) 一步加恒载的构件应力比

图 3.2.6-2　恒载分步施加和一步施加引起的构件应力比较

4. 裙房转换桁架复杂部位力学分析

为满足建筑功能需要，裙房二～三层楼面、五～十层楼面之间均采用空腹多层桁架，不设斜腹杆，桁架跨度为30m，弦杆高1300～900m，三～五层楼面之间为通高大堂。为使空腹桁架的各楼层构件在承受自重的阶段（包括钢筋桁架及底模）即能按整体协同受力，钢构施工时在三～五层楼面之间设了V形临时支撑，在一～二层楼面之间设了直立临时支撑，然后钢构件逐层安装至屋面并形成整体（图3.2.6-3）。

如果随后立即开始各楼板混凝土的浇筑，则楼板混凝土的重量会传至直立临时支撑，造成其下部对应的地下室混凝土柱和基础受力过大，因此待钢结构施工完毕，各空腹桁架形成整体刚度之后，先依次拆除三～五层楼面之间的各V形临时支撑，再依次拆除一～二层楼面之间的各直立临时支撑。待两个楼层的临时支撑均拆除以后，再开始各层楼面混凝土板的浇筑，这样楼板自重传至空腹桁架两端的边柱，与计算模型的假定一致。

按上述分步施加恒载工况下的转换桁架2层处下弦杆，其首跨杆顶弯矩标准值在转换桁架完工时为165kN·m（图3.2.6-4），拆除3层临时V形支撑时因上部卸载效应降为69kN·m，拆除底层临时支撑时因跨度变大而上升为504kN·m（图3.2.6-5），全部恒载及活载作用下为6098kN·m（图3.2.6-6）。在风荷载和地震作用的最不利工况下，弯矩设计值为8800kN·m，轴力设计值为2920kN，应力比不超过0.7。空腹多层桁架在形成整体刚度（包括钢筋桁架及底模）时的跨中挠度为12mm，随后在恒载作用下为28mm，在恒载＋活载作用下为38mm，最大为跨度的1/790，均能满足规范要求。

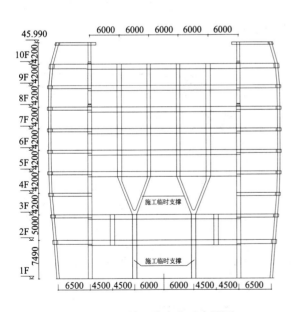

图 3.2.6-3　施工状态临时支撑图

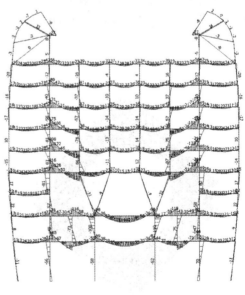

图 3.2.6-4　施工至顶层时桁架恒载弯矩图

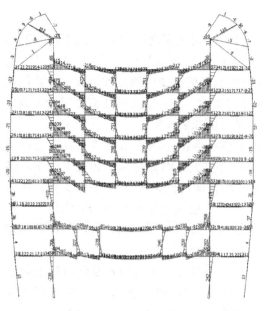

<table>
<tr><td>图 3.2.6-5 拆除临时支撑时桁架恒载弯矩图</td><td>图 3.2.6-6 全部恒载+活载时桁架弯矩图</td></tr>
</table>

5. 楼板应力分析

主楼在外围空间连续斜柱外框架和核心筒的协同作用,中震下楼板按抗剪弹性和抗拉不屈服设计,板中大部分区域拉应力小于 C35 混凝土的受拉承载力标准值 2.20MPa,见图 3.2.6-7,这些区域无需额外配置钢筋。在靠近核心筒、边梁以及楼板开洞处,局部拉应力有大于混凝土拉应力承载力处,增设了附加配筋。斜柱转折处斜率较大,在楼板和楼面梁中均产生了较大的轴力,构件设计中均考虑轴力因素,见图 3.2.6-8。

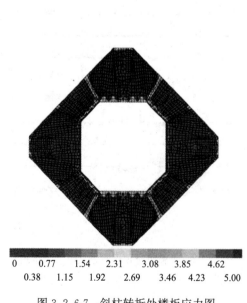

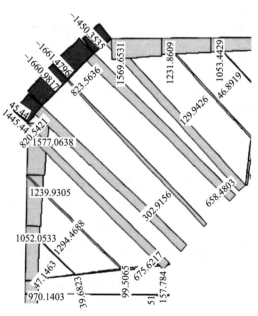

图 3.2.6-7 斜柱转折处楼板应力图

图 3.2.6-8 斜柱转折处梁轴力图

6. 典型节点构造设计和应力分析

主楼融合柱是空间连续斜柱外框架的关键构件，为异形的马蹄形柱，分叉柱为圆管柱，两者的连接形状不规则，柱身角度也不一致，同时有多个方向的钢梁与之连接，受力复杂。故对融合柱、分叉柱、钢梁和钢柱内混凝土进行统一的有限元建模，同时考虑轴力、剪力、弯矩和扭矩的联合作用。计算结果显示，在最不利地震工况组合下，除个别奇点外，钢构件的 von Mises 应力小于 340MPa，混凝土部分应力小于 50MPa，钢构件采用 Q390GJ 钢，节点钢材未屈服，混凝土采用 C60，局部抗压能满足，节点的变形也能符合要求（图 3.2.6-9 和图 3.2.6-10）。融合柱按一级焊缝要求进行检测，整体加工，整体吊装。在裙房边柱搁置端处对钢柱、钢牛腿、钢梁和钢柱内混凝土进行统一的有限元建模，计算结果显示，钢构件 von Mises 应力最大为 370MPa，混凝土局部最大应力为 48MPa，均发生在钢牛腿下翼缘处。钢构件采用 Q460GJ 钢，节点钢材未屈服，混凝土采用 C60，局部抗压足够（图 3.2.6-11），因此搁置端节点强度能满足受力要求。同时，梁搁置端节点强度也能满足受力要求（图 3.2.6-12）。

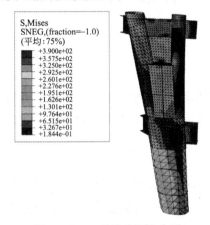

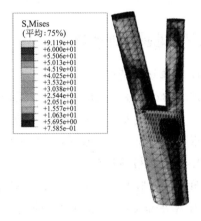

图 3.2.6-9　异形柱钢应力图　　　　　图 3.2.6-10　异形柱混凝土应力图

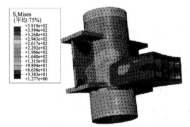

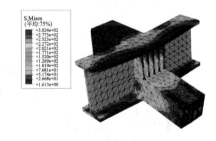

(a) 柱搁置端钢应力图　　(b) 柱搁置端混凝土应力图

图 3.2.6-11　柱搁置端大样分析图　　　　图 3.2.6-12　梁搁置端大样分析图

7. 防倒塌分析

主楼采用拆除构件法进行抗连续倒塌分析，将 3～4 层转换桁架的腹杆拆除，用考虑 $P\text{-}\Delta$ 效应的线性静力法计算剩余结构。楼面恒载、活载和风荷载采用标准值，楼面活载准永久值系数取 0.5，风荷载组合值系数取 0.2。计算显示原转换桁架上的不落地次柱转化为吊柱（图 3.2.6-13 和图 3.2.6-14），由抗压转变为抗拉并承担全部楼面荷载，应力比

0.53；角柱继续抗压，应力比0.68，整体结构不会因转换桁架破坏而出现连续倒塌。

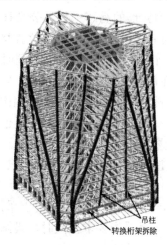

吊柱
转换桁架拆除

图3.2.6-13 转换桁架拆除图

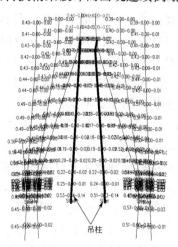

吊柱

图3.2.6-14 吊柱应力比图

3.2.7 地基基础计算

1. 桩基试验情况

现场取3根试桩做堆载试验，采用慢速维持荷载法，单桩竖向抗压极限承载力值最小为15818kN，最大为16380kN，对应沉降量为25~45mm。综合沉降控制和施工质量控制等因素，单桩竖向抗压承载力特征值取7300kN。

2. 桩基、桩筏计算

单桩计算最大反力为8956kN，位于主楼核心筒的内部（图3.2.7-1）。底板正弯矩最大值为16280kN·m，位于主楼核心筒的边缘部位，底板负弯矩最大值为7549kN·m，位于主楼核心筒的中央部位（图3.2.7-2）。计算最大沉降量为6cm，至结构封顶时实测不到2.5cm（图3.2.7-3）。

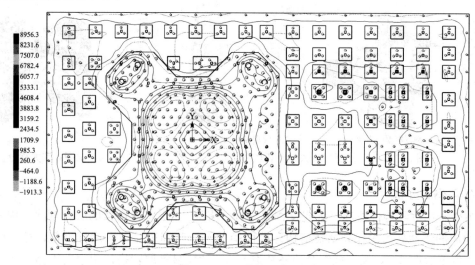

图3.2.7-1 单桩反力图

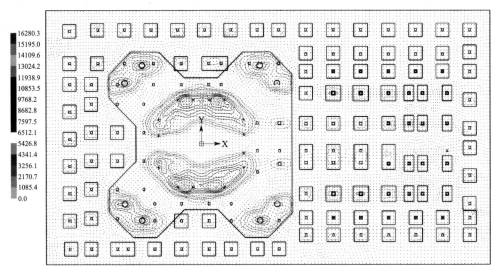

图 3.2.7-2 底板弯矩图

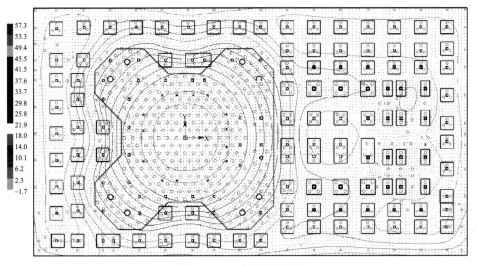

图 3.2.7-3 基础沉降图

3.3 杭州云城北综合体 T1 塔楼

3.3.1 工程概况

杭州云城北综合体（金钥匙）项目[①]位于杭州西站北侧，融合站城一体化开发的规划设计理念，集聚超级总部、未来产业、商务办公、超五星级酒店、服务型公寓、剧院等多

---

① 本项目初步设计单位为美国 SOM 建筑设计事务所，施工图设计单位为浙江省建筑设计研究院和浙江绿城建筑设计有限公司。

重城市业态与功能,打造未来杭州创新创业和人文艺术的全新地标。金钥匙1号塔楼为杭州云城综合体的核心项目,以"云端之窗"为设计理念,规划设有360°云端观景平台,未来建成后将成为杭州第一高楼。1号塔楼建筑功能为办公-酒店,总高度为399.8m,地上84层地下4层,建筑总面积为43.5万m^2(地上19.7万m^2、地下23.8万m^2)。塔楼平面为边长约52m的三角形,在平面角部进行截角处理,建筑效果及结构整体模型如图3.3.1-1和图3.3.1-2,塔楼的典型建筑剖面图、平面图见图3.3.1-3和图3.3.1-4。

图 3.3.1-1 建筑效果   图 3.3.1-2 结构整体模型

1号塔楼结构设计基本参数取值如下:结构设计使用年限为50年;结构安全等级为一级;抗震设防烈度为6度,设计地震分组为第一组;场地类别为Ⅱ类;地震基本加速度为0.05g;抗震设防类别为重点设防类;基本风压:0.45kN/m^2(50年一遇)、0.50kN/m^2(100年一遇);结构阻尼比取值:4%(用于多遇地震计算)、3.5%(用于风荷载位移计算)、2%(用于风荷载承载力计算)、1%(用于风荷载舒适度计算)。

3.3.2 结构方案

1. 结构体系

1号塔楼采用型钢混凝土框架-核心筒组合结构,塔楼平面为边长约52m的三角形,在平面角部进行截角处理,见图3.3.2-1。

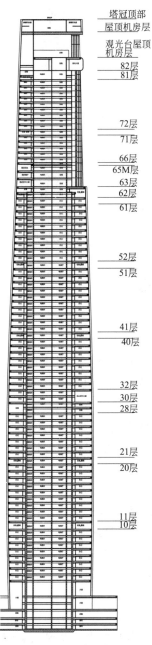

图 3.3.1-3　建筑剖面图

塔冠顶部
屋顶机房层

观光台屋顶
机房层

82层
81层

72层
71层

66层
65M层
63层
62层
61层

52层
51层

41层
40层

32层
30层
28层

21层
20层

11层
10层

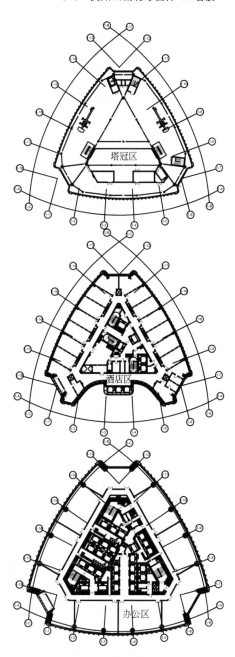

图 3.3.1-4　建筑典型平面图

塔冠区

酒店区

办公区

（1）塔楼抗侧力体系

塔楼抗侧力体系包括：位于楼面中心的钢筋混凝土核心筒和型钢混凝土外框架体系。外框架柱为型钢混凝土柱，外框架梁为钢梁。由于酒店区域外框架不连续，故酒店区域核心筒和角柱之间设置伸臂钢梁，办公区域结合避难层设置伸臂钢梁。塔楼分别在 28～30 层与 62～63 层处设置带状桁架层，用于平衡酒店区域南部楼板缺失对外框架柱的轴力影响，提升塔楼的整体刚度，塔楼顶部设置三脚架形式的桁架，塔楼角柱延伸至顶部，以支承顶冠结构。顶部桁架钢斜撑不仅为顶冠提供侧向刚度，还可平衡核心筒和外框架间的不

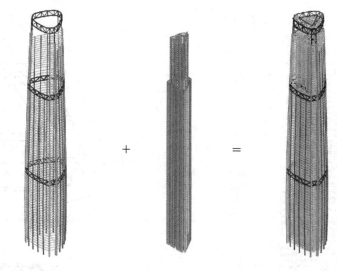

钢带状桁架、外框柱、组合角柱　　钢筋混凝土核心筒　　　　整体系统

图 3.3.2-1　塔楼结构体系示意

均匀变形。

（2）塔楼重力体系

塔楼核心筒为传统的钢筋混凝土剪力墙体系，钢筋混凝土核心筒和外框架柱之间的楼面系统为钢梁＋混凝土楼板组成的组合楼板系统，外框架柱均采用型钢混凝土组合柱。

2. 带状桁架结构方案对比分析

由于项目所处场地为 6 度区且风荷载较大，塔楼结构刚度需求和侧向位移主要由风荷载控制。通过对比不同位置桁架层的结构自振周期和规范风荷载下层间位移角，从而选择设置带状桁架的最佳位置。

（1）低区带状桁架位置选取

结合建筑功能及建筑避难层布置，为选择低区带状桁架设置的最佳位置，通过对比方案 0 至方案 9（表 3.3.2-1）的分析结果（表 3.3.2-2），当桁架设置在 28～30 层时（方案 0），各项刚度指标明显优于其他方案。由图 3.3.2-2 和图 3.3.2-3 可知，当带状桁架设置在 28～30 层间时，位移角明显小于其他方案，结合建筑 29 层为避难层，故将低区带状桁架布置在 28～30 层。

（2）高区带状桁架位置选取

高区带状桁架层主要用于平衡酒店层南部楼板缺失对外框柱产生的轴力影响，并提升塔楼整体刚度。方案 0 与方案 1 主要计算结果见表 3.3.2-1。若取消 62～63 层桁架：X、Y 方向的刚重比分别下降 3.76% 和 4.69%，风荷载及地震作用包络下位移角在 X、Y 方向分别增大 6.34% 和 6.35%，同时 63 层多处外框柱出现配筋率超限情况。由于 47～61 层建筑功能限制，不具备设置桁架层条件，因此将高区带状桁架层设置在 62～63 层。

带状桁架不同设置楼层的方案汇总　　　　　　　　表 3.3.2-1

方案序号	方案 0	方案 1	方案 2	方案 3	方案 4	方案 5	方案 6	方案 7	方案 8	方案 9	方案 10
低区桁架层位置	28～30	28～30	12～14	14～16	16～18	18～20	20～22	22～24	24～26	26～28	不设
高区桁架层位置	62～63	不设	62～63	62～63	62～63	62～63	62～63	62～63	62～63	62～63	不设

从表 3.3.2-2 可知，方案 1～方案 10 的第一周期均大于 8s，整体刚度较弱。根据多方案对比分析，塔楼结构最终结合建筑功能布置选择在 28～30 层和 62～63 层处设置两处带状桁架层，除加强结构侧向刚度外，还承担调节外框柱轴力分布及变形功能，减小外框剪力滞后效应影响，在不影响建筑功能前提下确保结构受力经济合理。

带状桁架不同设置方案对应的结构周期（s） 表 3.3.2-2

方案序号	方案 0	方案 1	方案 2	方案 3	方案 4	方案 5	方案 6	方案 7	方案 8	方案 9	方案 10
T_1	7.78	8.20	8.11	8.11	8.11	8.07	8.06	8.03	8.02	8.02	8.45
T_2	7.65	8.03	7.93	7.94	7.94	7.90	7.89	7.87	7.85	7.85	8.26
T_3	3.87	4.16	4.13	4.14	4.15	4.12	4.12	4.12	4.12	4.12	4.32
T_3/T_1	0.50	0.51	0.51	0.51	0.51	0.51	0.51	0.51	0.51	0.51	0.51

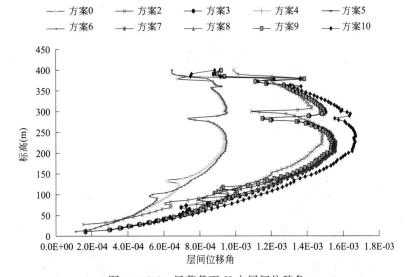

图 3.3.2-2 风荷载下 X 向层间位移角

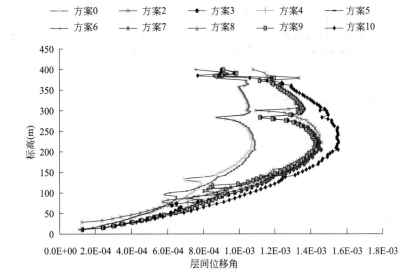

图 3.3.2-3 风荷载下 Y 向层间位移角

3. 结构布置方案

由于建筑功能需求，塔楼一层楼板局部缺失，塔楼结构典型平面布置图如图 3.3.2-4～图 3.3.2-7 所示。核心筒剪力墙厚度由底部 1.4m 逐步收缩至 0.4m，角部柱结合建筑形体截面尺寸由底部 3.0m×1.5m 逐步收缩至 2.0m×0.8m，柱内型钢尺寸由底部 H1000×500×65×65 逐步收缩至 H400×400×15×35；中部型钢混凝土框架柱由 ϕ1800mm 逐步减小至 ϕ800mm，柱内型钢由 H1050×1050×56×56 逐步收缩至 H350×350×32×32；钢框架梁典型截面为 H900×350×18×40；带状桁架弦杆典型尺寸为 H900×500×35×70 和 H900×400×35×60，腹杆典型尺寸为 H950×600×80×80，伸臂钢梁典型尺寸为 H1200×500×30×60、H1200×400×30×80；混凝土强度等级为 C40～C60。

根据建筑抗震类别及构件受力特性确定塔楼各部分构件的抗震等级，如表 3.3.2-3 所示。

塔楼结构抗震等级　　　　　　表 3.3.2-3

部位	底部加强区核心筒	带状桁架	核心筒收进处相邻层竖向构件	普通楼层核心筒	外框柱	伸臂梁	顶部桁架	连梁	外框钢梁
抗震等级	特一级	二级	一级	一级	一级	一级	二级	一级	三级

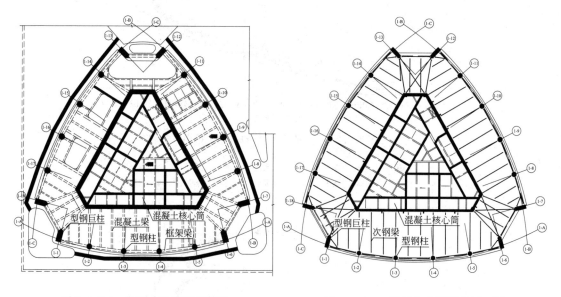

图 3.3.2-4　塔楼一层结构平面图　　　　　图 3.3.2-5　塔楼办公区结构平面图

4. 地基基础设计方案

（1）地质条件

场地区域构造隶属华东平原冲积区中的长江三角洲徐缓沉降区，新构造运动不明显，地震活动微弱，无活动断裂穿越，场地地貌属冲海积平原区，地势开阔、平坦。场地存在软弱土，属对建筑抗震一般地段，场地基本稳定，适宜工程建设。典型工程地质剖面图如图 3.3.2-8 所示。

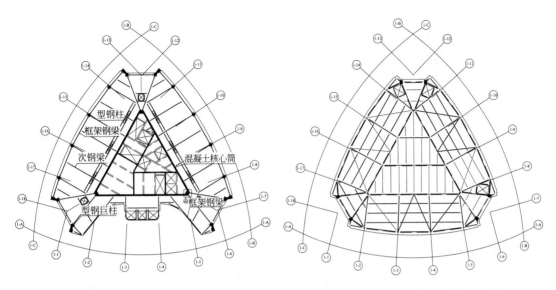

图 3.3.2-6　塔楼酒店区结构平面图　　　　图 3.3.2-7　塔楼塔冠区结构平面图

（2）基础设计方案

根据场地地质情况及塔楼受力特点，塔楼基础采用桩筏基础，筏板厚度为4000mm。桩基采用混凝土钻孔灌注桩，桩基直径为 1.10m，桩身混凝土采用 C50，桩基持力层为⑩-3 中风化泥质粉砂岩，有效桩长为 16～21m，桩端采用后注浆工艺，根据试桩确定单桩抗压承载力特征值为 13000kN，总桩数 313 根，塔楼桩位布置及基础平面见图 3.3.2-9。

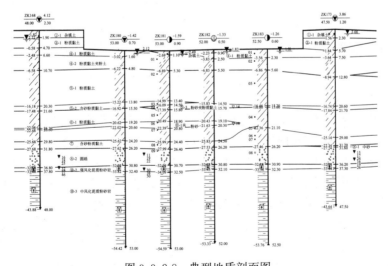

图 3.3.2-8　典型地质剖面图

3.3.3　结构抗震计算

1. 多遇地震计算

由于 1 号塔楼离地下室外墙较远，同时顶板处楼板开洞面积比较大，首层嵌固刚度无法满足要求，故塔楼嵌固端选择在地下一层楼板处。结构采用两种结构空间有限元分析与设计软件 YJK 和 ETABS 进行计算分析对比。塔楼结构整体分析时，考虑楼板对结构刚度的影响。

（1）结构动力特性分析

对比两种软件计算得到的多遇地震下结构周期和振型等结构动力特性指标，结果基本一致，见表3.3.3-1。由表中可知，第一、二振型为平动振型，第三振型为扭转振型，各指标均满足《抗规》要求，塔楼结构楼层抗侧力体系的承载能力变化平稳。

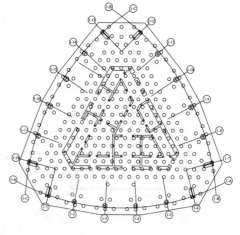

图 3.3.2-9　塔楼桩基及基础图

多遇地震计算结果对比 表 3.3.3-1

分析软件		ETABS	YJK
结构周期(s)	T_1	7.76(X 向平动)	7.74(X 向平动)
	T_2	7.52(Y 向平动)	7.65(Y 向平动)
	T_3	3.80(扭转)	3.87(扭转)
	T_3/T_1	0.49	0.50
最大扭转位移比		1.30(X 向)	1.25(X 向)
		1.30(Y 向)	1.28(Y 向)
最大层间位移角	风荷载	1/841(X 向)	1/804(X 向)
		1/818(Y 向)	1/839(Y 向)
	地震作用	1/1771(X 向)	1/1662(X 向)
		1/1723(Y 向)	1/1573(Y 向)
相邻楼层侧向刚度比 （下层/上层的最小值）		0.79(X 向)	0.72(X 向)
		0.81(Y 向)	0.73(Y 向)

（2）地震剪力系数分析

根据《高规》，6 度地区第一周期大于 5s 的结构，最小楼层剪力应该不小于该层以上累积地震质量的 0.6%。按超限审查技术要点，6 度（0.05g）设防且基本周期大于 5 秒的结构，当计算的底部剪力系数比规定值低，但按底部剪力系数 0.8% 换算的层间位移满足规范要求时，即可采用规范关于剪力系数最小值的规定进行抗震承载力验算。对于本工程，多遇地震作用下，结构底部两个主轴方向的计算剪重比均为 0.43%，对应的楼层最大层间位移角分别为：1/1771（X 向）、1/1723（Y 向），按底部剪力系数 0.8% 换算后的楼层最大层间位移角分别为：1/952（X 向）、1/926（Y 向），仍满足弹性层间位移角限值要求，故对结构布置可不作调整，仅按规范规定的最小剪力系数进行抗震承载力验算即可。

（3）结构刚重比分析

《高规》采用刚重比作为控制结构侧向刚度和重力荷载影响结构整体稳定的控制指标。浙江等低烈度区的高层建筑容易满足水平荷载作用下的层间位移角限值，刚重比指标却较难满足规范要求，或为满足《高规》整体刚重比要求大幅增加结构抗侧刚度从而造成浪费。高规基于楼层荷载沿竖向均匀分布的假定，给出了刚重比的限制指标。但对于体型复杂的高层建筑，楼层质量沿高度不均匀变化，若仍采用高规中的控制参数，结构稳定性指标无法反映实际结构的整体稳定情况。

根据《高规》，按倒三角形分布荷载作用下结构顶点位移相等的原则，将结构的侧向刚度折算为竖向悬臂受弯构件的等效侧向刚度。塔楼结构高度为 $H=409\mathrm{m}$（嵌固端为 B1 层楼板），假定倒三角形分布荷载的最大值为 $q=409\mathrm{kN/m}$，在该荷载作用下的结构顶点质心的弹性水平位移为 $u_x=1.07\mathrm{m}$，$u_y=1.06\mathrm{m}$，则结构的弹性等效侧向刚度 EJ_d 为：

$$EJ_\mathrm{dx}=\frac{11qH^4}{120u_x}=\frac{11\times409\times(409)^4}{120\times1.07}=9.83\times10^{11}\mathrm{kN\cdot m^2}$$

$$EJ_\mathrm{dy}=\frac{11qH^4}{120u_y}=\frac{11\times409\times(409)^4}{120\times1.11}=9.46\times10^{11}\mathrm{kN\cdot m^2}$$

各楼层重力荷载设计值（1.2 倍恒载＋1.4 倍活载）总和为：

$$\sum_{i=1}^{n}G_i=4414813\mathrm{kN}$$

$$\frac{EJ_\mathrm{dx}}{H^2\sum_{i=1}^{n}G_i}=\frac{9.83\times10^{11}}{409^2\times4414813}=1.33$$

$$\frac{EJ_\mathrm{dy}}{H^2\sum_{i=1}^{n}G_i}=\frac{9.46\times10^{11}}{409^2\times4414813}=1.28$$

可见，按现行《高规》方法计算的两个主轴方向的刚重比指标分别为 1.33 和 1.28，不满足刚重比不得小于 1.4 的规定。下面根据文献《复杂体型高层建筑稳定性验算》（土木工程学报，杨学林等）方法考虑楼层质量不均匀分布对刚重比的修正。楼层质量分布系数为：

$$\beta=\sum_{i=1}^{n}G_i\left(\frac{H_i}{H}\right)^2\bigg/\sum_{i=1}^{n}G_i=\frac{1131624}{4414813}=\frac{1}{3.901}$$

则考虑楼层质量不均匀分布的修正系数 ω 为：

$$\omega=\beta_0/\beta\frac{1/3}{1/3.90}=1.30$$

修正后的刚重比分别为：

$$\frac{EJ_\mathrm{dx}}{H^2\sum_{i=1}^{n}G_i}\cdot\omega=1.33\times1.30=1.73$$

$$\frac{EJ_\mathrm{dy}}{H^2\sum_{i=1}^{n}G_i}\cdot\omega=1.28\times1.32=1.66$$

可见，按考虑楼层质量不均匀分布修正后的结构刚重比计算指标均大于 1.4 的最小限值，说明结构整体稳定性满足要求。

（4）结构扭转效应分析

图 3.3.3-1 为基于层间位移的扭转位移比结果，图 3.3.3-2 为基于位移的扭转位移比

结果。从图 3.3.3-1 和图 3.3.3-2 中可知，在规范地震作用下最大扭转位移比大于 1.2，结构属于扭转不规则，但所有楼层的扭转位移比均不超过 1.4 的限值。

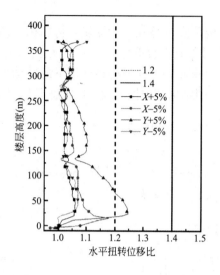

图 3.3.3-1 塔楼扭转位移比（层间位移）

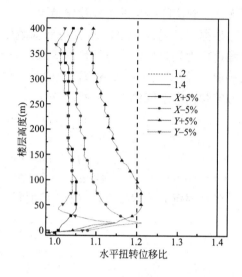

图 3.3.3-2 塔楼扭转位移比（位移）

（5）楼层刚度比及受剪承载力分析

根据场地谱地震作用计算得到楼层剪力，通过三维有限元模型计算分析，塔楼桁架楼层由于设置带状桁架产生刚度突变，塔冠楼层由于外框柱减少而导致刚度突变，其余楼层的刚度满足规范要求，见图 3.3.3-3。对于不满足高规要求的楼层根据高规将楼层剪力放大 1.25 倍。图 3.3.3-4 为塔楼受剪承载力比，由图中可知，带状桁架楼层存在受剪承载力不规则。

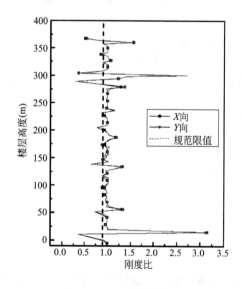

图 3.3.3-3 塔楼刚度比

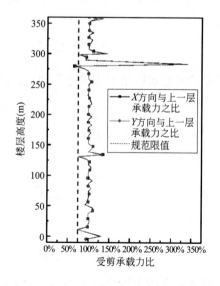

图 3.3.3-4 塔楼受剪承载力比

（6）框架剪力分配及二道防线分析

由图 3.3.3-5 和图 3.3.3-6 可知，塔楼结构底部框架部分承受的地震倾覆力矩约占总数的 29%，根据《高规》，塔楼结构可按框架-剪力墙结构设计。

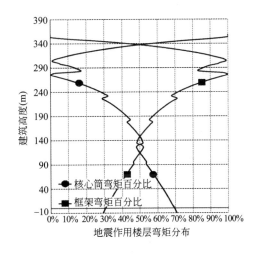

图 3.3.3-5　塔楼 X 向弯矩分配

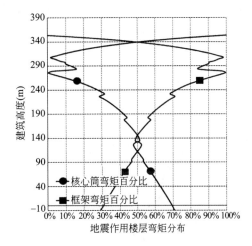

图 3.3.3-6　塔楼 Y 向弯矩分配

图 3.3.3-7 和图 3.3.3-8 为在多遇地震作用下塔楼核心筒和外框架承担的剪力分配，X、Y 两个方向外框承担的地震剪力均应调整为 20% 基底剪力，由地震作用产生的该楼层各构件的剪力、弯矩和轴力标准值均进行相应的调整。故塔楼框架结构满足二道防线要求。

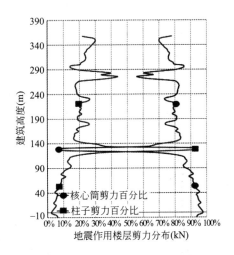

图 3.3.3-7　塔楼 X 向剪力分配

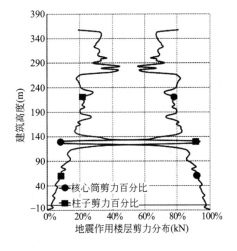

图 3.3.3-8　塔楼 Y 向剪力分配

（7）墙柱轴压比分析

塔楼核心筒剪力墙抗震等级为一级，当仅考虑混凝土强度时，低区核心筒剪力墙中局部墙肢轴压比超过规范 0.50 限值，在该墙肢内设置型钢后，墙肢轴压比满足规范限值要求。外框架柱抗震等级为一级，轴压比限值为 0.70，通过验算，塔楼角部柱最大轴压比为 0.58，中间框架柱最大轴压比为 0.56，均能满足规范轴压比限值要求。

（8）多遇地震位移及弹性时程分析

项目选择 5 组天然波（TH1～TH5）和 2 组人工波（TH6、TH7）对塔楼结构进行多遇地震弹性时程分析。塔楼两个方向弹性时程分析所得的基底反力如图 3.3.3-9 和图 3.3.3-10 所示，7 组时程曲线计算所得的结构底部剪力的平均值不小于规范反应谱法得到底部剪力的 85%，满足《抗规》要求。X、Y 方向的时程分析结果底部剪力均小于反应谱结果，在顶部楼层时程结果略大于反应谱结果，这些楼层相应的反应谱放大后用于结构构件设计。从图 3.3.3-11 和图 3.3.3-12 地震位移分析中可知，多遇地震下层间位移角远小于规范限值 1/565，表明塔楼结构在地震作用下有足够的刚度。

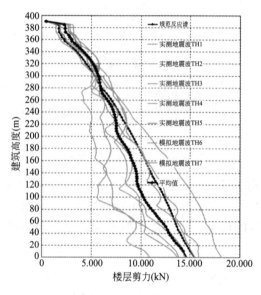

图 3.3.3-9　塔楼 X 方向楼层剪力

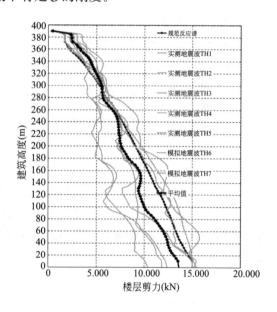

图 3.3.3-10　塔楼 Y 方向楼层剪力

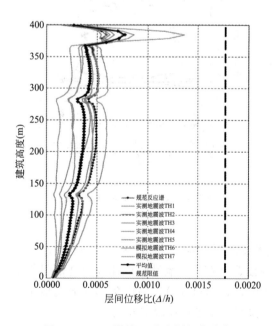

图 3.3.3-11　塔楼 X 方向层间位移角

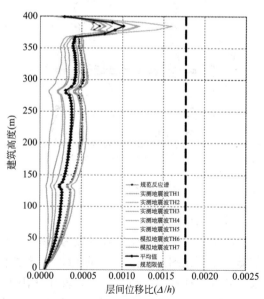

图 3.3.3-12　塔楼 Y 方向层间位移角

2. 性能目标和构件性能验算

（1）抗震性能目标

塔楼结构根据高规要求进行抗震性能化设计，整体结构抗震性能目标选用 C 级，抗震设防性能目标细化如表 3.3.3-2。

结构抗震性能目标细化表   表 3.3.3-2

抗震烈度			小震	中震	大震
性能水平定性描述			不损坏	可修复损坏	结构不倒塌
层间位移角限值			1/500	—	1/100
关键构件	底部加强区核心筒墙（B01-L09）	压弯	弹性,特一级	弹性	可形成塑性铰,破坏程度轻微,可入住；$\theta<IO$
		拉弯	弹性,特一级	弹性	
		抗剪	弹性,特一级	弹性	受剪截面满足限制条件
	带状桁架		弹性,二级	弹性	可形成塑性铰,破坏程度轻微,可入住；$\theta<IO$
	核心筒收进处相邻上下层竖向构件		弹性,一级	弹性	可形成塑性铰,破坏程度轻微,可入住；$\theta<IO$
普通构件	普通楼层核心筒墙	压弯	弹性,一级	不屈服	可形成塑性铰,破坏程度可修复并保证生命安全；$\theta<LS$
		拉弯			
		抗剪	弹性,一级	弹性	受剪截面满足限制条件
	外框柱		弹性,一级	弹性	可形成塑性铰,破坏程度轻微,可入住；$\theta<IO$
	伸臂梁		弹性,一级	不屈服	可形成塑性铰,破坏程度轻微,可入住；$\theta<LS$
	顶部帽桁架		弹性,二级	不屈服	可形成塑性铰,破坏程度轻微,可入住；$\theta<LS$
耗能构件	连梁		弹性,一级	允许进入塑性	最早进入塑性；$\theta<CP$
	外框钢梁		弹性,三级	允许进入塑性	可形成塑性铰,破坏程度可修复并保证生命安全；$\theta<LS$
	其他结构构件		弹性	允许进入塑性	可形成塑性铰,破坏程度可修复并保证生命安全；$\theta<LS$
节点			不先于构件破坏		

（2）核心筒性能验算

在中震荷载组合下，除酒店区核心筒收进部位个别墙肢出现拉应力，最大拉应力为 $0.22N/mm^2$，远小于混凝土抗拉强度标准值，其余墙肢均未出现拉应力。当采用中震弹性组合的剪力最大值作为墙肢剪力设计值，且只考虑混凝土强度（忽略钢筋承载力）时，仅有少部分核心筒底部及酒店区收进层墙肢受剪承载力不足，通过设置内嵌型钢加强后，墙肢受剪承载力均能满足规范要求。综上分析，核心筒能满足表 3.3.3-2 的中震性能目标要求，对于大震验算详见后续弹塑性时程分析。

（3）框架柱性能验算

在中震荷载组合下，塔楼角部柱抗压最大截面利用率为 0.62、抗弯最大利用率为 0.73、抗剪最大利用率为 0.16；中间柱抗压最大截面利用率为 0.59、抗弯最大利用率为 0.81、抗剪最大利用率为 0.58；各受力状态截面利用率均小于 1.0，表明外框柱处于弹性状态，满足中震弹性性能目标要求，对于大震验算详见后续弹塑性时程分析。

（4）带状桁架性能验算

位于 28～30 层和 62～63 层的带状桁架是塔楼的重要结构构件，分析得到中震荷载组合下带状桁架各构件的最大应力比（表 3.3.3-3）均未超过 1.0。由此可见，带状桁架能满足中震弹性要求，罕遇地震结果见弹塑性分析章节。

环桁架中震下最大应力比 表 3.3.3-3

环桁架位置	28～30 层			62～63 层		
	上弦杆	腹杆	下弦杆	上弦杆	腹杆	下弦杆
最大应力比	0.37	1.0	0.87	0.54	1.0	0.24

3. 结构弹塑性分析

（1）6 度罕遇地震动力弹塑性分析

为评估塔楼在罕遇地震的性能，项目选取了 5 组天然波（Group1～Group5）和 2 组人工波（Group6、Group7）对结构进行弹塑性时程分析。罕遇地震下的结构弹塑性基底剪力、大震弹性基底剪力、层间位移角最大值等汇总于表 3.3.3-4。罕遇地震弹塑性时程分析得到的基底剪力平均值分别为 104356kN（X 向）、103154kN（Y 向），弹塑性与弹性时程的基底剪力比值约为 82%～97%，结构部分进入塑性，但塑性程度不高。各组地震波作用下，结构在两个主轴方向的最大弹塑性层间位移角分别为 1/312、1/304，远小于规范限值 1/100。除核心筒连梁出现损伤外，核心筒墙肢及外框结构构件均未出现明显损伤。

各组地震波作用下弹塑性大震计算结果汇总表 表 3.3.3-4

	罕遇地震弹塑性基部剪力(kN)		大震弹性基部剪力(kN)		弹塑性/弹性		位移(m)及层间位移角最大值			
	X	Y	X	Y	X	Y	X	楼层	Y	楼层
Group1	109164	137766	116915	153353	93%	90%	0.799(1/363)	72	0.799(1/367)	66
Group2	90976	98270	99642	117246	91%	84%	1.083(1/226)	70	1.138(1/224)	66
Group3	127974	120596	156157	124095	82%	97%	0.741(1/288)	70	0.728(1/302)	77
Group4	88757	97303	93130	107417	95%	91%	0.707(1/334)	72	0.714(1/298)	66
Group5	128955	108076	135262	127438	95%	85%	0.636(1/335)	76	0.680(1/327)	67
Group6	95004	98005	98230	105602	97%	93%	0.778(1/319)	65	0.779(1/307)	65
Group7	87148	82709	98398	91317	89%	91%	0.709(1/373)	65	0.693(1/352)	65
平均值	103997	106104	113962	118067	91%	90%	0.779(1/312)	—	0.790(1/304)	—

（2）7 度罕遇地震动力弹塑性分析

为进一步研究结构构件的屈服次序和破坏机制，进行了 7 度罕遇地震作用下的结构弹塑性分析。选取一组天然波 Kocaeli, Turkey_NO_1177，以此组地震波为例，人为放大峰值加速度至 220cm/s²，即 7 度罕遇地震时程的最大值，讨论罕遇地震作用下塔楼构件的损伤。

塔楼核心筒主要墙体的编号如图 3.3.3-13 所示，各主要墙体的墙肢与连梁受压损伤云图如图 3.3.3-14 所示，呈现以下主要规律：①在结构底部，位于外围的核心筒墙体 Q1～Q5 受压损伤大于内部墙体 Q7、Q8，最大受压损伤因子为 0.385；②在结构高区无外围墙体部分，内部墙肢受压损伤明显增大；③各墙肢连梁端部受压损伤较为显著，符合耗能构件特征。

在 7 度罕遇地震作用下塔楼外框架柱及外框梁塑性应变分布情况如图 3.3.3-15 所示，呈现以下主要规律：①仅部分高区框架梁及框架柱进入塑性，结构外框架部分整体塑性发展程度较低；②高区核心筒内部墙肢与外框架柱间连接框架梁塑性发展程度相对较高。上述主要结构构件损伤及塑性发展情况表明，在 7 度罕遇地震作用下，塔楼结构低区框架柱塑性发展及墙肢损伤程度相对较低，主要损伤集中于结构底部靠外侧；由于高区核心筒收进处存在刚度突变，内部核心筒损伤较为严重，且通过与之连接的框架梁向外框架柱传递。在设计时可适当增大损伤区域墙肢、框

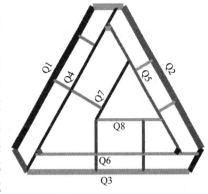

图 3.3.3-13　核心筒主要墙肢编号示意图

架梁及框架柱承载力计算余量，适当提高构件抗震构造措施以防止脆性破坏。

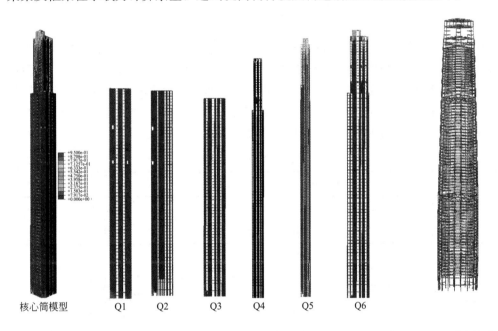

图 3.3.3-14　核心筒主要墙肢受压损伤云图　　　图 3.3.3-15　外框架塑性应变

3.3.4　结构抗风计算

1. 风工程试验

图 3.3.4-1 为项目所在地的典型风剖面。综合考虑建设场地的维度、风速和不同方向下的数十公里的地貌变化，将不同风向下的地貌划分为两种类型，如表 3.3.4-1 所示。

根据杭州气象站 1968—2018 年间的日最大风速资料，采用极值统计分析方法，得出了不同风向的风速折减系数。图 3.3.4-2 和图 3.3.4-3 给出了各个风向 50 年重现期风速和

各风向的风速折减系数。分析结果表明,杭州大风风向为北偏西方向,其他风向的风速相对较小。

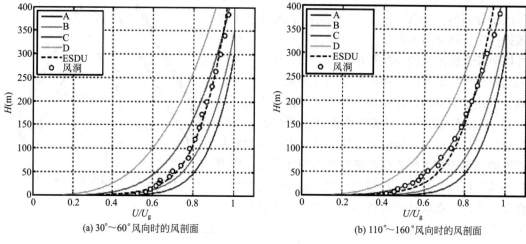

(a) 30°~60°风向时的风剖面　　　　　　　(b) 110°~160°风向时的风剖面

图 3.3.4-1　典型风剖面

风洞模型缩尺比为1:400,共布置了556个测点;试验在0°~360°范围内每隔10°一个风向角,共进行了36个风向角工况的动态压力测试。图3.3.4-4~图3.3.4-11为阻尼比分别为3.5%和2%且考虑风速风向影响的塔楼底部弯矩、剪力响应。10年重现期风荷载作用下,阻尼比为1.0%并考虑风速风向影响的塔楼屋顶形心加速度约为0.1m/s²,不超过0.25m/s²,满足《高规》关于办公楼舒适度的规定。

地貌类别	表 3.3.4-1
上风向地貌	风向
开阔郊区 近B类:结合了农田、村庄和远处山区	30°~60°、250°~350°
市郊/市区 近C类:结合城市郊区建筑、远处市区	0°~20°、70°~240°

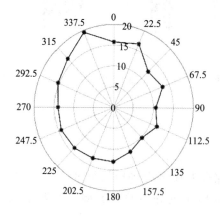

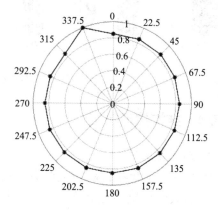

图 3.3.4-2　各风向50年重现期风速　　　　　图 3.3.4-3　各风向风速折减系数

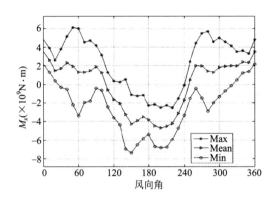

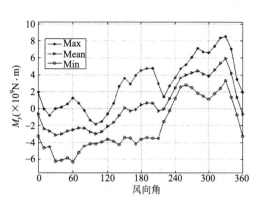

图 3.3.4-4　M_x 随风向角变化（阻尼比 3.5%）　　图 3.3.4-5　M_y 随风向角变化（阻尼比 3.5%）

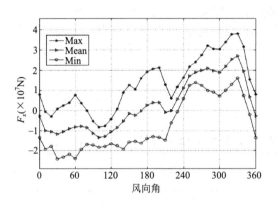

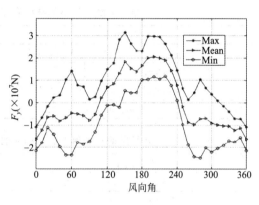

图 3.3.4-6　F_x 随风向角变化（阻尼比 3.5%）　　图 3.3.4-7　F_y 随风向角变化（阻尼比 3.5%）

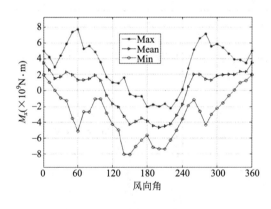

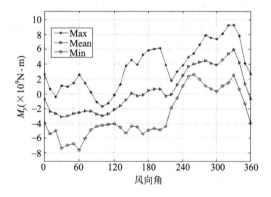

图 3.3.4-8　M_x 随风向角变化（阻尼比 2.0%）　　图 3.3.4-9　M_y 随风向角变化（阻尼比 2.0%）

2. 风洞试验风荷载与规范风荷载计算比较

规范风按 B 类粗糙度计算，体型系数根据《高规》第 4.2.3 条取 1.29，塔楼规范风
与风洞风的底部剪力和倾覆弯矩对比如表 3.3.4-2 和表 3.3.4-3 所示。结构设计时采用
80% 规范风和风洞风的包络值。

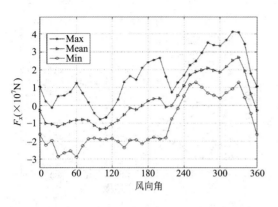 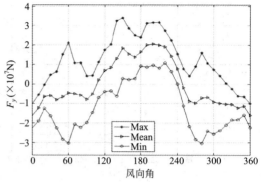

图 3.3.4-10　F_x 随风向角变化（阻尼比 2.0%）　　图 3.3.4-11　F_y 随风向角变化（阻尼比 2.0%）

水平风荷载作用下的结构底部剪力和倾覆力矩（2.0%阻尼比）　　表 3.3.4-2

T1 主塔楼		底部剪力（MN）		底部倾覆弯矩（MN·m）	
风荷载	地面粗糙度	V_x	V_y	M_x	M_y
1.1×50 年规范风	B	42734	45946	12224453	11308437
1.1×50 年风洞风	B/C	44055	36928	10025495	11318124
1.1×50 年风洞风/规范风比值	B	103%	80%	82%	100%

水平风荷载作用下的结构底部剪力和倾覆力矩（3.5%阻尼比）　　表 3.3.4-3

T1 主塔楼		底部剪力（MN）		底部倾覆弯矩（MN·m）	
风荷载	地面粗糙度	V_x	V_y	M_x	M_y
50 年规范风	B	36908	39745	10472422	9672384
50 年风洞风	B/C	37605	29635	7975779	9180892
50 年风洞风/规范风比值	B	102%	75%	76%	95%

3. 风荷载及多遇地震下的侧向位移分析

图 3.3.4-12 和图 3.3.4-13 为风荷载及多遇地震下的层间位移角，从图中可知规范风

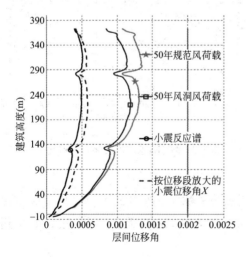 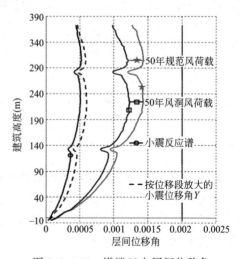

图 3.3.4-12　塔楼 X 向层间位移角　　　　　图 3.3.4-13　塔楼 Y 向层间位移角

荷载和风洞风作用下最大的层间位移角分别为 1/693 和 1/812，多遇地震下的最大层间位移角为 1/1723，均远小于规范 1/500 的限值。

3.3.5 结构超限判断和主要加强措施

1. 结构超限判断

根据《审查要点》，1 号塔楼结构存在高度超限、扭转不规则、凹凸不规则、构件间断、楼板局部不连续、侧向刚度突变及受剪承载力突变 7 项抗震超限项，塔楼属于抗震超限高层建筑。

2. 主要抗震加强措施

针对塔楼结构超限情况，设计中采取了如下加强措施：

（1）采用两种独立软件 ETABS 和 YJK 进行分析，且对比两种软件的分析结果；同时采用弹性时程分析法对结构进行多遇地震补充分析，并与规范反应谱法进行对比；

（2）采用动力弹塑性时程分析评估塔楼罕遇地震下的性能，找出薄弱部位并提出相应的加强措施；

（3）塔楼的框架柱采用延性优良的型钢混凝土柱，外框柱按中震弹性进行控制；

（4）底部加强区（B1～9 层）、带状桁架层、核心筒收缩区及相邻上下层（27～31层，61～64 层）的剪力墙设计为抗弯中震弹性和斜截面抗剪中震弹性，大震抗剪截面控制；

（5）带状桁架设计考虑竖向地震作用，并按大震不屈服控制；

（6）在多道防线的处理上，外框地震剪力按底部总剪力 20% 和除转换层外最大层框架剪力 1.5 倍二者的较小值调整；

（7）带状桁架楼层（28～30 层，62～63 层）楼面在角部提供平面内支撑，保证水平力的有效传递。楼板厚度采用 200mm，并对配筋进行适当加强。

3.3.6 专项分析

1. 塔楼全过程施工模拟及内力分析

（1）分析模型

钢筋混凝土竖向构件的变形包括瞬时弹性变形和由徐变、收缩和阶段施工引起与时间相关的长期非弹性变形。本塔楼的徐变和收缩的计算采用 FIP2000 模型，并考虑了配筋和复杂加载历史对变形的影响。阶段施工假定：施工速度为 7d 一层；外框和楼面比核心筒晚 10 层；附加恒载和幕墙荷载比外框和楼面晚 30 层。

（2）变形分析

不同时间点核心筒和各组外框柱（图 3.3.6-1）的总变形和变形差如图 3.3.6-2所示。从图中可知，随着时间的推移，外框柱与核心筒之间的变形差逐渐加大，到10000d 时趋于平稳，变形差较小，变形差最大值仅约为 23mm，塔楼的变形协调能力较强。

2. 角部长柱分析

经与建筑专业协调，角部柱采用长柱形式，图 3.3.6-3 为低区角柱，图 3.3.6-4 为高区角柱。柱截面既能为两端梁柱节点提供可靠的连接，又能与建筑室内空间使用和外墙几何形式相匹配。由于塔楼角柱梁柱节点存在一定偏心，且在伸臂梁楼层伸臂梁端弯矩及柱中剪力较大，因此在这些楼层柱内设置连续水平加劲肋进行加强，以保证梁柱节点的有效传力途径。

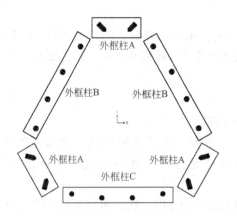

图 3.3.6-1　外框柱分组示意图

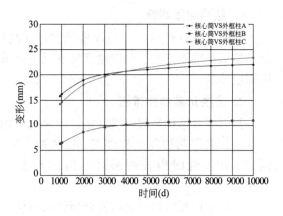

图 3.3.6-2　外框柱与核心筒变形差

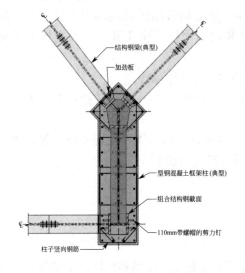

图 3.3.6-3　低区角柱示意图

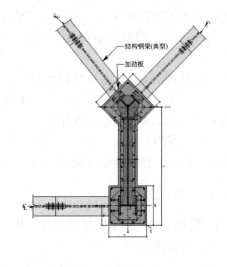

图 3.3.6-4　高区角柱示意图

（1）梁柱节点核心区受剪水平截面验算

典型无伸臂梁楼层的节点核心区受剪水平截面验算时，考虑的节点区域仅为柱端区域，如图 3.3.6-5 阴影区域所示。有伸臂梁楼层的节点核心区受剪水平截面验算时，由于有连续水平加劲肋，因此考虑的节点区域可以包含所带动的更大区域，如图 3.3.6-6 阴影区域所示。在风荷载及中震作用下，无伸臂梁时受剪核心区截面利用率最大值分别为 0.6 和 0.47，有伸臂梁时核心区截面利用率最大值分别为 0.92 和 0.84，均满足要求。

（2）梁柱节点受剪承载力验算

梁柱节点受剪承载力验算中，无伸臂梁时风荷载作用及中震下截面利用率最大值分别为 0.6 和 0.47，有伸臂梁时风荷载作用及中震下截面利用率最大值分别为 0.71 和 0.64，均满足要求。

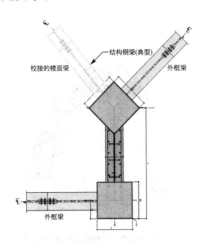

图 3.3.6-5 无伸臂梁楼层节点核心区

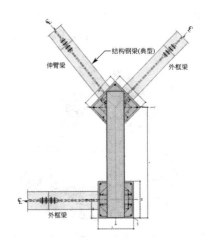

图 3.3.6-6 有伸臂梁楼层节点核心区

3. 带状桁架层楼板应力分析

由于带状桁架的存在，有部分的水平力被传递到楼板系统中，一部分由边梁和楼面梁承担，其余由楼板来承担。项目分析了第 28、30、62、63 层楼板应力，分析时保留核心筒、外框及楼面梁等构件；分析将筒外楼板设为壳单元并根据既定几何对壳单元细化分解，图 3.3.6-7～图 3.3.6-10 代表性给出 28 层风荷载及中震作用下两个方向的楼板应力。分析得知楼板在核心筒和带状桁架周边应力相对较大，风荷载下最大拉应力约为 5.4MPa，中震不屈服组合下楼板最大拉应力约为 6.0MPa，均超出楼板混凝土抗拉强度，该楼板应配置附加钢筋，经计算，附加钢筋配筋率 1.5% 即可满足楼板承载力要求。

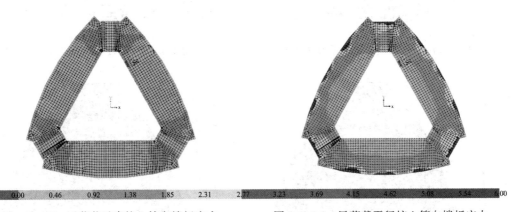

| 0.00 | 0.46 | 0.92 | 1.38 | 1.85 | 2.31 | 2.77 | 3.23 | 3.69 | 4.15 | 4.62 | 5.08 | 5.54 | 6.00 |

图 3.3.6-7 风荷载垂直核心筒向楼板应力　　　图 3.3.6-8 风荷载平行核心筒向楼板应力

3.3.7 地基基础计算

考虑低水位有利影响后的塔楼桩顶反力如图 3.3.7-1 所示，核心筒范围及外框柱承台范围内的桩反力较为均匀，核心筒内的桩反力明显大于外围桩反力，但未超出规范要求。

图 3.3.7-2 显示，塔楼基础计算沉降量最大值约为 20mm，且基础沉降较为均匀。基础两个方向弯矩如图 3.3.7-3 和图 3.3.7-4 所示，塔楼基础底板在核心筒外墙处应力集中，局部弯矩较大，导致底板配筋大。基础设计时可对底板刚度进行折减，根据刚度折减后重分布的内力进行配筋，从而减少底板配筋，降低工程造价。

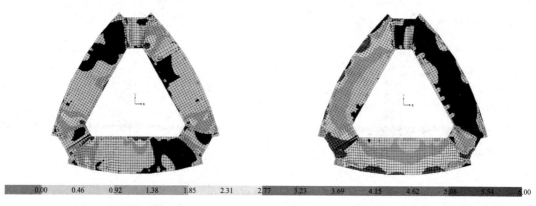

| 0.00 | 0.46 | 0.92 | 1.38 | 1.85 | 2.31 | 2.77 | 3.23 | 3.69 | 4.15 | 4.62 | 5.08 | 5.54 | 6.00 |

图 3.3.6-9 中震不屈服垂直核心筒向楼板应力　　图 3.3.6-10 中震不屈服平行核心筒向楼板应力

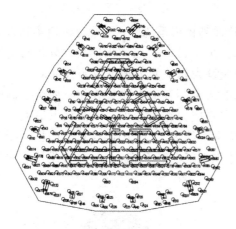

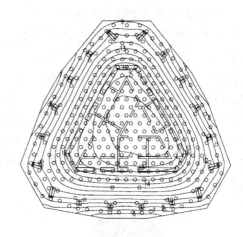

图 3.3.7-1 塔楼受压桩顶反力（kN）　　　　　　图 3.3.7-2 塔楼基础沉降（mm）

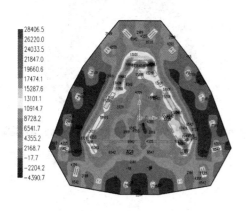

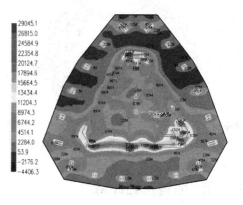

图 3.3.7-3 底板 X 向弯矩图　　　　　　　图 3.3.7-4 底板 Y 向弯矩图

3.4 杭州来福士广场

3.4.1 工程概况

杭州来福士广场①位于杭州钱江新城 CBD 的城市主轴线区域，毗邻杭州市民中心、杭州大剧院和杭州国际会议中心，是集商业、甲级写字楼、超五星级酒店、特色办公等为一体的城市综合体。项目总用地面积 40355m²，总建筑面积约 404626m²，其中地上建筑面积约 284659m²，地下建筑面积约 119967m²，地上由两座塔楼和南、北裙房四部分组成。塔楼 T1 地上 60 层，主要用作办公，建筑高度 250m；塔楼 T2 地上 58 层，主要功能为酒店、办公，建筑高度 250m；北裙房地上 10 层，建筑高度 55m，南裙房地上 8 层，局部 7 层，建筑高度 44.5m，南北裙房功能为商业、餐饮及影院。地下 3 层，地下 1 层主要用途为商业和设备间，地下 2、3 层主要用途为停车库和设备间。工程已于 2018 年底建成，现已成为杭州国际性地标新建筑之一（图 3.4.1-1 和图 3.4.1-2）。

图 3.4.1-1 工程实景照片

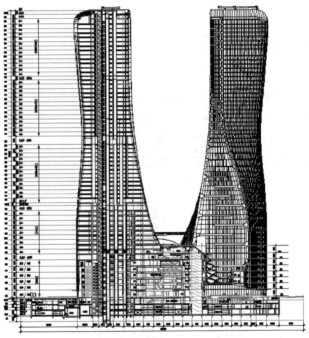

图 3.4.1-2 建筑剖面图

主体结构设计使用年限为 50 年，结构安全等级为二级，地基基础设计等级为甲级。塔楼抗震设防类别为标准设防类（丙类），裙房抗震设防类别为重点设防类（乙类）。嵌固层为地下室顶板。根据《抗规》，本工程抗震设防烈度为 6 度，设计基本地震加速度值为

---

① 本工程方案设计单位为荷兰 UNStudio 建筑设计事务所；施工图设计单位为中国联合工程有限公司。

0.05g，设计地震分组为第一组，场地类别为Ⅲ类，场地特征周期为0.45s。此外，本项目还进行了地震安全性评价，表3.4.1-1比较了《抗规》和《杭州来福士广场工程——场地地震安全性评价报告》（以下简称《安评报告》）的地震动参数取值。抗震计算时采用《抗规》和《安评报告》的反应谱曲线进行包络设计，取两者之不利效应进行设计验算。

50年一遇的风压值为0.45kN/m²，地面粗糙度按B类计算。本工程属于对风荷载较敏感的高层建筑，T1、T2塔楼风荷载按1.1倍进行构件承载力计算。项目还委托 BMT Fluid Mechanic Limited 公司进行了风洞试验，模型缩尺比为1∶300，风洞试验底部总剪力比规范值大，两栋塔楼风荷载按 BMT 给出的楼层风荷载及相应组合考虑。50年一遇的雪压值为0.45kN/m²。

《抗规》和《安评报告》的地震动参数对比 表3.4.1-1

参数 ＼ 烈度	《抗规》			《安评报告》		
	小震	中震	大震	小震	中震	大震
地面运动峰值加速度	0.018g	0.05g	0.10g	0.022g	0.071g	0.128g
α_{max}	0.05	0.11	0.25	0.05	0.17	0.32
T_g	0.45	0.45	0.45	0.4	0.45	0.5

3.4.2 结构方案

1. 结构体系

两个塔楼均采用型钢混凝土框架-核心筒结构，外框架柱沿曲面向不同方向倾斜，如图3.4.2-1所示；核心筒采用钢筋混凝土，外框架柱采用钢管混凝土柱，外框梁采用型钢混凝土梁，楼面为钢筋混凝土梁板体系。南北裙房为框架-剪力墙结构，其中中庭区域为钢管混凝土斜柱；四个连桥横跨于塔楼与裙房之间，跨度约60m采用钢结构，一端与裙

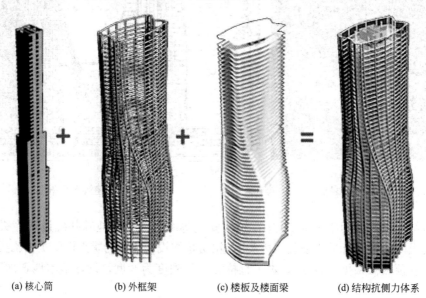

(a) 核心筒　　　　(b) 外框架　　　　(c) 楼板及楼面梁　　　　(d) 结构抗侧力体系

图3.4.2-1 结构抗侧力体系组成

房刚接连接，另一端为滑动支座支承在塔楼牛腿上；楼面采用单向布置的梁板体系，其中中庭以及连桥楼面采用组合梁板体系。地下室为框架结构。

两个塔楼的核心筒底部加强区抗震等级为一级，底部加强区以上抗震等级为二级，框架抗震等级为二级，加强层框架和剪力墙抗震等级为一级；裙房框架和剪力墙抗震等级均为二级；钢连廊抗震等级为四级。上部结构相关范围在地下一层抗震等级同上部结构，地下二层以下逐层降低一级，相关范围以外的框架抗震等级为三级。

2. 结构布置

塔楼 T1 和塔楼 T2 地下室顶板以上和裙房之间、南、北裙房之间设置抗震缝，四个连桥与塔楼连接采用双向滑动支座，防震缝布置见图 3.4.2-2。

裙房平面布置图见图 3.4.2-3 和图 3.4.2-4，中庭大跨度、大悬挑位置，采用钢结构；大跨度转换梁，采用厚板箱形梁（钢板厚度 100mm）减小梁高，更好地满足建筑和其他专业对层高的限制。中庭楼板开大洞使楼板有较大削弱，在设计中考虑楼板削弱产生的不利影响，按弹性板进行计算，并适当加强开洞周边楼板的板厚和配筋。裙房另外采用大斜率超长钢管混凝土斜柱和双管柱，见图 3.4.2-5。

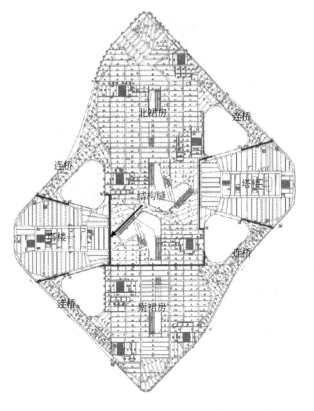

图 3.4.2-2 分缝位置示意图

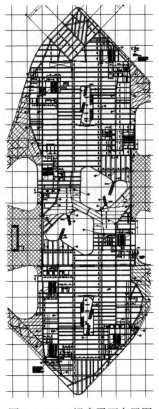

图 3.4.2-3 裙房平面布置图

两个塔楼外立面由多个平滑曲面组成，为配合建筑外观立面的渐变效果，同时为保证竖向结构连续性，结构外围框架柱采用随建筑外立面双曲双向倾斜的斜柱，另外受外立面的影响，框架柱的数量以避难层为界分段抽柱。为解决整体结构扭转问题和避免刚度突变，更好地满足结构整体稳定性及风荷载和地震作用下的结构位移要求，设计时利用建筑避难层，沿高度方向分别于塔楼 T1 的 17 和 32 层、塔楼 T2 的 25 层在南北两侧设置外悬挂支撑层进行结构加强转换，支撑采用单向斜杆，反方向对称布置，可以有效平衡扭转弯矩，减小剪力滞后，使周边各框架柱受力趋于均匀，见图 3.4.2-6。

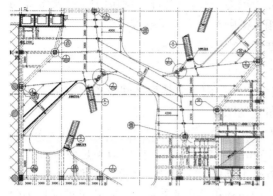

图 3.4.2-4 中庭局部平面布置图

图 3.4.2-5 双管柱现场图

图 3.4.2-6 加强层桁架现场照片

两个塔楼带有 12 层外悬挂结构，其中最大外伸长度达 16m，采用重型铸钢节点进行连接转换，对该节点采用 ABAQUS 软件进行有限元分析并辅以节点试验研究，保证节点受力可靠并具有可实施性。

塔楼标准层结构平面见图 3.4.2-7～图 3.4.2-10。塔楼采用圆钢管混凝土柱提高抗震承载力和抗震延性，同时可以减少柱截面，增加有效使用面积。在核心筒角部设置型钢，有效提高核心筒延性，避免发生平面外的错断及筒体角部混凝土的压溃，同时也能减少框架柱与混凝土筒体之间的竖向变形差异产生的不利影响。

针对塔楼二端部开口部位距离核心筒较远的情况，开口处设置钢梁协调两端变形，减小变形差，并对开口处楼板进行小震、中震及大震作用下的应力分析，加强开口两端楼面配筋，增加楼板变形能力。

外框采用型钢混凝土梁，型钢混凝土梁截面的选用尽量保证排列一排钢筋，钢筋混凝土梁与钢管混凝土柱之间的钢筋连接及型钢混凝土梁与钢管混凝土柱之间的连接如图

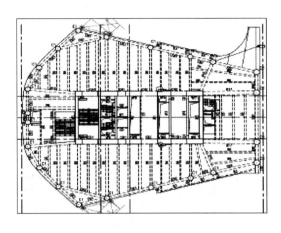

图 3.4.2-7 塔楼 T1 低区结构平面

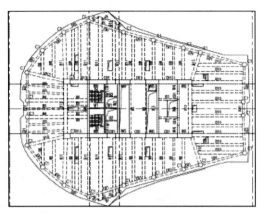

图 3.4.2-8 塔楼 T1 中低区结构平面

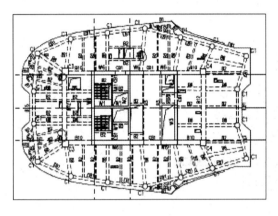

图 3.4.2-9 塔楼 T1 中高区结构平面

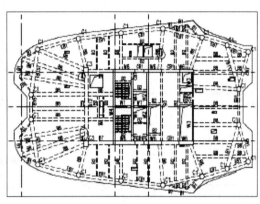

图 3.4.2-10 塔楼 T1 高区结构平面

3.4.2-11 所示。为了减少连接板数量，保证混凝土浇捣质量，把钢管混凝土柱与型钢混凝土梁和混凝土梁的连接节点相结合，按照钢筋与型钢截面等强和等刚度代换为一个型钢截面的原则，采用端部扩大的新型连接节点，能更好满足强节点弱构件的要求。针对钢管混凝土柱与型钢混凝土梁的新型钢牛腿式节点，由同济大学土木工程学院完成了相关节点试验，试验结果表明该节点可实现全强、刚性连接的要求，构件设计根据试验建议采取了优化措施。

上部结构嵌固层为地下室顶板，塔楼钢管混凝土柱延伸至基础，并插入底板不小于柱截面直径，与底板整浇，底板钢筋通过连接板焊接，见图 3.4.2-12，避免底板分二次浇筑产生施工缝。

3. 地基基础设计方案

场区属钱塘江现代江滩，地貌形态单一。场地原地形大部为垃圾堆放场、鱼塘等，后因建设钱塘江新城而回填，有 1.0～7.7m 不等的填土，其下分别为厚度 13～19m 的粉土和粉砂层、1.5～5.2m 流塑状的淤泥质土（局部夹粉砂）、可塑状粉质黏土、软土成因的灰色黏土、含黏粉细砂层和圆砾层；基岩为钙质石英粉砂岩。建筑场地类别为Ⅲ类，在 7 度地震计算条件下，场区整体为轻微地震液化场地。地下水类型主要可分为松散岩类孔

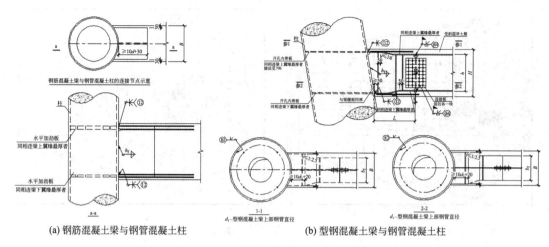

(a) 钢筋混凝土梁与钢管混凝土柱　　　　(b) 型钢混凝土梁与钢管混凝土柱

图 3.4.2-11　梁与钢管混凝土柱连接节点

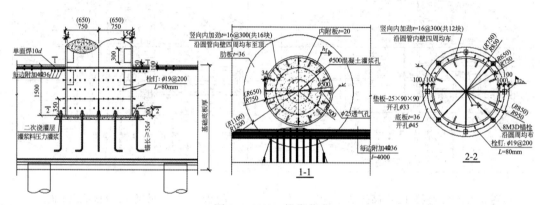

图 3.4.2-12　柱脚节点

隙潜水（以下简称潜水）和松散岩类孔隙承压水（以下简称承压水）。勘察期间测得地下潜水水位埋深在 2.10～5.70m，年水位变幅约 1～3m，潜水对混凝土结构一般无腐蚀性，在干湿交替环境下对钢筋混凝土结构中钢筋有弱～中等腐蚀性，在长期浸水条件下无腐蚀性；对钢结构有弱～中等腐蚀性。承压水水位埋深在 8.9～9.8m，年水位变幅约 2～3m，在长期浸水条件下，承压水对混凝土和钢筋混凝土结构中的钢筋无腐蚀性，对钢结构有中等腐蚀性。

塔楼采用钻孔灌注桩，桩径 800mm，混凝土强度等级为水下 C40。有效桩长约 34m，持力层均为（14）2 层圆砾层，桩端后注浆，单桩竖向承载力特征值 5800kN。筏板混凝土强度等级 C35，抗渗等级为 P8，塔楼 T1 筏板厚 3800～4200mm（图 3.4.2-13），塔楼 T2 厚度为 3.8m。

裙楼钻孔灌注桩桩径 600mm，混凝土强度等级为水下 C40，有效桩长约 32m，持力层为⑫-4 圆砾层，桩端后注浆，单桩竖向承载力特征值 3300kN。筏板混凝土强度等级 C35，抗渗等级 P8，厚度 1.0m。

无上部结构地下室采用抗拔桩，桩径为 600mm，混凝土强度等级为水下 C30，有效桩长约 32m，持力层为⑭-2 圆砾层，单桩抗拔承载力特征值 1000kN。筏板混凝土强度等级为 C35，抗渗等级为 P8，厚度 1.0m。

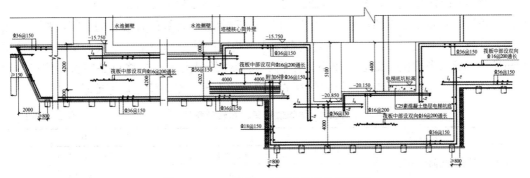

图 3.4.2-13 塔楼 T1 筏板基础典型剖面

3.4.3 结构抗震计算

1. 多遇地震计算

（1）结构动力特性分析

采用 ETABS 作为主要计算分析软件，并采用 MIDAS 补充校核。塔楼 T1 结构前六阶周期对比见表 3.4.3-1，两者计算结构振动模态和周期基本一致，其中第 1、2 振型分别为 Y 向和 X 向的平动为主，第 3 振型以扭转为主，两个软件计算的两个塔楼扭转周期比分别为 $T_t/T_1=0.53$、0.56，满足要求。前三阶振型如图 3.4.3-1 所示。

塔楼 T1 前六阶周期对比 （s）　　　　　　　　　表 3.4.3-1

计算软件	T_1	T_2	T_3	T_4	T_5	T_6	T_t/T_1
ETABS	5.997(Y)	5.182(X)	3.181(Z)	2.070(X)	1.693(Y)	1.531(Z)	0.53
MIDAS	5.848(Y)	5.190(X)	3.250(Z)	2.137(X)	1.682(Y)	1.559(Z)	0.56

注：括号内 X、Y 表示振动方向。

  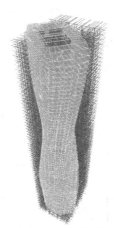

第1振型(Y向)　　　　　第2振型(X向)　　　　　第3振型(扭转)

图 3.4.3-1 塔楼 T1 结构前三阶振型

（2）地震位移和扭转位移比分析

塔楼 T1 计算的层间位移角、扭转位移比见表 3.4.3-2 和图 3.4.3-2～图 3.4.3-4。从计算结果可知，在水平地震和水平风荷载作用下，按弹性方法计算的各楼层的层间位移角（楼层最大位移与层高之比 $\Delta u/h$）均满足规范要求（规范限值分别为 1/514 和 1/510）。各楼层的扭转位移比（考虑偶然偏心作用下，楼层竖向构件的最大水平位移与平均水平位移的比值，或楼层最大层间位移与平均层间位移的比值）均小于 1.40，满足规范要求。

塔楼 T1 层间位移角、扭转位移比   表 3.4.3-2

计算软件		ETABS	MIDAS
风作用下最大层间位移角	X 向	1/1448(14 层)	1/1568(12 层)
	Y 向	1/567(48 层)	1/601(48 层)
地震作用下最大层间位移角	X 向	1/2375(40 层)	1/2460(40 层)
	Y 向	1/1611(47 层)	1/1732(48 层)
最大扭转位移比（考虑偶然偏心）	X 向	1.11(3 层)	—
	Y 向	1.33(3 层)	—

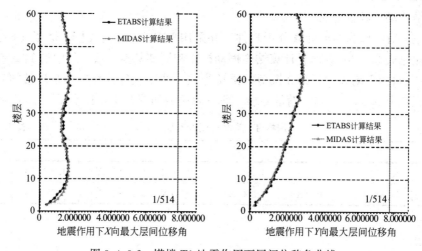

图 3.4.3-2 塔楼 T1 地震作用下层间位移角曲线

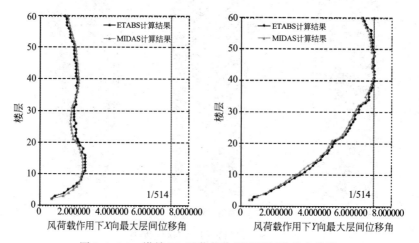

图 3.4.3-3 塔楼 T1 风荷载作用下层间位移角曲线

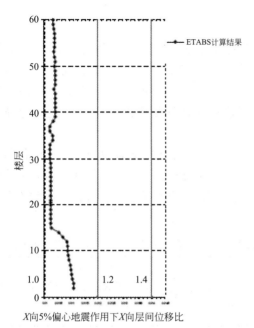
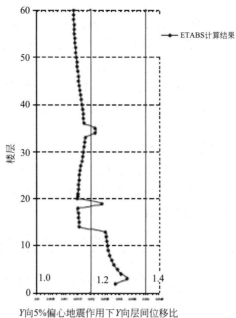

X向5%偏心地震作用下X向层间位移比   Y向5%偏心地震作用下Y向层间位移比

图 3.4.3-4 塔楼 T1 各楼层扭转位移比分布曲线

（3）楼层刚度比及受剪承载力比分析

按照地震剪力与层间位移比算法计算层间刚度比，除部分楼层外其余层均满足规范关于层间刚度比的规定，塔楼 T1 不满足的楼层见表 3.4.3-3 和表 3.4.3-4。对于刚度突变的楼层，按照规范要求进行内力调整，并提高暗柱及一般墙体的配筋率，验算中震及大震作用下承载能力，保证大震不屈服。

（4）墙、柱轴压比分析

重力荷载代表值作用下，核心筒个别外筒墙肢轴压比大于 0.5 的规范限值，对不满足轴压比要求的剪力墙内置型钢，考虑型钢作用的各墙肢轴压比均小于 0.50，框架柱轴压比均小于 0.6。

塔楼 T1 本层与相邻上层刚度比   表 3.4.3-3

塔楼	建筑楼层	侧向刚度比(本层与上一层之比)		判断：$K_i > 0.7K_{i+1}$
		X 方向	Y 方向	
塔楼 T1	33 层	0.61	0.65	X、Y 向不满足
	20M 层	0.47	0.50	X、Y 向不满足

塔楼 T1 本层与相邻上三层刚度比   表 3.4.3-4

塔楼	建筑楼层	侧向刚度比（本层与上三层平均值比值）		判断：$K_i > 0.8(K_{i+1}+K_{i+2}+K_{i+3})/3$
		X 方向	Y 方向	
塔楼 T1	33 层	0.64	0.66	X、Y 向不满足
	20M 层	0.65	0.71	X、Y 向不满足
	20 层	0.72	0.81	X 向不满足
	19 层	0.77	0.86	X 向不满足

（5）多遇地震弹性时程分析法补充计算

采用2条天然波和1条人工波进行多遇双向地震弹性时程分析计算的基底剪力，与规范反应谱分析进行了对比（表3.4.3-5）。计算结果表明：在X和Y方向上每条时程曲线计算所得结构底部剪力大于振型分解反应谱法计算结果的65%，多条时程曲线计算所得结构底部剪力的平均值大于振型分解反应谱法计算结果的80%，满足规范规定要求。

时程分析法与振型分解反应谱法（CQC法）对应的各楼层地震剪力、层间位移角计算结果，见图3.4.3-5～图3.4.3-8。在X和Y向3条时程波计算的楼层底部剪力平均值小于反应谱的计算值，且3条时程波的平均楼层剪力均小于反应谱的计算值，因此依据反应谱对构件进行设计。

塔楼T1时程分析与反应谱分析底部剪力比较　　　　　　　　　　　　　表3.4.3-5

地震波	0°(X向)			90°(Y向)		
	基底剪力(kN)	时程基底剪力/反应谱基底剪力≥0.65	时程基底剪力平均值/反应谱基底剪力≥0.8	基底剪力(kN)	时程基底剪力/反应谱基底剪力≥0.65	时程基底剪力平均值/反应谱基底剪力≥0.8
反应谱	11463	—		11547	—	
天然波1153	9650	0.84≥0.65		8148	0.71≥0.65	
天然波1190	9071	0.79≥0.65		10895	0.94≥0.65	
人工波	9485	0.83≥0.65		12635	1.09≥0.65	
平均值	9402	—	0.82≥0.8	10559	—	0.91≥0.8

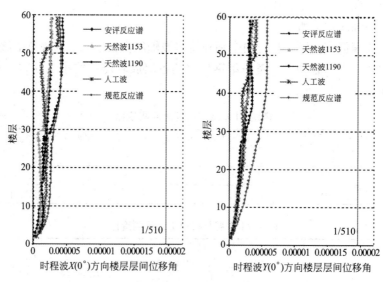

图3.4.3-5　塔楼T1层间位移结果比较

2. 性能目标和构件性能验算

根据性能化抗震设计的概念，针对结构超限情况，采用的不同地震烈度水准下的具体性能设计指标，详见表3.4.3-6。

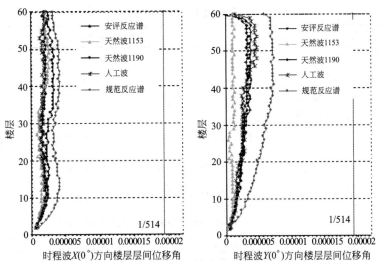

图 3.4.3-6　塔楼 T2 层间位移结果比较

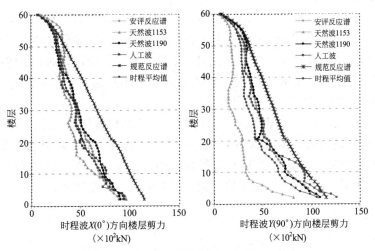

图 3.4.3-7　塔楼 T1 楼层剪力结果比较

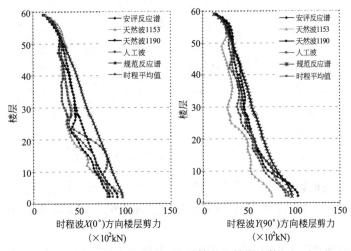

图 3.4.3-8　塔楼 T2 楼层剪力结果比较

抗震性能设计目标　　　　　　　　　表 3.4.3-6

抗震烈度水准			多遇地震	设防地震	罕遇地震
性能水平定性描述			不损坏	可修复损坏	无倒塌
层间位移角限值			1/514(T1)	1/514(T1)	1/100
构件性能	核心筒墙	底部加强区及加强层区	满足弹性设计要求	满足弹性设计要求	不屈服 满足最小抗剪截面要求
		其他区域	满足弹性设计要求	满足弹性设计要求	不屈服 允许部分进入塑性
		核心筒连梁	满足弹性设计要求	满足弹性设计要求	允许部分进入塑性 满足最小抗剪截面要求
	外框柱		满足弹性设计要求	满足弹性设计要求	不屈服
	外框梁		满足弹性设计要求	满足弹性设计要求	不屈服 允许部分进入塑性
	连桥/支座		满足弹性设计要求	满足弹性设计要求	不屈服不滑出支座

3. 结构弹塑性分析

采用通用有限元分析软件 MIDAS GEN7.30 进行静力弹塑性（Push-over）推覆分析。非线性分析时，在各框架梁的梁端设置弯矩铰，各框架柱的柱端设置轴力弯矩铰，将各铰的性能骨架曲线划分为线性上升段、强化段、下降段和水平段，分别表示构件处于弹性阶段、屈服后强化阶段、达到强度极限后承载力下降并部分退出工作等各个环节的工作状态；推覆分析时，考虑 P-Δ 二阶效应的影响。

图 3.4.3-9 和图 3.4.3-10 表示塔楼在性能点处的结构各层最大层间位移角曲线。塔楼 T1 在 X 向的最大位移出现在第 15 层（1/456），Y 向最大位移出现在第 47 层（1/302），塔楼 T2 在 X 向最大位移出现在第 41 层（1/424），Y 向最大位移出现在第 48 层（1/429），均小于 1/100 的规范限值，满足预定的设计性能目标。

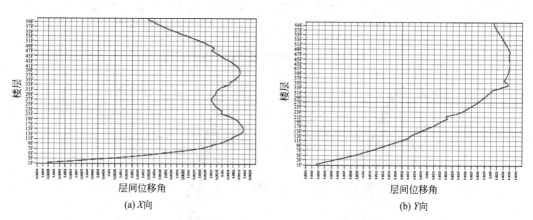

(a) X向　　　　　　　　　　　　　　(b) Y向

图 3.4.3-9　塔楼 T1 罕遇地震作用下的弹塑性位移

结构在 6 度多遇地震作用下无屈服情况出现，符合小震不坏的抗震设防要求；在 6 度基本烈度地震作用下，核心筒墙体、框架钢管柱、框架梁、连梁均满足中震弹性的性能化抗震目标。

在罕遇地震弹塑性静力推覆分析过程中，随着增量步数的增加，在结构第一振型方向 Y

方向，上部连梁首先出现塑性铰，接着外框梁开始出现塑性铰，随着推覆力的不断增大，出现塑性铰的连梁和外框梁不断增加，之后中部和底部部分墙肢也开始屈服并出现塑性铰。在结构第二振型方向 X 方向，结构中下部连梁首先出现塑性铰，接着中部的外框梁处开始出现塑性铰，随着推覆力的继续增加，顶部和底部的部分墙肢开始屈服并出现塑性铰。性能点时，核心筒和外框柱均为出现塑性铰。性能点时出现的塑性铰情况如图 3.4.3-10 所示。

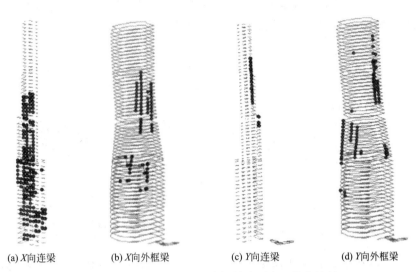

(a) X向连梁　　　　(b) X向外框梁　　　　(c) Y向连梁　　　　(d) Y向外框梁

图 3.4.3-10　塔楼 T1 在性能点时出现的塑性铰

3.4.4　结构抗风计算

1. 风工程试验研究阐述

所有测试均在 BMT 的边界层风洞中进行。风洞测试区宽 4.8m、高 2.4m、长 15m，配备有一个直径 4.4m 的多板转台及一个遥控三维旋转系统。通过在风洞地面分布粗糙成分，并根据风区在测试区入口设置一些直杆和一个二维障碍，即形成湍流边界层。模型采用 1：300 的比例（图 3.4.4-1），该比例可以对风湍流特性进行很好的模拟。力天平模型

图 3.4.4-1　风洞模拟转台

在设计上具备相当的刚度和轻量。模型采用大体积高密度泡沫塑料依靠一根脊柱（高级碳纤维制成）被牢固固定在一个铝制底板上，从而与高频率响应力天平相联系。模型纳入了可能影响实际建筑周围局部风流动的全部特征。对于塔楼所制成的"碳纤维＋泡沫塑料模型"的频率约为 90Hz。

采用高频力天平实验方法，脉动风荷载是通过一个 6 分量高频压电力天平及一个信号调节单元进行测量。针对脉动风荷载，进行了基底层（10°增量）36 风向的剪切力、弯矩与扭矩的测量。塔楼风洞试验坐标示意见图 3.4.4-2 和图 3.4.4-3。

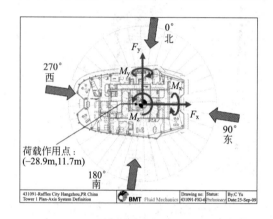

图 3.4.4-2　T1 塔楼风洞试验坐标系　　　图 3.4.4-3　T2 塔楼风洞试验坐标系

2. 风洞试验与规范风荷载计算比较

根据 BMT 风洞试验报告，塔楼风荷载沿楼层的分布与通过按规范风压取值导算的风荷载进行比较（基本风压为 $0.5kN/m^2$，场地粗糙度取 B 类，体形系数取 1.4），见图 3.4.4-4。通过图示比较可知，塔楼 Y 方向上部的楼层风荷载试验值比规范值略大，在

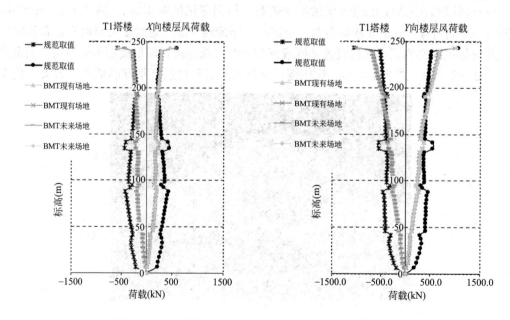

图 3.4.4-4　塔楼 T1 风洞试验结果与规范风荷载值比较

下部则略小,但底部总剪力比规范值大;X 方向楼层风荷载试验值比规范略小。因风洞试验真实反映了周边环境和各季节的风向变化等引起的不同方向风荷载大小,同时揭示了塔楼横风向作用和两塔楼的相互作用的影响,因此本项目两塔楼风荷载按 BMT 给出的楼层风荷载及相应组合进行设计。

3. 风振舒适度分析

根据 BMT 公司提供的《风洞测试整体风荷载研究》,试验推导顶层峰值加速度结果见表 3.4.4-1。报告中提供的顶层峰值加速度数值均满足国家规范的限值要求。同时,可以看出,塔楼 T1 和 T2 在未来环境模拟下,顶层峰值加速度较现状环境有 10% 的增加。这说明塔楼受到下游建筑物干扰,塔楼动力特性有所增强。

塔楼 T1、T2 顶层峰值组合加速度对比 (cm/s²)　　　　　表 3.4.4-1

周边环境形态	混合气候(10 年)	
	T1 塔楼	T2 塔楼
现有	14.1	10.4
未来	15.5	11.4

3.4.5　结构超限判断和主要加强措施

1. 结构超限判断

本工程两塔楼均为超 B 级高度结构,同时存在扭转位移比、楼板不连续、刚度突变等多项不规则,T2 还存在凹凸不规则,故属于特别不规则超高超限高层建筑。结构高度和规则性(《审查要点》表二)判别详见表 3.4.5-1 和表 3.4.5-2,不存在《审查要点》表三所列的不规则类型。

(1)结构高度超限判断

结构高度超限判断 (按《审查要点》表一判断)　　　　　表 3.4.5-1

	结构类型	结构高度	适用高度	判断结论	备注
T1	型钢混凝土框架-核心筒结构	242.85m	220m(B级)	高度超限	超高 10.39%
T2	型钢混凝土框架-核心筒结构	244.78m	220m(B级)	高度超限	超高 11.26%

(2)结构规则性超限判断(按《审查要点》表二)

结构规则性超限判断 (按《审查要点》表二判断)　　　　　表 3.4.5-2

序号	不规则类型	简要涵义	判断结论	
			塔楼一	塔楼二
1a	扭转不规则	考虑偶然偏心的扭转位移比大于 1.2	超限①	超限①
1b	偏心布置	偏心距大于 0.15 或相邻层质心相差大于变成 15%	未超限	未超限
2a	凹凸不规则	平面凹凸尺寸大于相应边长 30% 等	未超限	超限②
2b	组合平面	细腰形或角部重叠形	未超限	超限
3	楼板不连续	有效宽度小于 50%,开洞面积大于 30%,错层大于梁高	超限③	超限③

续表

序号	不规则类型	简要涵义	判断结论	
			塔楼一	塔楼二
4a	刚度突变	相邻层刚度变化大于70%或连续三层变化大于80%	超限④	超限④
4b	尺寸突变	相邻层位置缩进大于25%，或外挑大于10%和4m，多塔	未超限	未超限
5	构件间断	上下墙、柱、支撑不连续，含加强层、连体类	未超限	未超限
6	承载力突变	相邻层受剪承载力变化大于80%	未超限	未超限
7	其他不规则	如局部的穿层柱、斜柱、夹层、个别构件错层或转换	超限⑤	超限⑤

①在考虑±5%偶然偏心的水平地震作用下，裙房屋面以下部分楼层扭转位移比大于1.2，裙房屋面以上大部分楼层的扭转位移比均小于1.2。

②塔楼 T2 的 27M～47 层平面凹凸尺寸大于相应边长的 30%，存在凹凸不规则。

③塔楼 T1 和 T2 底层大堂二层通高，楼板开洞面积大于 30%，存在楼板不连续。

④局部楼层相邻层刚度变化大于 70%，局部楼层存在刚度突变。

⑤框架柱采用随建筑外立面双曲双向倾斜的斜柱。

2. 主要抗震加强措施

（1）按照超限高层设计要求确定抗震设计措施和抗震性能目标（表 3.4.3-6）。

（2）提高核心筒底部加强区抗震等级为一级，控制核心筒剪力墙墙肢的剪应力水平，确保大震下核心筒墙肢不发生剪切破坏。综合性能化设计目标，在考虑罕遇地震作用组合下，对核心筒墙肢的抗剪截面进行验算，保证所有墙肢在大震下均满足抗剪截面控制条件，确保大震下核心筒墙肢不发生剪切破坏。

（3）对于相对层高较大造成竖向不规则采取的措施：①对刚度和承载力突变层的地震剪力乘以 1.15 的增大系数进行设计；②适当加大墙身水平、竖向分布钢筋配筋率、暗柱内纵筋配筋率及箍筋体积配筋率。

（4）对核心筒少量剪力过大的连梁，采用型钢混凝土梁以保证其延性和耗能能力。

（5）考虑到底部加强区部分墙体在大震下接近屈服，增加墙体边缘构件和水平、竖向分布钢筋配筋率，以提高墙体延性；在 26～29 层之间由于墙体较薄较少，设计时应适当加大配筋。

3.4.6　专项分析

1. 斜柱专项分析

塔楼 T1、T2 外围框架柱沿楼层向不同方向倾斜，倾斜框架在重力荷载作用下将产生一定的水平位移，该水平位移将由楼板传递给中部核心筒，从而导致核心筒在重力荷载作用下产生剪切变形，而楼板也有一定的拉、压应力。采用 ETABS 程序分别对考虑楼板作用和不考虑楼板作用两个模型进行了对比分析。考虑楼板作用时，在模型中将楼板用壳单元模拟，以计入楼板变形影响；不考虑楼板作用时，将楼板用 1mm 膜单元模拟，且释放与核心筒连接处梁端部的轴向约束。由于塔楼 T1 与塔楼 T2 柱的倾斜角度类似，因此只对 T1 进行了分析。两塔楼在 Y 向均上下对称，选取了左柱、上柱和右柱三个典型柱进行了分析，平面位置见图 3.4.6-1，右柱在重力荷载作用下楼层位移及层间位移角见图

3.4.6-2 和图 3.4.6-3。由于整个结构关于 X 轴对称，因此在重力荷载作用下在 Y 方向未产生显著的位移及层间位移角。另外，由于钢管柱在 X 方向上有一定的倾斜，在重力荷载作用下，结构会产生 X 方向的位移。斜柱的水平分力，由楼面体系传至核心筒从而达到平衡，因此还需要对楼板的应力进行分析，保证外框架抗侧力体系与核心筒之间水平力的有效传递。

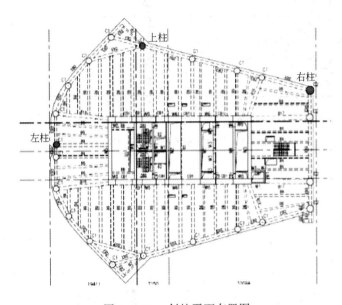

图 3.4.6-1 斜柱平面布置图

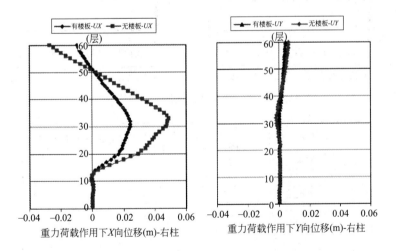

图 3.4.6-2 右柱在重力荷载作用下位移

2. 斜柱引起楼层楼板应力分析

取左柱、上柱和右柱三个典型斜柱在重力、大震、风作用下的最大轴力，根据其倾斜角度进行分解，对楼板进行二向应力状态分析，得出楼板在水平向的主应力，分析结果见图 3.4.6-4，应力分值布情况见图 3.4.6-5。

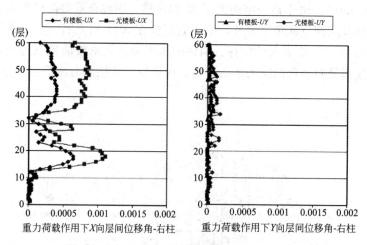

图 3.4.6-3 右柱在重力荷载作用下层间位移角

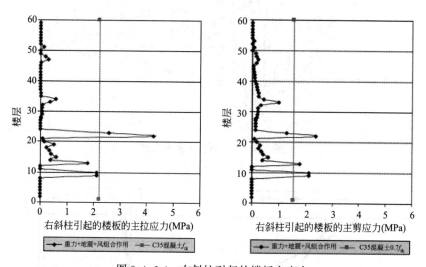

图 3.4.6-4 右斜柱引起的楼板主应力

项目		主拉应力（MPa）	主剪应力（MPa）	C35 混凝土强度标准值
左柱	所有层	<2.20	<1.54	
上柱	13 层	2.29	2.03	
	其他层	<2.20	<1.54	C35 混凝土
右柱	23 层	2.56	—	抗拉 $f_{tk}=2.20$MPa；
	22 层	4.26	2.36	抗剪 $0.7f_{tk}=1.54$MPa
	13 层	—	1.78	
	10 层	—	2.10	
	9 层	—	2.10	
	其他层	<2.20	<1.54	

图 3.4.6-5 典型斜柱引起的楼板的主应力

从以上图表可以得到：由于斜柱逐渐倾斜，突变较少，故大部分楼板在斜柱作用下产生的拉应力和剪应力均小于混凝土的强度标准值，为了避免混凝土拉坏或剪切破坏，所有楼板均双层双向配筋。在部分柱倾斜角度变化处或倾斜方向改变处，楼板出现较大拉应力和剪应力，该部分楼板通过提高配筋率进行加强，防止混凝土被拉裂或剪切破坏。

大开洞楼层楼板应力分析，为保证大开洞楼层楼板在地震作用下的有效传力，对其楼板进行了有限元分析，结果如下，其中大震作用下典型开洞楼面应力分析结果见图3.4.6-6。

1）在小震及中震作用下，楼板应力水平较小（大部分不超过0.1MPa），只有在楼开洞角部和核心筒周边出现了局部应力集中，应力水平值较大，但均不超过0.5MPa；

2）大震时，楼板应力水平较大，但均不超过1MPa，也仍未超出混凝土楼板的受拉强度设计值。

由此可见，典型开洞楼面楼板在小、中及大震作用下均处于弹性，在洞口角部及核心筒边沿较易出现应力集中，应予以适当加强。

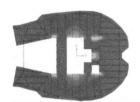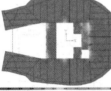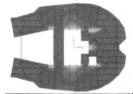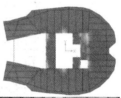

典型楼层一S11向应力图	典型楼层一S22向应力图	典型楼层一S11向应力图	典型楼层二S22向应力图
(a) X向		(b) Y向	

图3.4.6-6　大震作用下T2塔楼典型楼板应力图

3. 连桥构件大震不屈服验算

连接裙房与塔楼的四座连桥一端与裙房结构连为一体，另一端与塔楼连接处支承于塔楼柱的钢牛腿上，采用双向滑移支座，释放其水平约束。计算模型中连桥与裙房连接处采用铰接支座，与塔楼连接处仅提供竖向约束。以连桥一为例给出相关计算结果。连桥计算模型见图3.4.6-7。

6度区大震反应谱系数为0.23，按0.23×重力荷载代表值来计算四座连桥在大震作用下的水平地震力以验算连桥构件在大震作用下的内力，分析时不考虑组合楼面的楼板作用。连桥构件在1.0×重力荷载代表值+1.0×大震作用下的应力结果见图3.4.6-8。

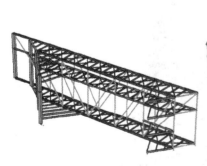

连桥一构件在大震作用下的组合应力C_1　　　连桥一构件在大震作用下的组合应力C_2

图3.4.6-7　连桥计算模型　　　　　　图3.4.6-8　连桥在大震作用下的应力结果

上述计算结果表明，连桥构件在大震作用下的应力均小于Q345C钢材的屈服强度345MPa，满足构件在大震下不屈服的性能要求。

4. 悬挂部分顶部节点有限元分析

两个塔楼在10~20层平面一侧外扩一跨钢结构,其构件自重、使用荷载及水平荷载产生的竖向力均由本层梁板传给本层外挂钢管柱,通过外挂钢管柱逐层向上传递,在悬挂部分顶部,外挂钢管柱与主楼钢管混凝土柱交汇,即外挂的11层结构产生的荷载通过外挂钢柱的顶端传至主结构,因此顶部节点在保证悬挂部分的安全中起了至关重要的作用。以T1塔楼为例,悬挂钢结构立面见图3.4.6-9。

为便于施工,在顶部一层外挂钢圆管转换为竖向加劲肋与塔楼框架柱等强连接,悬挂顶部节点见图3.4.6-10,对该节点采用ABAQUS进行有限元分析,实体模型见图3.4.6-11,竖向加劲肋等效应力云图见图3.4.6-12,顶部各部件分析结果见图3.4.6-13。

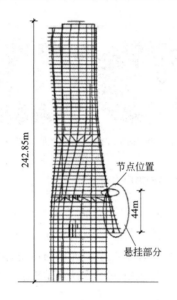

图 3.4.6-9　悬挂钢结构

图 3.4.6-10　悬挂钢结构顶部节点

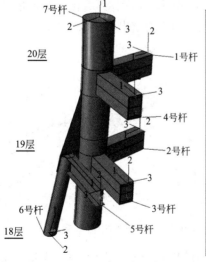

图 3.4.6-11　悬挂钢结构顶部节点实体模型

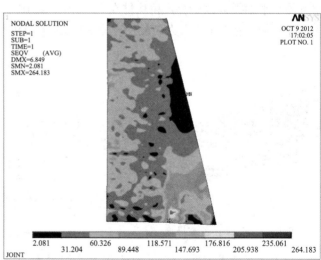

图 3.4.6-12　竖向加劲肋等效应力云图

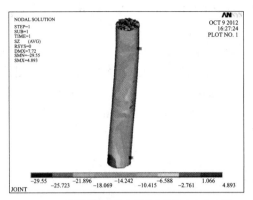

(a) 钢管混凝土柱内混凝土的竖向应力云图

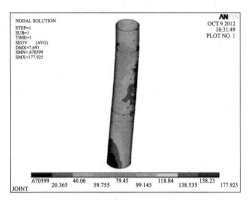

(b) 钢管混凝土柱外包钢管的Mises应力云图

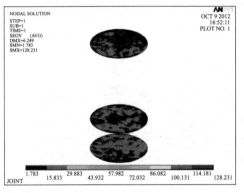

(c) 钢管混凝土柱横向加劲板Mises应力云图

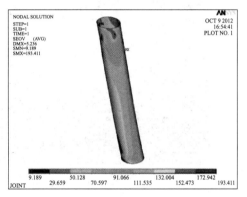

(d) 外挂钢管的Mises应力云图

图 3.4.6-13　钢管混凝土柱和外挂钢管等效应力云图

由以上计算结果可见，外挂钢管与竖向加劲板焊缝处的应力峰值为 229.7MPa，小于 Q345B 钢材设计值，节点安全可靠，并很好地解决了实际施工中由于夹角偏小，外挂钢管柱与塔楼框架柱相交处相贯焊缝难以实施、施工质量无法保证的问题。实际施工时在竖向加劲板两侧垂直于竖向加劲板增加两道通长加劲肋，进一步保证竖向加劲板的稳定性，提高结构安全度。

3.5　杭州国际会议中心

3.5.1　工程概况

杭州国际会议中心①位于杭州市钱江新城核心中央商务区，是集大型会议中心和白金五星级酒店于一体的钱江新城标志性建筑。西南面临新安江路，东南临之江路，西北隔绿化带达富春江路，中轴线与杭州大剧院中轴线对齐，并与其沿钱塘江新城中心区中轴线对称布局，两座建筑单体及总平面的完美契合，展现了"日月同辉"的设计理念（图

---

① 本工程方案设计单位为加拿大 PPA-OTT 建筑师事务所，施工图设计单位为中国联合工程有限公司。

3.5.1-1)。项目占地面积 1.85 万 m^2，地上总建筑面积 7.8 万 m^2，地下总建筑面积 5.2 万 m^2，其建筑分为地下室、椭球形的裙房、球形主体三大部分。地下 2 层层高 3.75m，主要功能为车库、设备用房及酒店和会议的配套辅助用房，地下 1 层层高 6.0m，主要功能为商业；裙房 2 层 12m 高，为会议中心部分，由宴会厅、会议厅、新闻发布厅等组成，1 层层高 5.1m；球形主楼为拥有 300 余间客房的白金五星级酒店，包括与其配套的餐饮、娱乐服务等用房，地上共 19 层，标准层层高 3.5m，建筑最高点 85.0m。图 3.5.1-2 为建筑剖面图。

图 3.5.1-1　杭州国际会议中心实景图（右侧单体）

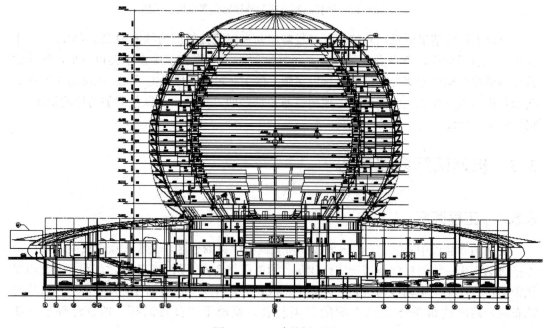

图 3.5.1-2　建筑剖面图

本工程设计使用年限为 50 年，结构安全等级为二级，地基基础设计等级为甲级。抗震设防烈度为 6 度，设计基本地震加速度值为 0.05g，设计地震分组为一组，场地类别为Ⅲ类，场地特征周期为 0.45s。此外，本工程按抗震设防烈度和安评报告结果综合确定地震作用，分别采用规范反应谱和安评报告反应谱曲线，以两者之不利效应进行设计验算。结构抗震设防类别为重点设防类（乙类），嵌固段位于地下室顶板。

基本风压按 100 年一遇的风压 0.50kN/m² 取值，体型系数及风振系数按风洞试验结果采用，地面粗糙度为 B 类；基本雪压按 100 年一遇的雪压值 0.50kN/m² 设计。

3.5.2 结构方案

1. 结构体系

主楼采用钢框架-支撑结构体系，楼盖为现浇钢筋混凝土楼板。主楼利用球壳的经、纬线构建框架，辅之以径向及环向支撑组成结构竖向承重及水平抗侧力体系。顶部采用肋环型单层矩形钢管球壳。裙房屋面采用空间管桁架结构体系，楼面采用钢梁-现浇钢筋混凝土楼板。地下室为框架结构，采用钢筋混凝土梁板体系，部分框架梁、柱采用型钢混凝土。裙房混凝土框架抗震等级为二级，地下室混凝土框架在地下一层抗震等级为二级，地下二层抗震等级为三级；主楼钢结构抗震等级为四级。

2. 结构布置

主楼和裙房间连成一体，未设抗震缝断开。裙房桁架一端与主楼之间通过主楼框架柱上的牛腿连接，另一端通过节点与框架柱或支座连接（图 3.5.2-1 和图 3.5.2-2）。

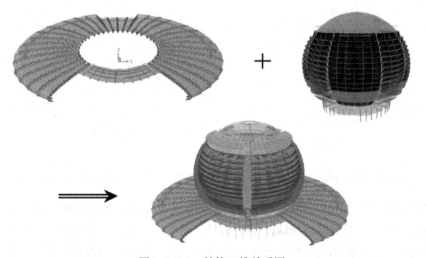

图 3.5.2-1 结构三维关系图

主楼平面呈圆环状，各层由同心不同直径的圆环组成，球体最大外径 85m，球体内部为球形挑空中庭；18.75m 标高以下除楼梯、电梯处外设有连续楼板（图 3.5.2-3），24.5m 标高及以上呈 C 形，下部观光电梯平台向上突出（图 3.5.2-4）。此平面布局造成平面中心和质量中心不重合，恒载和活载对结构将产生很大的倾覆力矩，使结构在自重情况下平面径向构件和楼板均产生较大的轴向力，尤其对于两边没有楼板的径向构件。主楼立面呈 C 形（图 3.5.2-6），球状结构在自重作用下产生向下的位移使平面圆弧线有向外扩张的趋势，导致 13.5m 标高以上的楼层环向构件有较大的轴向拉力，最大轴向拉力产

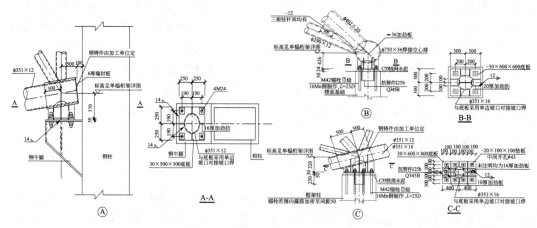

图 3.5.2-2 裙房与主楼连接节点

生的应力成为环向梁的控制应力；竖向构件由于上部构件传过来偏心轴力，在自重作用下产生较大的弯矩，在 18.75m 和 24.5m 标高处为弧形柱设计控制主应力，而 13.5m 标高位于弧形斜柱的转折处，对环向构件将产生较大的轴压力；13.5m 标高以下的层环向构件轴向力较小，竖向柱则因为周围裙房的推力产生较大弯矩。

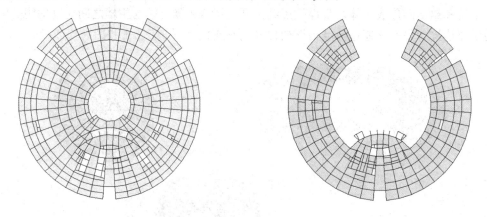

图 3.5.2-3 四层结构平面布置图及楼板分布图　　图 3.5.2-4 七层结构平面布置图及楼板分布图

节点正交的经线（柱），纬线（梁）组成钢框架，利用平面内沿圆周均匀分布的三个消防楼梯间设置 3 榀交叉斜撑提高结构的抗扭转刚度，径向对称分布的 8 榀连续的竖向支撑提供结构的平面抗侧刚度，框架及竖向支撑通过环向楼面梁和楼板组成整个结构的竖向承重系统。竖向支撑采用不同倾斜方向的单斜杆及人字形斜杆中心支撑形式。支撑平面布置见图 3.5.2-5，竖向结构立面见图 3.5.2-6。

平面特殊部位作加强处理，其中六、七层平面呈开口 C 形，保证开口处外圈环向框架梁拉通，增加结构整体性；下部四层和五层，上部十八层和十九层分别作为主体结构的底、顶加强层，四层和五层楼面整层现浇，十八层和十九层内外环向框架梁适当加强，并加强楼板配筋协调各榀框架共同作用，抵抗弧状框架在底部产生的偏心弯矩和屋盖桁架产生的水平推力，进一步提高弧形框架的抗倾覆能力；在顶部 72.840～77.900m 标高处，增设一圈立体空间三角桁架（图 3.5.2-7），解决杆系转换问题，同时增加顶部肋环型单层球形网壳的支座刚度，能够有效防止单层球壳的不稳定屈曲，提高结构的整体刚度。

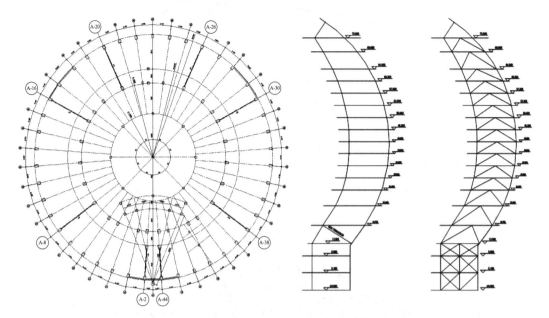

图 3.5.2-5　竖向支撑平面布置图　　　　　　图 3.5.2-6　典型竖向结构立面图

图 3.5.2-7　单层肋环形顶壳及顶部环向空间三角桁架　　图 3.5.2-8　裙房管桁架现场照片

　　结合建筑外立面及内部净高要求，裙房顶采用了钢管桁架结构，其径向分布的钢管桁架支承在外圈周边框架柱上及内圈主楼框架柱外伸牛腿上（图 3.5.2-8 和图 3.5.2-9），上下弦杆在支座处交汇为一点，使得上下弦杆在支座处的拉压力性状发生变化，腹杆内力加大。裙房屋盖结构平面布置见图 3.5.2-10。

3. 地基基础设计方案

　　本项目场地土层分布情况见图 3.5.2-11，场地②、③层中的潜水对混凝土结构无腐蚀性；对钢筋混凝土结构中的钢筋无腐蚀性，对钢结构有弱腐蚀性；地表下 12m 的综合抽水试验渗透系数为 1.8m/d，影响半径为 18.5m。地表下 20m 的综合抽水试验渗透系数为 0.8m/d，影响半径为 32m；场地⑦层承压水对混凝土结构无腐蚀性；对钢筋混凝土结构中钢筋无腐蚀性，对钢结构有中等腐蚀性。承压水水头高程为－6.39m。

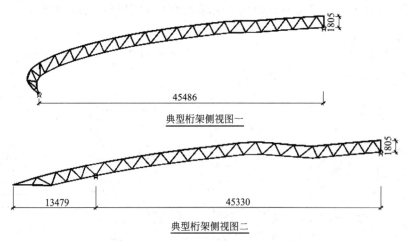

图 3.5.2-9　裙房典型桁架侧视图

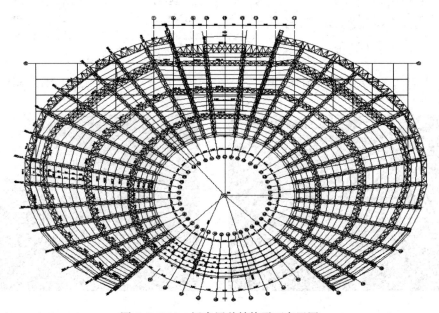

图 3.5.2-10　裙房屋盖结构平面布置图

主楼采用 $\phi800$ 大直径钻孔灌注桩，以⑦₃圆砾层作为桩端持力层，进入持力层深度 4D，并采取桩底注浆，注浆后单桩竖向承载力特征值为 4000kN。裙房采用 $\phi600\sim\phi800$ 钻孔灌注桩作抗拔桩。基础采用承台＋基础梁＋底板的形式。主楼基础结合建筑柱网环形布置特点，采用柱下条形承台，承台高 2.0m；裙房和地下室采用柱下独立承台，承台高 1.50m，基础梁高 1.15m，底板厚 0.70m。地下室平面尺寸 168m×135m，不设永久结构缝，混凝土采用外掺膨胀剂及聚丙烯纤维，加强梁板配筋，增设施工后浇带等技术措施。

3.5.3　结构抗震计算

1. 主楼和裙房的相互影响分析

（1）由于主楼和裙房之间不设缝，裙房一端的支座节点铰支在主楼牛腿上，通过对主

244

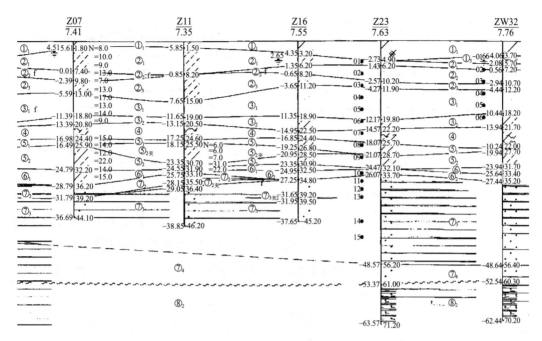

图 3.5.2-11　典型地质剖面图

楼与裙房整体模型、主楼单体模型分别进行计算,分析裙房对主楼的影响。结果如表 3.5.3-1 所示,可以看出,裙房对主楼的前 3 阶主振型周期的影响很小,对高阶振型的周期有一定的影响,同时裙房的存在对各阶振型的振型质量参与系数有一定的影响。

整体模型计算前六阶振型　　　　　　　　　　　　　表 3.5.3-1

模型	模态	1	2	3	4	5	6
整体模型	周期(s)	2.4013	2.4000	2.0932	1.0609	0.8101	0.8088
	振型描述	Y 向平动	X 向平动	扭转	扭转	扭转	Y 向平动
	相应质量参与系数	43.22%	41.31%	61.11%	21.04%	5.55%	3.02%
主楼独立模型	周期(s)	2.4139	2.3835	2.0931	0.8100	0.7606	0.7157
	振型描述	Y 向平动	X 向平动	扭转	扭转	扭转	X 向平动
	相应质量参与系数	67.58%	64.45%	77.05%	11.22%	0.66%	18.97%

　　(2) 整体模型在带有裙房的底部三层的楼层剪力比主楼模型的要大,底部的楼层剪力,两个模型相差最大,整体模型楼层剪力与主楼模型相比,X 向大 9.00%,Y 向大 2.08%。三层以上 2 个模型楼层剪力相差很小,以第 4 层为例,X 向楼层剪力两个模型相差为 0.96%,Y 向相差为 0.84%。

　　(3) 结构楼层层间位移角(以 X 方向为例)见图 3.5.3-1 和图 3.5.3-2,整体模型底部三层由于裙房的存在,其最大的位移产生在裙房的节点上,所以其最大的层间位移角在底部,而主楼模型中底部没有裙房,其最大位移在主楼的节点上,而主楼的位移相对于裙房部分要小很多,其最大位移角在中间楼层;三层以上部分,整体模型与主楼模型的层间位移角基本一致,相差很小。

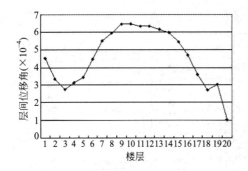　　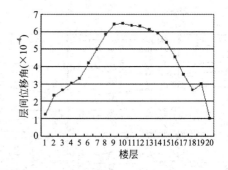

图 3.5.3-1　整体模型层间位移角（X 向）　　　图 3.5.3-2　主楼独立模型的层间位移角（X 向）

（4）楼层的刚重比见表 3.5.3-2，裙房对整个主楼结构总体的影响不大，从而在构件设计中简化计算模型，以主楼单体模型进行设计，裙房通过荷载施加于主楼上。

整体模型和主楼模型刚重比　　　　　　　　　　表 3.5.3-2

模型	整体模型		主楼模型	
	X 向	Y 向	X 向	Y 向
刚重比 $EJ/(1.4GH^2)$	2.922	2.979	3.174	3.174

2. 结构计算方法

主楼采用 ETABS 和 SAP2000 进行计算分析，并采用 MTS2004 进行设计校核。考虑到结构的复杂性，对结构整体、重要部位、特殊杆件采用 ANSYS 进行应力分析及计算校核，对部分重要杆件进行手算复核调整。对规范中的整体控制指标，采用 SATWE 及 PMSAP 程序进行补充计算，部分构件采用 ANSYS 程序进行局部屈曲稳定计算。

主楼抗震计算考虑双向地震作用和平扭耦联，多遇地震作用采用振型分解反应谱法（振型组合采用 CQC 法），并进行弹性时程分析补充验算。考虑大量弧形柱的特殊性和水平变形较大，计算分析中考虑重力二阶效应。主楼结构模型分别采用弹性和刚性楼板两种假定进行分析。结构整体参数计算采用刚性楼板假定；结构内力计算采用弹性楼板假定，用膜单元模拟楼板单元，不计楼板刚度贡献，并偏安全地设定膜单元平面刚度为 0；在楼板验算中，考虑楼板实际刚度，使用壳单元进行计算分析。

3. 多遇地震弹性时程分析法补充计算

结构竖向承重结构的不规则性，设计考虑多遇地震作用下的地震力和变形分布的基础上，进行弹性时程分析补充验算。纯钢框架支撑结构阻尼比为 0.02。取三条时程波、两条强震波和一条人工波。经过对第一组Ⅲ类场地波的遴选，时程波 1 来自于 1971 年的洛杉矶地震记录，时程波 2 来自于 1987 年的纽约湾海峡地震记录，人工波为浙江省工程地震所提供的 10 号人工波。取 10 倍左右结构周期的总长度进行分析，三条波曲线见图 3.5.3-3。对三条地震波根据《抗规》乘以相应的系数调整其最大值为 18cm/s²。每个时程波取 X 向和 Y 向两个方向输入，共 6 种时程工况。时程分析和反应谱工况下的各层层剪力比较见图 3.5.3-4。在 X 向，时程波 1 的底部层剪力是反应谱的 0.787 倍，时程波 2

是反应谱的 0.754 倍，时程波 3 是反应谱的 0.963 倍。在 Y 向，时程波 1 的底部层剪力是反应谱的 0.778 倍，时程波 2 是反应谱的 0.704 倍，时程波 3 是反应谱的 0.923 倍，均满足规范要求。从层剪力的比较可知，只有在顶部几层，时程波 3 比反应谱稍有超越，整体上层剪力由反应谱工况控制。

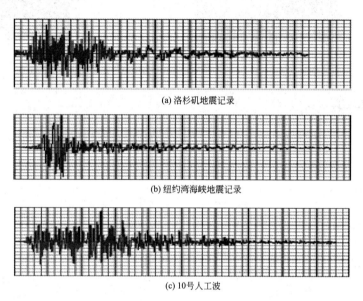

(a) 洛杉矶地震记录

(b) 纽约湾海峡地震记录

(c) 10号人工波

图 3.5.3-3　时程波曲线

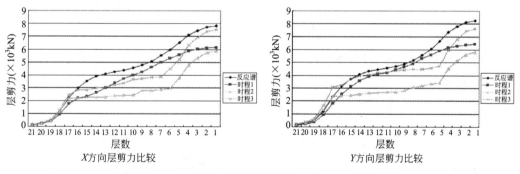

图 3.5.3-4　时程分析计算的楼层剪力与 CQC 结果比较

4. 罕遇地震静力弹塑性时程分析

采用 MIDAS Gen 进行罕遇地震作用下的静力弹塑性时程分析计算。地震波的选取两条强震波和一条人工波，本次分析中采用的两条强震记录分别为 El-Centro NS 波（1940）和北京饭店波。罕遇地震作用下结构抗倒塌能力验算，为了得到结构在罕遇地震作用下的耗能能力及抗倒塌能力，采用 FEMA273 推荐的目标位移法进行结构的静力推覆分析（Push-over）。计算结果见图 3.5.3-5～图 3.5.3-7，X 向罕遇地震作用下，结构顶点位移与结构高度比值为 1/152，最大层间位移角为 1/111；Y 向罕遇地震作用下，结构顶点位移与结构高度比值为 1/101，最大层间位移角为 1/71，均满足规范 1/50 的限值要求。

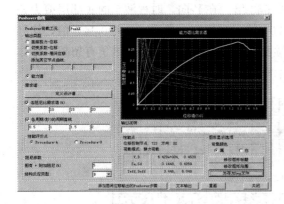 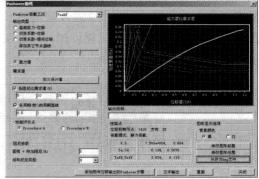

图 3.5.3-5　X 方向 Push-over 曲线　　　　图 3.5.3-6　Y 方向 Push-over 曲线

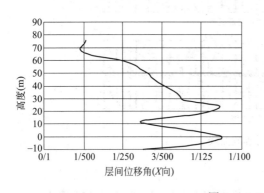 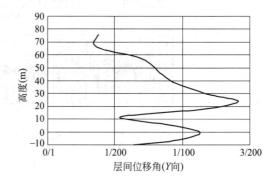

图 3.5.3-7　层间位移角

结构构件塑性铰分布及发展情况见图 3.5.3-8，在罕遇地震作用下，部分构件出现屈服，塑性铰主要产生在梁端及支撑构件上，此部分构件中，多数刚刚屈服，仅需要少量修复即可投入使用，满足性能目标要求。

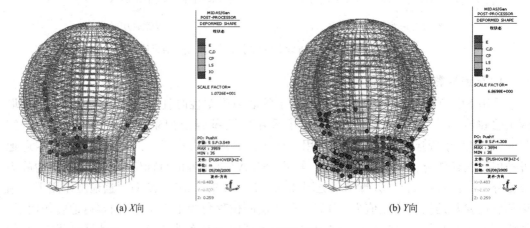

(a) X向　　　　　　　　　　　　　　　　　(b) Y向

图 3.5.3-8　塑性铰图

3.5.4 结构抗风计算

1. 风洞试验

建筑造型复杂，包含大跨屋面和球体主楼，而我国现行的荷载规范对这两种体型都没有给出风荷载，对于这种复杂结构的风振系数也没有给出相应的数据和计算方法。委托浙江大学风洞实验室对该结构进行了风洞试验，为工程设计提供依据。风洞试验在 CGB-1 建筑风洞中完成，风洞试验模型见图 3.5.4-1。试验的主要技术参数和试验内容如下：(1) 该建筑的风洞试验模型几何缩尺比为 1：200，模型的总高度约为 0.43m，纵向长约为 0.95m，横向长约为 0.75m。(2) 考虑到本建筑物周围地貌情况，该建筑物处于 B 类地貌场地，地貌粗糙度系数 $\alpha=0.16$；要求模型风压测定在大气边界层风洞中进行，平均风速沿高度按指数规律变化，指数 $\alpha=0.16$；风场湍流强度沿高度按指定公式变化，在离地面高度 30m 处，要求湍流强度为 $I=16\%$。(3) 试验风速参考点选在风洞高度 0.5m 处，该高度在缩尺比 1：200 的情况下对应于实际高度 100m。试验直接测得的各点风压系数均以 100m 高度处的风压为参考风压。(4) 本次风洞试验共布置 555 个测点，在裙房屋面风压测试中考虑对称性共布置 14 个测试断面，同时选择裙房上的两个悬挑雨篷进行了风压测试。对于球形主楼共布置 12 个测试断面，考虑到主楼外表面存在尖角，因此选择部分尖角部位进行测试，主楼在 73m 高处有一悬挑雨篷，在该雨篷上选择一个典型部位进行了风压测试。(5) 试验风向角根据建筑物和地貌特征，在 0°～360°范围内每隔 15°取一个风向角，共有 24 个风向角。

图 3.5.4-1　杭州国际会议中心风洞试验刚性模型

2. 风振系数的确定

计算中采用的风荷载时程数据以风洞试验数据为准；由于主楼为球体结构，各个风向角下的风荷载大小和分布极为相似，故只取 5 个典型风向角进行计算；同样考虑到裙房结构的对称性，计算 0°～180°风向角下的风振系数，并根据等效风荷载确定最不利风向角；计算中风向角的定义与风洞试验中的定义一致。

3. 风荷载计算

风洞试验给出了 0°～360°风向角下的各个截面的风荷载分布情况，考虑过多工况，不利于结构设计计算。考虑到球体的对称性，偏安全地给出所有风向角下的风荷载包络曲线，采用该曲线作为任意角度下的结构风荷载。报告提供两种包络图：一种为从偏安全考虑，确定使得球体底部水平剪力最大的包络曲线，则此时背风面半个球体的包络线取风荷载最小值，而迎风面半个球体取风荷载最大值；另一种为正压区和负压区均取绝对值最大值，即对负风压区取最小值，对正风压区取最大值。结构整体计算分析采用第一种包络曲线，幕墙设计采用第二种包络曲线。

为方便设计，报告给出了主楼 0°、90°和180°风向角下各节点的等效静力风荷载（考虑了风振系数）。借助软件 MTS 直接采用该结果进行设计校核，主算程序偏安全地采用使得球体底部水平剪力最大的包络曲线的风压值，风振系数采用风洞试验的结果对程序的计算取值进行修正的方法予以考虑。

0°、90°和180°三个风向角下的风荷载作用层剪力见图 3.5.4-2，0°、90°和180°三个风向角下的风荷载作用最大层间位移差见图 3.5.4-3。因结构呈球状，风荷载在自重方向有较大的分力，在水平方向的风力也较大，从而在结构截面设计中，恒载、活载和风荷载的组合和地震作用相比，为控制荷载工况。风振系数报告中 0°方向起控制作用，Y 向风载的各向力最大，Y 向的最大层间位移角也最大，最大的层间位移角为 1/1455。

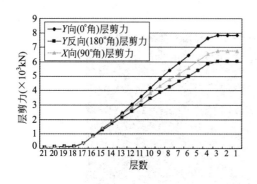

图 3.5.4-2　风荷载作用下的层剪力

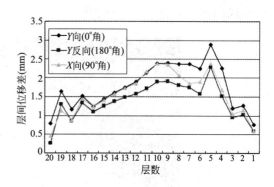

图 3.5.4-3　风荷载作用下的最大层间位移差

4. 风振舒适度分析

经计算，顺风向顶点最大加速度 $\alpha_w = 0.066 \text{m/s}^2$；横风向顶点最大加速度 $\alpha_{tr} = 0.020 \text{m/s}^2$；建筑顶部风速 $v_n = 35 \text{m/s}$，结果满足《高钢规》及《高规》关于舒适度的要求。

3.5.5　结构超限判断和主要加强措施

1. 结构超限判断

根据主楼独立模型的主要计算结果（表 3.5.5-1），主楼存在以下 4 项不规则类型，属于复杂超限高层结构。

（1）主楼楼层的最大弹性水平位移（或层间位移），大于该楼层两端弹性水平位移

（或层间位移）平均值的 1.4 倍，属扭转不规则；

（2）球体楼板开洞面积大于该层楼面面积的 30%，属楼板局部不连续；

（3）立面开口 C 形，且 18.750～32.500m 标高存在抽柱，属竖向不规则；

（4）第 16 层抗侧力结构的受剪承载力小于第 17 层的 80%，属楼层承载力突变。

主楼主要计算结果　　　　　表 3.5.5-1

1	周期比（T_t/T_1）	0.87
2	该层侧向刚度小于相邻上一层的 70%，或小于其上相邻三层侧向刚度平均值的 80%	无
3	刚重比	3.174(x)；3.174(y)
4	楼层最大层间位移与层间位移平均值之比值	1.58(x)；1.34(y)
5	最大层间位移角	1/1472(x)；1/1455(y)
6	抗侧力结构的层间受剪承载力与相邻上一层的比值	16 层：0.73(x)；0.71(y)

2. 主要抗震加强措施

（1）针对平面 C 形开口结构，开口部位保证环梁拉通，并在端部设加强腋，采用现浇楼板，加强相关层楼板配筋；

（2）针对竖向不规则，设置环向及径向支撑，增加结构整体性；

（3）顶部采用单层网壳结构，并沿周圈增设了一圈立体空间三角桁架，增加顶部肋环型单层球形网壳的支座刚度，提高结构整体刚度；

（4）4 层和 5 层、18 层和 19 层分别作为主体结构的底、顶加强层，对楼板和梁构件考虑轴向力的影响，加强板厚和配筋；

（5）对楼板进行应力分析，按应力分析结果配置楼板钢筋；采取施工措施：设置楼板后浇带，减少轴力对楼板的影响，楼面梁按拉/压弯构件设计；

（6）对于抽柱导致的竖向不连续，利用整层高度设置转换桁架，控制桁架构件应力比，并保证桁架构件在大震下保持弹性。

3.5.6　专项分析

1. 球体的扭转效应控制

主楼的结构体系具有以下几个特点：（1）建筑平面为"C"形，楼板大开洞，平面不连续；（2）建筑剖面为"C"形，且局部抽柱，结构竖向变形大；（3）由于建筑空间及立面造型要求，结构框架柱均为弧形柱，框架梁承担轴向力作用，特别是 C 形开口部位的框架梁承担的轴向力更大。

结构体型对于整体扭转效应的控制显得非常重要，结合建筑功能合理设置抗侧力构件同时解决结构抗扭转问题成为本设计重点。经过计算分析，设置沿圆周方向的圆周支撑和沿半径方向的径向支撑可以很好地控制扭转效应。结合建筑使用要求，设置 3 片法向支撑（图 3.5.6-1）和 8 片径向支撑（图 3.5.6-2），其中圆周支撑对扭转效应的控制作用明显，径向支撑对结构的抗侧和整体性以及调整框架斜柱的受力、变形和协调内外框架受力、变形的控制起到了关键的作用。

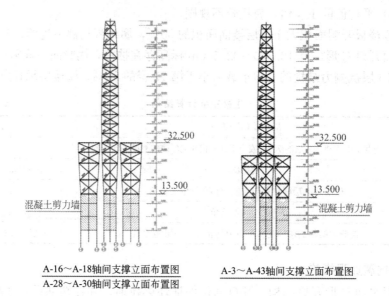

A-16～A-18轴间支撑立面布置图
A-28～A-30轴间支撑立面布置图

A-3～A-43轴间支撑立面布置图

图 3.5.6-1 法向支撑

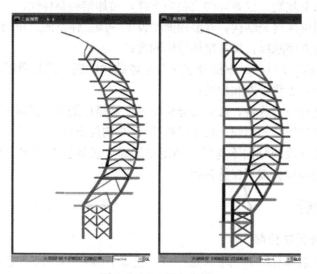

图 3.5.6-2 径向支撑

2. 大跨度弧形曲线托换钢桁架设计

内圈框架柱于 22 轴、24 轴上在标高 18.75～32.5m 间抽柱，形成建筑大空间，造成结构局部竖向不连续，在标高 32.5～36m 处，利用整层高度设置转换桁架把上部结构重量传至 20 轴和 26 轴的内柱上，该转换桁架轴线跨度约 25m，承托上部 8～19 层重量。因 8 层转换桁架空间内有客房布置，通过设置环向交叉桁架、径向斜撑，形成曲线空间托换桁架（图 3.5.6-3），桁架主弦杆、斜腹杆应力比控制在 0.65 以内，并保证在罕遇地震下满足弹性设计要求，从而确保转换桁架作为本结构重要构件在罕遇地震作用下有足够的安全储备。

图 3.5.6-3 主体结构及弧形曲线转换桁架

3. 重要节点应力分析

（1）铸钢节点应力分析

对 13.5m 标高处楼层外环节点，考虑到该节点在整体结构中的重要性、受力的复杂性及施工困难性，要求采用整体铸钢节点，材料采用 GS-20Mn5V（德国标准 DIN 17182）。选取 3 个典型节点进行应力分析，1 个节点位于标高 29m，2 个节点位于标高 13.5m，采用实体单元模拟分析。节点处各杆件杆端内力从 ETABS 整体模型的计算结果中提取，由于在整体模型中各根杆件的轴线是交于一点，但是在节点模型中会有个别杆件的轴线和其他杆件的轴线并非交于一点。因此，从整体模型中提取的力加到节点模型上时会对被约束的杆件有一个附加的弯矩。标高 13.5m 的 A2 节点在最不利的荷载工况"1.2 恒载＋1.4 活载＋0.84Y 反向风"下的计算结果见图 3.5.6-4 和图 3.5.6-5，可以看出，当约束 2 号杆时，除了 2 号杆，其余各杆在节点区的应力都不超过钢材的屈服强度，2 号杆上应力较大是因为是约束杆，其上有不平衡附加弯矩；当约束 7 号杆时，各杆在节点区的应力都不超过钢材的屈服强度。因此，该节点的设计满足要求，同时在节点弧度突变处加衬板能够有效减轻应力突变。

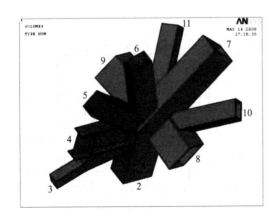

图 3.5.6-4 A2 轴节点模型及杆件编号图

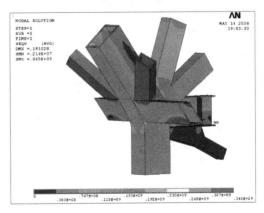

图 3.5.6-5 A2 轴节点 Misee 应力云图

（2）焊接节点应力分析

对上部楼层外环节点（图3.5.6-6），其竖向承受压力，水平向承受拉力，径向承受压力，为复杂受力节点，采用焊接节点。设计中用实体单元模拟进行了细化分析。节点处各杆件杆端内力从 ETABS 整体模型的计算结果中提取。从应力云图（图3.5.6-7）中可以看出，在设计荷载下，除了个别处有应力集中现象外，节点的 Mises 应力都不超过210MPa，均在弹性区域内。

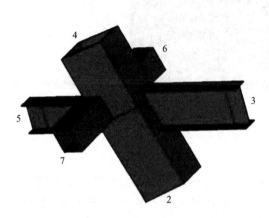

图3.5.6-6 焊接节点模型及杆件编号图 　　　　图3.5.6-7 焊接节点 Misee 应力云图

4. 单层肋环形顶壳整体屈曲分析

建筑顶壳采用大跨度单层肋环形顶壳，为充分考虑初始缺陷对结构的不利影响，应用ANSYS 有限元程序进行整体稳定非线性分析。取标高73m以上的壳进行整体非线性稳定分析，考虑材料非线性和几何非线性，并考虑结构的初始几何缺陷，以一阶屈曲模态来模拟结构的初始缺陷分布，实际计算时缺陷的最大值为跨度的1/300，即137.5mm。竖向约束采用弹簧单元，弹簧刚度由整体模型中的反力和位移确定。

分析包括全跨均布荷载和半跨均布荷载两种情况（图3.5.6-8～图3.5.6-11），全跨均布荷载的极限承载力为37.5kN/m²，半跨均布荷载的极限承载力为27.5kN/m²，半跨极限承载力低于全跨极限承载力。

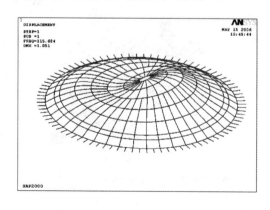

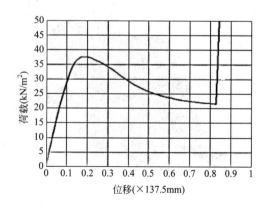

图3.5.6-8 全跨均布荷载一阶屈曲模态 　　　　图3.5.6-9 全跨均布荷载-位移曲线

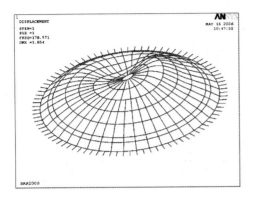

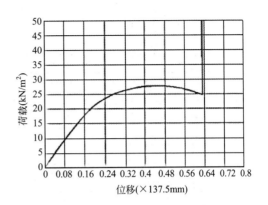

图 3.5.6-10 半跨均布荷载一阶屈曲模态　　　　图 3.5.6-11 半跨均布荷载-位移曲线

5. 楼板的壳元分析

考虑板带圆周向布置的特点及弧形柱引起的板内水平力的平面复杂应力状态，并结合施工因素，本项目采用双层双向配筋的现浇钢筋混凝土楼盖，提高平面整体性。板采用壳元模型，采用 ANSYS 有限元分析软件截取板的各向应力，根据板带的应力进行配筋。球形结构的受力特性决定了空间结构受力特性，楼板参与各榀框架空间协调作用，其受力情况完全有别于一般结构的楼板受力。对整体模型进行分析时，结构整体的竖向变形将会在楼板中引起很大的轴力，并且此轴力在板的内力中占绝对的主导地位，各层轴力分布见图 3.5.6-12。为控制板内的轴向应力，本工程采取了每两开间设置一道径向施工后浇带的技术措施，要求主体结构完工、内隔墙砌筑完成后封闭。通过此措施，使得主体钢结构在楼板刚度形成前，提早承受自重下的内力，使得板内的轴向应力大部分仅由楼面活载产生，大大地减小了板内的轴向应力，有效地控制了板的裂缝。根据 ANSYS 有限元分析结果，通过该技术措施板内的轴向应力减少至原来的40%（图 3.5.6-13）。梁板分离设后浇带模型，板中弯矩比板整体模型板中弯矩略小，但不起主导作用。

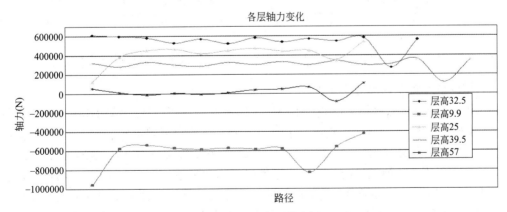

图 3.5.6-12 各层轴力图

当梁板共同作用越小时，板中受的轴力越小，梁中的轴力就越大，图 3.5.6-14 是内圈框架梁的轴力对比，梁设计时考虑此部分轴力的影响。

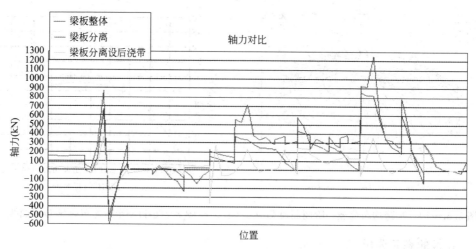

图 3.5.6-13　梁板整体、分离及梁板分离设后浇带三种情况的板中轴力对比

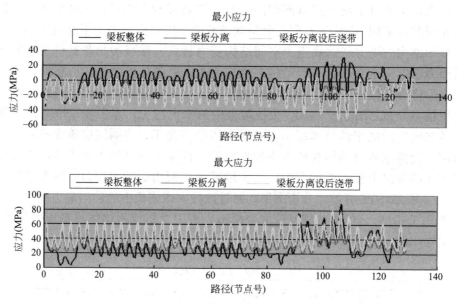

图 3.5.6-14　梁板整体、分离及梁板分离设后浇带三种情况的梁中轴力对比

6. 裙房顶壳椭球形管桁架分析

裙房屋盖由两个椭球相交形成，中心坐落球形主楼。裙房屋面结构体系主要由 32 榀椭圆曲线桁架及 10 片椭圆曲线钢梁沿中心径向分布组成。屋盖沿短轴左右对称，每半边 16 榀桁架，榀榀各异（图 3.5.2-8～图 3.5.2-10），桁架形式为空间三角形钢管桁架，跨度 38～51m 不等，外侧悬挑约 13m。为了使径向桁架形成一个空间整体，设置了多道环向桁架，由于环向桁架对径向主桁架的侧向支撑作用，保证屋面主受力体系的整体稳定。屋面钢结构体系基本为单向受力，传力途径简单，为真实地反映出空间钢结构的整体性能及各构件间的协调作用，用 3D3S 软件建立空间三维模型进行空间分析，并用 SAP2000 程序计算进行补充，两者计算结果基本接近。各榀主桁架、钢梁均为弧形，为节省计算空间，作如下简化：节点间单元近似用直线单元模拟，弧形单元用多节点折线单元模拟，桁

架上下弦均为连续杆件。

在风荷载取值时根据风洞试验结果分别取风吸及风压的最不利分布两种工况进行组合。在 SAP2000 程序中，我们采用刚度很小的板壳单元将结构蒙起来，荷载直接施加在板壳单元表面，通过壳单元将荷载传至钢结构节点上。主桁架弦杆最大钢管截面为 D402mm×20mm，最小截面为 D273mm×12mm，钢材采用 Q345B。

7. 施工模拟分析及施工实时监测

球形结构在使用阶段的承载能力已经过有限元验算，但是在施工过程中产生的力学状态与使用阶段的力学状态相比存在较大差异。考虑到结构的复杂性和重要性，对该工程主楼钢结构进行施工阶段的有限元模拟，按照施工顺序及施工时的实际情况进行力学分析，从而保证结构建造全过程的可靠性和安全性。

施工过程按照"中心框架刚度单元—内环柱—内环框梁—外环柱—径向框梁—支撑—外环框梁—框梁偶撑—楼面连梁"的工艺程序进行。设置了 19 个施工段，对各阶段的"暂态结构"进行分析计算，采用 ANSYS 软件进行全过程分析，主要计算结果（图 3.5.6-15～图 3.5.6-18）表明 19 种"暂态"的构件应力和变形均满足要求，施工过程中结构是安全的。

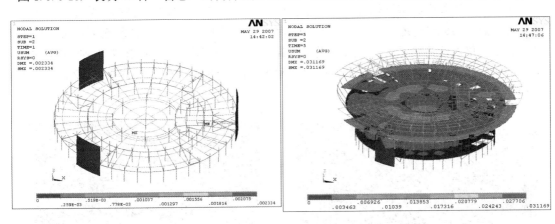

图 3.5.6-15　第 1 阶段安装完成后变形图　　　　图 3.5.6-16　第 5 阶段安装完成后变形图

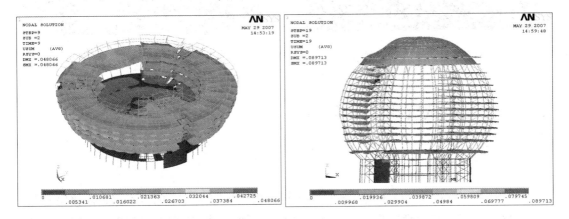

图 3.5.6-17　第 9 阶段安装完成后变形图　　　　图 3.5.6-18　第 19 阶段安装完成后变形

施工监测包括以下两个方面的内容：结构变形控制与内力控制。变形控制就是严格控制主体结构框架柱、梁的挠度及其偏移，若有偏差并且偏差较大时，就必须立即进行误差分析并确定调整方法，为下一阶段更为精确的施工做好准备工作。内力控制则是控制钢框架柱梁在施工过程中以及施工结束后的应力。本次监测选择该工程中的若干主要钢框架进行施工过程在线实时监测，监测在施工过程中钢梁、钢柱的应变随施工过程的变化情况。结合工程的实际情况，采用振弦式应变计进行钢结构施工过程中构件的内力监测。两榀钢框架进行施工过程在线实时监测，主楼应力测点共计258个，其中钢柱128个，钢梁100个，附墙12个，支撑6个，环桁架12个；主楼变形测点共计8个。

3.5.7 典型节点结构试验

由于本结构竖向剖面呈 C 形，四层楼面弧形钢柱转直线形处，结构受力复杂，为整个结构的受力关键，该处采用整铸钢节点，并针对该节点开展了足尺节点试验，足尺铸钢件材料采用 GS-20Mn5V（德国标准 DIN 17182）。铸钢节点足尺非破坏试验考察了 1.3 倍设计荷载作用下的受力性能，试验表明：在 1.3 倍设计荷载作用下铸钢节点区域未出现屈服，铸钢节点处于弹性状态（图 3.5.7-1）。

结构标准层外圈典型梁柱节点竖向承受压力，水平向承受拉力，径向承受压力，为复杂受力节点。对此进行缩尺 1∶3 比例的破坏性试验（图 3.5.7-2）。试验表明，节点区的强度满足 3 倍设计荷载要求。在数倍设计荷载作用下，构件及节点的承载和变形能力均很强，环向框架梁、上柱和下柱、节点的强度和刚度依次增强，体现了"强柱弱梁，强节点弱构件"的设计理念。

图 3.5.7-1 铸钢节点试验

图 3.5.7-2 典型梁柱节点试验

3.6 钱江新城杭州国际中心

3.6.1 工程概况

杭州国际中心项目[①]位于浙江省杭州市钱江新城核心区。东邻富春路，西接民心路，南靠丹桂街，北至江锦路。项目由 1 幢高层办公塔楼、1 幢高层综合塔楼、商业裙楼建筑

---

① 本工程初步设计单位为美国 SOM 建筑设计事务所，施工图设计单位为浙江大学建筑设计研究院有限公司。

以及 3 层地下停车层组成，总建筑面积 41.6 万 m^2。其中主塔楼结构高度为 295.77m，副塔楼结构高度为 278m。裙楼与主楼间连为一体，不设防震缝。图 3.6.1-1～图 3.6.1-3 分别为该项目的总平面图和建筑效果图。限于篇幅，本节主要以主塔楼结构加以阐述。

结构设计使用年限为 50 年，建筑结构安全等级为二级，地基基础和桩基工程设计等级为甲级；采用 50 年一遇风压值 0.45kN/m^2 计算，地面粗糙度为 C 类，同时采用风洞试验风荷载数据作补充计算；抗震设防类别为乙类，抗震设防烈度为 7 度，设计地震分组第一组，设计基本地震加速度为 0.10g，Ⅲ类场地，场地特征周期 0.45s。

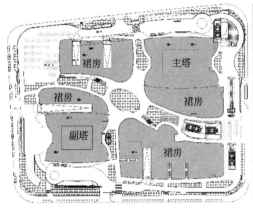
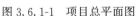

图 3.6.1-1　项目总平面图

图 3.6.1-2　建筑效果图 1

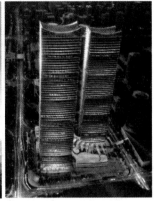

图 3.6.1-3　建筑效果图 2

3.6.2　结构方案

1. 结构体系

主塔楼和副塔楼均为混合结构，采用钢管混凝土柱的框架＋钢筋混凝土核心筒＋带状桁架＋伸臂桁架体系。计算嵌固端取在地下室顶板处（即首层楼面）。根据《高规》的规定，混合结构在 7 度地震区最大适用高度为 190m，主副塔结构高度均超过规范限值。为满足建筑造型及室内空间的有效利用，外围框架柱随建筑造型沿建筑高度折形变化，在较多楼层均形成斜柱，大堂上空的 2 层与 3 层楼板开洞，面积达 38.5%，形成平面不规则。同时，为提高侧向刚度，设置了 3 道带状桁架和 1 道伸臂桁架。

主塔楼结构抗震等级：核心筒剪力墙为特一级，外框钢管混凝土柱为一级，带状桁架/外伸桁架为二级，外框钢梁为二级。

2. 结构布置

主塔楼采用钢管混凝土柱的框架＋钢筋混凝土核心筒＋带状桁架＋伸臂桁架结构体系。钢筋混凝土核心筒作为主要抗侧力结构体系，会抵抗大部分的风及地震侧向力，外围抗弯框架按相应比例承担部分侧向荷载，形成双重抗侧力体系。核心筒采用钢筋混凝土墙，核心筒外墙厚度从下至上由 1400mm 减少到 300mm。外框柱采用圆形钢管混凝土柱，X 向间距为 10.5m，Y 向间距为 13.99～15.39m 变化，角柱从下至上截面由 2150mm×36mm 减少到 800mm×20mm，中柱从下至上截面由 1700mm×26mm 减少到 750mm×16mm，核心筒混凝土强度等级从下至上为 C60～C50。梁柱钢材材质为 Q345B。主塔楼标准层结构平面布置见图 3.6.2-1。

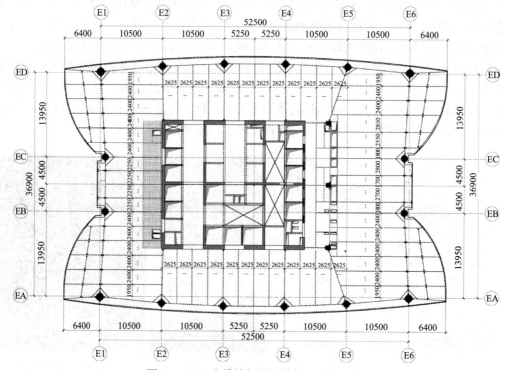

图 3.6.2-1 主塔楼标准层结构平面布置图

核心筒 X 向高宽比为 8.98，Y 向为 13.02。由于 Y 向抗侧刚度较弱，在塔楼中间楼层（37～38层）沿 Y 向设置 2 道高度 8.7m、贯通核心筒的斜腹杆伸臂桁架，提高结构抗侧刚度。考虑到设置环带桁架可以很好地调整有伸臂桁架相连和无伸臂桁架相连框架柱的内力和变形，使之形成一个均匀的外框架，同时减轻加强层上下楼板的翘曲影响，减小框筒结构的剪力滞后，加大结构的整体刚度，结合避难层和设备层分别在层 17～18 层、37～38 层、57～58 层设置 3 道带状环桁架。底部折线柱和加强层示意图见图 3.6.2-2，带状桁架和伸臂桁架立面详图见图 3.6.2-3 和图 3.6.2-4。

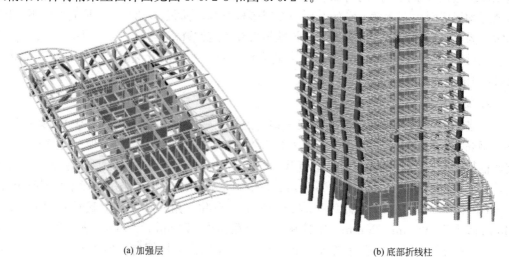

(a) 加强层　　　　　　　　　　　(b) 底部折线柱

图 3.6.2-2 主塔楼结构布置示意图

核心筒区域范围楼面采用现浇钢筋混凝土楼板,办公区域采用钢筋桁架楼层板。主塔楼1~3层层高分别为5.04m、4.99m、4.94m,上部标准层层高为4.4m。楼面次梁与核心筒、外框梁均采用铰接,主要次梁高度为450mm,并考虑混凝土翼缘板的有利作用,按照组合梁进行设计。外围框架梁高900mm,与框架柱采用刚接连接。

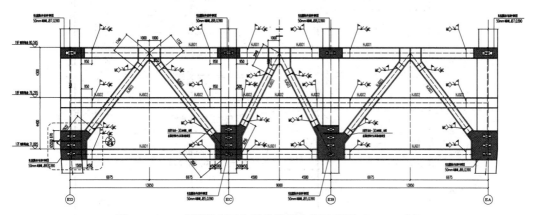

图 3.6.2-3 主塔楼东西向带状桁架布置示意图(37~38层)

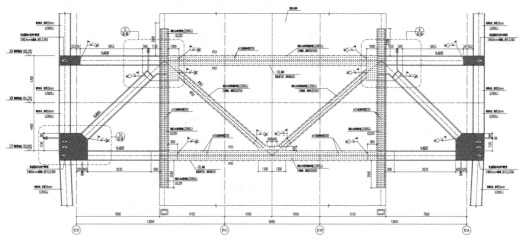

图 3.6.2-4 主塔楼伸臂桁架立面布置图(37~38层)

3. 地基基础设计

依据区域地质、地震资料,存在于本区的球川—萧山深断裂、昌化—普陀大断裂和孝丰—三门大断裂,均为形成历史悠久、延续时间长、反复活动多次,在近代地质历史上有过活动的微弱活动性断裂。有证据表明,断裂最新活动年代约为第四纪晚更新世(Q3)晚期,距今约1万年以前,第四纪全新世以来无构造错动。从区域地质构造和稳定性角度分析,拟建场地为稳定场地,适宜本工程建设。根据详勘报告,典型场地地层分布及变化情况详见图3.6.2-5。

根据地质报告建议,本工程采用旋挖成孔灌注桩,桩径1.0m,桩身混凝土强度等级为C40,桩端持力层为11-3层中风化钙质石英粉砂岩,该层岩石天然单轴抗压强度值在2.30~7.37MPa之间,平均值为3.59MPa,属极软岩,有效桩长≥47m,进入持力层深

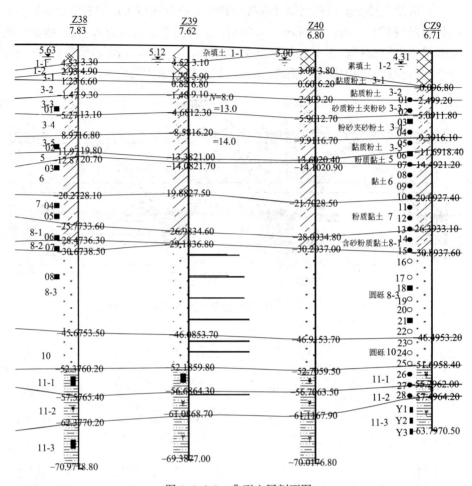

图 3.6.2-5 典型土层剖面图

度为 2m（核心筒区域入岩不小于 4m），主楼桩基施工时按有效桩长及进入持力层深度双控。单桩竖向抗压承载力特征值为 9000kN。筏板厚度为 4.2m。地下室抗浮设计水位为室外地坪下 0.5m。

沉降计算采用迭代计算（适用于桩筏筏板弹性地基梁），按规范取沉降经验系数，承台沉降计算采用 Mindlin 方法，考虑回弹再压缩对沉降计算的影响。考虑到后浇带的作用，沉降计算采用塔楼单独计算，最大计算沉降为 67mm，形状为锅底形。

3.6.3 超限判断和性能目标

1. 超限情况判定

根据《审查要点》有关规定，超限判别详见表 3.6.3-1 和表 3.6.3-2。

高度超限判别 表 3.6.3-1

结构类型	适用高度	本工程高度		是否超限	
		主塔	副塔	主塔	副塔
钢管混凝土框架＋钢筋混凝土核心筒	190m	295.77m	278.0m	是	是

不规则判别 表 3.6.3-2

序号	不规则类型	描述与判别	是否超限	
			主塔	副塔
1a	扭转不规则	考虑偶然偏心的扭转位移比大于1.2	是	是
4a	刚度突变	相邻层刚度变化大于90%(按高规考虑层高修正时,数值相应调整)	是	是
7	局部不规则	局部的穿层柱、斜柱、夹层、个别构件错层或转换	是	是

2. 抗震性能目标

根据结构受力特点设定结构抗震设防性能目标 C 级。主塔楼结构构件抗震性能目标见表 3.6.3-3。其中,关键构件定义范围为:核心筒底部加强区(8 层楼面以下),核心筒收进区,带状桁架/外伸桁架及相邻竖向构件,高层悬挑梁;普通竖向构件定义范围为:普通楼层剪力墙和框架柱;耗能构件定义范围为:连梁和框架梁。

主塔楼结构构件性能目标 表 3.6.3-3

抗震烈度			频遇地震（小震）	设防烈度地震（中震）	罕遇地震（大震）
性能水平定性描述			不损坏	可修复损坏	结构不倒塌
层间位移角限值			$h/500$	—	$h/100$
关键构件	核心筒底部加强区、核心筒收进区	压弯	弹性,特一级	不屈服	可形成塑性铰,破坏程度轻微,可入住:$\theta<IO$
		拉弯			
		抗剪	弹性,特一级	弹性	正截面不屈服,斜截面可形成塑性铰:$\theta<IO$
	带状桁架/外伸桁架		弹性,二级	不屈服	允许屈服,不发生屈曲破坏
	高层悬挑梁		弹性,二级	不屈服	可形成塑性铰,破坏程度可修复并保证生命安全:$\theta<LS$
普通竖向构件	核心筒普通楼层	压弯	弹性,特一级	不屈服	可形成塑性铰,破坏程度可修复并保证生命安全:$\theta<LS$
		拉弯			
		抗剪	弹性,特一级	弹性	可形成塑性铰,破坏程度轻微,可入住:$\theta<IO$
	外框柱		弹性,一级	不屈服	可形成塑性铰,破坏程度可修复并保证生命安全:$\theta<LS$
耗能构件	核心筒连梁		弹性,特一级	允许进入塑性	最早进入塑性:$\theta<CP$
	外框梁		弹性,二级	允许进入塑性	可形成塑性铰,破坏程度可修复并保证生命安全:$\theta<LS$
其他结构构件			弹性	允许进入塑性	可形成塑性铰,破坏程度可修复并保证生命安全:$\theta<LS$
节点			不先于构件破坏		

3. 结构主要加强措施

针对结构超限类型和程度,采取以下设计加强措施:

(1)核心筒底部个别墙体存在受拉情况,墙体中设置型钢增强墙体受拉承载力及其延性。底部加强部位墙身水平分布筋的最小配筋率分别提高到 0.6%;加强层及其上下层剪力墙水平分布筋最小配筋率为 0.6%。

（2）与伸臂桁架相连的剪力墙内型钢设置，并满足等强设计原则；加强层（带状桁架相关楼层）整层楼板厚度取 225mm，采用双层双向配筋，以便更好地传递水平剪力。

（3）根据中震楼板应力分析结果，对于受拉力较大的楼层（折线柱突出的楼层），在核心筒外的楼面下设置水平桁架，并增加板配筋率以提高其抗拉性能。对于受压力较大的楼层，提高楼板厚度至 160mm，并提高板内的配筋率。

（4）对部分剪力较大的连梁适当提高配箍率，局部跨高比小于 2.5 的连梁设置对角斜筋或型钢，以满足强剪弱弯的抗震概念设计要求。

（5）对核心筒收进部位的局部墙体适当提高其配筋率；在较厚墙体中按规范要求布置多层钢筋，以使墙截面中剪应力均匀分布且减少混凝土的收缩裂缝。

（6）部分连梁内设置型钢或交叉配筋，以保证强剪弱弯，不出现剪切破坏。连梁充分发挥耗能作用。

（7）伸臂层及相邻层局部楼板应力较大，适当增加楼板配筋构造，满足设计性能目标的要求。

（8）节点区构件板厚取相交构件的最大板厚，满足强节点、弱构件的抗震设计原则。

3.6.4 结构抗震计算

为确保分析结果的准确性，本工程分别采用 ETABS 和 YJK 两个软件进行多遇地震作用下的计算分析，相互复核验证结构各部位在多遇地震作用下的性能目标。为节省篇幅，以下仅列出主塔楼结构的计算结果。

1. 结构周期

ETABS 模型和 YJK 模型的前 6 阶振型周期见表 3.6.4-1，可见两个模型的主要计算周期非常接近。

主塔楼计算周期对比   表 3.6.4-1

周期	ETABS(s)	YJK(s)	YJK/ETABS	说明
T1	6.58	6.75	1.03	Y 平动为主
T2	6.38	6.60	1.03	X 平动为主
T3	4.51	4.56	1.01	扭转为主
T4	2.25	2.35	1.04	Y 平动为主
T5	1.88	1.96	1.04	X 平动为主
T6	1.68	1.80	1.07	扭转为主

2. 两个软件计算结果对比

ETABS 模型和 YJK 模型的典型计算结果指标见表 3.6.4-2，可以看到两个模型在地震作用下的最大层间位移角等计算指标均较接近。

主塔楼计算结果对比   表 3.6.4-2

计算程序	ETABS	YJK	YJK/ETABS
周期折减系数	0.85	0.85	
考虑 $P\text{-}\Delta$ 效应	是	是	

续表

计算程序		ETABS	YJK	YJK/ETABS
最大层间位移角（X 向）	50 年规范风-X	1/1052-L51	1/1111-L50	0.95
	50 年风洞风-X	1/1220-L51	1/1352-L50	0.90
	50 年小震反应谱-按剪重比调整后	1/786-L51	1/696-L48	1.13
最大层间位移角（Y 向）	50 年规范风-Y	1/582 -L55	1/581-L54	1.00
	50 年风洞风-Y	1/525 -L55	1/557-L54	0.94
	50 年小震反应谱-按剪重比调整后	1/728 -L55	1/637 -L54	1.14
基底剪重比	X 向	1.08%	1.027%	0.95
	Y 向	1.14%	1.011%	0.89
扭转位移比	X 向	1.07	1.62（X＋偶然偏心首层裙房）	—
	Y 向	1.31	1.4	—
楼层刚度比	X 向	0.84	0.75	—
	Y 向	0.82	0.84	—
楼层受剪承载力比	X 向	0.90L04（不考虑带状桁架及相邻楼层）	0.89L04	—
	Y 向	0.95 L44（不考虑带状桁架及相邻楼层）	0.91L04	—

3. 地震剪力系数分析

多遇地震作用下各楼层的剪力分布，两种软件计算结果吻合良好，YJK 软件计算得到的基底最小剪重比 X 方向为 1.027%，Y 方向为 1.011%。根据《审查要点》规定，对于基本周期大于 6s 的结构，计算的底部剪力系数可比规定值降低 20% 以内，故满足折减后要求的楼层最小地震剪力系数 0.96%。

4. 层间位移角分析

对于多遇地震和风荷载作用下的楼层层间位移角，两种软件计算结果吻合良好。层间位移角在三道伸臂桁架加强层部位存在突变。根据 YJK 软件分析结果，多遇地震作用下，最大层间位移角 X 向为 1/696，Y 向为 1/637；水平风荷载作用下，最大层间位移角 X 向为 1/1111，Y 向为 1/557。可见，X 向为地震控制，Y 向为风荷载控制。各计算工况下最大层间位移角均小于 1/500，满足规范的限值要求。

5. 结构扭转效应分析

规定水平力作用下，考虑 5% 偶然偏心时，两个主轴方向上的绝大部分楼层的扭转位移比均小于 1.20。根据计算周期（表 3.6.4-1），扭转周期比验算满足规范要求。

6. 楼层侧向刚度比和受剪承载力比

根据 YJK 软件计算结果，主塔楼相邻楼层的侧向刚度变化符合《高规》第 3.5.2 条"楼层侧向刚度不宜小于相邻上部楼层的 70% 或其上相邻三层侧向刚度平均值的 80%"的要求。

根据《高规》第 3.5.3 条，A 级高度高层建筑的楼层抗侧力结构的层间受剪承载力不宜小于其相邻上一层受剪承载力的 80%，不应小于其上相邻上一层受剪承载力的 65%，B 级高度高层建筑的楼层抗侧力结构的层间受剪承载力不应小于其相邻上一层受剪承载力的 75%。根据 YJK 计算结果，除第 36 层和 56 层（伸臂桁架加强层的下一层）受剪承载力之比小于 0.75 外，其余楼层均满足规范要求。

7. 周边框架地震剪力比

多遇地震作用下主塔楼外框剪力分配如图 3.6.4-1。在水平地震作用下，楼层剪力主要由核心筒承担，除伸臂桁架加强层及上下相邻楼层外，外框按刚度分配得到的地震剪力分担比例在大部分楼层不小于 8%，仅有个别楼层小于 5%。

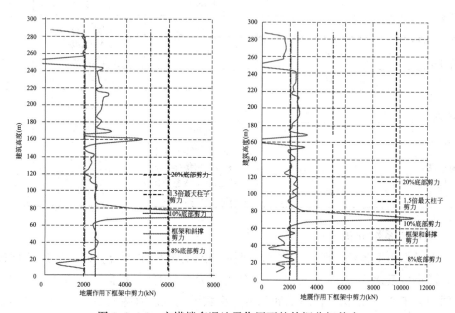

图 3.6.4-1　主塔楼多遇地震作用下的外框分担剪力

8. 中震作用下构件的验算

在中震不屈服荷载组合下，剪力墙特一级底部加强区以及其他部位拉应力与混凝土抗拉强度标准值比值应不大于 2.0。核心筒内剪力墙除 1~4 层局部出现受拉情况（为核心筒的四个角部），其余均为受压，无拉应力出现。受拉部位拉应力与混凝土抗拉强度标准值比值的最大值为 0.33，小于 $1.0f_{tk}$。为提高筒体四个角部的抗拉能力，并降低该位置墙肢的轴压比，在筒体的四个角部（基础顶~5 层结构板面）设置型钢，以达到提高延性的目的。

计算结果表明，在中震作用下核心筒剪力墙均满足中震抗剪弹性要求，对位于加强层与伸臂桁架相连的剪力墙进行抗剪承载力验算，结果表明中震下剪力墙能满足既定性能目标。

9. 结构弹塑性分析

本工程采用 PKPM-SAUSAGE（SAUSAGE 2018）软件进行弹塑性时程分析，梁柱及支撑构件采用非线性纤维梁单元，沿截面和长度方向分别积分；剪力墙及楼板采用非线性分层壳单元，沿平面内和厚度方向分别积分。选取 3 组大震地震波，其中 2 组为天然波、1组为人工波；每组波采用 X、Y 向两个主轴方向计算水平地震作用。结构在各波作用下的弹塑性分析整体计算结果见表3.6.4-3和图3.6.4-2。

主塔楼各地震波作用下结构弹塑性基底剪力　　　表 3.6.4-3

地震波	X 主向			Y 主向		
	X 向基底剪力(kN)	与小震 CQC 法比值	剪重比	Y 向基底剪力(kN)	与小震 CQC 法比值	剪重比
L750	96231	4.3	4.4%	126775	5.4	5.8%
L2628	107093	4.8	4.9%	108661	4.6	5.0%
L2605	101713	4.5	4.7%	110000	4.7	5.0%

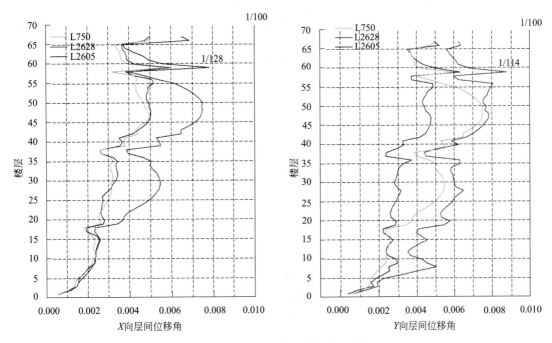

图 3.6.4-2　主塔楼层间位移角曲线

由上述结果可知，当地震波以 X 向、Y 向为主向时，结构大震弹塑性时程分析底部剪重比为 4.4%～5.8% 之间，X、Y 向大震弹塑性基底剪力与小震 CQC 基底剪力的比值在 4.3～5.4 之间。主塔楼在各波作用下的最大弹塑性层间位移角 X 向为 1/128（59 层）、Y 向为 1/114（59 层），均满足 1/100 的规范限值要求。主塔楼从层间位移角曲线来看，伸臂桁架加强层附近有较明显的突变，因此对此部位的竖向构件进行了加强。

主塔楼在激励较为充分的人工地震波 L750 作用下，顶点位移和基底剪力时程曲线见图 3.6.4-3 和图 3.6.4-4，能量耗散如图 3.6.4-5 所示。通过大震弹性和大震弹塑性顶点位移和基底剪力的时程曲线对比，由结果可知，结构在 10s 左右开始进入塑性，此后随着塑性的进一步开展，出现较为明显的周期增大、反应滞后的现象，基底剪力大幅减小，说明结构在大震下通过塑性变形有效地降低了地震效应。由能量图可知，应变能占结构总能量比例较大，附加阻尼比最高达到 4.9%，说明结构有良好的耗能能力。

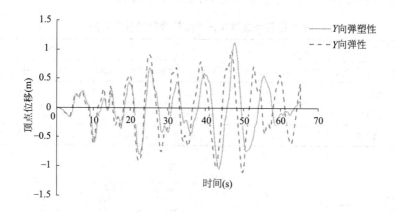

图 3.6.4-3　主塔楼结构顶点位移时程曲线对比

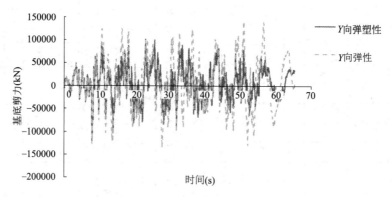

图 3.6.4-4　主塔楼结构基底剪力时程曲线对比

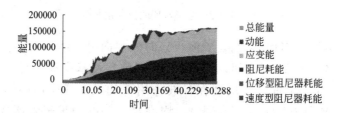

图 3.6.4-5　主塔楼 Y 主方向作用下 L750 能量图

　　本节以主塔楼为例，结构的性能水平如图 3.6.4-6 和图 3.6.4-7 所示。从性能水平来看，大部分墙体出现轻微、轻度损伤，筒体周边较短墙肢以及缩进处墙体相对损伤范围更大；而与伸臂直接相连的墙肢由于采用钢板剪力墙，损伤也得以控制。连梁大部分处于重度损伤以上，说明大震下连梁为主要耗能构件；裙房以及主楼钢管混凝土框架柱柱顶均出现轻微损伤。主楼部分底部穿层柱、外框斜柱在反向斜率相交处出现轻度损伤，因此对斜柱相交节点构造严格把控、重点加强。第 41 层筒体内三根框架柱（墙上立柱）出现中度损伤，采取加大截面、配筋等措施；筒体内混凝土梁均产生轻微～轻度损伤，说明混凝土梁能够较好地发挥耗能作用，而筒体外大部分钢梁处于无损伤状态，说明钢梁在大震下基本性能完好，保持弹性；伸臂桁架和环带桁架在大震下均为无损伤状态，保持弹性，能够满足性能化要求；楼板损伤基本集中在加强层以及环带桁架层，因此相应地对这几层采取了加强板厚和配筋的措施。

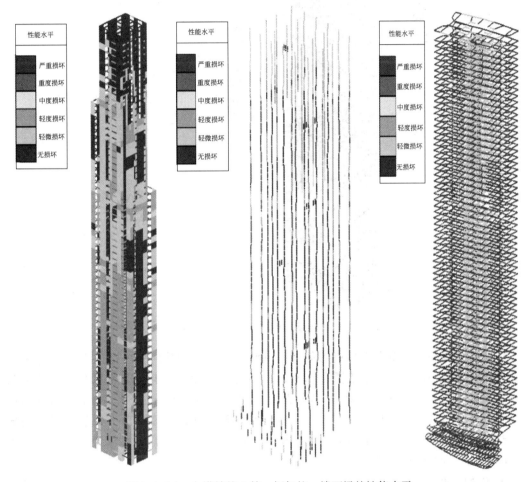

图 3.6.4-6 主塔楼核心筒、框架柱、楼面梁的性能水平

结构在大震动力分析下的反应满足性能目标，但部分构件在极限状态下的屈服顺序还不明确，因此，为更好地理解各构件屈服顺序，选取相同的代表地震工况（主向L2023），放大地面峰值加速度至8度（400cm/s²），考察各构件屈服顺序是：连梁→框架梁→框架柱→带状桁架→伸臂桁架。结构屈服机制合理。

3.6.5 结构风工程试验研究

1. 风工程试验参数

为了保证塔楼抗风设计的安全、经济、合理，有必要进行杭州国际中心的风洞试验，即按相似原理，在模拟大气边界层流场的风洞中进行模型试验，测定建筑物表面风压和体型系数，为主、副塔楼提供风荷载计算依据。

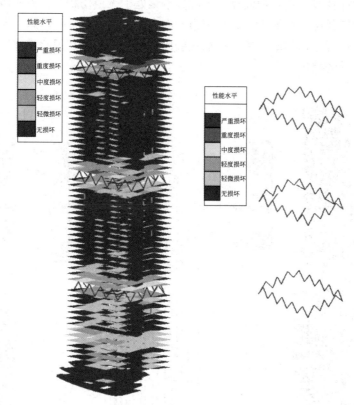

图 3.6.4-7　主塔楼楼板、伸臂桁架与环带桁架的性能水平

试验的主要技术参数和试验内容如下：风洞试验模型的几何缩尺比为 1∶350，采用 ABS 工程塑料制成，模型总高度为 0.85m；10 年一遇和 50 年一遇的基本风压分别为 0.30kN/m² 和 0.45kN/m²，对应风速分别为 21.9m/s 和 26.8m/s；考虑项目周围地形地貌特征，该建筑物在部分风向角下处于 B 类地貌场地，在部分风向角下处于 C 类地貌场地；试验风向角根据建筑物和地貌特征，在 0°～360°范围内每隔 15°取一个风向角，共进行 24 个风向角的测试。

2. 风洞试验结果

顺风向整体体型系数及 50 年重现期基底风荷载随风向角的变化规律如图 3.6.5-1～图 3.6.5-4 所示。各楼层等效静力风荷载采用各分量的基本值及其组合系数的形式表达，F_x 的基本值则采用基底 F_x 绝对值出现最大值时对应风向角下的 F_x 各楼层等效风荷载分布，F_y 和 M_z 依次类同。根据以上数据得出了等效静力风荷载基本值和相应的组合系数。通过计算得出塔楼风洞风下的响应。

主塔楼顺风向规范风荷载与风洞风荷载的比较　　　　　　　　　　表 3. 6. 5-1

主塔			底部剪力(kN)	
风荷载	阻尼比	采用参数	X	Y
50 年规范风	3.5%	粗糙度 C 体型系数 1.4 峰值因子 2.5	17168	27045

主塔			底部剪力(kN)	
风荷载	阻尼比	采用参数	X	Y
50年风洞风	3.5%	粗糙度 B/C 峰值因子 2.5	16391	31463
风洞风/规范风			0.95	1.16
100年规范风	3.5%	粗糙度 C 体型系数 1.4 峰值因子 2.5	18885	29750
100年风洞风	3.5%	粗糙度 B/C 峰值因子 3.0	20731	37657
风洞风/规范风			1.10	1.27

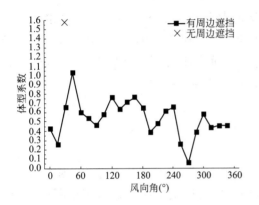

图 3.6.5-1 主塔楼体型系数

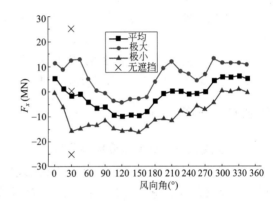

图 3.6.5-2 X 方向基底剪力 F_x

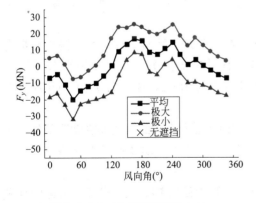

图 3.6.5-3 Y 方向基底剪力 F_y

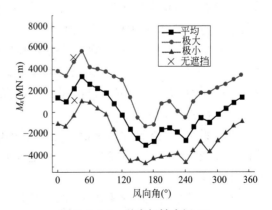

图 3.6.5-4 基底扭转力矩 M_x

表 3.6.5-1 给出了主塔楼风洞风和规范风塔楼底部剪力的关系，根据风洞试验单位的建议，塔楼构件承载力计算时峰值因子取 3.0，变形验算时峰值因子取 2.5。大多数情形下风洞风荷载比规范风荷载大，因此会控制构件设计和结构变形的验算。

3. 风振舒适度分析

《高规》规定，10年重现期下办公楼的顶层峰值加速度限值为 0.25m/s^2，住宅楼的顶层峰值加速度限值为 0.15m/s^2。同时 ISO 10137：2007 给出的1年重现期峰值加速度的限值，该限值与结构频率相关。本项目主塔前两阶频率 0.138Hz（Y 向平动）、0.144Hz（X 向平动），副塔前两阶频率 0.134Hz（Y 向平动）、0.144Hz（X 向平动），由 ISO 10137：2007 可知，主、副塔加速度限值约为 0.10m/s^2（住宅）和 0.15m/s^2（办公）。

本项目主塔目标位置为65层（283m，观景层），且该楼层为办公楼层，因此10年重现期和1年重现期加速度限值分别为 0.25m/s^2 和 0.15m/s^2。

10年重现期采用 1.5% 阻尼比，主塔楼65层最大 X 方向和 Y 方向峰值加速度分别为 0.077m/s^2 和 0.136m/s^2，副塔楼54层最大 X 方向和 Y 方向峰值加速度分别为 0.073m/s^2 和 0.111m/s^2，副塔楼64层最大 X 方向和 Y 方向峰值加速度，分别为 0.089m/s^2 和 0.135m/s^2，各风向角下舒适度均能满足我国高层规范要求；

1年重现期采用 1.5% 阻尼比，主塔楼65层最大 X 方向和 Y 方向峰值加速度分别为 0.042m/s^2 和 0.047m/s^2，副塔楼54层 X 方向和 Y 方向峰值加速度分别为 0.034m/s^2 和 0.045m/s^2，副塔楼64层最大 X 方向和 Y 方向峰值加速度，分别为 0.041m/s^2 和 0.055m/s^2，各风向角下舒适度均能满足 ISO 10137：2007 规定。

3.6.6 专项分析

1. 混凝土收缩徐变效应影响分析

根据《高规》的要求，复杂高层建筑及房屋高度大于 150m 的其他高层建筑结构在进行重力荷载作用效应分析时，柱、墙、斜撑等构件的轴向变形应考虑施工过程的影响。《高层建筑钢-混凝土混合结构设计规程》DG/TJ 08—015—2018 则明确应考虑混凝土收缩、徐变以及钢框架和混凝土剪力墙之间在重力荷载作用下弹性压缩引起的变形差异。因此，在分析设计时需通过选择合适的计算模型，进行施工模拟计算，以便满足规范要求，较为准确地反映结构的变形和内力分布。

构件的徐变、收缩等时间相关的变形与很多因素有关，例如相对湿度、混凝土配合比特性、混凝土构件尺寸、配筋量和配筋形式、荷载的历史等。有很多模型来量化混凝土构件的轴向变形，本项目使用由欧洲混凝土委员会和国际预应力协会（CEB-FIB）的2010年规范模型。

由于钢管可以阻止水分从混凝土核心中流失，钢管混凝土柱的徐变和收缩明显比型钢混凝土柱或普通柱低。在 96% 的相对湿度下，钢管混凝土的收缩变形可被忽略，徐变变形缩小 50%。

本项目的徐变和收缩采用 ETABS 软件计算，计算中使用 FIB2010 模型，考虑配筋和加载历史的对变形的影响；组合柱、非组合柱和墙的相对湿度假定为 50%，对于钢管混凝土柱，相对湿度假定为 100%。

荷载历史从 21d 开始，施工速度为每 7d 一层；核心筒墙比钢管混凝土柱早十层；组合楼面梁和楼板比外框柱晚一层；带状桁架和柱子同时安装；附加恒载和幕墙荷载比楼面梁板晚25层；结构封顶后安装所有外伸桁架斜腹杆；附加静载和幕墙荷载施加完后，全楼施加 25％的活载；最后外伸桁架上下弦杆两端刚接。

经过计算，主塔楼柱子和核心筒在 10000d 后的总变形以及柱子与核心筒的变形差如图 3.6.6-1 所示，最大变形差约 35mm。柱子与核心筒间的位移差随时间变化，导致伸臂桁架因为不均匀的竖向变形而产生内力。

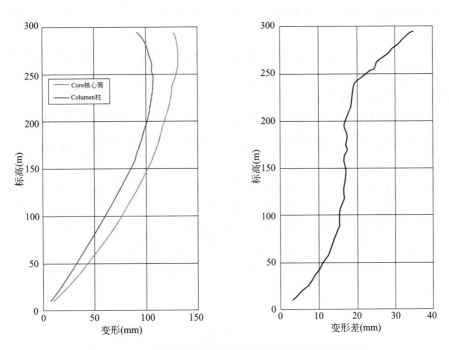

图 3.6.6-1 核心筒和外框柱 10000d 后的变形及变形差

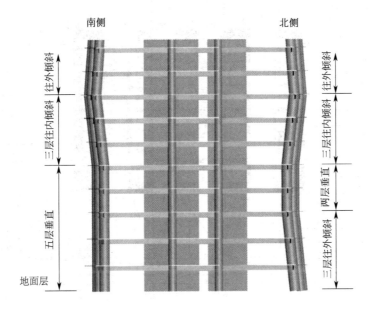

图 3.6.6-2 主塔楼外框柱的构形

273

2. 外框倾斜柱分析

为了增加典型楼层的使用面积，主塔楼周边框架柱紧贴外墙面，建筑体型导致柱子带有倾斜角度而在某些楼层会有折点。一个典型节段共有10层，分成三个部分：4层柱子往内倾斜、2层为垂直柱、4层柱子往外倾斜。为了简化带状桁架楼层的设计与施工，柱子穿过双层高的机电/避难区时维持垂直的布局。图3.6.6-2为主塔楼外框柱的构形。

柱子折点会由于不同角度的柱子轴力而产生水平推力或拉力，此水平力将需要通过在折点层的梁板系统来解决。如果保守地假定水平分力全部靠楼面梁传递，跨越柱子及核心筒之间楼面梁的截面需加大。

由于下部结构状况不同，底部柱子布局也有所不同。主塔楼南侧的柱子从5层垂直向下延伸，避开地下室的车道；北侧的柱子往外倾斜到地面层，然后垂直向下延伸至基础。

对中震不屈服和风荷载作用下，水平梁上产生的轴力进行了计算，风荷载产生的轴力为控制工况，折点处产生的最大轴向拉力为6761kN，位置位于9层，为使轴向拉力有效传递，沿建筑外立面，在柱折点的上下一层采用贯通核心筒的钢拉板进行对穿，并与钢梁的腹板进行连接。在东西两侧的边框架，为保证轴向拉力的有效传递，将钢梁的腹板贯通至柱内。南北两侧的梁柱节点中，也将Y向的钢梁腹板伸入钢管柱内。典型的平面及节点大样，如图3.6.6-3～图3.6.6-7所示。

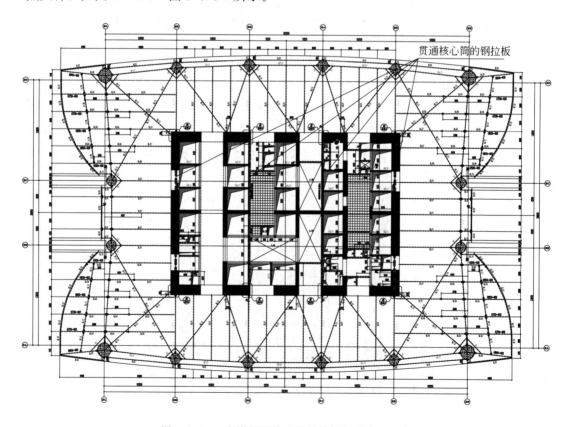

图3.6.6-3　主塔贯通核心筒的钢拉板示意（9层）

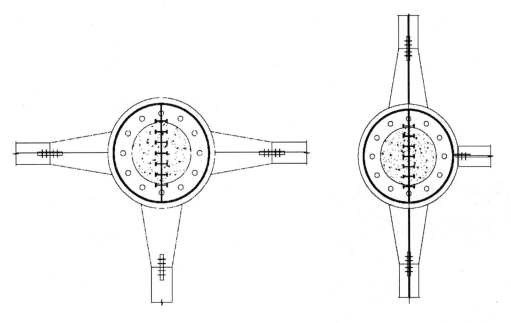

图 3.6.6-4　钢管柱与钢梁刚接大样 1　　　图 3.6.6-5　钢管柱与钢梁刚接大样 2

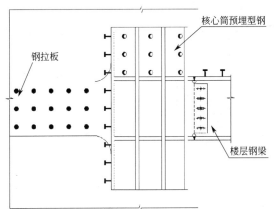

图 3.6.6-6　钢拉板与钢梁连接大样

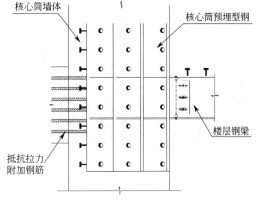

图 3.6.6-7　附加抗拉钢筋与钢梁连接大样

3.7　杭州未来科技城奥克斯中心塔楼

3.7.1　工程概况

杭州未来科技城奥克斯中心项目[①]位于杭州市余杭区未来科技核心区范围，整个项目规划了 4 幢 40～48 层的超高层住宅、1 幢 59 层的超高层塔楼（奥克斯中心）和 2～6 层商业裙房，总建筑面积为 45.120 万 m²，其中地上 34.992 万 m²，地下 10.127 万 m²。设

---

①　本项目方案设计单位为中国建筑上海设计研究院有限公司，初步设计和施工图设计单位为浙江省建筑设计研究院。

置3层整体地下室（局部设有夹层区为4层），主要功能为车库及设备用房，地下室最深处为−15.0m。奥克斯中心位于整个项目的东南角（图3.7.1-1），地面以上结构层数为59层，底部设有6层商业及酒店配用房，其他以上楼层为酒店、办公建筑（图3.7.1-2），主屋面高度为264.70m，建筑高度（含屋顶构架）为273.90m，裙楼屋面结构标高34.6m。建筑面积16.80万 m^2（地上12.631万 m^2、地下4.169万 m^2）。工程于2020年底建成，现已成为杭州城市形象新的标志性建筑。

右侧标注（自上而下）：
总高度273.9m
高区办公层47～59层
结构加强层(避难层)46层
中区办公层32～45层
结构加强层(避难层)31层
低区办公层17～30层
结构加强层(避难层)16层
酒店客房层8～15层
设备转换层(避难层)7层
裙房部分
地下室部分

图3.7.1-1　工程实景照片　　　　　　　图3.7.1-2　建筑功能分区

　　主体结构的设计基准期和使用年限为50年，建筑结构安全等级为二级，结构重要性系数为1.0。抗震设防烈度为6度，设计基本地震加速度值为0.05g，设计地震分组为第一组，特征周期为0.35s，场地类别为Ⅱ类，建筑抗震设防类别为重点设防类（乙类）。多遇地震计算结构阻尼比取0.04。基本风压取0.45kN/m^2（$n=50$），承载力极限状态验算时放大1.1倍，风荷载舒适度分析时基本风压按10年一遇的标准取0.30kN/m^2，地面粗糙度取B类，风荷载体型系数取1.4，风振计算时阻尼比取为0.02。基本雪压0.45kN/m^2，雪荷载准永久值分区Ⅲ。

3.7.2　结构方案

1. 结构体系

　　奥克斯中心塔楼建筑高度为273.90m，高度超过了《高规》中混合结构高层建筑适用的最大高度，属超限高层建筑结构。采用由外围钢管混凝土框架（矩形钢管混凝土柱＋

钢框架梁）与钢筋混凝土核心筒所组成的框架-核心筒混合结构，楼盖采用钢筋桁架楼承板。裙房采用钢筋混凝土框架结构、钢筋混凝土楼板。除裙房屋面标准层外围框架柱每边4 根、共有 16 根，四个角部的 2 根间距为 12.7m，其余柱子间距均为 9.0m。裙房和塔楼典型结构平面见图 3.7.2-1 和图 3.7.2-2 所示。

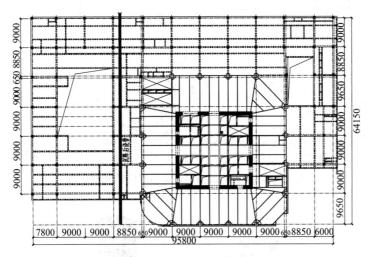

图 3.7.2-1　裙房三层平面

结构抗震等级：大底盘屋面标高以下、环带桁架及相邻上下各一层，框架和核心筒均取一级（钢构件为三级）；大底盘屋面标高以上，框架和核心筒均取二级（钢构件为四级）。考虑地下室顶板作为上部结构的嵌固部位，地下一层抗震等级同上部结构；地下二层抗震等级：框架二级，剪力墙二级；地下三层的抗震等级：框架三级，剪力墙三级。

加强层结构选型比选，设计初期主要对以下三种方案进行了比选：（1）不设加强层方案；（2）利用设备层和避难层在 16 层和 16 层夹层、31 层和 31 层夹层、46 层和 46 层夹层设置三道环带桁架＋伸臂桁架加强层方案；（3）利用设备层和避难层在 16 层和 16 层夹

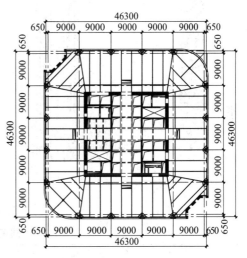

图 3.7.2-2　塔楼办公平面

层、31 层和 31 层夹层、46 层和 46 层夹层设置三道环带桁架加强层方案；具体计算结果如表 3.7.2-1、图 3.7.2-3 所示。可以看出，不设置加强层时最大层间位移角为 X 向1/635（47 层），Y 向 1/604（47 层），可满足规范 1/500 的要求，但是结构第一周期达到7.5322s，结构刚重比为 X 向 1.17，Y 向 1.11，均小于 1.4，不能通过整体稳定验算。另外，设置加强层的方案刚重比均满足规范要求，设置环带腰桁架及伸臂桁架的方案比仅设置环带腰桁架的方案周期减小 10% 左右，刚重比增大 20% 左右。设置伸臂桁架方案导致加强层刚度过大，造成刚度、承载力、内力突变严重，且施工相对复杂，因此，在满足规

范刚重比的要求下,最终塔楼的抗侧力体系由钢筋混凝土核心筒、矩形钢管混凝土柱以及三道环带腰桁架加强层共同组成,整体结构体系的组成如图 3.7.2-4 所示。

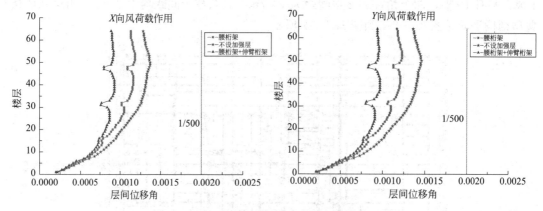

图 3.7.2-3　不同加强层方案的层间位移角比较

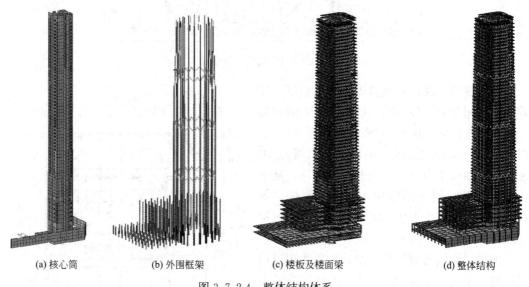

| (a) 核心筒 | (b) 外围框架 | (c) 楼板及楼面梁 | (d) 整体结构 |

图 3.7.2-4　整体结构体系

不同结构方案对比　　　　　　　　　　　　　　表 3.7.2-1

方案类型		不设加强层	设三道加强层(环带桁架+伸臂桁架)	设三道加强层(环带桁架)
第一周期(s)		7.5322	6.0711	6.5752
第二周期(s)		7.1365	5.8054	6.304
第三周期(s)		3.1423	2.6234	2.903
刚重比	X 向	1.17	1.83	1.51
	Y 向	1.11	1.77	1.44

2. 结构布置

(1) 裙房结构

杭州未来科技城奥克斯中心项目为一大型商业综合体,考虑到酒店、办公与住宅功能性质不同，在裙房与奥克斯中心塔楼的西侧和北侧设置了结构缝，使得奥克斯中心为一带大底盘的复杂高层建筑。由于整个裙房的范围不大，最大一侧为主楼外扩了4跨，因此整个裙房的抗震等级均与主楼相同。裙房尺寸为95.8m×64.1m，由于裙房纵向长度较长，在塔楼与裙房交界处设置了施工后浇带，并采取其他有效的技术措施（采用补偿收缩混凝土、掺入抗裂纤维等措施），以减小混凝土收缩、温度应力对裙房结构的不利影响。

（2）塔楼结构

奥克斯中心塔楼典型平面外轮廓尺寸为46.3m×46.3m，核心筒平面尺寸为23.6m×23m，结构高宽比约为5.7，核心筒高宽比约为11.5。为提高塔楼结构整体刚度，更好地满足结构整体稳定性、结构位移及周期控制要求，设计时利用建筑避难层和设备层，沿高度方向设置了三道环带腰桁架，构成带加强层的高层建筑，加强外周框架角柱与边柱的联系，有效减小剪力滞后效应，使周边各框架柱受力趋于均匀，见图3.7.2-5；环带腰桁架跨越设备层和避难层两层，下弦杆为16层、31层、46层楼面边框梁，上弦杆为17层、32层、47层楼面边框梁，竖杆为对应的矩形钢管混凝土柱，斜腹杆截面为H550×400×30×36，贯通设备层和避难层。为满足建筑外形需要，塔楼西北角和东南角在16层开始逐层收进，从31层开始角部的四根柱子随立面逐层往外收进，且从46层开始又随立面逐层往内倾斜，为加强结构第二道防线刚度，使其形成封闭外框架，设计采用了刚度变化比较均匀的斜柱方式，见图3.7.2-6。为满足酒店大堂功能需要，塔楼结构2层楼板开洞后基本缺失、形成了16根穿层柱（2层高），设计对洞口周边的楼板采取增大板厚及配筋率的加强措施，计算时对于穿层柱的剪力进行适当放大，并按中震弹性进行设计，严格控制其轴压比。塔楼屋顶周围设置了2层的钢构架，一是为了幕墙支撑需要，二是考虑擦窗机受力需要（擦窗机轨道设置在钢构件上），见图3.7.2-7。

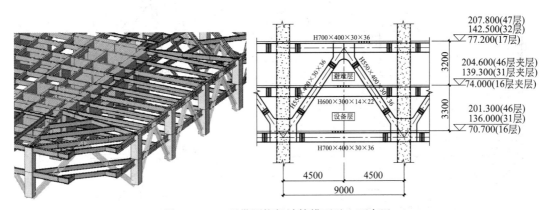

图3.7.2-5 环带腰桁架计算模型及立面布置

核心筒外圈墙体厚度自底部1200mm至顶层400mm逐步变化，核心筒内纵横隔墙厚度为300mm、400mm；剪力墙混凝土强度等级由下至上从C60逐渐降至C30，核心筒平面布置示意如图3.7.2-8所示。塔楼外围框架柱共16根，四个角部的2根柱子间距为12.7m，其余柱子间距均为9m。考虑连接方便，地下室范围内塔楼外围框架柱采用型钢混凝土柱，混凝土强度等级为C60，角柱为1700mm×1700mm，（内含十字型钢：H1200×600×36×45＋H1200×600×36×45）、中柱为1600mm×1600mm（内含十字型钢：H1100×500×36×45＋H1100×500×36×45）；出地面后采用矩形钢管混凝土柱，

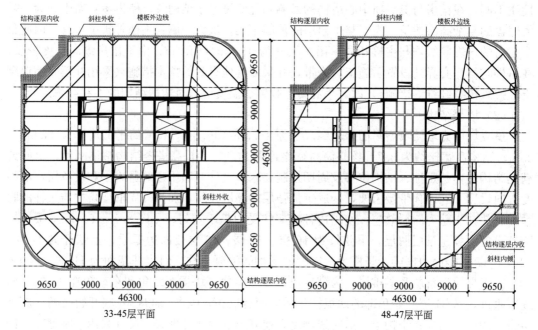

33-45层平面　　48-47层平面

图 3.7.2-6　角部斜柱外收、内倾

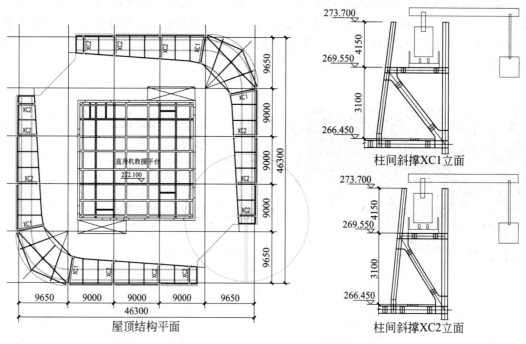

图 3.7.2-7　屋顶钢架

内灌 C60～C40 自密实高强度混凝土，首层角柱型钢截面为□1200×1200×45×45，中柱型钢截面为□1100×1100×45×45；从下至上逐渐减小，顶层框架柱型钢截面为□600×600×20×20。为了增强钢管内壁与混凝土之间的粘结，强化钢管对内部混凝土的约束作用，并延缓管壁钢板的局部屈曲，截面尺寸较大的钢管混凝土柱内壁设置纵向加劲肋或栓钉,塔楼边框架柱截面示意如图 3.7.2-9 所示。

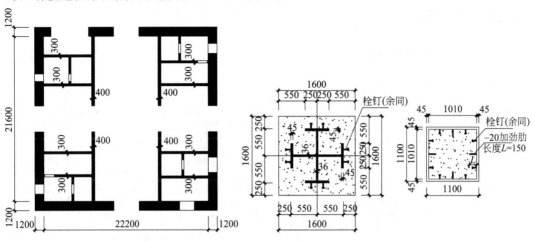

图 3.7.2-8 塔楼核心筒平面布置示意 图 3.7.2-9 塔楼边框架柱地下、地上截面

（3）地基基础方案

典型工程地质剖面如图 3.7.2-10 所示。场地上部地下水主要为潜水类型,赋存于上部填土层中,潜水埋藏较浅,其黄海高程为 $1.87\sim2.99\mathrm{m}$,该层潜水主要受大气降水和地表径流、季节、气候、附近河流的影响,地下水位年变幅在 $1.0\sim2.0\mathrm{m}$。本场地潜水对混凝土为微腐蚀性;对钢筋混凝土结构中钢筋为微腐蚀性。

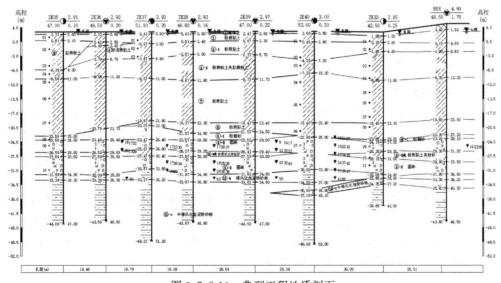

图 3.7.2-10 典型工程地质剖面

采用钻孔灌注桩,塔楼桩径 $\phi800\mathrm{mm}$,桩端进入持力层⑩-c 层中等风化蚀变砾岩或⑪-c 中等风化含泥粉砂岩 4m,为控制沉降采用桩底后注浆工艺,单桩竖向承载力特征值 4800kN。裙房桩径 $\phi700\mathrm{mm}$、$\phi800\mathrm{mm}$,以⑨-2 层圆砾层为桩端持力层,桩端全截面进入持力层不小于 2.0m 并采用桩底后注浆工艺,抗压承载力特征值分别为 2600kN 和 3200kN,抗拔承载力特征值分别 700kN 和 1050kN。

塔楼范围基础底板厚度为 3.50~2.8m，其余范围底板厚 1.0~0.8m。底板及承台混凝土强度等级：塔楼部位 C45，其余 C35。基础平面见图 3.7.2-11。

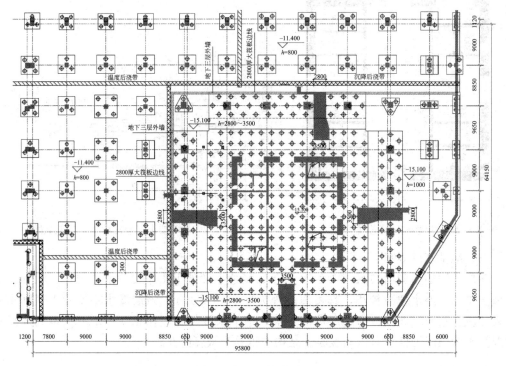

图 3.7.2-11 基础平面

3.7.3 结构抗震计算

1. 多遇地震计算

根据浙江省地震工程研究所提供的《工程场地地震安全性评价报告》（简称《安评报告》），地震动参数取值如表 3.7.3-1 所示，图 3.7.3-1 为多遇地震作用下楼层层间位移角分布曲线。结构计算分析时，采用以下方法计算结构的地震效应：（1）按《安评报告》和规范的较大值复核多遇地震下的承载力及变形；（2）设防地震和罕遇地震计算时，采用规范反应谱进行设计验算；（3）考虑到隔墙或填充墙对结构刚度贡献的影响，多遇地震作用时周期折减系数取 0.90，设防地震和罕遇地震作用时周期不折减；（4）按规范进行多遇地震计算时特征周期取 0.35s，按《安评报告》进行多遇地震计算时特征周期取 0.30s；设防地震计算时特征周期取 0.35s；罕遇地震计算时特征周期取 0.4s。

地震动参数取值（阻尼比为 4%） 表 3.7.3-1

地震烈度	50 年设计基准期超越概率	重现期（年）	设计地震动峰值加速度(cm/s²)		水平地震影响系数最大值		场地特征周期(s)		衰减指数 γ（安评）
			规范	安评	规范	安评	规范	安评	
多遇地震	63%	50	18	29	0.04	0.081	0.35	0.30	0.92
设防地震	10%	475	50	84	0.12	0.235	0.35	0.35	0.92
罕遇地震	2%	2000	125	161	0.28	0.451	0.40	0.40	0.92

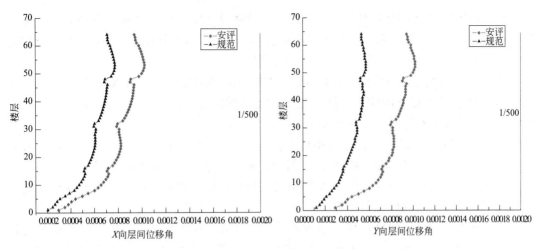

图 3.7.3-1　多遇地震作用下楼层层间位移角分布曲线

采用 PKPM 和 MIDAS 两种计算软件对塔楼进行多遇地震作用下的弹性分析，主要计算结果如表 3.7.3-2 所示。从表中可以看出：

多遇地震作用下弹性分析主要指标比较　　　　　　　　　表 3.7.3-2

计算软件		PKPM	MIDAS Building
总质量(t)		269349.6	267470.1
第一周期(s)		6.5652	6.5433
第二周期(s)		6.3040	6.2482
第三周期(s)		2.9030	2.9903
周期比		0.442	0.457
风荷载下基底总剪力(kN)	X 向	23117.2	21847.1
	Y 向	24076.4	22687.1
地震作用下基底总剪力(kN)	X 向	10048.8	10134.0
	Y 向	10069.1	10119.2
风荷载下倾覆力矩(kN·m)	X 向	3646388.2	3512645.0
	Y 向	3660081.5	3514115.9
地震作用下倾覆力矩(kN·m)	X 向	1234682.5	1692673.9
	Y 向	1237044.8	1482754.3
剪重比	X 向	0.49%	0.51%
	Y 向	0.49%	0.51%
刚重比	X 向	1.51	1.53
	Y 向	1.44	1.51
风荷载作用下最大层间位移角	X 向	1/851	1/836
	Y 向	1/819	1/809
地震作用下最大层间位移角	X 向	1/1780	1/1837
	Y 向	1/1719	1/1735
最大位移比	X 向	1.17	1.15
	Y 向	1.19	1.17

（1）两种软件计算出来的前三阶周期、风荷载及地震作用下的基底总剪力、倾覆力矩、剪重比、最大层间位移角、最大位移比基本一致，计算结果比较可靠；扭转比分别为0.442和0.457，说明结构具有足够的抗扭转刚度。

（2）风荷载作用下的基底总剪力与地震作用下的基底总剪力比值 X 向为2.15，Y 向为2.24；风荷载作用下的倾覆力矩与地震作用下的倾覆力矩比值 X 向为2.07，Y 向为2.36；表明水平荷载主要由风荷载控制。

（3）两个软件计算出的底层最小剪重比分别为0.49%和0.51%，均小于规范限值0.6%，说明结构的总体侧向刚度偏小，但通过地震作用下最大层间位移角的计算结果来看，已比规范限值小了70%，故不增加结构的抗侧刚度，根据《高规》进行调整，增大楼层水平地震剪力至满足规范要求。

（4）刚重比的计算结果在两个主方向均大于1.4，能够通过《高规》的整体稳定验算；但刚重比均小于2.7，结构计算时需考虑重力二阶效应对水平力作用下结构内力和位移的不利影响。

此外，不计入裙房时，塔楼框架部分按刚度计算分配的最大楼层地震剪力达到结构底部总剪力的10.53%（X 向）和12.43%（Y 向），大于规范限值10%的要求。

2. 小震弹性时程分析

采用2条天然波和1条人工波进行小震弹性时程分析，并与规范反应谱分析结果进行了比较（表3.7.3-3）。计算结果表明：每条时程曲线计算所得结构基底剪力不小于振型分解反应谱法计算结果的65%，多条时程曲线计算的结构基底剪力的平均值不小于振型分解反应谱法计算结果的80%，说明时程波选波满足规范要求。图3.7.3-2和图3.7.3-3分别列出了时程分析与反应谱分析对应的各楼层剪力、楼层弯矩。从图3.7.3-2可以看出，虽然大多数楼层时程分析法所得楼层剪力均小于规范反应谱法结果，但根据规范要求，在进行承载力计算时，取时程计算结果的包络值与反应谱计算结果的较大值。

时程分析与反应谱分析基底剪力比较　　　　表3.7.3-3

	地震波	0°(X 向)		90°(Y 向)	
		基底剪力(kN)	时程基底剪力/反应谱基底剪力	基底剪力(kN)	时程基底剪力/反应谱基底剪力
反应谱		10048.39	—	10068.94	—
天然波1	TH1TG035	7854.5	0.782	7050.7	0.700
天然波2	TH4TG035	7528.1	0.749	7643.6	0.759
人工波1	RH4TG035	10960.7	1.091	10849.3	1.078
时程分析平均值		8781.1	0.874	8514.5	0.846
是否满足		—	满足	—	满足

3. 性能目标和构件性能验算

针对项目超限情况，综合考虑抗震设防类别、设防烈度、场地条件、结构的特殊性、建造费用、震后损失和修复难易程度等因素，结构性能目标选用C级，具体结构构件的性能设计指标如表3.7.3-4所示。

基于性能设计要求，对结构裙房及其以上一层，环带腰桁架加强层及其上下层的竖向抗侧力构件进行了中震弹性验算，外框柱的轴压比最大为0.68，应力比基本在0.65～

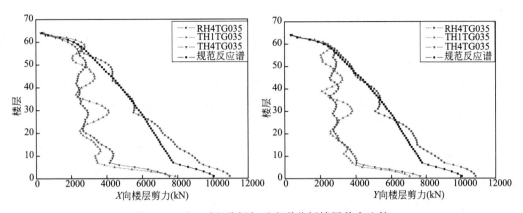

图 3.7.3-2 时程分析与反应谱分析楼层剪力比较

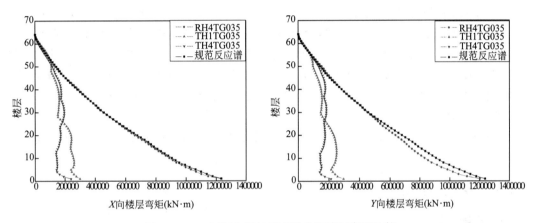

图 3.7.3-3 时程分析与反应谱分析楼层弯矩比较

0.85 之间，墙肢的轴压比最大为 0.47，满足规范对一级抗震等级的要求；环带腰桁架上下弦杆的应力比最大为 0.65；斜腹杆的强度应力比在 0.50～0.57 之间，稳定应力比在 0.60～0.85 之间，斜腹杆平面外稳定应力明显比塔楼四角处大；以上验算可确保结构在设防地震作用下，结构承载力满足弹性设计要求。

结构构件性能目标　　　　　　　　　表 3.7.3-4

地震水准		多遇地震(小震)	设防地震(中震)	罕遇地震(大震)
性能水平		不损坏	可修复损坏	无倒塌
层间位移角限值		1/500	—	1/120
关键构件	核心筒(底部加强区)	弹性	弹性	受剪不屈服
	穿层柱、斜柱	弹性	弹性	受剪不屈服
	塔楼周边框架柱	弹性	弹性	受剪不屈服
	环带腰桁架	弹性	弹性	受剪不屈服
普通构件	核心筒(其他区域)	弹性	受弯不屈服、受剪不屈服	部分允许屈服,满足受剪截面控制条件
	裙房框架柱	弹性	受弯不屈服、受剪不屈服	部分允许屈服,满足受剪截面控制条件
耗能构件	核心筒连梁	弹性	允许进入塑性	塑性变形满足"防止倒塌"的要求
	框架梁	弹性	允许进入塑性,受剪不屈服	大部分构件满足受剪截面控制条件

4. 罕遇地震作用下弹塑性分析

选择 2 组天然波和 1 组人工波，利用 MIDAS Building 软件对塔楼进行了罕遇地震作用下的动力弹塑性分析。主要分析结果如下：

（1）在完成罕遇地震弹塑性分析后，结构仍保持直立，最大层间位移角为 1/341，满足底层层间位移角小于 1/250、其他楼层层间位移角小于 1/120 的要求。结构整体性能满足"大震不倒"的设防水准。

（2）弹塑性层间位移角曲线与弹性时程分析的层间位移角曲线形状类似，均在加强层位置发生突变，最大层间位移角发生在 55 层，此层刚度相对薄弱，故核心筒剪力墙及外围框架柱变截面均不应设置在此层及其上下层。

（3）部分框架钢梁两端出现塑性铰，但外围框架柱均未出现塑性铰，符合"强柱弱梁"的设计理念。

（4）结构下部连梁首先发生较为明显的受压损伤，并逐渐向上发展，形成塑性铰，起到了良好的耗能性能；在整个弹塑性分析过程中，核心筒剪力墙底部加强区部位的墙肢未见明显的受压损伤，少量上部楼层的墙肢发生了较轻的受压损伤，符合"强墙肢弱连梁"的设计理念；核心筒墙肢混凝土及钢筋的塑性应变都比较小。混凝土的最大塑性压应变为 0.161%，钢筋的最大塑性压应变为 0.139%，最大塑性拉应变为 0.123%。

（5）加强层环带腰桁架上下弦杆及腹杆均未屈服，说明达到了预先设定的关键构件的性能目标。

3.7.4 结构抗风设计

1. 风洞试验

在浙江大学土木水利工程试验中心风洞实验室进行了刚性模型测压风洞试验，模型缩尺比为 1∶400，测点总数为 512 个，进行了 36 个风向角的测压试验，其中 270°对应 X 正向，90°对应 X 负向，0°对应 Y 向正向，180°对应 Y 向负向。不同风向角对应的风荷载体型系数与规范值相比如图 3.7.4-1 所示，在 60°～180°风向角作用下，30m 高度的裙房位

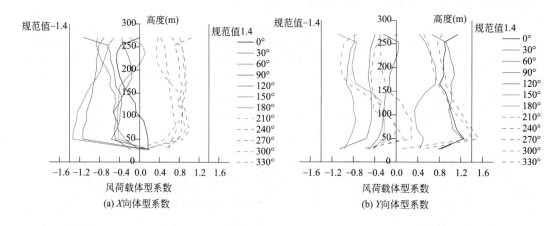

图 3.7.4-1 风荷载体型系数沿结构高度的分布

置 X 向风荷载体型系数为正值，30m 高度以上塔楼范围为负值，说明由于裙房的影响，风压在裙房位置有反向的情况发生。整体来看，不同风向角作用下风荷载体型系数基本在 $-1.4 \sim 1.4$ 的范围内，仅 330°风向角作用下 Y 向风荷载体型系数在 45～70m 高度范围内超过 1.4。

2. 风振舒适度分析

按照 10 年一遇的风荷载取值，通过风洞试验结果计算的顺风向、横风向结构顶点最大加速度如图 3.7.4-2 所示，顺风向最大加速度为 $11.18cm/s^2$，横风向最大加速度为 $6.58cm/s^2$，矢量和最大值为 $12.80cm/s^2$（270°），均满足规范要求。

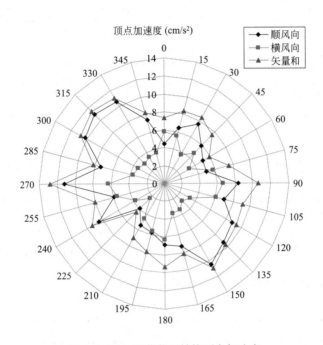

图 3.7.4-2 风荷载下结构顶点加速度

3.7.5 结构超限判断和主要抗震措施

1. 结构超限判断

根据《审查要点》，本工程存在结构高度超限和 4 项不规则类型，具体判别如表 3.7.5-1～表 3.7.5-3 所示。

（1）结构高度超限判断

结构高度超限判断

表 3.7.5-1

结构类型	结构高度(m)	适用高度(m)	判断结论	备注
型钢(钢管)混凝土框架-钢筋混凝土核心筒	264.70	220.0	高度超限	超高 20.3%

（2）结构不规则超限判断（按《审查要点》表二）

结构不规则超限判断

表 3.7.5-2

序号	不规则类型	简 要 涵 义	判别结论
1a	扭转不规则	考虑偶然偏心的扭转位移比大于 1.2	未超限①
1b	偏心布置	偏心率大于 0.15 或相邻层质心相差大于相应边长 15%	超 限①
2a	凹凸不规则	平面凹凸尺寸大于相应边长 30%等	未超限
2b	组合平面	细腰形或角部重叠形	未超限
3	楼板不连续	有效宽度小于 50%,开洞面积大于 30%,错层大于梁高	超 限②
4a	刚度突变	相邻层刚度变化大于 70%或连续三层变化大于 80%	未超限
4b	尺寸突变	竖向构件位置缩进大于 25%,或外挑大于 10%和 4m,多塔	未超限
5	构件间断	上下墙、柱、支撑不连续,含加强层、连体类	未超限
6	承载力突变	相邻层受剪承载力变化大于 80%	超限③
7	其他不规则	如局部的穿层柱、斜柱、夹层、个别构件错层或转换	超限④

注：①在考虑±5%偶然偏心的 X 向、Y 向水平地震作用下，各楼层扭转位移比均小于 1.20；最大扭转位移比为
　　 1.19。裙楼屋面以下楼层，X 向偏心率超过 0.15，Y 向偏心率均小于 0.15；裙楼屋面以下楼层，X 向偏
　　 心率均小于 0.15，Y 向偏心率最大值为 0.159，超过 0.15；裙楼屋面以上楼层，X、Y 两个方向的偏心率
　　 均小于 0.15。
　　 ②裙房 2 层主楼范围存在大开洞，有效宽度小于 50%，裙房 3 层、4 层、6 层在裙房部分存在大开洞，有效
　　 宽度均小于 50%。
　　 ③主楼 7 层将设备层并层处理后，层高变为 6.1m(3.9m+2.2m=6.1m)，而 8 层层高为 3.9m，经过计算 7
　　 层与 8 层的受剪承载力比值分别为 X 向 0.75，Y 向 0.74；利用设备层与避难层设置的三个环带腰桁架，
　　 造成上下层受剪承载力突变，最小受剪承载力比值为 0.70，属于承载力突变。
　　 ④裙房 2 层在主楼范围基本开洞，形成穿层柱；塔楼西北角和东南角在 16 层开始逐层收分而往内倾斜，形成斜柱。

（3）结构不规则超限判断（按《审查要点》表三）

结构不规则超限判断

表 3.7.5-3

序号	不规则类型	简 要 涵 义	判别结论
1	扭转偏大	裙房以上的较多楼层,考虑偶然偏心的扭转位移比大于 1.4	未超限
2	抗扭刚度弱	扭转周期比大于 0.9,混合结构扭转周期比大于 0.85	未超限①
3	层刚度偏小	本层侧向刚度小于相邻上层的 50%	未超限
4	高位转换	框支墙体的转换构件位置:7 度超过 5 层,8 度超过 3 层	未超限
5	厚板转换	7~9 度设防的厚板转换结构	未超限
6	塔楼偏置	单塔或多塔与大底盘的质心偏心距大于底盘相应边长 20%	未超限②
7	复杂连接	各部分层数、刚度、布置不同的错层连体两端塔楼高度、体型或者沿大底盘某个主轴方向的振动周期显著不同的结构	未超限
8	多重复杂	结构同时具有转换层、加强层、错层、连体和多塔等复杂类型的 3 种	未超限

注：①本工程第一振型以 Y 向平动为主，第二振型以 X 向平动为主，第三振型以扭转为主，扭转周期比 0.442，
　　 远小于规范规定不大于 0.85 的要求，说明结构整体扭转刚度较大。
　　 ②本工程主、裙楼连为一体，裙楼布置于主楼的北侧和西侧，构成大底盘单塔结构。但大底盘质心与塔楼质
　　 心之间的偏心距未超过相应边长的 20%，故不属于塔楼偏置。

2. 主要抗震措施

（1）核心筒抗震加强措施

核心筒作为第一道抗震防线，对整个结构至关重要，故对其采取以下加强措施：

①控制核心筒剪力墙墙肢的剪应力水平，确保大震下核心筒墙肢不发生剪切破坏。结合性能化设计目标，在考虑罕遇地震作用组合下，对不同剪跨比的核心筒墙肢的抗剪截面进行验算，保证所有墙肢在大震下均满足抗剪截面控制条件，即在重力荷载代表值和罕遇地震作用下的墙肢截面剪力与截面面积之比，不超过混凝土抗压强度标准值的 0.15 倍，确保大震下核心筒墙肢不发生剪切破坏。

②核心筒底部加强部位延伸至裙房屋面以上 1 层，即第 7 层楼面标高位置。在核心筒约束边缘构件与构造边缘构件之间设置 2 层高过渡层，过渡层边缘构件的配筋率和配箍率均高于构造边缘构件的要求；控制所有墙肢在水平风荷载或小震作用下不出现受拉状态。

③核心筒剪力墙配置多层钢筋，确保墙肢受力均匀。

④核心筒底部加强部位正截面、斜截面承载力均按中震弹性进行验算；其余部位按中震不屈服进行验算。

（2）周边框架抗震加强措施

①采用钢管混凝土柱。钢管内部混凝土可有效防止钢管管壁发生局部屈曲，同时钢管对其内部混凝土的约束作用使混凝土处于三向受力状态，混凝土的破坏由脆性破坏转变为塑性破坏，从而使框架柱的延性性能得到明显改善。

②确保周边框架的二道防线作用。周边框架作为混合结构的第二道抗震防线，须承担不小于规范规定的地震剪力。计算结果表明，本工程框架部分按刚度计算分配的最大楼层地震剪力达到结构底部总地震剪力的 10.53%（X 方向）和 12.43%（Y 方向），大于规范规定不宜小于 10% 的要求。周边框架截面设计时，严于规范，各楼层框架部分承担的地震剪力按不小于结构底部总地震剪力的 25% 和计算最大楼层 1.8 倍两者的较小值，且不小于结构底部总地震剪力 15% 的要求进行调整。

③矩形钢管混凝土柱的延性与轴压比、长细比、含钢率、钢材屈服强度、混凝土抗压强度等因素有关。严格控制周边框架柱的轴压比和混凝土工作承担系数，确保矩形钢管混凝土柱具备足够的延性。轴压比限值严于规范按 ≤0.70 控制；混凝土工作承担系数限值严于规范按 ≤0.40 控制。

④周边框架柱正截面压弯和拉弯承载力、斜截面受剪承载力，均按中震弹性的性能要求进行设计。钢管混凝土柱正截面承载力验算时，不考虑钢管对内填混凝土侧向约束的有利影响；斜截面验算时，柱剪力全部由两侧管壁承受，不考虑混凝土部分的抗剪作用。

（3）环带桁架抗震加强措施

①严格控制环带腰桁架上下弦杆和腹杆的应力比。

②对环带腰桁架的上一层、下一层框架以及腰桁架的上下弦杆和腹杆按中震弹性要求进行验算控制。

③对于与腰桁架直接相连的钢管混凝土柱，连接节点区钢管壁厚加厚至 40mm，确保节点受力安全。

（4）其他加强措施

①在墙柱混凝土强度等级改变的楼层，不同时改变墙柱截面大小，以保证墙柱竖向构件强度的均匀变化。

②增加裙房屋面的楼板厚度至 180mm，裙房屋面及上下一层楼板配筋采用双层双向

拉通配筋,提高楼板配筋率,不小于0.3%。

③对楼板存在大开洞情况的楼层,补充弹性楼板应力分析,并根据计算结果对板厚及配筋进行加强。

④将裙房屋面以上2层(即第7、8层)的地震剪力乘以1.25的放大系数;加强核心筒剪力墙的约束边缘构件及墙体配筋。

3.7.6 施工模拟和收缩徐变的影响分析

采用MIDAS Gen对塔楼进行施工模拟分析,计算过程采用考虑时间依存材料特性,按照施工步骤将结构构件、荷载工况划分为若干个施工阶段,得到每一个阶段完成状态下的结构内力和变形后,在下一个阶段程序依据新的变形对模型进行调整。在混凝土特性中考虑依赖于时间的徐变、收缩和强度增长。考虑徐变和收缩变形时,按照《公路钢筋混凝土及预应力混凝土桥涵设计规范》JTG 3362—2018所提供的相关理论公式并考虑混凝土自由收缩试验结构修正后的曲线进行计算。

计算结果表明:

(1)不考虑混凝土徐变及收缩作用,采用施工模拟分析时,框架柱和核心筒的竖向弹性变形沿结构高度呈现鱼腹状变化,框架柱的竖向变形峰值出现在29~32层,约为26mm,核心筒的竖向变形峰值出现中部楼层36层左右,约为16mm;

(2)施工阶段核心筒的竖向变形中,徐变效应引起的竖向变形约占33%,收缩效应引起的竖向变形约占25%;荷载作用下的弹性变形仅占42%;

(3)从施工阶段至结构施工完成后的第五年年底,徐变效应引起的核心筒的竖向变形峰值所在楼层随着时间逐步上升,由最初的35层逐步上升至56层,徐变引起的竖向变形峰值也由12mm增加到了62.8mm;

(4)按规范考虑的收缩效应引起的竖向变形与徐变效应的特征相似,收缩应变在施工结束后很长的一个时间段内持续发展,但收缩效应的变形增长率逐步衰减,累积收缩效应引起的竖向变形大于弹性压缩变形;

(5)如表3.7.6-1所示,按不考虑施工模拟的一次加载模式计算时,恒荷载作用下周边柱的竖向变形量最大,此时周边柱与核心筒之间的竖向差异变形量也达到最大值,为22.7~24.8mm;当按考虑结构分层施工、分层找平、分层加载的施工模拟,计算得到的周边柱和核心筒的竖向变形值均小于一次加载模式的计算结果,周边柱与核心筒之间的竖向差异变形量也减小为9.3~10.0mm;若同时考虑施工找平和核心筒混凝土的收缩和徐变效应,至施工结束时,恒荷载作用下周边柱与核心筒竖向变形峰值非常接近,两者之间的竖向差异变形量出现变号,其差异变形量为10.9~11.6mm。

墙柱竖向变形峰值统计 (mm)   表3.7.6-1

施工完成时竖向变形峰值	钢管混凝土柱		核心筒
	边柱	角柱	
一次加载	59.4	61.5	84.2
考虑施工模拟,不考虑收缩和徐变	24.8	25.5	15.5
考虑施工模拟、收缩和徐变	24.8	25.5	36.4

3.8 宁波国华金融大厦

3.8.1 工程概况

宁波国华金融大厦①位于宁波市东部新城中央商务区的延伸区域，东临宁波市中心约 6 公里。设计方案为一栋带裙楼的超高层塔楼结构，塔楼与裙楼相互独立并通过钢结构连廊进行连通，总建筑高度 206.1m，总建筑面积约 15 万 m²。塔楼地上 43 层，主要功能为办公，结构主屋面高度 197.8m，平面外轮廓尺寸 61.8m×35.7m，建筑面积约 9.6 万 m²，典型层高 4.3m；地下室有 3 层（含 1 个夹层），主要功能为停车库和设备用房。塔楼外立面为斜交网格结构形式，每 4 层形成一个斜交网格节点，塔楼中部设有两个空中花园层。工程于 2021 年建成，现已成为宁波城市形象新的标志性建筑之一（图 3.8.1-1），整体结构模型见图 3.8.1-2。

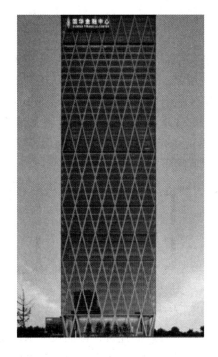
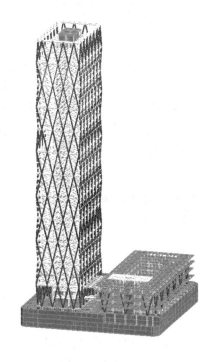

图 3.8.1-1 工程实景照片　　　　图 3.8.1-2 整体结构模型（含裙房、地下室）

主体结构的设计基准期和使用年限均为 50 年，建筑结构安全等级为二级，结构重要性系数为 1.0。抗震设防烈度为 6 度（0.05g），设计地震分组为第一组，场地类别为Ⅳ类，建筑抗震设防类别为标准设防类（丙类）。

（1）风荷载。塔楼位移验算时，基本风压 w_0 按 50 年一遇标准取为 0.50kN/m²。构件强度设计时，对基本风压放大 1.1 倍，同时考虑到场地上周围拟建建筑的群体效应，另外又考虑了 1.1 倍的荷载放大系数，因而实际基本风压取为 0.605kN/m²。风压高度变化

---

① 本项目初步设计单位为美国 SOM 建筑设计事务所，施工图设计单位为浙江省建筑设计研究院。

系数根据 B 类地面粗糙度采用，风荷载体型系数取为 1.4。

（2）地震作用。根据《地震安全性评价报告》（简称《安评报告》）场地反应谱和《抗规》规范反应谱，小震下水平地震影响系数分别为 0.0758 和 0.04。小震时综合考虑这两种小震反应谱进行分析设计，中震、大震采用规范地震动参数进行分析。小震计算时周期折减系数 0.8，中震、大震时周期不折减；小震、中震时阻尼比 0.04，大震时 0.05。

（3）其他荷载。其他荷载包括楼面荷载、雪荷载，楼面荷载按照《荷载规范》中对应建筑功能要求进行选取。雪荷载考虑 50 年一遇的基本雪压取为 $0.30kN/m^2$。

3.8.2　结构方案

1. 结构体系

本工程塔楼结构体系由抗侧力系统和重力支承系统所组成。抗侧力系统包括外围连续的钢结构斜交网格体系和内部的钢筋混凝土核心筒，形成筒中筒结构类型。重力支承系统包括连接核心筒与外围斜交网格的钢梁以及钢梁支承的钢筋桁架楼承板。

2. 结构布置

（1）钢筋混凝土核心筒

由于斜交网格外框具有较强的抗侧力刚度，核心筒墙体布置可根据建筑功能布置进行减少，以满足建筑多样化需求。核心筒墙体采用现浇混凝土材料，强度等级从下到上依次为 C60～C40 进行递减。根据总建筑高度，底部加强区范围取为 1～3 层（标高−0.050～21.350m），抗震等级为一级。东西向仅设置两道核心筒外墙，墙身厚度则从底部的1100mm 逐步减至顶层的 600mm；南北向设置 4 道剪力墙，外侧和内侧的墙厚分别为800mm 和 600mm。核心筒墙体在低区和中、高区的典型平面布置如图 3.8.2-1 所示。

(a) 低区　　　　　　　　　　　　　　　(b) 中、高区

图 3.8.2-1　核心筒墙体布置示意图

此外，核心筒和外框架间设置了 4 根钢管混凝土柱进行过渡连接，截面尺寸从底部的950mm×700mm 减至顶部的 600mm×400mm，壁厚变化范围为 85～20mm，内部浇灌强度等级为 C60～C40 的混凝土。

（2）斜交网格外框架

外围连续的钢结构斜交网格体系具有较大的抗侧力刚度，考虑每 4 层为一节点层，相邻节点间距为 8.7m；节点层之间为 4 层通高斜柱构件，其竖向高度为 17.2m。斜柱构件截面为焊接箱形截面，尺寸从底部的 750mm×750mm 减至顶部的 500mm×500mm，壁厚变化范围为 40～20mm，材料为 Q345B 钢。各节点层的外围钢梁刚接连接至斜交网格节点，构成外围斜交网格基本体系；非节点层的外围钢梁则铰接连接至斜柱构件上，以减小对斜柱构件抗弯的影响。

为保证结构力学性能的同时达到材料最省的经济目标，通过比较分析，考虑对18层以下箱形截面钢管内部进行混凝土浇灌，强度等级C60。在刚度比、受剪承载力比计算时，根据每4层进行校核。10～14层、26～30层的空中花园以及42层～女儿墙顶的顶部由于局部楼面缩进，部分斜交网格构件形成4层通高穿层斜柱形式，通过加大截面至700mm×700mm进行加强。验算外框筒穿层柱的压弯承载力稳定性时，也应取4层高作为其平面外计算长度。

所有角部斜交网格构件由于受力较大，按照1.1倍承载力需求验算。根据混凝土浇灌层数的不同，分别进行了几组斜交网格外框架构件材料用量比较，如表3.8.2-1所示。可知，当混凝土浇灌至18层时，总的用钢量和混凝土梁最为经济合理。其中14～18层的钢管混凝土构件作为下部钢管混凝土构件的转换区，不考虑混凝土部分强度贡献，保守地按照钢管截面的承载力验算。

材料用量比较　　　　　　　　　　　　　　　　　　　　表 3.8.2-1

	全钢管	CFT:1～6层浇混凝土	CFT:1～18层浇混凝土	CFT:1～34层浇混凝土	全钢管混凝土
钢材(t)	7104	5705	5010	4195	3806
混凝土(m³)	0	1883	4963	8394	9172

（3）楼盖支撑系统

塔楼典型办公楼层核心筒内采用钢筋混凝土楼盖，楼板厚度为150mm。核心筒外采用钢梁＋钢筋桁架楼承板系统，典型梁中距为2.1～3.3m之间，非节点层楼板厚度为120mm，节点层楼板厚度加强至150mm。典型结构平面见图3.8.2-2。

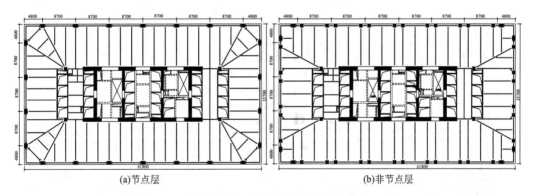

| (a)节点层 | (b)非节点层 |

图 3.8.2-2　典型结构平面布置图

在重力荷载作用下，斜交网格外框架会产生一个向外的平面内的形变，引起节点层楼板较大的面内拉应力。因而楼板在节点层加厚并加大楼板配筋以提高抗拉强度，同时为避免过早开裂，考虑2层、10层、18层和26层的钢筋桁架楼承板混凝土在塔楼结构封顶后浇筑。由于核心筒和斜交网格外框架均具有较大的抗侧刚度，连接内筒和外框架的支承钢筋桁架楼承板用钢梁采用铰接形式。空中花园层由于建筑绿化需要，周边存在部分楼板缩进情况，通过增设转换吊柱来实现对楼面系统的支撑。

3. 地基基础设计

（1）地质勘察情况

根据浙江省地矿勘察院提供的《宁波国华金融大厦工程岩土工程勘察报告》（详勘），

本工程建筑桩基设计等级为甲级，±0.000相当于绝对标高3.700m（黄海高程），设计抗浮水位取为2.800m。

（2）基础设计方案

该项目地下室为3层（局部设有1个夹层），底板结构标高－13.8m，塔楼基础埋深较深，采用筏板＋桩基的基础形式，其中核心筒部分采用满堂布桩。整个场地包括不同厚度的钢筋混凝土筏板基础，由钻孔灌注桩支撑；塔楼正下方筏板厚3.0m，采用直径800～900mm桩；其他区域底板厚1.0m，采用直径700mm桩。塔楼基础平面布置图见图3.8.2-3。桩基选型和承载力取值如下：

①700mm（抗压桩、抗拔桩）桩长为55～60m，桩端持力层为8号粉质黏土层，进入持力层深度为5.0m，单桩抗压、抗拔竖向承载力特征值分别为2600kN、1600kN；

②800mm（抗拔桩）桩长为55～60m，桩端持力层为8号粉质黏土层，进入持力层最小深度为5.0m，单桩抗压、抗拔竖向承载力特征值分别为3000kN、1800kN；

③800mm（抗压桩）桩长为66～70m，桩端持力层为9号圆砾层，进入持力层最小深度为3.0m，单桩抗压竖向承载力特征值为6400kN；

④900mm（抗压桩）桩长为66～70m，桩端持力层为9号圆砾层，进入持力层最小深度为3.0m，单桩抗压竖向承载力特征值为8000kN。

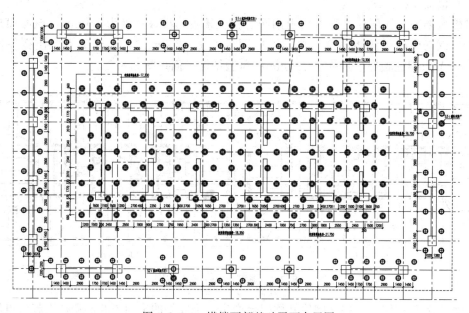

图3.8.2-3 塔楼下部基础平面布置图

3.8.3 结构抗震计算

1. 多遇地震计算

分别采用结构设计软件ETABS和PKPM建立塔楼三维结构模型。

（1）周期比和层间位移比

该塔楼为超过A级的超高层混合结构，表3.8.3-1分别给出了ETABS和PKPM计算获得的前3阶振型形式及自振周期。可知，两者计算结果相近，第1、2和3振型均分

别为 Y 向平动、X 向平动和扭转振型；ETABS 和 PKPM 计算获得的扭转周期比分别为 0.458 和 0.457，满足《高规》第 3.4.5 条的最大限值要求 0.85。

自振周期比较 表 3.8.3-1

周期阶数	ETABS(t)	PKPM(t)	PKPM / ETABS	备注
第 1 阶	4.369	4.44	101.7%	Y 向平动
第 2 阶	3.391	3.42	100.9%	X 向平动
第 3 阶	2.002	2.03	101.5%	扭转振型

本塔楼 X 向和 Y 向的各楼层最大层间位移比分别为 1.08 和 1.11，满足《高规》第 3.4.5 条的限值要求 1.2。

（2）层间位移角

本塔楼主屋面结构高度为 197.8m，根据《高规》第 11.1.5 条和第 3.7.3 条，按照弹性方法计算并采用线性插入法算得最大层间位移角限值为 1/667。地震作用、风荷载下，各楼层的层间位移角曲线如图 3.8.3-1 所示。ETABS 分析模型时，本塔楼在地震和风荷载下的各楼层最大层间位移角分别为 1/1894 和 1/768；PKPM 模型时，分别为 1/1818 和 1/687。风荷载下层间位移角的验算起控制作用，本塔楼所有层间位移角均满足规范要求。

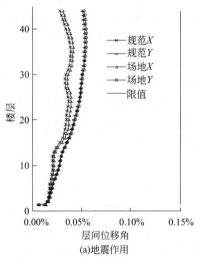
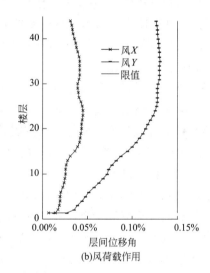

图 3.8.3-1 层间位移角

（3）剪重比

该塔楼处于 6 度设防地区，第一自振周期 $T_1 = 4.36s$，根据《抗规》第 5.2.5 条，采用线性插入法算得最小剪重比限值为 0.68%。由图 3.8.3-2 可见，本塔楼 X 方向和 Y 方向的各楼层最小地震剪重比分别为 1.12% 和 1.08%，满足规范要求。

（4）地震剪力比

该塔楼斜交网格外框筒的抗侧刚度较大，绝大多数楼层的外框筒承担的地震剪力比大于结构基底剪力的 20%，个别楼层大于 10%，最大达到 91.3%，见图 3.8.3-3。根据《高规》第 8.1.4 条和第 9.1.11 条，X 向和 Y 向外框筒剪力比不足 20% 的个别楼层剪力设计值均调整为 20% 结构基底剪力，其余无需调整。

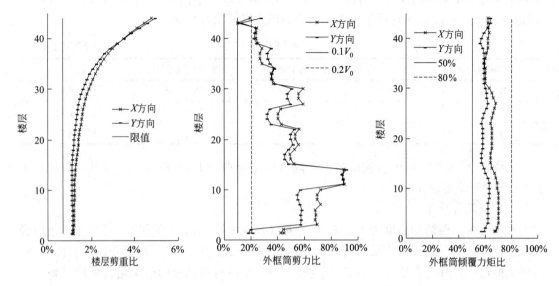

图3.8.3-2 地震作用下剪重比　　图3.8.3-3 地震剪力比　　图3.8.3-4 地震倾覆力矩比

ETABS和PKPM计算获得的塔楼底部地震剪力结果基本一致。在两个空中花园层，由于楼板缩进，外框筒承担剪力出现突变性大幅增大，设计时加大截面至$700mm \times 700mm$，并保证每4层高的刚度比、受剪承载力比及斜柱压弯承载力稳定性满足规范要求。

（5）地震倾覆力矩比

该塔楼外框筒承担的各楼层X向和Y向的地震倾覆力矩比均在50%～80%之间，如图3.8.3-4所示。根据《高规》第8.1.3条规定，剪力墙按框架-剪力墙结构进行设计，斜交网格构件部分设为关键构件，其抗震性能应根据性能化设计要求进行提高。ETABS和PKPM计算获得的塔楼底部地震倾覆力矩结果基本一致。

（6）楼层侧向刚度比

由于斜交网格为轴向受力构件且每4层一个节点，节点层的楼板与核心筒紧密连接。所以整体指标的计算应基于节点层到节点层，计算刚度比时根据每4层来校核较为合理。

根据《高规》第3.5.2条规定，本层与相邻上层的侧向刚度比值不宜小于0.9，对结构底部嵌固层不宜小于1.5。图3.8.3-5所示为本塔楼X方向和Y方向的随楼层递增的各楼层侧向刚度比。可知，最小侧向刚度比分别为1.06和1.17，底部楼层侧向刚度比分为1.60和1.97。由于空中花园层（10～14层、26～30层）楼板缩进且位于上下节点层之间，还需作为转换层根据《高规》附录E.0.3条进行刚度比验算，分别采用单位力$P=1.0kN$（ETABS）、$P=1.0kN/m$（PKPM）计算。

分别采用ETABS和SATWE计算获得的本塔楼转换层下部结构与上部结构的等效侧向刚度比结果基本一致，均满足《高规》抗震设计时不小于0.8的要求。

（7）楼层受剪承载力比

楼层受剪承载力根据每4层进行校核，其中外框网格斜柱的轴向承载力考虑了空中花园层无侧向支撑的长细比。图3.8.3-6所示为各楼层在X向、Y向的受剪承载力比。可知，本塔楼X向和Y向的各楼层最小受剪承载力比分别为80%和92%，满足《高规》

第 3.5.3 条的最小限值要求 75%。

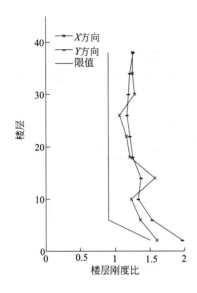

图 3.8.3-5 楼层侧向刚度比

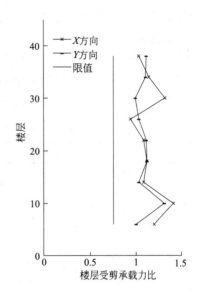

图 3.8.3-6 楼层受剪承载力比

（8）塔楼嵌固验算

本塔楼地上首层和地下室一层的抗剪刚度如表 3.8.3-2 所示。可知，刚度比为 7.36，大于《高规》第 5.3.7 条限值 2，因而地下室可作为上部结构的嵌固端。

楼层抗剪刚度（ETABS）   表 3.8.3-2

楼层	地上首层			地下一层		
	剪力墙	斜交网格	合计	剪力墙	斜交网格	合计
等效刚度(MN/m)	33407	14031	47438	283283	65993	349286
刚度比	7.36>2.0,符合嵌固端要求					

（9）刚重比和整体稳定性

表 3.8.3-3 所示为 ETABS 和 SATWE 计算获得的刚重比对比。可知，本塔楼 X 向和 Y 向的刚重比分别为 5.15 和 2.95（ETABS）、4.33 和 2.79（SATWE），均大于《高规》第 5.4.1-1 条限值 2.7 和第 5.4.4-1 条限值 1.4 的规定，满足整体稳定性要求，在 X 方向和 Y 方向均不需要考虑重力二阶效应。

刚重比和整体稳定验算比较   表 3.8.3-3

等效侧向刚度比	ETABS	SATWE	规范限值
X 向	5.15	4.33	>2.7,符合要求
Y 向	2.95	2.79	>1.4,符合要求

（10）风荷载舒适度验算

本塔楼在 X 方向的顺风向、横风向风振加速度为 0.033m/s^2、0.094m/s^2，在 Y 方向的顺风向、横风向风振加速度为 0.066m/s^2、0.075m/s^2。根据《高规》第 3.7.6 条，办公类高层建筑的结构顶点最大风振加速度限值为 0.25m/s^2，满足规范规定的舒适度要求。

（11）多遇地震弹性时程分析

选用 3 条天然地震波进行弹性时程分析。

①基底剪力

弹性时程分析和规范反应谱的对应地震基底剪力比较如表 3.8.3-4 所示。可知，时程分析所得基底剪力均大于规范反应谱剪力的 65%，平均基底剪力大于规范反应谱剪力的 80%，满足《高规》第 5.1.2 条的要求。

弹性时程时的地震基底剪力　　　　表 3.8.3-4

方向	工况	基底剪力(kN)	与规范反应谱比值	平均值与规范反应谱比值
X 方向	规范谱	11024	—	104%
	天然波 1	10277	93%	
	天然波 2	11260	102%	
	天然波 3	12783	116%	
Y 方向	规范谱	10482	—	96%
	天然波 1	9486	90%	
	天然波 2	9822	94%	
	天然波 3	10744	103%	

②楼层层间位移角

弹性时程分析和规范、场地的累计楼层层间位移分别如图 3.8.3-7 所示。可知，所有层间位移角均符合规范要求。其中场地反应谱的计算结果比规范反应谱要高，而时程曲线天然波 3 在 Y 方向稍起控制作用。因此，各构件的设计取场地时程分析结果和场地反应谱分析的包络值。

2. 性能目标和构件性能验算

本项目塔楼结构的抗震性能目标定为 C。根据《高规》第 3.11 节确定塔楼各构件的性能要求，特别关键构件则对设计性能要求进行提高。各地震水准下塔楼的层间位移变形要求按《抗规》M1.1.1-2 中性能要求 3 确定。小震计算时取《抗规》和《安评报告》计算的包络值，中震和大震时按《抗规》计算。结构各构件的具体性能目标见表 3.8.3-5。

结构构件性能目标　　　　表 3.8.3-5

地震水准		小震	中震	大震
性能水准定性描述		不损坏	可修复损坏	无倒塌
变形参考值		$\Delta<[\Delta_{ue}]$	$\Delta<2[\Delta_{ue}]$	$\Delta<4[\Delta_{ue}]$
关键构件	斜交网格	弹性	受剪承载力弹性，正截面承载力弹性	受剪承载力不屈服，正截面承载力不屈服，破坏程度可修复
	斜交网格地下室墙	弹性		
	节点层抗拉周边梁	弹性		
	节点层与首层楼板	弹性	楼板受拉配筋不屈服	—
普通竖向构件	核心筒墙	弹性	受剪承载力不屈服，正截面承载力不屈服	受剪承载力不屈服
耗能构件	连梁	弹性	受剪承载力不屈服,构件塑形变形满足"防止倒塌"要求	构件塑形变形满足"防止倒塌"要求

注：$[\Delta_{ue}]$ 为规范规定的弹性变形限值。

3. 结构弹塑性分析

（1）罕遇地震弹塑性时程分析

①输入时程波

选用 7 组地震记录分析了塔楼在双向地震作用下的反应，包括 5 组天然波和 2 组人工波，该 7 组大震反应谱和规范反应谱的比较见图 3.8.3-8。因分析中仅采用了 7 组时程记录，所以将平均的反应参数来确保符合性能要求。

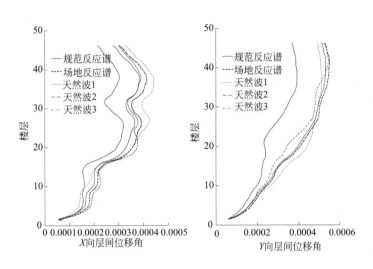

图 3.8.3-7　弹性时程的层间位移角

由小震计算结果可知结构第一振型和第二振型分别沿 Y 向和 X 向平动，本节采用三向地震分别计算 X 向、Y 向主算方向（主、次、竖向峰值加速度比值 1：0.85：0.65）时的结构时程响应，6 度罕遇地震时地震加速度时程的最大值为 125cm/s^2，采用大震时程波进行罕遇地震下结构的动力弹塑性时程分析，计算时将其特征周期调整到罕遇地震作用水平 0.70s；大震时程波的计算波长取为 50s，间隔 0.02s。动力弹塑性可查询随时间变化的各层剪力、位移、构件内力及塑性铰等结果。

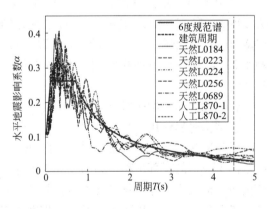

图 3.8.3-8　大震时程波的反应谱

②基底剪力

为简便起见，以下仅给出了各时程工况下主方向的分析结果，即地面峰值加速度取 100% 的方向。大震弹塑性和大震弹性下结构基底剪力的比较如表 3.8.3-6 所示。可知，大震弹塑性和大震弹性基底剪力的比值的平均值大于 70%，表明本塔楼在大震下非线性特征比较合理，地震能量得到了有效消散。

大震时程时的最大地震基底剪力　　　　　　表 3.8.3-6

方向	工况	大震弹性 基底剪力(kN)	大震弹塑性 基底剪力(kN)	弹塑性/弹性 基底剪力比值
X 主方向	L0184	53180	42340	79.6%
	L0223	51550	43200	83.8%
	L0224	73930	54560	73.8%
	L0256	57520	45270	78.7%
	L0689	45960	39990	87.0%
	L870-1	75330	49250	65.4%
	L870-2	63810	41550	65.1%
	平均	60180	45170	75.1%
Y 主方向	L0184	54240	43900	80.9%
	L0223	43760	40280	92.0%
	L0224	82190	56220	68.4%
	L0256	58850	48820	83.0%
	L0689	48670	42300	86.9%
	L870-1	65850	45070	68.4%
	L870-2	65830	48920	74.3%
	平均	59910	46500	77.6%

③楼层位移和层间位移角

对于大震弹塑性时程分析，X 方向、Y 方向主算时结构顶部的最大弹塑性位移分别为 299mm 和 550mm，其中 Y 方向主算时的位移起主要控制作用。计算结果表明，塔楼 X 方向、Y 方向主算时，最不利工况下的分析调整后最大楼层层间位移角分别为 1/437 和 1/311，其中 Y 方向主算时的位移角起主要控制要求，均满足规范要求的位移限值 1/169。

（2）构件屈服次序研究

①结构时程作用

以底部剪力最大的 L0224 波 Y 向（短轴向）作用为例，对比结构在大震弹性与大震弹塑性工况下的顶部位移，如图 3.8.3-9 所示。曲线 0~5s 内重合度较高，后逐步出现幅值偏差，但结构整体位移趋势相似，并未产生周期滞后。该现象表明弹塑性工况下结构刚度逐步退化，地震作用减小，但退化程度相对较小，即失效构件相对较少。

为探究体系在极端地震灾害下的失效模式，将 L0224 波人为放大，峰值为 310cm/s^2，考虑计算成本仅截取地震波前 20s，地震波加速度时程曲线见图 3.8.3-10。

②结构协同作用

钢管混凝土斜交网格外筒-RC 核心筒结构体系的内外筒通过两者间的梁板连接实现协同作用。与传统外框筒不同，斜交网格外筒通过斜柱层间相连，实现了将水平作用以分量的形式沿构件轴向传递，传力路径更为高效；斜交网格外筒较密柱框筒提供了更大的刚度，使得外筒的受力特性更接近于实腹截面的结构。因此该体系内外筒的协同工作机理与传统筒中筒体系有所不同。

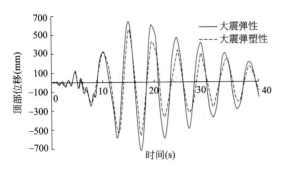

图 3.8.3-9 L0224 波 Y 向作用顶部位移对比

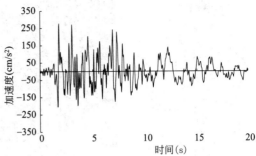

图 3.8.3-10 L0224 波（310cm/s²）时程曲线

通过对比内外筒在大震作用下承担基底剪力的比例间接分析该体系内、外筒的刚度。如图 3.8.3-11 所示，地震作用由内、外筒共同承担，该结果符合筒中筒结构的受力特性。同时相较于内筒，外筒承担底部剪力比例更高。因此在设计时需要充分考虑斜交构件的剪切和弯曲变形，以及由其构成外筒承担的基底剪力。

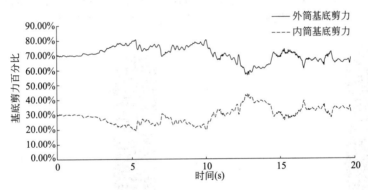

图 3.8.3-11 内外筒基底剪力时程曲线

③结构构件屈服顺序

如图 3.8.3-11 所示，内外筒承担基底剪力比例随时程变化，内筒承担基底剪力比例先减小后增大，外筒则相反，因此可以认为结构在时程作用下存在两次内力重分布。通过对比图 3.8.3-10 地震作用时程曲线，研究罕遇地震时程作用下各类构件内力变化及内外筒刚度变化。各类构件屈服时刻及构件损伤如表 3.8.3-7 所示，底部受力较大楼层各类构件屈服时刻示意图如图 3.8.3-12 所示。

随着地震时程作用，主要构件的屈服顺序依次为 RC 内筒连梁、斜交网格外筒斜柱、RC 内筒剪力墙墙肢。该顺序与传统筒中筒结构体系主要构件的屈服顺序不同，这可能是由于斜交网格外筒斜柱构件主要承受轴力，构件在轴向拉压作用下的塑性变形较受弯作用下形成塑性铰转动时小，即斜交外筒延性小于传统筒中筒结构体系的外筒。因此斜交网格外筒承担基底剪力比例较高，导致外筒斜柱先于内筒剪力墙墙肢屈服。

结构构件屈服时程   表 3.8.3-7

	内筒连梁	外筒斜柱	内筒墙肢
屈服时间（s）	3.5	5.5	12.5

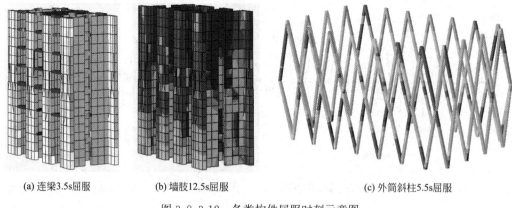

(a) 连梁3.5s屈服　　　　　　(b) 墙肢12.5s屈服　　　　　　　　　(c) 外筒斜柱5.5s屈服

图 3.8.3-12　各类构件屈服时刻示意图

对比图 3.8.3-11 基底剪力变化规律进一步论证：基底剪力根据内外筒刚度分配，首先主要由外筒承担，随着内筒中连梁逐步屈服，内筒刚度进一步减小，外筒承担基底剪力比例进一步增大；而当基底剪力增大致使外筒斜柱屈服时，外筒刚度逐步减小，结构体系基底剪力再次重分布而向内筒转移，内筒墙肢损伤逐步累积至失效。

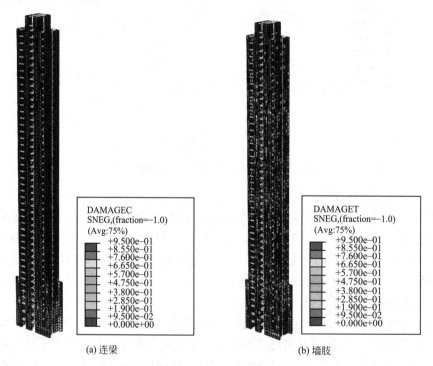

(a) 连梁　　　　　　　　　　　　　　　　　　(b) 墙肢

图 3.8.3-13　剪力墙连梁及墙肢的受拉/压损伤图

剪力墙连梁及墙肢在往复作用下受拉/压损伤见图 3.8.3-13。可知，大部分连梁端部在地震作用下损伤程度较大；在地震作用下仅底部小部分墙肢发生受拉/压损伤，且仅个别墙肢单元损伤程度较深。连梁作为主要耗能构件，应允许其变形耗能，而斜交网格斜柱则以轴向受力为主，延性小，不宜产生过多变形。因此在设计中应注意加强斜交网格斜柱，故需进一步探究斜柱在斜交网格外框中的屈服顺序，以期针对性加强。

④斜交网格外筒构件屈服顺序

斜交网格外筒构件主要承担轴力，故取底部 20 层轴力较大部位进行讨论。构件压力主要由管内混凝土与钢管共同承担，拉力则由钢管承担。在地震时程作用下，以钢管内混凝土的损伤程度为屈服标志，构件的屈服路径如图 3.8.3-14 所示。可知，外筒受剪力与弯矩的共同作用下，角部构件首先屈服，屈服构件由角部向两侧发展。同时，底层轴力较大构件首先屈服后，屈服构件由底层向上部发展。设计时应充分重视体系的这一特性，对底层的角部斜柱予以加强；同时外筒构件应具有一定的强度，避免局部构件承载力不足对整体性能的削弱。

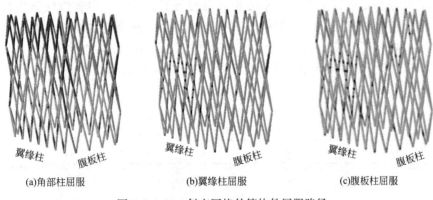

(a)角部柱屈服　　　　　　(b)翼缘柱屈服　　　　　　(c)腹板柱屈服

图 3.8.3-14　斜交网格外筒构件屈服路径

3.8.4　结构超限判断和主要加强措施

1. 结构超限判断

本项目存在超限情况如下：特殊类型高层建筑（斜交网格混合结构）；4 层穿层斜交网格构件（穿层斜柱）；空中花园层高位转换。

2. 主要抗震加强措施

（1）抗震构造措施

1）斜交网格外框架。采用措施如下：① 18 层以下箱形钢管内部浇灌 C60 混凝土以获得相对较大的承载力和刚度；② 斜交网格构件和节点层抗拉周边梁要求大震下不屈服；③ 控制斜交网格节点大震下为弹性，节点核心区要求大震下不屈服；④ 斜交网格外框架全高采用全熔透坡口等强焊接进行组装。

2）核心筒。采用措施如下：① 底部加强区和空中花园层剪力墙抗震等级一级，控制底部加强区轴压比不超过 0.5；② 核心筒墙体按照中震不屈服进行设计，抗剪截面条件满足大震不屈服的性能目标。

3）其他。采用措施如下：① 节点层楼板采用弹性膜计算，厚度加大为 150mm，配筋根据计算结果进行放大；② 高层转换吊柱等构件设计时考虑冗余度。

（2）超限应对措施

采用以下超限应对措施：①规范反应谱与场地反应谱振型分解弹性分析；②采用两个独立软件进行建模分析，并对两个软件结果进行对比；③多遇地震下弹性时程分析；④罕遇地震下弹塑性时程分析；⑤构件设计达到《高规》性能水准C，特别关键构件提高了设计性能要求；⑥斜交网格构件要求大震下不屈服；⑦斜交网格节点进行3D有限元模型分析；⑧斜交网格抗拉周边梁大震下不屈服；⑨高层转换构件设计考虑冗余度；⑩底部加强区和空中花园层的剪力墙设计增加抗震等级。

3.8.5　专项分析

1. 斜交网格构件

（1）斜交网格地上斜柱

图3.8.5-1所示为塔楼地上部分的典型4层斜交网格结构长边剖面图。荷载组合考虑重力和风荷载强度设计组合A、小震弹性强度设计组合B、中震弹性强度设计组合C。在关键楼层（首层、第10层和第26层花园层），取典型构件的中震弹性最不利荷载组合进行校核验算。表3.8.5-1给出了这3种工况组合时各类型斜交网格构件的最大利用率（即应力比），可知最大利用率均小于0.8，在保证安全的同时具有较好的经济性。

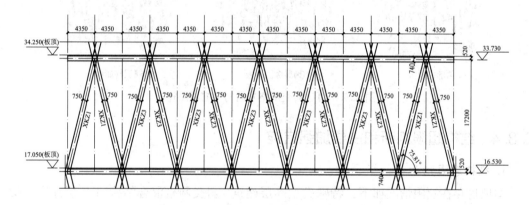

图3.8.5-1　典型长边剖面图

各荷载工况时的斜交网格构件最大利用率　　　　　表3.8.5-1

工况	15层以下的钢管混凝土		15层以上的箱形截面钢管	
	中部	角部	中部	角部
A	0.795	0.785	0.659	0.727
B	0.590	0.552	0.459	0.538
C	0.697	0.585	0.573	0.640

（2）斜交网格地下室柱

斜交网格以下地下室内的柱子采用内置型钢的型钢混凝土柱，以确保从钢管混凝土斜交网格构件的内力能适当传达到地下竖直柱子上，转角位置和短边方向增加剪力墙以提高侧向刚度和承载力，如图3.8.5-2所示。由于其重要性，根据规范相关计算公式，分别采用重力荷载组合A、大震不屈服强度设计组合B的工况组合进行校核，典型柱构件的计算结果如表3.8.5-2所示，均符合规范要求。

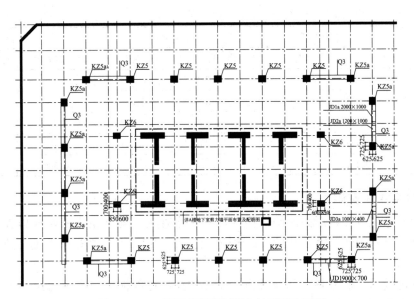

图 3.8.5-2　地下室型钢混凝土柱平面布置图

各荷载工况时的地下室转换柱构件结果　　　　　　　　　表 3.8.5-2

工况	轴压比	X 方向		Y 方向		压弯承载力比
		受压承载力比	受弯承载力比	受压承载力比	受弯承载力比	
A	0.707	0.723	0.949	0.723	0.992	0.826
B	0.490	0.528	0.608	0.513	0.682	0.559

2. 节点层周边梁受拉分析

为了获得地震作用下，与斜交网格节点连接的边梁的最大轴力和弯矩，取楼板刚度为其实际刚度的 1%，以消除楼板面内力的影响。节点层抗拉周边梁的设计需符合常遇地震、风力和重力荷载共同作用条件下的受力要求。周边钢梁按照常遇地震和设防烈度地震下保持弹性、罕遇地震下不屈服来设计。节点层钢梁主要截面为 H740×300×35×35 和 H740×300×20×20，为焊接工字形钢。表 3.8.5-3 给出了 3 种工况下各节点层边钢梁的压弯稳定验算应力比结果，其中弯矩考虑作用在两个主平面内，结果均符合规范要求。

节点层边钢梁的压弯验算应力比结果　　　　　　　　　表 3.8.5-3

节点楼层	常遇地震		设防地震		罕遇地震	
	稳定应力比 1	稳定应力比 2	稳定应力比 1	稳定应力比 2	稳定应力比 1	稳定应力比 2
L2	0.546	0.506	0.807	0.751	0.942	0.879
L6	0.100	0.095	0.140	0.134	0.156	0.149
L10	0.152	0.371	0.616	0.581	0.759	0.719
L14	0.314	0.146	0.243	0.232	0.297	0.283
L18	0.138	0.295	0.494	0.467	0.614	0.583
L22	0.215	0.133	0.228	0.218	0.283	0.271

节点楼层	常遇地震		设防地震		罕遇地震	
	稳定应力比1	稳定应力比2	稳定应力比1	稳定应力比2	稳定应力比1	稳定应力比2
L26	0.124	0.202	0.352	0.333	0.441	0.419
L30	0.124	0.120	0.226	0.216	0.285	0.272
L34	0.169	0.158	0.236	0.222	0.340	0.320
L38	0.117	0.113	0.287	0.264	0.406	0.377
L42	0.115	0.107	0.275	0.252	0.300	0.273

3. 转换吊柱与横梁构件

转换吊柱采用焊接箱形截面钢管构件，考虑外加10%额外重力（竖向地震作用）工况。经压弯构件稳定性验算，其最大稳定应力比为0.691，并未超过0.7的限值，符合其重要性的要求。

连接核心筒剪力墙和斜交网格节点、支撑转换吊柱的横梁根据重力组合进行内力验算。在使用荷载下，根据规范要求，横梁的挠度不应大于$L/250$，在活荷载下，横梁挠度不应大于$L/350$。表3.8.5-4给出了典型横梁构件的挠度结果，均符合规范要求。

典型横梁的挠度计算结果　　　　　　　　　　　　　　表3.8.5-4

工况	斜梁（$L=12.7$m）	直梁（$L=11.0$m）
恒载（mm）	10.5	15
活载（mm）	15.3	14.1
总限值（mm）	44.00	48.68
活载下限值（m）	31.43	34.77

4. 节点层楼板校核

周边梁的设计可以抵抗来自斜交网格的内力，但在重力作用下斜交网格仍会产生一个向外的平面内变形。通过在节点层对楼板进行加厚和额外增加钢筋来提高强度，从而缓解楼板在重力作用下正常使用时可能存在的问题。其中节点层2层、10层、18层和26层钢筋桁架楼承板的混凝土在塔楼地上结构封顶后浇筑，以避免由于过大的面内应力而导致开裂。模型计算时，节点层楼板采用弹性膜模拟分析，以考虑面内应力的影响。

3.8.6　地基基础计算

1. 塔楼筏基设计分析

塔楼筏基结构通过有限元软件SAFE建模分析，以获得内力分布情况。桩基作用采用弹簧模拟，对应弹簧刚度根据SATWE计算求得沉降云线图反推计算获得。为保守计，不考虑土体对筏板的支承作用。

图3.8.6-1所示为选取分析的竖向承载较大的核心筒部分和典型地下室柱的计算平面位置，其中双向受剪-冲切验算结果见表3.8.6-1。可知，大部分构件承载利用率均在70%以下，满足设计要求。

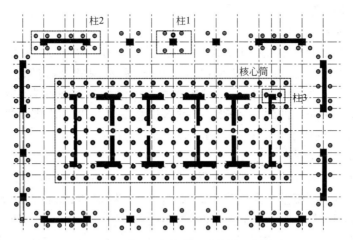

图 3.8.6-1 竖向构件的计算平面位置

双向受剪-冲切验算   表 3.8.6-1

	控制截面	冲切剪力（kN）	冲切周长（m）	承载力利用（%）
核心筒	45°冲切	70816	126	25.4
	深冲切—不含核心筒 4 根角柱	262156	94.7	47.1
	深冲切—包含核心筒 4 根角柱	320224	120.1	47.9
柱 1	45°冲切	24338	16.80	65.6
	深冲切	38601	6.28	69.6
柱 2	45°冲切	51027	34.20	67.6
	深冲切	76795	23.68	39.2
柱 3	45°冲切	22561	16.40	62.3
	深冲切	47348	6.08	87.8

2. 基础沉降及设计措施

塔楼筏基结构可通过有限元软件 SAFE 进行建模分析，以获得内力分布情况。桩基作用采用弹簧模拟，对应弹簧刚度根据 SATWE 计算求得沉降云线图反推计算获得。

3.8.7 钢管混凝土斜柱足尺模型试验

1. 试验模型参数

（1）模型位置选取

考虑中部平面斜交节点（X 形）和角部空间斜交节点（K 形）两种，位置选取如下：①中部平面斜交节点 A：取 2～6 层范围的中部 2 根斜柱及对应 6 层斜交节点；②角部空间斜交节点 B：取 6 层～10 层范围的角部 2 根斜柱及对应 10 层斜交节点。

斜柱构件截面为箱形□750mm×750mm，厚度 40mm，内部浇筑 C60 混凝土，根据实际尺寸做 1∶1 的全尺寸混凝土浇筑试验模型。斜柱构件、节点及内部隔板的几何尺寸、位置需与实际完全一致。现场试验平台需做好固定措施。若试验浇筑工艺能达到密实度要求，实际施工时应采用与试验浇筑工艺相同的工艺操作。

（2）足尺模型参数

①X形钢管混凝土斜柱节点

X形钢管混凝土斜柱节点的上部保留至对接接头位置，模型总高度为10.762m；柱底为厚30mm的钢底板，并通过锚筋锚入700mm高的块状基础进行固定；两侧采用H300×150×12×12的型钢斜撑进行侧向支撑；两侧钢支撑底部为15mm钢底板，并通过锚筋锚入400mm高的块状基础。节点钢材总重约8.2t，浇灌混凝土总重约29t；钢柱上半段5.4t，钢柱下半段5.4t。详见图3.8.7-1(a)。

②K形钢管混凝土斜柱节点

K形钢管混凝土斜柱节点上部保留至对接接头3.4m中的1.0m高度，满足灌浆试验要求，减轻整体重量。模型总高度为10.623m，柱底为厚30mm的钢底板，并通过锚筋锚入700mm高的块状基础进行固定；模型重心位置设置方形临时支撑架，防止其出现倾覆；支撑架底部为厚20mm的钢底板，并通过锚筋锚入500mm高的块状基础。混凝土材料为C30，钢材为Q345B；K形节点钢材总重约为14.5t，需侧向浇灌混凝土总重约为41t；钢柱上半段4.6t，钢柱下半段4.6t。详见图3.8.7-1(b)。

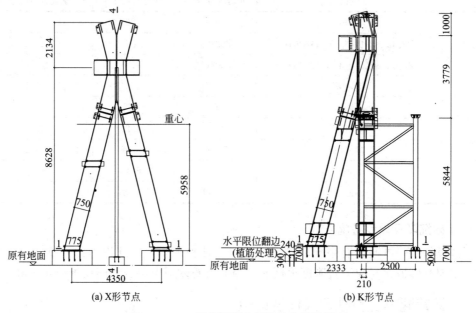

(a) X形节点   (b) K形节点

图3.8.7-1　钢管混凝土斜柱节点足尺模型

2. 试验模型和测线布置实景

（1）试验模型实景

图3.8.7-2所示为X形钢管混凝土斜柱节点（2号）和K形钢管混凝土斜柱节点（1号）足尺试验模型的现场实景图，主要目的是检测1号、2号模型钢管混凝土斜柱的内部混凝土密实度及强度分布情况，采用声波CT技术进行检测。图3.8.7-3所示为足尺模型的斜交节点位置的侧向浇灌孔细部构造实景。

（2）测线布置实景

检测采用北京同度工程物探技术有限公司开发的声波CT检测仪和BCT仪器系统。

(a) X形节点试验模型装置　　　　　(b) K形节点试验模型装置

图 3.8.7-2　足尺试验模型实景

(a) X形节点　　　　　　　(b) K形节点

图 3.8.7-3　足尺模型侧向浇灌孔的细部实景

图 3.8.7-4(a) 所示为测线布置方式，采用两个排列，每个排列均包含 30 个激发点和 30 个检波器，敲击点与接收点的间距均为 0.05m。超声 CT 成像检测分析时，结果的准确性取决于各检测面的射线密度和射线正交性，图 3.8.7-4(b) 所示为现场采集测线布置实景。

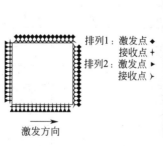

(a) 平面　　　　　　　　(b) 实景

图 3.8.7-4　K形节点试验模型测线布置实景

3. 模型检测结果分析

共检测了 X 形（2 号）、K 形（1 号）钢管混凝土斜柱足尺试验模型的 19 个横截面，详见表 3.8.7-1 和表 3.8.7-2。可知，所检测部位混凝土的平均波速（大于 4500m/s）、离散度（小于 9%）、最大缺陷尺度（无内部缺陷）这 3 项参数均满足要求；C60 以上的合格率面积比，除个别截面（北 2、北 4）外均不小于 70%（其中不小于 75% 的截面数超过一半）；C50 以上的合格率面积比均不小于 97%。

上述 4 项判定参数中，前 3 项均较好满足要求，表明钢管内部浇筑混凝土已具备良好的平均强度、较小的强度离散性和最大缺陷尺度的控制。仅第 4 项 C60 以上合格率面积比小于 80% 而略有不足，这是由于实际检测时施工工期原因导致混凝土未达到龄期 28d 的影响，但仍保证了最低为 70%（其中不小于 75% 的截面数超过一半）；且 C50 以上的合格率面积比均已达到 97% 以上，即高强度混凝土面积比率基本实现全覆盖，最低强度性能覆盖率有保障。因而可认为钢管混凝土斜柱构件的内部混凝土密实度基本达到了 C60 强度和质量均一的合格要求。

对于竖直钢管混凝土柱，当自密实混凝土下抛高度超过 4m 时，可通过自重及冲击力达到自密实效果。斜交网格由于斜度引起的摩擦以及斜交节点位置的较多内部隔板，考虑每两层位置开浇灌孔，同时在斜交节点处辅助以振捣法，以达到充分的自密实效果。

X 形（2 号）试验模型不同横截面的检测结果　　　　　　　　表 3.8.7-1

检测区域	距地面高度(m)	平均波速(m/s)	离散度(%)	≥C60 面积比(%)	≥C50 面积比(%)	内部缺陷
北 1	1.70	4537.2	2.10	71.09	97.66	
北 2	4.50	4552.7	2.23	75.69	99.22	
北 3	6.00	4532.8	1.78	75.98	98.82	
北 4	8.00	4532.1	1.66	75.39	98.43	
北 5	9.00	4531.3	1.27	71.52	100	无
南 1	1.85	4577.9	2.11	81.96	99.61	
南 2	4.50	4540.8	1.85	72.44	99.61	
南 3	6.00	4555.6	1.95	72.55	100	
南 4	8.00	4531.1	1.35	70.31	100	
南 5	9.00	4564.5	1.48	83.65	100	

K 形（1 号）试验模型不同横截面的检测结果　　　　　　　　表 3.8.7-2

检测区域	距地面高度(m)	平均波速(m/s)	离散度(%)	≥C60 面积比(%)	≥C50 面积比(%)	内部缺陷
北 1	1.95	4452.4	2.34	74.51	100	
北 2	5.00	4516.3	1.18	63.39	100	
北 3	6.05	4550.9	1.89	76.47	98.82	
北 4	9.10	4513.3	1.23	60.07	100	
南 1	1.75	4536.2	1.27	77.25	100	无
南 2	5.00	4548.3	1.87	77.56	99.61	
南 3	6.05	4549.1	2.00	77.33	97.66	
南 4	9.10	4519.1	1.23	69.02	100	
南 5	10.00	4538.8	1.43	75.86	100	

3.9 宁波城市之光

3.9.1 工程概况

宁波城市之光[①]位于宁波市江东区东部新城区 C3-4 号地块，东临海晏路，西临江澄路，南面百丈路，北面中山路。项目规划用地面积 $16931m^2$，包括地标塔楼、裙房和地下室三个部分，总建筑面积 30.687 万 m^2，其中地上建筑面积 23.409 万 m^2，地下建筑面积 7.278 万 m^2。地标塔楼（以下简称塔楼）位于 C3-4 号地块的东北角，是一栋集超甲级写字楼、精品办公、五星级酒店等于一体的综合建筑。建筑高度约为 448.2m，结构高度约 420.3m，地下 4 层（主要为机电用房），地上 88 层（主要包括办公、精品办公和酒店）。裙房 4 层，高度约 24m，主要为商业和宴会厅等功能。顶部为高约 28.1m 的幕墙造型和直升机停机坪。塔楼效果如图 3.9.1-1 所示，结构整体三维模型见图 3.9.1-2。

图 3.9.1-1 塔楼效果图

图 3.9.1-2 结构整体三维模型

结构设计使用年限为 50 年（关键构件耐久性 100 年，包括核心筒和框架柱），结构安全等级为二级（关键/重要构件结构安全等级为一级）。地基基础和桩基工程设计等级为甲级，安全等级为一级。建筑结构抗震设防类别为重点设防类（乙类）；抗震设防烈度为 7 度，设计基本地震加速度值为 0.10g，设计地震分组为第一组；建筑场地类别为 Ⅳ 类，设

---

① 本项目结构方案设计单位为 ARUP，施工图设计单位为上海建筑设计研究院有限公司。

计特征周期为 0.65s。采用 100 年一遇风压值 0.60kN/m² 计算，地面粗糙度按场地实际情况模拟并进行风洞试验，同时采用风洞试验风荷载数据作补充计算；基本雪压（50 年一遇）值为 0.3kN/m²。

3.9.2　结构方案

1. 结构体系

塔楼采用了带伸臂加强层的框架-核心筒结构体系。该体系由钢筋混凝土核心筒（内含型钢）、钢管混凝土柱和 3 道环桁架组成的外框架、协同核心筒和外框架共同工作的 3 道伸臂桁架组成。该结构体系的主要组成详见图 3.9.2-1。

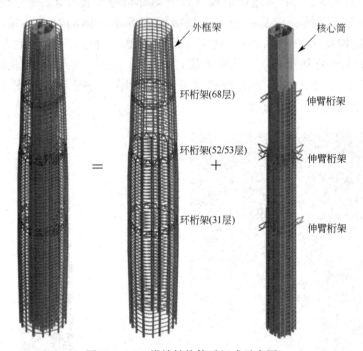

图 3.9.2-1　塔楼结构体系组成示意图

2. 结构布置

（1）外框柱

所有外框柱均采用钢管混凝土柱，52 层以下为圆形，52 层以上为矩形（个别为圆形），管内填充的混凝土最大强度等级为 C60。外框柱沿高度分为 8 个柱段，有 6 段斜柱和 2 段直柱，如图 3.9.2-2 所示。在两个柱段相交处，斜柱会产生可观的水平分力，需由与其相连的楼面梁承担，并传递到核心筒内。设计时，需要加强该位置及附近的楼面梁和楼板，受力示意详见图 3.9.2-3。

（2）核心筒墙体

为了与建筑体型相适应，核心筒从下到上分段内收。大部分楼层的内收是通过减少墙肢实现的，仅在 52～54 层东北和西北角部采用了斜墙形式。在竖向荷载作用下，斜墙顶部核心筒内部受压，斜墙底部核心筒内部受拉，如图 3.9.2-4 所示。由于楼板较少，需要加强楼面梁来抵抗压力或拉力，为保证其具有足够的抗震性能，通常情况下需要在楼面梁

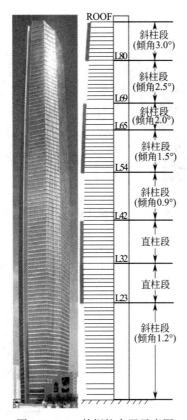

图 3.9.2-2　外框柱布置示意图

中设置型钢。

斜墙的存在增加了结构的施工难度，需要详细考虑钢筋的锚固和型钢节点，以保证结构安全。对斜墙区段进行初步分析，采用如下措施予以加强：

①如图 3.9.2-5 所示，在 52～54 层核心筒内楼面梁增设型钢，加强楼板厚度进行可靠拉结。楼面梁最大拉力为 1800kN，楼板需要适当加厚并加强配筋；

②适当加厚核心筒外斜墙周边的楼板并加强配筋，提高抗震能力；

③如图 3.9.2-6 所示，在斜墙墙肢端部和角部埋设钢骨，改善斜墙区段的抗震性能并提高其延性，在弹塑性分析阶段加强对斜墙的分析。

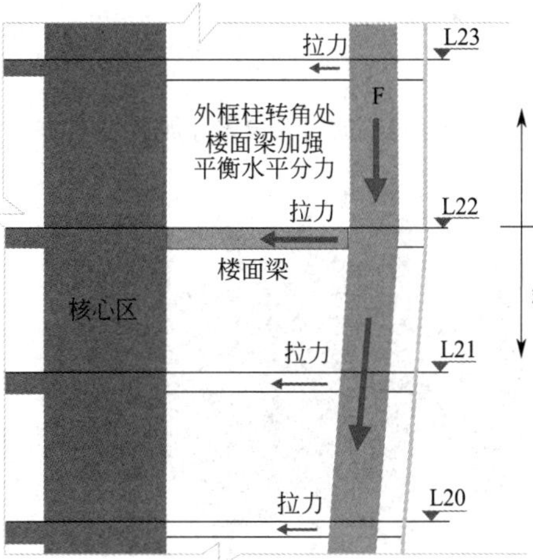

（3）伸臂桁架

塔楼中共设有 3 道伸臂桁架，分别在 31 层、52～53 层和 68 层。伸臂桁架形式均采用 V 形，构件为箱形截面。其中，52～53 层和 68 层伸臂桁架如图 3.9.2-7 所示。

图 3.9.2-3　斜柱变斜率受力示意图

313

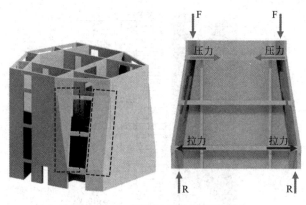

图 3.9.2-4　斜墙及受力分析示意图

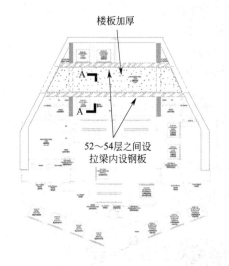

图 3.9.2-5　核心筒内设拉梁并加强楼板

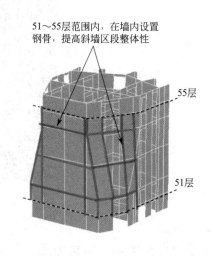

图 3.9.2-6　斜墙内设置钢骨

图 3.9.2-7　52～53 层和 68 层伸臂桁架形式

　　伸臂桁架连接核心筒，为保证力能在筒体内部有效传递，需要设置足够的型钢。经分析，墙体两端的型钢作用较大，而中间的受力小，可以适当优化减少，但需保留上下弦杆贯通，如图 3.9.2-8 所示。

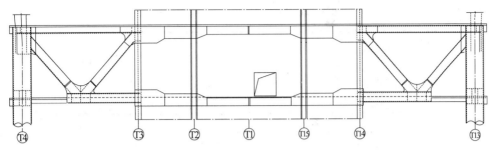

图 3.9.2-8 伸臂桁架及其在墙体内部的布置形式

（4）环桁架

塔楼在 31 层、52～53 层和 68 层设置环桁架。52～53 层和 68 层的环桁架同时作为转换桁架，将下部办公层 8～12m 大间距柱网转换为精品办公层及酒店层约 6m 间距柱网，如图 3.9.2-9 所示。

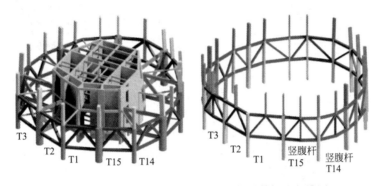

图 3.9.2-9 52～53 层及 68 层环桁架和外框柱三维图

（5）楼盖体系

塔楼地上部分，核心筒内部楼盖采用普通混凝土梁板体系，筒体与外框柱之间的楼面梁部分可以采用钢梁＋组合楼板体系。组合楼面系统示意如图 3.9.2-10 所示。

3. 地基基础设计

（1）地质条件

根据《宁波恒大华府项目 C3-4 号地块岩土工程勘察报告》，钻孔资料揭露，本场地自地表以下 110m 范围内的地基土性为杂填土、黏土、淤泥质黏土、淤泥

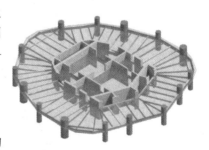

图 3.9.2-10 组合楼面系统示意图

质粉质黏土、含黏性土粉砂、粉质黏土、淤泥质粉质黏土、黏土、粉砂、砾砂、粉质黏土、粉砂、粉质黏土、粉砂、黏土、圆砾、粉质黏土、全风化～中风化安山玢岩（凝灰质结构）。塔楼区域典型地质剖面如图 3.9.2-11 所示。

（2）桩筏基础布置

考虑地质条件、施工等因素，本工程采用钻孔灌注桩。由于塔楼荷载较大，考虑第 10 层圆砾层作为持力层，并进行后注浆以提高单桩承载力，桩基采取满堂梅花形布置，布置示意图详见图 3.9.2-12。

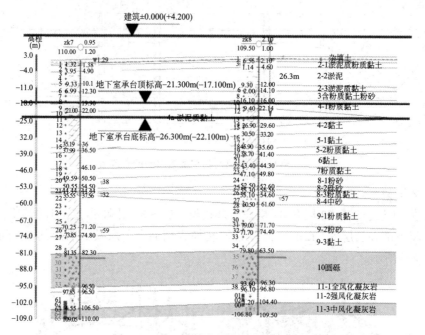

图 3.9.2-11　塔楼范围典型地质断面图

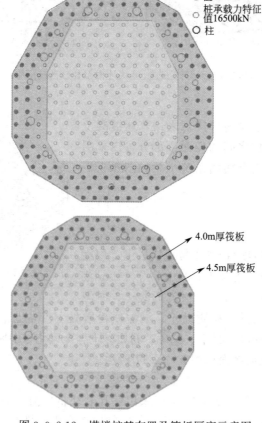

图 3.9.2-12　塔楼桩基布置及筏板厚度示意图

　　根据上部荷载特点以及当地岩土状况，使用整体桩筏基础形式，筏板布置如图 3.9.2-12 所示。其中，内筒采用较厚筏板，其余区域采用较薄筏板，变厚处筏板底面需做相应放坡处理。筏板混凝土等级采用 C50，内筒筏板厚度约为 4.5m，边界线距离核心筒 7m，其余区域采用较薄筏板，厚度为 4.0m。

3.9.3　结构抗震计算

1. 多遇地震计算

（1）周期和振型

　　塔楼整体有限元模型共分析了 90 个振型，前三阶周期分别是 $T_1 = 8.58s$（Y 向）、$T_2 = 8.55s$（X 向）和 $T_3 = 3.40s$（扭转），扭转周期比为 0.40，满足《高规》对于 B 级高度高层及复杂高层建筑不应大于 0.85 的要求。

（2）楼层剪力和倾覆力矩

　　各楼层剪力和倾覆力矩见图 3.9.3-1。由图可知，50 年风荷载与小震作用下的总剪力

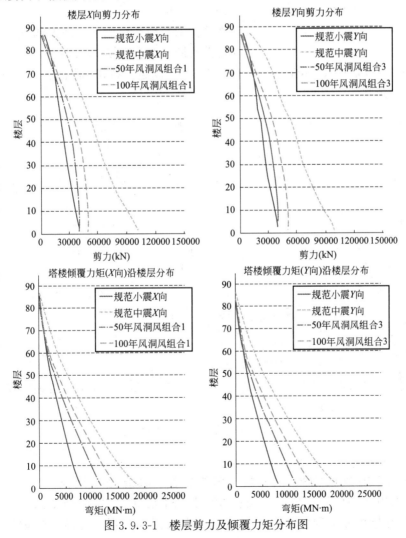

图 3.9.3-1　楼层剪力及倾覆力矩分布图

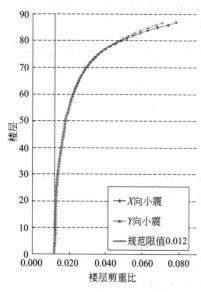

图 3.9.3-2　楼层剪重比分布

基本相当，但倾覆力矩大了 50% 左右，对侧向刚度起着控制作用。中震比 50 年和 100 年风荷载作用下的剪力和倾覆力矩均大。

（3）剪重比

图 3.9.3-2 为各楼层的剪重比分布。在 X 向和 Y 向除个别楼层外，基本能满足《高规》最小 1.20% 的要求，对地震作用调整的幅度很小，仅为 0.9%～1.7%。

（4）结构侧向位移和层间位移角

结构在小震和风荷载作用下最大位移及位移角曲线见图 3.9.3-3，最大值发生在 X 向风作用下。结构两向的最大层间位移角均小于《高规》第 3.7.3 条规定的限值 1/500。

（5）位移比

塔楼在水平地震作用下（考虑偶然偏心），楼层竖向构件的最大水平位移和层间位移与其平均值之比的曲线如图 3.9.3-4 所示。位移比最大值为 1.185，满足《高规》限值 1.20 的要求，说明结构平面比较规则。

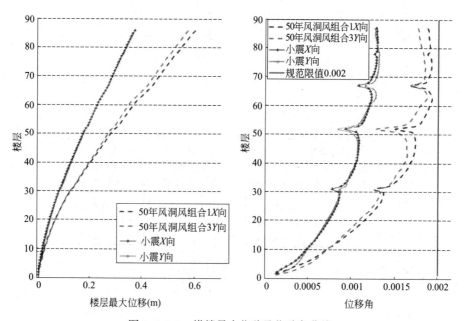

图 3.9.3-3　塔楼最大位移及位移角曲线

（6）楼层刚度比

图 3.9.3-5 中数据均按《高规》条文考虑，取值是本层刚度与上层刚度的 90%、110% 或 150% 的比值。塔楼在 32 层、51 层和 67 层的刚度比偏小，主要原因是本层高度与相邻上层相差较大或者相邻上层为加强层，导致该层偏软弱，进行

构件承载力计算时，将地震作用产生的剪力放大
1.25 倍。

(7) 框架剪力分担比及倾覆力矩分配

小震作用下塔楼外框剪力分配如图 3.9.3-6 所
示。在地震作用下，楼层剪力主要由核心筒承担。
外框分配得到的剪力分担比例在大部分楼层不小于
5%，仅有少数楼层不足。图 3.9.3-7 显示了核心
筒和外框架倾覆力矩的分布，在加强层曲线有突
变，外框柱分担倾覆力矩突然增大，而内筒分担部
分则减小。结果表明，伸臂桁架和环桁架的设置能
够有效提高外框分担倾覆力矩的比例，减小了核心
筒的受力。

(8) 墙、柱轴压比

外框柱和核心筒墙肢的轴压比分布如图 3.9.3-8
所示，墙肢轴压比均小于 0.5，框架柱轴压比均小于
0.7，满足规范要求。

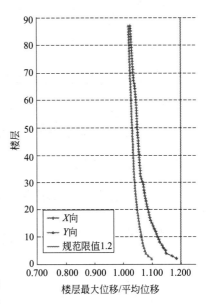

图 3.9.3-4 楼层位移比曲线图

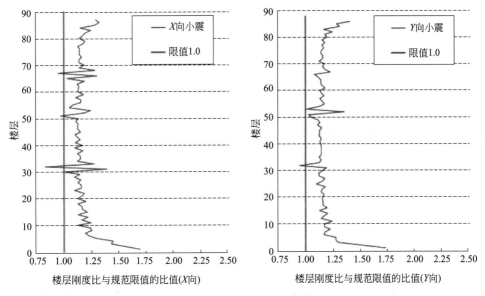

图 3.9.3-5 楼层刚度比曲线图

(9) 多遇地震弹性时程分析补充计算

从图 3.9.3-9 中各方向时程波层剪力平均值与反应谱层剪力比较可以看到，各方向在
高区（X 向约 65 层以上，Y 向约 60 层以上）时程波平均值比反应谱大，体现了地震作用
高阶振型的影响；在中低区，时程分析结果小于反应谱计算结果。构件截面设计时取时程
分析结果和反应谱分析结果的包络值计算小震作用，以保证结构安全可靠。

小震时程波均满足规范要求，与规范反应谱在统计意义上相符，地震波的持续时间均
大于建筑结构基本自振周期的 5 倍和 15s。时程分析结果与反应谱分析结果具有一致性和

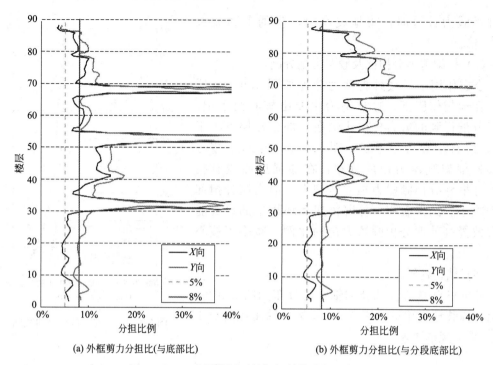

(a) 外框剪力分担比(与底部比)　　　　　(b) 外框剪力分担比(与分段底部比)

图 3.9.3-6　小震作用下外框架剪力分担比例图

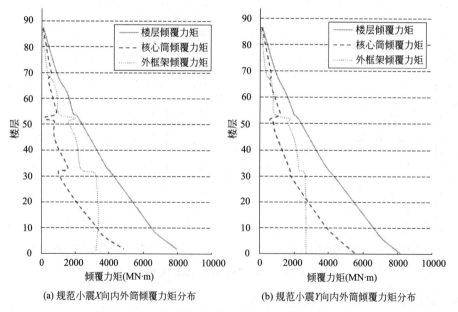

(a) 规范小震X向内外筒倾覆力矩分布　　　(b) 规范小震Y向内外筒倾覆力矩分布

图 3.9.3-7　小震作用下核心筒和外框倾覆力矩分配

规律性。结构鞭梢效应不是特别明显，但有一定的高阶振型影响。故在构件设计时将塔楼高区小震地震剪力放大，以保证地震作用下结构安全。

2. 性能目标和构件性能验算

（1）性能目标

根据超限水平和结构特点，抗侧构件进行性能化设计。根据工程的场地条件、社会效

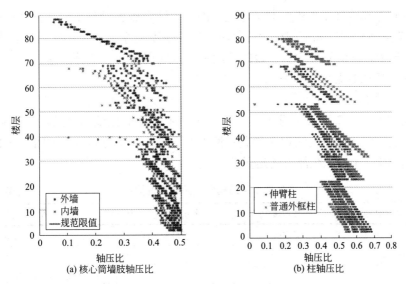

(a) 核心筒墙肢轴压比　　　　　(b) 柱轴压比

图 3.9.3-8　外框柱和核心筒墙轴压比分布

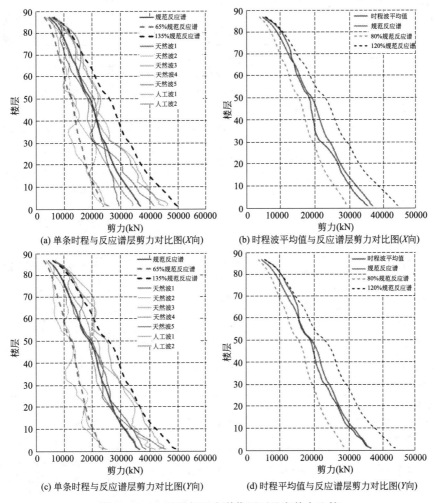

(a) 单条时程与反应谱层剪力对比图(X向)　　(b) 时程波平均值与反应谱层剪力对比图(X向)

(c) 单条时程与反应谱层剪力对比图(Y向)　　(d) 时程平均值与反应谱层剪力对比图(Y向)

图 3.9.3-9　时程与反应谱作用下基底剪力比较

益、结构的功能和构件重要性，并考虑经济因素，结合概念设计中的"强柱弱梁""强剪弱弯""强节点弱构件"和框架柱"两道防线"的基本概念，制定塔楼的抗震性能目标为C级。在高规中，该级别在多遇、设防烈度和罕遇地震下的水准分别是1、3、4。具体到各种构件性能目标参见表3.9.3-1。

（2）构件性能验算

外框柱轴压比计算结果如图3.9.3-10所示。考虑外框柱偏心及跃层等不利因素影响下，风组合、小震＋风组合工况和中震弹性工况下，外框柱的利用率如图3.9.3-10所示，柱利用率均小于1.0，承载能力满足要求。

各性能水准结构预期的震后性能状况　　　　　　　　　　　　表 3.9.3-1

抗震烈度（参考级别）		1=多遇地震（小震）	2=设防烈度地震（中震）	3=罕遇地震（大震）
性能水平定性描述		不损坏	可修复损坏	无倒塌
层间位移角限值		1/500	—	1/100
构件性能	核心筒墙肢（拉弯压弯）	弹性	底部加强区、斜墙所在楼层、伸臂加强层弹性	底部加强区、加强层形成塑性铰，破坏程度轻微，可入住，即 $\theta<IO$
			其他楼层中震不屈服	其他层形成塑性铰，破坏程度可修复并保证生命安全，即 $\theta<LS$
	核心筒墙肢（抗剪）	弹性	弹性	不屈服
	核心筒连梁	弹性	伸臂加强层的弹性；支承框架梁时，抗弯不屈服，抗剪弹性	允许进入塑性，抗剪不屈服
			无框架梁时，允许进入塑性，抗剪不屈服	中度损坏、部分比较严重损坏，即 $\theta<CP$
	外框架柱	弹性	弹性	不屈服
	伸臂桁架	弹性	不屈服	最不利工况下不引起剪力墙破坏，允许屈服/屈曲，出现弹塑性变形，破坏程度可修复并保证生命安全，即 $\theta<LS$
	环桁架（非转换）	弹性	弹性	形成塑性铰，破坏程度轻微，可入住，即 $\theta<IO$
	转换桁架	弹性	弹性	不屈服
	外框梁	弹性	允许进入塑性抗剪不屈服	中度损坏，部分比较严重损坏，即 $\theta<CP$
	21～23、40～42层外框梁和部分内框梁；与环桁架相连内框梁	弹性	弹性	不屈服
	加强层筒体南侧连接翼墙的拉梁（垂直伸臂桁架平面）	弹性	弹性	不屈服
	其他结构构件	规范设计要求	允许进入塑性	出现弹塑性变形，破坏较严重但防止倒塌，即 $\theta<CP$
	节点		不先于构件破坏	

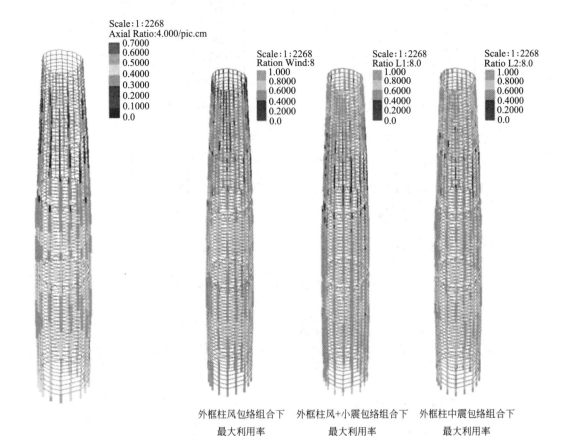

外框柱风包络组合下　　　　外框柱风+小震包络组合下　　　外框柱中震包络组合下
　　最大利用率　　　　　　　　　　最大利用率　　　　　　　　　最大利用率

图 3.9.3-10　外框柱轴压比（左一图）及各包络组合下最大利用率（右三图）

核心筒验算取最不利的静力荷载工况和地震工况进行承载力验算。

①中震下墙肢拉应力验算

对于拉应力超过 $2f_{tk}$ 的墙肢，在承载力计算时不考虑钢筋的作用，仅计型钢的贡献。墙肢拉应力沿楼层分布计算结果如图 3.9.3-11 所示。各墙肢拉应力均小于 $2f_{tk}$（C60 混凝土 $f_{tk}=2.85MPa$）。

②剪压比验算

考虑风参与的组合（Wind）、小震＋风组合工况（L1）和中震弹性工况（L2）下的内力，以典型墙肢为例截面验算结果如图 3.9.3-12 所示（图中利用率是剪压比计算值与限制 0.25、0.20 或 0.15 的比值），核心筒墙肢剪压比均满足要求。

③底部 18 层核心筒墙体性能验算

对于 1～8 层核心筒墙体，按中震弹性验算，对于 9～18 层核心筒墙体按中震不屈服验算。考虑重力和风的组合、小震＋风组合、中震弹性/不屈服三种工况，以典型墙肢为例给出截面验算结果如图 3.9.3-13 所示，墙肢承载力均能满足既定性能目标要求。

④19 层以上墙肢承载力验算

对于 19 层以上部分的核心筒墙体，构件承载力的计算采用盈建科结构分析/设计软件，通过该程序对核心筒墙体的验算结果判断墙肢承载力能否满足要求。

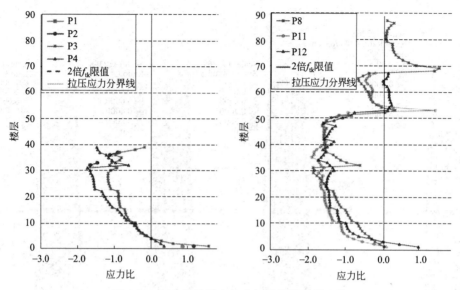

图 3.9.3-11 墙肢轴向应力与抗拉标准值比值

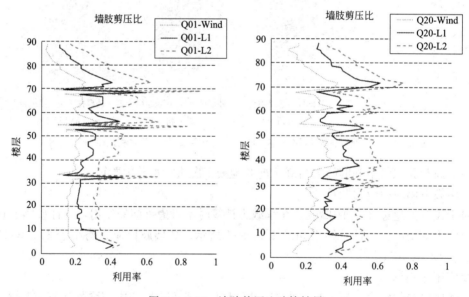

图 3.9.3-12 墙肢剪压比验算结果

　　根据构件的性能水准,选取部分楼层考虑风参与的组合、小震＋风组合工况、中震不屈服工况下的截面验算结果如图 3.9.3-14 所示,墙肢承载能力满足要求。

　　计算伸臂桁架的内力时,不考虑加强层顶底楼板的面内刚度,但保留其竖向荷载的传递功能。计算结果如图 3.9.3-15 所示。可以看出伸臂桁架在各包络组合下最大利用率基本小于 0.9,个别达到 0.94,但能够小于 1.0,满足规范要求。以风为主的荷载组合是伸臂桁架承载力的控制工况,中震组合下的内力略小于以风为主的组合。伸臂构件满足既定性能目标要求。

　　环桁架均采用 Q345 钢材,构件承载力验算方法与伸臂桁架一致。计算结果如图

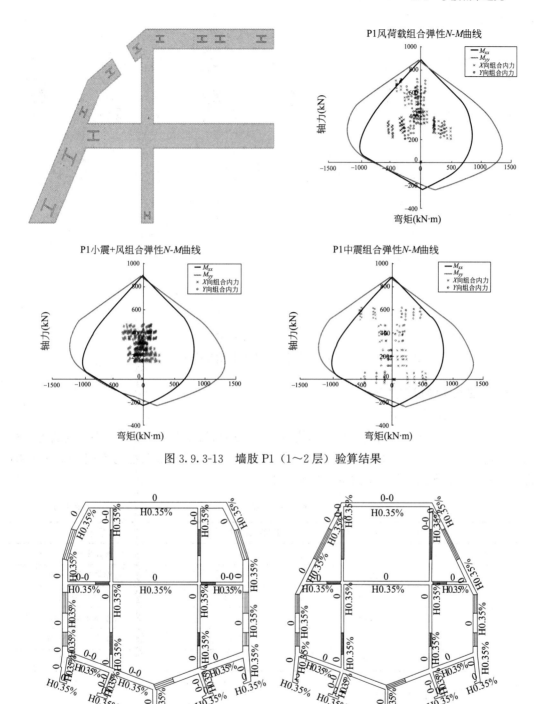

图 3.9.3-13 墙肢 P1 （1～2 层）验算结果

(a) 42层墙肢配筋率　　　　　　　(b) 55层墙肢配筋率

图 3.9.3-14 19 层以上部分楼层墙肢承载力验算结果

3.9.3-15 所示。可以看出环桁架在各包络组合下最大利用率均小于 0.9，满足规范要求。以风为主的荷载组合仍是承载力的控制工况，中震组合略小。环桁架构件满足既定性能目标。

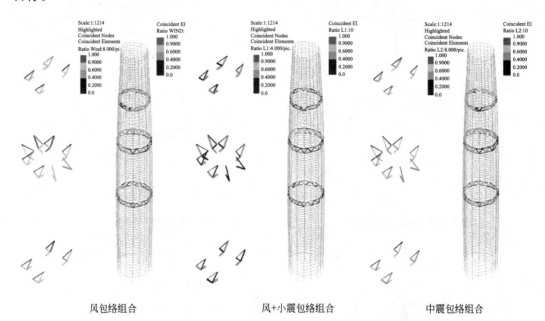

風包络组合 風+小震包络组合 中震包络组合

图 3.9.3-15 伸臂桁架及环桁架在各包络组合下最大利用率

3. 罕遇地震弹塑性分析

（1）自振周期与振型

采用了 LS-DYNA 求解特征值的功能得到了 LS-DYNA 模型小变形、小应变的周期和振型。表 3.9.3-2 给出了 LS-DYNA 模型和 ETABS 模型前 6 阶振型的周期。LS-DYNA 模型与 ETABS 模型二者的动力特性基本一致。

模型周期对比　　　　　　　　　　　表 3.9.3-2

振型序号	LS-DYNA 分析结果（s）	ETABS 分析结果（s）	振型特征
1	8.48	8.52	一阶整体平动（X 向）
2	8.13	8.45	一阶整体平动（Y 向）
3	3.98	3.42	一阶整体扭转
4	2.66	2.51	二阶整体平动（Y 向）
5	2.33	2.35	二阶整体平动（X 向）
6	1.67	1.43	二阶整体扭转

（2）结构整体性能评价

在七组大震波作用下的弹塑性层间位移角如图 3.9.3-16 所示。其中，X 向层间位移角平均值为 1/150，最大为 1/114；Y 向层间位移角平均值为 1/181，最大为 1/131；均满足规范要求。

（3）结构构件抗震性能评价

为了解塔楼在大震作用下由弹性到屈服以及屈服后阶段的全过程的行为，判断该结构在大震作用下是否存在可能的薄弱区，其薄弱程度如何，判断结构中各类构件是否能够满足大

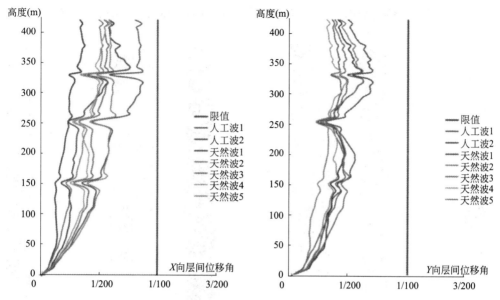

图 3.9.3-16 七组大震波作用下的弹塑性层间位移角

震下的性能目标,需要详细输出各条波作用下的结构构件的塑性铰开展情况、应变发展情况等。鉴于数据繁杂,仅给出第二组天然波(主向为 Y 向)的计算结果并简单阐述如下。图 3.9.3-17 是结构在第二组天然波作用下,外框梁、柱及塔冠钢结构的塑性铰开展情况和伸臂与环桁架的受压屈曲情况。结果表明:①外框柱仅在第二道环桁架上的两个不落地柱根部出现少量塑性铰;②外框梁有较大范围的塑性铰开展,但程度较轻,能够满足性能目标同时起到耗能作用;③伸臂和环桁架没有出现受压屈曲的情况;④塔冠钢结构塑性铰开展较多,程度达到 LS,能够满足性能目标;⑤上述构件均能满足既定的性能目标。

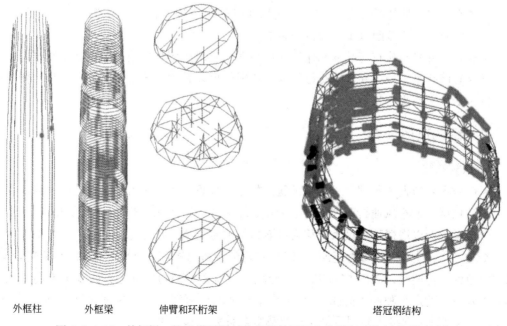

外框柱　　　　外框梁　　　伸臂和环桁架　　　　　　　　塔冠钢结构

图 3.9.3-17 外框梁、柱及塔冠钢结构塑性铰开展和伸臂与环桁架的受压屈曲

图 3.9.3-18 是核心筒构件在第二组天然波作用下的整体分析结果，可以看出：

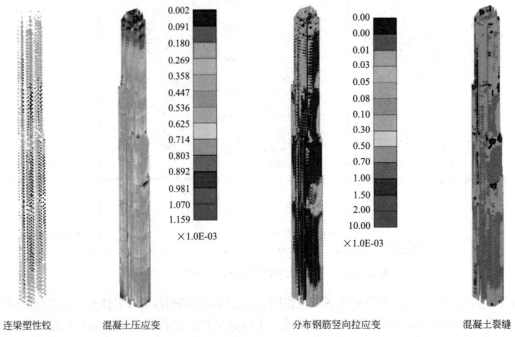

连梁塑性铰　　　　混凝土压应变　　　　　分布钢筋竖向拉应变　　　混凝土裂缝

图 3.9.3-18　核心筒构件整体分析结果

①核心筒连梁基本都进入塑性开展，程度为 IO，半数程度为 LS。连梁在大震下起到耗能作用，能够满足性能目标。

②核心筒剪力墙混凝土压应变水平不高，且都没有超过混凝土的峰值压应变。最大应变出现在核心筒底部，斜墙收进处应变也略大于周边区域。

③核心筒剪力墙体受拉裂缝较少，在加强层处由于伸臂作用，裂缝开展重于其他区域。斜墙区域未见明显因水平力导致的裂缝。

④核心筒墙竖向分布筋基本都保持受拉弹性。北侧局部突出的小墙肢受拉屈服。

⑤核心筒墙水平分布筋保持受拉弹性。从图中可以看出，核心筒底部以及与伸臂连接处的拉应变水平略高于其他部位。

3.9.4　结构抗风计算

1. 风洞试验

风荷载主要依据风洞试验（天平试验）数据。计算分析采用台风模拟的风速风向因子作为设计依据，最小风速折减因子设置为 0.85。图 3.9.4-1～图 3.9.4-5 分别给出了 50 年和 100 年重现期以塔楼顶层最大位移为等效目标的基础 X 轴向峰值剪力 Q_x、Y 轴向峰值剪力 Q_y、绕 X 轴峰值倾覆力矩 M_x、绕 Y 轴峰值倾覆力矩 M_y、绕 Z 轴基础峰值扭矩 M_z 随风向角的变化曲线。其中 Max 和 Min 分别是以塔楼顶部对应轴正方向及负方向最大位移为等效目标的最大和最小荷载，Mean 为基础平均风荷载。各层的荷载分布如图 3.9.4-6 所示，这些数值在导入模型后仍需与荷载组合系数一起使用。

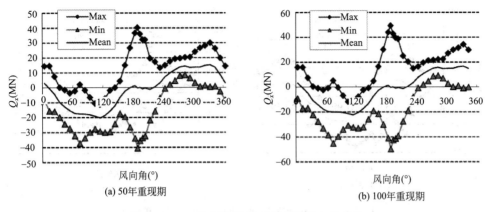

(a) 50年重现期　　　　　　　　　　　(b) 100年重现期

图 3.9.4-1　基础沿 X 轴向剪力随风向角变化

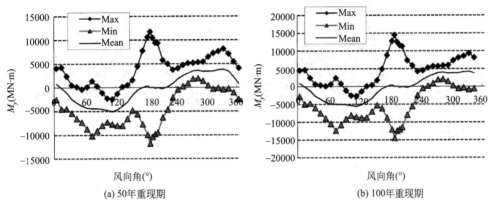

(a) 50年重现期　　　　　　　　　　　(b) 100年重现期

图 3.9.4-2　基础绕 Y 轴向倾覆力矩随风向角变化

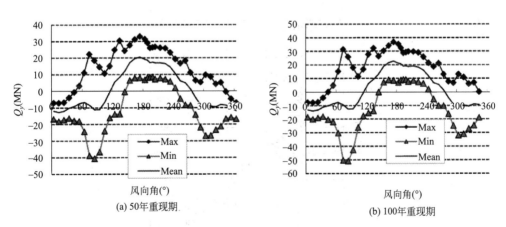

(a) 50年重现期　　　　　　　　　　　(b) 100年重现期

图 3.9.4-3　基础沿 Y 轴向剪力随风向角变化

2. 与规范风荷载分析比较

对比风洞试验数据与《荷载规范》计算结果的差异，将其列在图 3.9.4-7 中。对于作用于每个楼层上的风荷载，在塔楼下部，规范风荷载稍微大一些，中上部则是风洞试验数据超出较多；对于每个楼层承受的剪力，除顶部钢结构塔冠外，均是风洞试验数据大。

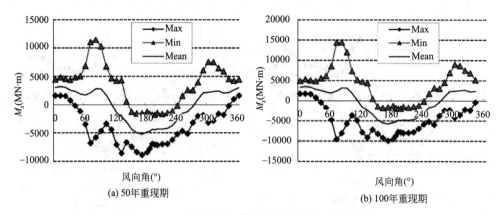

图 3.9.4-4 基础绕 X 轴向倾覆力矩随风向角变化

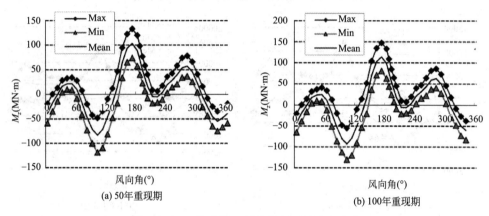

图 3.9.4-5 基础绕 Z 轴向扭矩随风向角变化

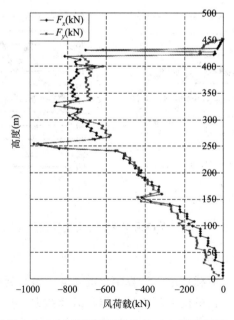

图 3.9.4-6 各楼层荷载分布（50 年重现期）

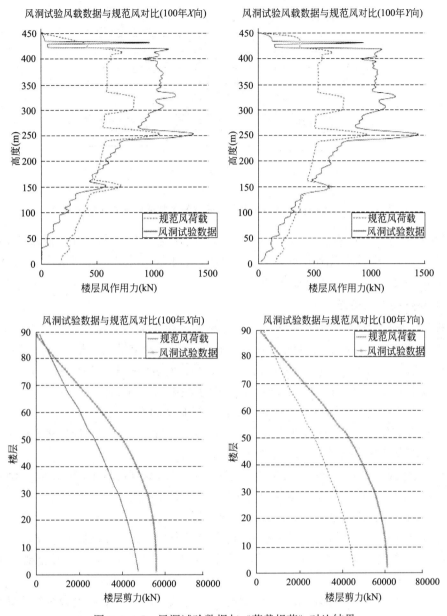

图 3.9.4-7 风洞试验数据与《荷载规范》对比结果

3. 风振舒适度分析

风洞试验报告提供了塔楼顶层 88 层（414.3m）和精品办公最高层 62 层（291.3m）处峰值加速度随风向角的变化曲线，如图 3.9.4-8 所示，最大值分别是 0.161m/s² 和 0.115m/s²，能够满足高规对旅馆和办公规定的最大加速度限值的要求（均为 0.25m/s²）。

3.9.5 结构超限判断和主要加强措施

1. 结构超限判断

根据《审查要点》，对规范涉及结构不规则进行了检查。结构高度 420.3m，超过 7 度

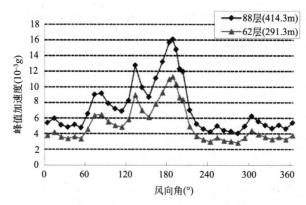

图 3.9.4-8 塔楼顶层和精品办公最高层峰值加速度随方向角的变化

设防钢管混凝土框架-混凝土核心筒结构的最大适用高度 190m；同时存在楼板局部不连续（3 层北侧开洞）、相邻楼层刚度突变（伸臂加强层上下层）、竖向构件间断（52 层和 68 层环带桁架兼转换桁架）3 项不规则类型。

2. 主要抗震加强措施

针对结构高度超限和不规则类型，主要采取以下抗震加强措施：

（1）地震作用计算采用 90 个振型组合，振型参与有效质量大于总质量的 90%；

（2）考虑剪重比要求，减轻结构自重，提高结构刚度，控制结构周期在 8.6s 左右；

（3）考虑 $P-\Delta$ 效应，验算结构刚重比，控制结构重力二阶效应；

（4）验算结构整体抗倾覆、滑移的稳定性，控制基础不出现拉力情况；

（5）采用 MIDAS Gen 软件建立模型来对比分析，保证主要设计指标接近；

（6）小震设计严格按规范对内力进行调整；

（7）尽量提高外框剪力分配，并根据《高规》第 8.1.4 条规定对外框按 $0.2Q_0$ 调整内力；

（8）对刚度突变的薄弱层，地震剪力乘以 1.25 增大系数；

（9）明确结构抗震性能目标，并按此指导分析、设计；

（10）塔楼地下一层及以上楼层核心筒抗震等级为特一级，外框柱为一级；

（11）控制核心筒墙肢轴压比，43 层以下控制在 0.5 以内，44～70 层控制在 0.45 以内，70 层以上均小于 0.40；

（12）核心筒底部加强部位采用型钢混凝土剪力墙，墙体自下而上设置约束边缘构件直至轴压比小于 0.3 的楼层，其余墙体设构造边缘构件，提高其抗震性能；

（13）进行弹性时程分析和罕遇地震弹塑性分析；

（14）考虑结构有 3 道加强层，分析采用弹性楼板假定计算结构的内力和变形；

（15）伸臂桁架按有限刚度设计，在相应核心筒内埋贯穿型钢/钢板，使其连接成整体，协调内外筒变形；

（16）嵌固端楼层，加大外框梁和内框梁的截面尺寸，保证嵌固效果。

3.9.6 专项分析

1. 施工模拟分析

采用 ETABS 2015 软件进行主塔楼施工模拟分析。塔楼施工加载时间如下：

（1）核心筒先施工，采用爬模施工工艺，施工速度为5d/层；

（2）核心筒楼板在第10天时开始施工，施工周期跟核心筒施工速度一样。第15天时第一层核心筒内楼板施工完成，核心筒内楼板的施工滞后于核心筒两层。由于核心筒内楼板荷载相对较少，为了简化载入步骤假设核心筒内楼板与核心筒墙同步载入；

（3）核心筒外部的框架第25天开始施工，施工周期为5d/层，即第30天后第一层核心筒外部的楼面施工完成，楼面施工滞后于核心筒5层。

（4）考虑在主体结构施工至20层处（约100m）幕墙施工开始，此时主体结构已施工110d，施工进度定为5d/层。

（5）考虑施工的方便性，伸臂桁架分阶段进行合拢。施工第三道伸臂时合拢第一道伸臂桁架，主体结构完成时合拢第二、三道伸臂桁架；

（6）主体结构封顶后，内部装修施工开始，逐步施加附加恒荷载和楼面活荷载；

（7）主体结构封顶一年半后，假定所有装修面层、楼面活荷载完成。

施工阶段考虑施工活荷载（1kPa）、结构自重、幕墙荷载和附加恒载。一次性加载内力组合考虑：恒载+附加恒载+幕墙荷载。选取由自重引起构件受力相对较大的外框柱进行内力对比分析。在一次性加载和施工模拟加载下，内力对比见图3.9.6-1。

对于伸臂桁架，选取北侧的一根斜杆，在考虑施工模拟前后的内力如表3.9.6-1所示。考虑施工顺序后，伸臂桁架能够释放大部分竖向荷载引起的内力，轴力和弯矩均仅为一次加载工况下的一半以内。

鉴于施工加载和一次性加载的差异，在构件验算时需要考虑施工加载的影响。设计中主要竖向构件的内力均考虑了施工模拟（考虑1.0恒载+0.4活载工况），满足既定性能目标。

一次性加载与施工加载下自重引起伸臂桁架内力对比（包络值）　　　表3.9.6-1

楼层	一次性加载			施工加载			施工加载/一次性加载		
	$N(kN)$	$M_2(kN \cdot m)$	$M_3(kN \cdot m)$	$N(kN)$	$M_2(kN \cdot m)$	$M_3(kN \cdot m)$	N	M_2	M_3
31	9870	9	568	2807	2	169	0.28	0.23	0.30
52/53	10093	44	801	3467	13	293	0.34	0.29	0.37
68	7844	27	239	3117	6	109	0.40	0.23	0.45

2. 斜柱、斜墙受力分析

（1）斜柱受力分析

外框柱轴力主要由竖向和水平荷载产生。在竖向荷载作用下，22层、41层这两个外框柱斜率发生变化楼层附近，内框梁和外框梁轴力相对普通楼层较大。22层和41层框架梁轴力的平面分布如图3.9.6-2所示，交汇于节点的构件内力示意如图3.9.6-3所示。

根据以上规律，可以绘制出斜柱轴力分量在框架梁中的主要传递路径（图3.9.6-4）如下：①内外框梁接近直角部位，内框梁起到主要作用；②内外框梁夹角较大部位，外框梁起到主要作用，环箍效应明显。鉴于内外框梁对外框柱传力路径中的重要作用，设计中确定21~23层、40~42层所有外框梁和对应于直角部位的内框梁，取性能目标与外框柱一致，即按中震弹性进行设计。同时，需要加强核心筒内相关混凝土梁的配筋，按照拉弯

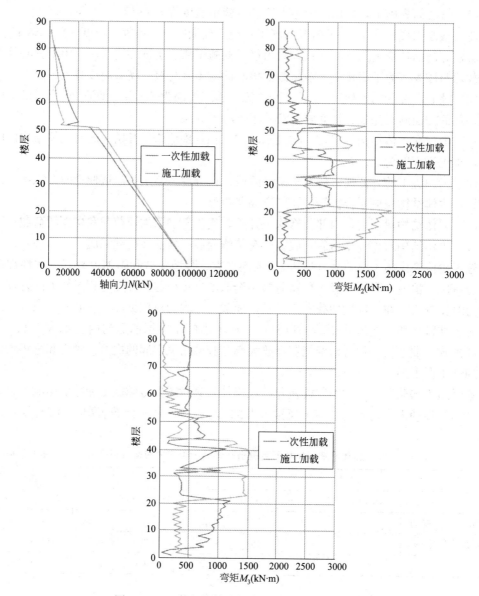

图 3.9.6-1 外框柱轴力及弯矩 M_2 和 M_3 对比图

构件验算承载力，保证中震下抗拉弹性。

（2）斜墙受力分析

在外部荷载作用下，斜墙的水平分力虽然主要由与其相连的梁板等水平构件承担，但在转折处会产生较大的面外弯矩（墙本身具有一定的面外抗弯刚度），需要加强斜墙内的钢筋配置。图 3.9.6-5～图 3.9.6-7 是三种主要组合工况下斜墙面外弯矩分布图。

在承载力极限状态下，沿局部坐标 X 轴最大面外弯矩为 $750kN \cdot m/m$，沿 Y 轴最大面外弯矩为 $785kN \cdot m/m$，均出现在斜墙转折处。此处墙厚采用 $700mm$，混凝土强度等级为 C60，墙内竖向和水平向均采用 0.9% 的配筋率，受弯承载力为 $890kN \cdot m/m$，满足要求。

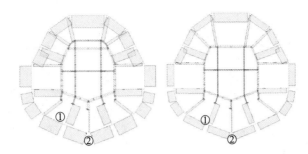

图 3.9.6-2　楼面梁轴力分布

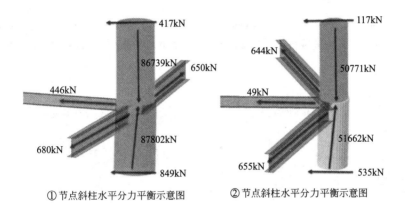

①节点斜柱水平分力平衡示意图　　　②节点斜柱水平分力平衡示意图

图 3.9.6-3　交汇于节点的杆件内力分布

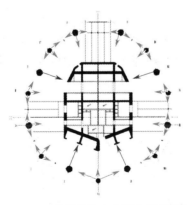

图 3.9.6-4　外框柱轴力水平分量传递路径

（3）加强层楼板应力分析

以 52 层为例，风和地震作用下，楼板应力分析结果如图 3.9.6-8～图 3.9.6-11 所示。由分析应力图可以得知：

①风与地震作用相比，前者对楼板应力起到控制作用；

②南北侧由于电梯井的设置，核心筒外楼板与筒内楼板不连续，伸臂桁架两侧楼板应力较为集中且较大，配筋设计时需要特别加强，设置 φ16@100 钢筋网。

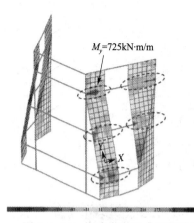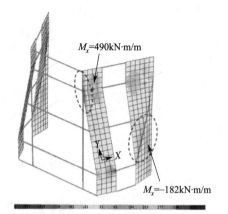

图 3.9.6-5　竖向荷载组合下斜墙面外弯矩（左侧为局部 Y 轴，右侧为局部 X 轴）

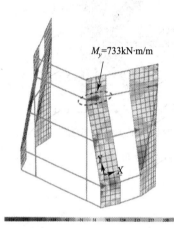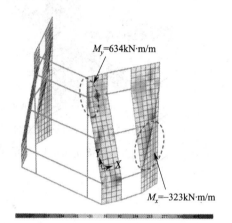

图 3.9.6-6　风荷载组合下斜墙面外弯矩（左侧为局部 Y 轴，右侧为局部 X 轴）

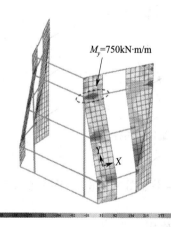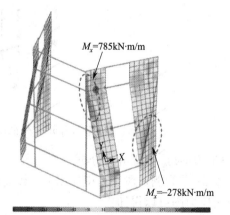

图 3.9.6-7　中震弹性组合下斜墙面外弯矩（左侧为局部 Y 轴，右侧为局部 X 轴）

图 3.9.6-8　X 向风荷载下楼板 X 向正应力

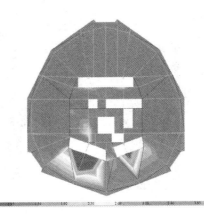

图 3.9.6-9　Y 向风荷载下楼板 Y 向正应力

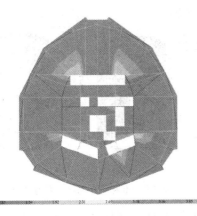

图 3.9.6-10　X 向地震作用下楼板 X 向正应力

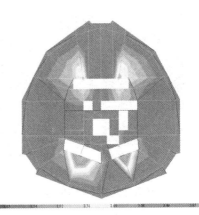

图 3.9.6-11　Y 向地震作用下楼板 Y 向正应力

4. 典型节点构造设计和应力分析

选取伸臂桁架与外框柱连接节点借助有限元分析软件辅助分析，利用 Hypermesh 建立三维实体有限元模型。钢板和混凝土的各种应力云图如图 3.9.6-12～图 3.9.6-15 所示，可知：

（1）外框柱与伸臂桁架中的钢板绝大部分应力值均小于材料的设计强度 315MPa；

（2）外框柱钢管内的混凝土有局部区域会压裂，应加强此位置的配钢/配筋；

（3）伸臂桁架以及外框柱变截面连接位置存在应力集中，平均应力值接近屈服应力，但是分布的范围较小，对结构整体强度影响不大。

3.9.7　地基基础计算

采用 YJK 中桩筏有限元模块建立模型进行桩基验算，桩筏数据见表 3.9.7-1，标准组合下桩反力应小于单桩抗压承载力特征值 R_a；在偏心作用下，桩反力最大值应小于单桩抗压承载力特征值 R_a 的 1.2 倍。经分析得到桩反力如下：

（1）在标准组合下，核心筒范围桩反力最大值约为 16400kN，小于 A-1 型桩单桩竖

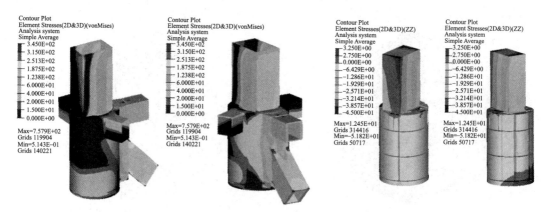

图 3.9.6-12 钢结构 von Mises 应力图（MPa） 　　　图 3.9.6-13 混凝土应力图（MPa）

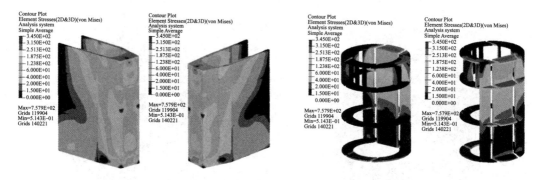

图 3.9.6-14 竖向加劲板 von Mises 应力图（MPa） 　　图 3.9.6-15 环板 von Mises 应力图（MPa）

向抗压承载力特征值 16500kN。筏板外侧两排桩反力最大值约为 13000kN，不大于 A-2 型桩单桩竖向抗压承载力特征值 13000kN，满足规范要求。

（2）在风荷载作用下，属于偏心作用。核心筒范围桩反力最大值小于 1.2 倍 A-1 型桩单桩竖向抗压承载力特征值 19800kN。筏板外侧两排桩反力最大值约为 15200kN，小于 A-2 型桩单桩竖向抗压承载力特征值 15600kN，满足规范要求。

同时，采用 YJK 建立上部结构-桩-地基三维塔楼桩基计算模型进行沉降分析。根据沉降分布规律，基础中心处沉降最大约为 100mm，基础外围沉降最小约为 40mm，平均沉降 70mm，塔楼总沉降能满足规范要求。

桩筏数据　　　　　　　　　　　　　　　表 3.9.7-1

分项	参数	内筒厚板	外围薄板
筏板	厚度（m）	4.5	4.0
	面积（m²）	1640m²	1720m²
	配筋率	1.0%（外墙应力集中处为 1.2%～1.5%）	0.4%
基桩	配筋率	0.8%	0.3%（13000kN）0.8%（16500kN）
	桩数（共 294 根）	147 根	147 根
	单桩承载力特征值（kN）	16500	13000 和 16500
	最大承载力设计值（kN）	21450	16900 和 21450

3.9.8 振动台试验

塔楼进行了缩尺结构模型（1/40）模拟地震振动台试验，测试其自振周期、振型、阻尼比等结构动力特性参数及其变化情况，研究其在遭受7度多遇、基本、罕遇等不同水准地震作用下的位移、加速度反应和损坏情况等，以检验该结构体系的整体抗震能否满足不同水准的抗震设防要求。结构整体振动台试验模型如图3.9.8-1所示。

1. 结构动力特性

由模型试验结果推知该模型所对应的原型结构前五阶自振频率依次为 0.144Hz、0.144Hz、0.581Hz、0.616Hz 和 1.27Hz，前五阶自振周期依次为 6.94s、6.94s、1.72s、1.62s、0.79s，对应振动形态分别为 Y 向平动（一阶）、X 向平动（二阶）、Y 向平动（三阶）、X 向平动（四阶）、扭转（五阶）。模型结构在

图 3.9.8-1 结构整体振动台试验模型

遭受7度罕遇地震后，结构自振频率下降，其中一阶频率下降 6.7%，二阶频率下降 6.6%，三阶频率下降 12.8%。

2. 结构地震反应与震害预测

在7度多遇地震作用下，模型结构自振频率基本未发生变化。结构位移反应和扭转反应均较小，结构无明显可见裂缝及塑性变形等现象。在7度基本烈度地震作用下，模型结构自振频率降低。在该阶段结构产生了一定的破坏，但是仍然处在易于修复的状态。在7度罕遇地震作用下，模型结构进一步损伤，部分连梁开裂，少量外框梁翼缘局部屈曲，少量柱边楼板开裂。塔楼弹塑性层间位移角均满足规范限值要求（1/100）。表明原型结构满足我国《抗规》"小震不坏、中震可修、大震不倒"的抗震设防标准。

3. 结构薄弱部位

根据试验结果，该结构存在以下薄弱部位：

（1）层间位移角出现较大值（多遇地震1/506，罕遇地震1/101）的71～79层；

（2）7度罕遇地震下，部分连梁开裂位置，少量楼板与柱连接开裂位置及少数钢结构杆件局部屈曲部位；

（3）8度罕遇地震下31层、68层环桁架构件局部屈曲，54层、61层、79层、86层柱局部屈曲，63层、66层、79层局部剪力墙出现裂缝等位置。

4. 建议

根据试验结果确定的结构薄弱部位，原型结构后续设计中建议重视71～79层及相邻楼层的延性设计，注意加强局部屈曲构件位置的稳定性设计及验算。

3.10 宁波中心大厦

3.10.1 工程概况

宁波中心大厦①位于宁波市东部新城核心区，为宁波中心项目三个地块（A3-22号、A3-23号及A3-25号）中A3-25号地块的西南块。该地块西面紧邻中央大街，其余东、南、北三面由规划路围合。总地块大致呈梯形，规划建设用地面积7872m²，总建筑面积23.033万m²；其中地上21.082万m²、地下1.951万m²。地下部分设有3层地下室，地上部分由一栋82层超高层办公、酒店综合塔楼以及与A3-25-1号地块相连的4层裙房构成。建筑总高度：主楼部分为377.26m（建筑最高点为409m）、裙房部分为24.10m。项目建成后将成为宁波市乃至浙江省的标志性建筑（图3.10.1-1和图3.10.1-2）。

图3.10.1-1　工程效果图

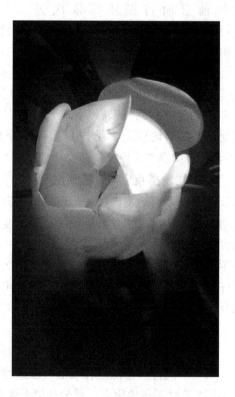

图3.10.1-2　含苞待放的"玉兰花"

本工程结构安全等级为一级（关键构件重要性系数1.1）、设计使用年限为50年。基础设计等级为甲级；抗震设防烈度为7度（0.10g）、设计地震分组为第一组，场地类别Ⅳ类、特征周期为0.65s，建筑工程抗震设防分类为乙类；设计基本风压为0.5kN/m²

---

① 本项目初步设计单位为美国SOM，建筑专业施工图设计单位为上海杰地建筑设计有限公司，结构专业设计单位为上海建筑设计研究院有限公司。

（50 年）、地面粗糙度为 C 类，基本雪压为 $0.35kN/m^2$（100 年）。

3.10.2　结构方案

1. 结构体系

本工程塔楼结构高度约 376m，为高度超 B 级的超限高层建筑结构。主体结构体系采用斜交钢管混凝土框架柱-核心筒结构，顶部塔冠采用钢管框架；结构沿高度设置三道环带桁架加强层，顶部设置伸臂桁架以调节塔楼混凝土的收缩徐变（图 3.10.2-1）。裙房部分结构高度约 18m，与塔楼整体连接，并与 A3-25-1 号地块的裙房设置抗震缝断开。地下室部分有三层，从上至下典型层高为 6.0m、3.6m、3.6m，南侧地下室在二、三层局部收进。

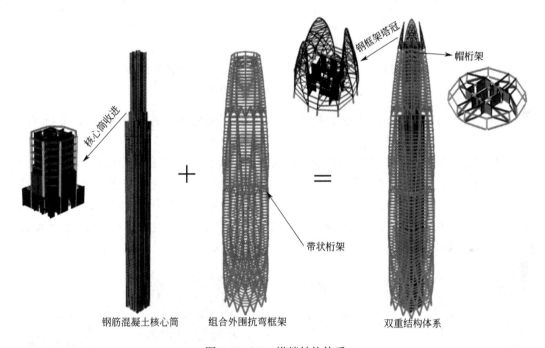

图 3.10.2-1　塔楼结构体系

（1）重力结构体系

标准楼层的重力荷载采用梁板体系。核心筒外由横跨在核心筒和周边柱之间的楼面组合钢梁来承担，楼板则采用钢筋桁架楼承板的组合楼板；核心筒内采用混凝土梁板结构，钢筋混凝土连梁结合各剪力墙，并提供通往机房、楼梯间及电梯等内部功能的建筑通道。竖向荷载通过楼面梁板体系传递至周边框架柱及核心筒，并传递至基础。塔楼典型结构平面布置见图 3.10.2-2。

由于采用斜交框架柱，楼面梁跨度逐层变化，最大跨度约 12~15m；外框梁截面采用 1000mm 钢梁与框架柱刚接，内部次梁均采用两端铰接，截面高度为 400~550mm。设备层荷载较大，梁高控制 700mm。

（2）抗侧结构体系

塔楼抗侧力体系由钢筋混凝土核心筒和外围复合框架组成。核心筒会抵抗大部分的

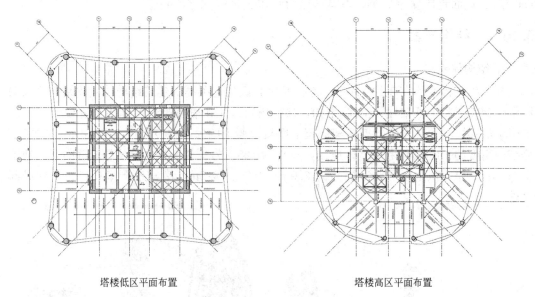

塔楼低区平面布置   塔楼高区平面布置

图3.10.2-2 塔楼典型结构平面布置

风及地震侧向作用，复合抗弯框架按相应比例承担部分侧向作用以形成双重抗侧力系统。

外框架柱采用钢管混凝土柱，在地震作用下的延性良好，柱子的截面尺寸可控，从而给建筑争取更多的使用空间。外框柱截面采用直径1700～900mm的钢管混凝土，并逐层收进。其中，1～18层及46～62层采用斜交框架，其余楼层采用传统的框架体系。斜交网格的设计施工在国内外已经有大量的工程实例，工程经验已经比较成熟。而且整体而言，本项目的斜交网格的区域并不大，由斜交网格产生的交叉节点仅42个（图3.10.2-3）。

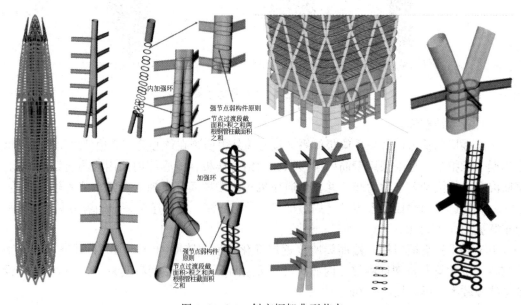

图3.10.2-3 斜交框架典型节点

在保证结构指标满足规范的前提下，本塔楼的计算分析表明不需要采用外伸桁架，从而避免挤占建筑和机电使用空间。塔楼上部的外框桁架将起到带状桁架和转换桁架的双重作用。塔楼下部及中部的设备层设置了带状桁架，三道带状桁架产生虚拟外伸桁架效应提高了塔楼的抗侧刚度。塔楼顶部则根据计算需要设置帽桁架以控制外框和内筒之间的混凝土长期相对收缩徐变。上部塔冠采用双层钢管框架以抵抗水平风荷载，并通过立面开孔以减小风荷载作用，从而实现轻盈的"花瓣"建筑构型。核心筒采用 1600～400mm 的型钢混凝土剪力墙，核心筒收进处局部采用钢板剪力墙。

2. 地基基础设计

本工程上部为超高层建筑，场地为中等复杂场地（二级），地基等级为中等复杂地基（二级），地基基础设计等级为甲级。根据地质勘察报告，本场区属第四纪钱塘江现代江滩，地貌形态单一。场地原地形大部为农田、鱼塘等，后建设钱江新城回填而成，场地浅表层为分布有厚 3～7m 不等的填土，其下为厚度约 12～17m 的粉土和粉砂层，以下为厚度 1～3m 不等的软塑～流塑状的灰色黏性土，局部夹粉砂，下部为可塑状粉质黏土，再下部为软土成因的褐灰色、灰色黏性土，其下为砂层和圆砾层。基岩为白垩系沉积岩（钙质石英粉砂岩）。岩土层在勘探深度范围内分 9 个工程地质层及 18 个亚层。

本场地地下水位埋藏浅，勘察期间测得潜水位埋深为 0.4～1.1m，相应的标高为 1.5～2.19m；区域地下水水位变幅一般 0.5～1.0m；周边海晏路标高为 2.87～3.63m。同时场地周边有较多河流分布，孔隙潜水与地表水水力联系密切。根据区域水文地质资料及场地地质条件，并综合以上因素考虑，建议抗浮设防水位可取室外地坪下 0.5m，或河流 50 年一遇的防洪设计水位标高 2.8m。场地最低地下水位建议取 85 国家高程 0.5m。

本工程根据场地的特殊性及上部结构的影响，采用钻孔灌注桩-筏板基础。通过经济性比选，最终选定塔楼桩基为 1100mm（混凝土 C45），有效桩长 90m，以中风化玄武玢岩作为持力层，并采用桩端后注浆，单桩抗压承载力特征值为 15000kN；非塔楼桩基为 800mm（混凝土 C30），有效桩长 46～54m，以 6-3 粉质黏土作为桩端持力层，单桩抗压承载力为 2200kN，抗拔承载力为 1400kN。

3.10.3 结构超限判断和加强措施

1. 结构超限判断

根据《审查要点》，塔楼结构高度 376m，超过 7 度设防钢管混凝土框架-混凝土核心筒结构的最大适用高度 190m，同时存在多项不规则类型（表 3.10.3-1）。

结构不规则类型判别　　　　　　　　　　表 3.10.3-1

序号	不规则类型	描述与判别	是否超限
1a	扭转不规则	考虑偶然偏心的扭转位移比大于 1.2	否
1b	偏心布置	偏心率大于 0.15 或相邻层质心相差大于相应边长 15%	否
2a	凹凸不规则	平面凹凸尺寸大于相应边长 30% 等	否

续表

序号	不规则类型	描述与判别	是否超限
2b	组合平面	细腰形或角部重叠形	否
3	楼板不连续	有效宽度小于50%，开洞面积大于30%，错层大于梁高	是
4a	刚度突变	相邻层刚度变化大于90%（按高规考虑层高修正时，数值相应调整）	是
4b	尺寸突变	竖向构件收进位置高于结构高度20%且收进大于25%，或外挑大于10%和4m，多塔	是
5	构件间断	上下墙、柱、支撑不连续，含加强层、连体类	否
6	承载力突变	相邻层受剪承载力变化大于75%	是
7	局部不规则	局部的穿层柱、斜柱、夹层、个别构件错层或转换	是

2. 主要加强措施

（1）采用两个独立软件 ETABS 和 YJK 进行分析，并对分析结果进行对比分析。

（2）采用 ETABS 进行弹性时程分析，并与振型分解反应谱法进行对比分析。

（3）采用 PERFOMR-3D 进行动力弹塑性时程分析，对主楼大震下的抗震性能进行评估，找出薄弱部位，并采用 ABAQUS 大震弹塑性时程分析进行补充校核。

（4）底部加强区（地面层以上20层）和核心筒收缩区的剪力墙设计为正截面承载力满足中震弹性和斜截面抗剪中震弹性，大震抗剪截面控制。

（5）外围框架采用延性优良的钢管混凝土柱。L20层以上的外框柱按中震不屈服进行控制。带状桁架及相邻上下楼层、18层以下的斜柱，均按关键构件考虑。

（6）在多道防线的处理上，外框地震剪力按底部总剪力20%和除转换层外最大层框架剪力1.5倍二者的较小值进行调整。

3. 抗震性能化设计

根据结构超限程度和设防烈度、造价控制等因素，结构整体抗震性能目标取为C级。结构关键构件、普通竖向构件和耗能构件的具体性能设计指标分别见表 3.10.3-2～表 3.10.3-4。关键构件定义：核心筒底部加强区（20层楼面以下）、18层以下斜柱、核心筒收进区（60～66层）、带状桁架及相邻上下楼层；普通竖向构件定义：普通楼层剪力墙、框架柱；耗能构件定义：连梁，框架梁。

关键构件的性能目标　　　　　　　　　　　　　　　　表 3.10.3-2

性能目标		关键构件		
		核心筒底部加强区	核心筒收进区（60～66层）	带状桁架及18层以下斜柱
抗震等级		特一级	特一级	一级
小震		弹性	弹性	弹性
中震	抗剪	弹性	弹性	弹性
	正截面-拉弯	偏拉不屈服	偏拉不屈服	弹性
	正截面-压弯	弹性	弹性	弹性

性能目标		关键构件		
		核心筒底部加强区	核心筒收进区(60～66层)	带状桁架及18层以下斜柱
大震	抗剪	正截面不屈服	正截面不屈服	不屈服
	正截面-拉弯	可形成塑性铰,破坏程度轻微,可入住:$\theta<IO$	可形成塑性铰,破坏程度轻微,可入住:$\theta<IO$	不屈服
	正截面-压弯	可形成塑性铰,破坏程度轻微,可入住:$\theta<IO$	底部加强区可形成塑性铰,破坏程度轻微,可入住:$\theta<IO$	不屈服

普通竖向构件的性能目标　　　　　　　表 3.10.3-3

性能目标		普通竖向构件		
		普通核心筒墙	外框柱	带状桁架/帽桁架
抗震等级		一级	一级	一级
小震		弹性	弹性	弹性
中震	抗剪	不屈服	不屈服	不屈服
	正截面-拉弯	轴拉不屈服	不屈服	不屈服
	正截面-压弯	不屈服	不屈服	不屈服
大震	抗剪	可形成塑性铰,破坏程度轻微,可入住:$\theta<IO$	可形成塑性铰,破坏程度可修复并保证生命安全:$\theta<LS$	可形成塑性铰,破坏程度可修复并保证生命安全:$\theta<LS$
	正截面-拉弯	其他楼层可形成塑性铰,破坏程度可修复并保证生命安全:$\theta<LS$	可形成塑性铰,破坏程度可修复并保证生命安全:$\theta<LS$	可形成塑性铰,破坏程度可修复并保证生命安全:$\theta<LS$
	正截面-压弯	其他楼层可形成塑性铰,破坏程度可修复并保证生命安全:$\theta<LS$	可形成塑性铰,破坏程度可修复并保证生命安全:$\theta<LS$	可形成塑性铰,破坏程度可修复并保证生命安全:$\theta<LS$

耗能构件的性能目标　　　　　　　表 3.10.3-4

性能目标		耗能构件	
		连梁	外框梁
抗震等级		特一级	一级
小震		弹性	弹性
中震	抗剪	允许进入塑性	允许进入塑性
	正截面-拉弯	允许进入塑性	允许进入塑性
	正截面-压弯	允许进入塑性	允许进入塑性
大震	抗剪	最早进入塑性:$\theta<CP$	可形成塑性铰,破坏程度可修复并保证生命安全:$\theta<LS$
	正截面-拉弯	最早进入塑性:$\theta<CP$	可形成塑性铰,破坏程度可修复并保证生命安全:$\theta<LS$
	正截面-压弯	最早进入塑性:$\theta<CP$	可形成塑性铰,破坏程度可修复并保证生命安全:$\theta<LS$

3.10.4　结构风工程研究

根据《建筑工程风洞试验方法标准》JGJ/T 338—2014 的要求,本工程采用两个不同的风洞实验室进行独立对比试验。经业主委托,同济大学土木工程防灾国家重点实验室与中国建筑科学研究院建研科技股份有限公司分别进行了风洞试验。风洞试验主要参数见表3.10.4-1；风洞试验模型见图3.10.4-1。

(a) 近期工况   (b) 远期工况

图 3.10.4-1 风洞试验模型

风洞试验主要参数取值　　　　　　　　　　　　　表 3.10.4-1

分析类型	平稳激励下线性系统随机振动响应分析
风荷载来源	刚性模型测压风洞试验
基本风压(10 年重现期)	0.30kPa
基本风压(50 年重现期)	0.50kPa
基本风压(100 年重现期)	0.60kPa
地貌类型	C 类
阻尼比	等效静力风荷载分析 100 年重现期取 3.0% 50 年重现期取 3.0% 舒适度分析 10 年重现期取 1.5%
峰值因子	2.5
参振模态	1～6 阶

表 3.10.4-2 为基于风洞试验和规范方法得到的风荷载作用下的结构底部总剪力，可见，两家风洞试验单位提供的风荷载总剪力均小于规范风荷载值；表 3.10.4-3 为基于风洞试验测压数据通过风振响应分析得到的典型楼层风振加速度计算值，均满足规范对楼层风振舒适度的控制要求。

风荷载作用下的结构底部剪力（考虑 100 年一遇基本风压，结构阻尼比 3.0%）

表 3.10.4-2

	建研院-测压	建研院-测力	同济-测压	同济-测力	规范风荷载
V_x(kN)	34099(82%)	37859(91%)	33595(80%)	39573(95%)	41826(100%)
V_y(kN)	31369(75%)	33321(79%)	30300(72%)	36062(86%)	42080(100%)

结构典型楼层风振加速度（考虑 10 年一遇基本风压，结构阻尼比 1.5%）

表 3.10.4-3

振动方向	屋顶	酒店最高层	办公最高层
$A_x(\mathrm{m/s^2})$	0.088	0.083	0.059
$A_y(\mathrm{m/s^2})$	0.130	0.122	0.088
扭转$(10^3\,\mathrm{rad/s^2})$	0.007	0.007	0.004

3.10.5　结构静力分析

本工程采用 ETABS 与 YJK 进行对比分析，采用了刚性楼板的假定，并考虑 $P\text{-}\Delta$ 效应。在采用小震规范反应谱时，采用了 0.85 的周期折减系数，连梁刚度折减系数取 0.7；对于强度验算，则采用半刚性楼板，并考虑 $P\text{-}\Delta$ 效应。

1. 结构周期

本工程以地下室底板作为上部结构的嵌固端，地下一层与首层的刚度大于 2。建筑物的前几个振型象征着建筑的基本表现。根据计算结果（图 3.10.5-1），第一振型为 Y 方向平动为主，第二振型为 X 方向平动为主，第三振型以扭转为主。结构周期比 $T_z/T_1 = 0.41$，满足规范要求。

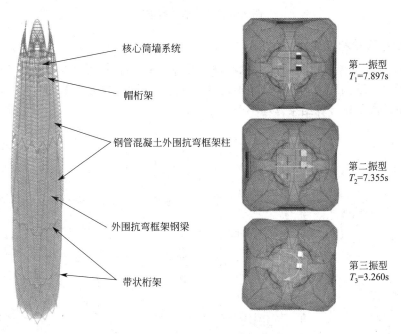

核心筒墙系统

帽桁架

钢管混凝土外围抗弯框架柱

外围抗弯框架钢梁

带状桁架

第一振型
T_1=7.897s

第二振型
T_2=7.355s

第三振型
T_3=3.260s

图 3.10.5-1　结构基本振型

2. 剪重比

根据规范要求，7 度区第一振型周期大于 5s 的结构，最小剪重比不应小于 1.2%。振型分解反应谱分析结果见图 3.10.5-2，结构底部 X 与 Y 方向的剪重比分别为 1.25% 与 1.2%，均满足规范要求。

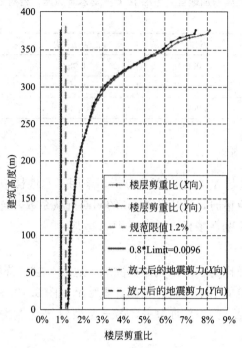

图 3.10.5-2　结构剪重比

3. 楼层位移角和位移比

图 3.10.5-3 为多遇地震和水平风荷载作用下，结构各楼层的层间位移角分布曲线，可见，各工况下结构最大层间位移角不超过 1/500，均满足规范要求。图 3.10.5-4 为结构各楼层的扭转位移比计算结果，均小于 1.2。

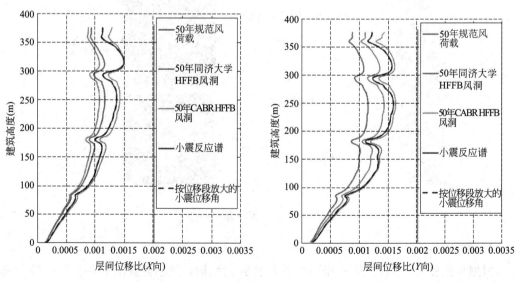

图 3.10.5-3　水平荷载作用下的层间位移角分布曲线

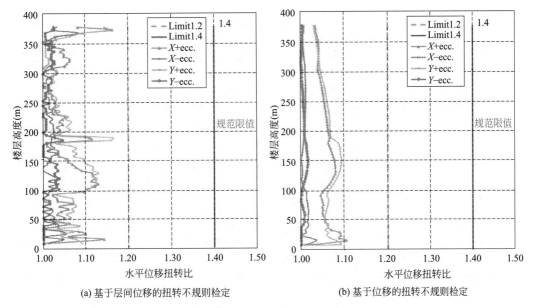

(a) 基于层间位移的扭转不规则检定　　　　　　(b) 基于位移的扭转不规则检定

图 3.10.5-4　楼层位移比验算

4. 结构的刚重比和整体稳定

由于本塔楼自下往上体型逐渐收分，质量分布并不均匀，而是主要集中在下部楼层，规范公式不能反映本塔楼的特点。针对本塔楼质量分布推导了更具有一般适用性的刚重比验算公式：

$$\frac{EJ_d}{H^2\sum_{i=1}^{n}G_i}\cdot\frac{k_0}{k}\geqslant\frac{4k_0}{\pi^2\gamma}=\begin{cases}1.4(\gamma=10\%)\\2.7(\gamma=5\%)\end{cases}$$

本塔楼的验算情况如下：

$$1.4\leqslant\frac{EJ_{dx}}{H^2\sum_{i=1}^{n}G_i}\cdot\frac{k_0}{k}=\frac{8.63\times10^{11}}{(409)^2\times4096740}\times1.20=1.75<2.7$$

$$1.4\leqslant\frac{EJ_{dy}}{H^2\sum_{i=1}^{n}G_i}\cdot\frac{k_0}{k}=\frac{7.38\times10^{11}}{(409)^2\times4096740}\times1.20=1.49<2.7$$

根据以上计算，塔楼在 X 方向和 Y 方向均满足整体稳定性要求，且两个方向均需要考虑重力二阶效应。

5. 二道防线作用分析（周边框架地震剪力分担比率）

图 3.10.5-5 为多遇地震作用下外框分担剪力的计算曲线，分析结果表明，绝大多数楼层外框架承担的地震剪力，X 方向和 Y 方向均超过基底总剪力的 10%，特别是底部楼层，由于斜交网格外框的实际刚度非常大，外框承担的地震达到基底总剪力的 40%～50%。按大震弹塑性分析，斜交网格区域在大震下基本维持不屈服，核心筒在底部也得到了较好的保护，可实现双重抗侧力体系对外框的要求。

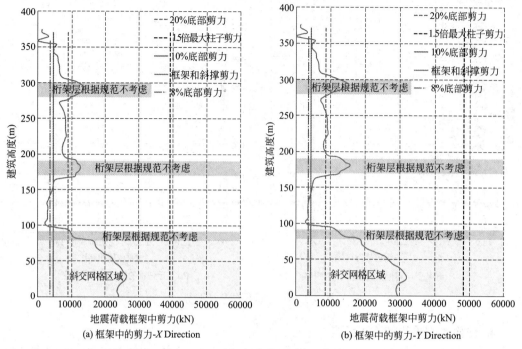

图 3.10.5-5　二道防线分析（外框剪力分担比率）

6. 框筒倾覆力矩分配

图 3.10.5-6 为多遇地震作用下，核心筒和外框分担的地震倾覆力矩对比，分析结果表明，本工程塔楼由于底部外框采用斜交网格结构，外框按刚度分配的地震倾覆力矩接近

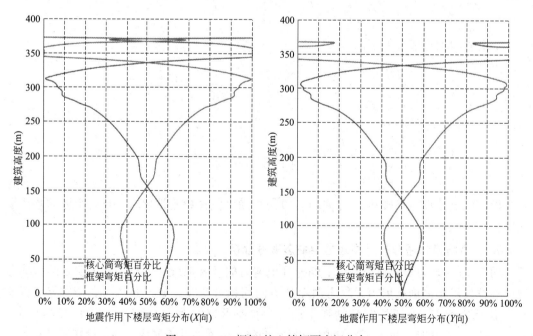

图 3.10.5-6　框架-核心筒倾覆力矩分布

于核心筒，X 方向超过 40%，Y 方向接近 50%。

7. 竖向刚度比

图 3.10.5-7 为各楼层的侧向刚度比计算结果。需要指出的是，2 层由于基本没有楼板，底层的刚度计算是按 3 层进行考虑。计算结果表明，其中仅有一层不满足要求，该楼层根据规范要求将楼层剪力放大 1.25 倍。

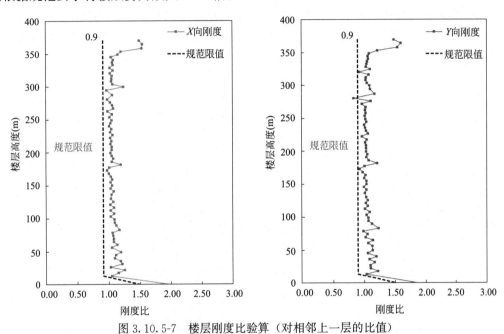

图 3.10.5-7 楼层刚度比验算（对相邻上一层的比值）

8. 受剪承载力比

图 3.10.5-8 为楼层受剪承载力比分析结果。计算结果表明，在普通楼层，受剪承载

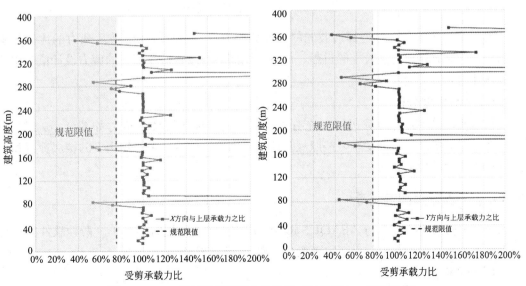

图 3.10.5-8 楼层受剪承载力比验算（对相邻上一层的比值）

力不存在不规则情况。但由于带状桁架及外伸桁架的存在，相应楼层的受剪承载力有较大突变，故设计中小震剪力在相应楼层均按放大1.25倍考虑。

9. 核心筒墙体验算

剪力墙抗震等级为特一级，墙肢轴压比限值为0.5，底部墙肢轴压比不满足时可设置型钢进行分担。

在中震不屈服荷载组合下，剪力墙特一级底部加强区以及其他部位拉应力与混凝土抗拉强度标准值比值应不大于2.0。考虑到底部斜框架承担了约50%的倾覆弯矩，计算分析表明没有墙肢的拉应力比大于2.0，见图3.10.5-9左图。

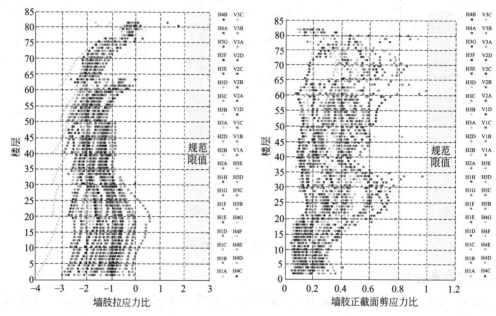

图3.10.5-9 核心筒墙肢验算

图3.10.5-9右图为核心筒墙肢的斜截面剪应力设计值与截面受剪承载力的比值，受剪承载力计算时仅考虑混凝土的贡献，而忽略钢筋的作用，每片墙肢的剪力设计值使用了中震弹性组合剪力最大值。

10. 弹性时程分析

小震作用采用弹性时程进行补充分析，对应的各地震波楼层剪力如图3.10.5-10所示。从上述分析结果可以发现，按照规范要求采用平均值后，小震作用下的楼层剪力和层间位移角均满足规范要求。

3.10.6 结构弹塑性分析

采用PERFORM-3D与ABAQUS进行大震作用下弹塑性时程分析。两种软件的分析结果基本一致，限于篇幅，以下主要给出PERFORM-3D的分析结果。

1. 分析模型

本工程在PERFORM-3D中对钢筋混凝土连梁、钢框架梁、钢管混凝土柱、钢结

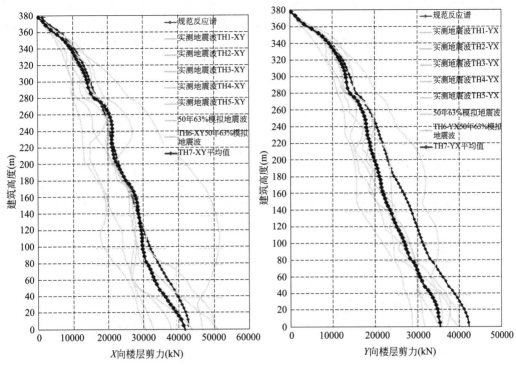

图 3.10.5-10 弹性时程分析-楼层剪力

构斜撑均采用了采用基于 FEMA356 的非线性行为。分析中将结构阻尼按照 5%Ray-leigh 阻尼模型施加于结构。非线性分析采用两个阶段进行，首先，施加重力荷载（采用十个均匀加载步骤）；然后施加地面地震加速度。P-Δ 效应在所有动力时程分析中都加以考虑。腰桁架、帽桁架及其相邻楼层和底部斜交网格区域考虑楼板弹性刚度（仅核心筒内采用刚性楼板，核心筒外设置平面内支撑），其他楼层核心筒内外均采用刚性楼板。

2. 整体分析结论

弹塑性分析模型中，构件截面尺寸、材料强度等级以及构件所配钢筋均与弹性分析模型一致，弹性分析模型与弹塑性分析模型的周期对比见表 3.10.6-1。大震弹塑性模型和大震弹性模型对比，底部剪力的比值在大约 60%~95% 的范围，表明本塔楼在大震下非线性特征明显，地震能量得到了有效消散。下面将通过塔楼底能量消散图谱、楼层顶部位移对比、连梁及框架梁的屈服顺序对地震作用的变化进行分析。

前三阶周期对比   表 3.10.6-1

模型	T_1	T_2	T_3
弹性模型（ETABS）	7.79	7.37	3.15
弹塑性模型（PERFORM-3D）	7.90	7.36	3.26
误差	1.41%	0.14%	3.49%

（1）底部剪力及顶部位移在不同时间步的变化

限于篇幅，图 3.10.6-1 仅显示了塔楼在第一组地震波作用下，塔楼顶部位移随时间变化的情况。通过曲线可以看出由于大震作用下的弹塑性发展，顶部峰值位移比弹性分析有较大的减少；同时塑性发展导致了结构周期变长，因此顶部峰值位移的出现逐步滞后于弹性分析模型。

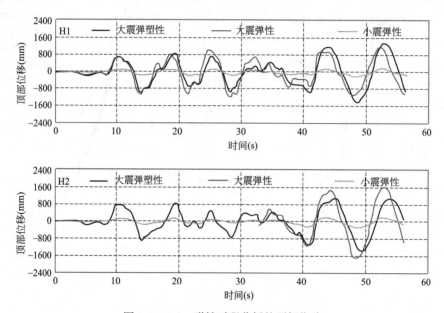

图 3.10.6-1　弹性时程分析的顶部位移

（2）结构能量耗散

图 3.10.6-2 为结构能量耗散及构件贡献比例。从图中可以看出，结构进入塑性阶段较深入，被消散的能量约为基本总能量的 20%～30%。连梁有效地耗散了大部分能量，外围框架梁轻微进入塑性且有较大的塑性变形空间，框架柱、剪力墙和带状桁架帽桁架构件由于性能目标较高，大震作用下基本没有明显屈服，说明二道防线的作用明显。

（3）弹塑性层间位移角

大震弹塑性时程分析时，由于阻尼的处理方法不够完善，波形数量也较少（建议尽可能增加数量，如不少于 7 条；数量较少时宜取包络），不宜直接把计算的弹塑性位移值视为结构实际弹塑性位移，同样需要借助小震的反应谱法计算结果进行分析。分析结果见表 3.10.6-2。

大震弹塑性分析层间位移角　　　　　　　　　　表 3.10.6-2

		第1组	第2组	第3组	第4组	第5组	第6组	第7组	平均值
		人工波	人工波	天然波	天然波	天然波	天然波	天然波	
H1	层间位移角	1/111	1/126	1/149	1/84	1/107	1/112	1/149	1/117
	楼层	69	70	72	69	52	69	69	
H2	层间位移角	1/91	1/93	1/88	1/95	1/133	1/84	1/125	1/108
	楼层	69	31	71	70	52	54	69	

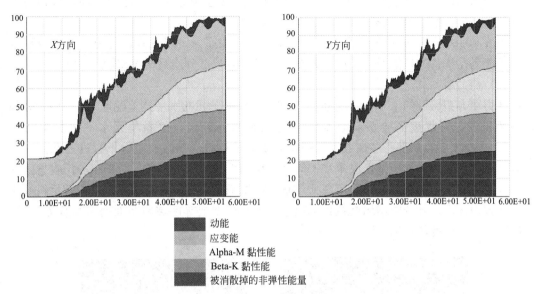

动能
应变能
Alpha-M 黏性能
Beta-K 黏性能
被消散掉的非弹性能量

图 3.10.6-2　结构能量耗散

3. 构件性能分析

（1）连梁

钢筋混凝土连梁允许在罕遇地震下破坏，然而不能危及结构的稳定性。图 3.10.6-3

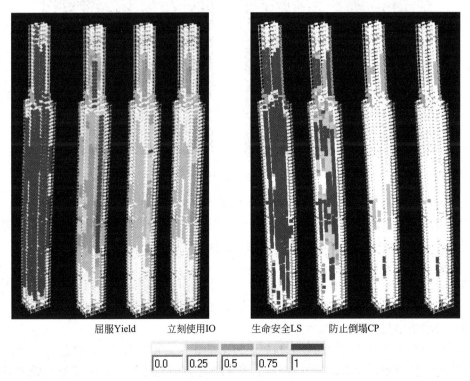

屈服Yield　　　立刻使用IO　　　生命安全LS　　　防止倒塌CP

0.0　　0.25　　0.5　　0.75　　1

图 3.10.6-3　连梁塑性变形：端部转角（剪切变形）与屈服极限的比值

所示为能力与需求关系。可以看到，尽管大部分连梁进入塑性，但是没有塑性转角超过CP限值，进入塑性阶段较轻，满足大震下的设计要求。

图3.10.6-3同样显示了连梁的抗剪变形与需求关系，可以发现，部分短连梁变形过大，不能满足构件的性能要求，因此根据分析结果对该部分连梁增设型钢。

（2）剪力墙

剪力墙典型墙肢的水平抗剪配筋为0.40%，约束单元的水平抗剪配筋为1.2%。底部加强区和核心筒收进区典型墙肢水平抗剪配筋为0.80%，边界单元水平抗剪配筋为1.5%。分析表明，局部一些墙肢达到斜截面受剪承载力，但绝大多数不超过正截面受弯承载力，建议通过增加局部墙肢水平钢筋使斜截面承载力满足需求。对于核心筒收进区域以及局部应力集中的墙肢，在约束单元设置内嵌型钢。核心筒底部加强区基本满足斜截面受剪承载力需求。部分内墙墙肢在顶部收进、带状桁架层等区域斜截面受剪承载力不足，但已满足设定的性能目标（图3.10.6-4）。

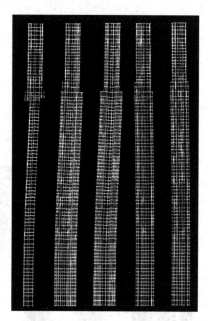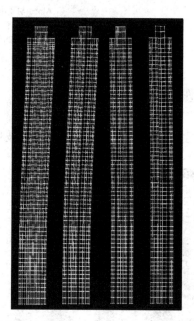

图3.10.6-4　斜截面承载力验算图

若要提高墙肢斜截面受剪承载力至基本满足大震斜截面不屈服要求，可将图3.10.6-5灰圈所示墙肢的水平钢筋配筋率从0.4%提高至0.6%后可满足承载力需求；白圈所示61、62层核心筒转换层以及部分应力集中墙肢增设型钢。

（3）外围框架

周边框架柱在大震作用下几乎都保持了弹性。周边框架梁有少数屈服，但塑性变形没有超过IO、LS限值，进入塑性阶段较轻。这是满足大震下的设计要求的。

（4）带状桁架与帽桁架

腰桁架与帽桁架斜撑的轴向变形与屈服极限的比值表明，仅第78层部分帽桁架斜撑在地震中有轴拉屈服，但未超过IO极限；腰桁架与帽桁架弦杆的弯曲变形与屈服极限的比值表明，未有构件达到屈服极限，腰桁架与帽桁架弦杆均可满足大震下设计要求。

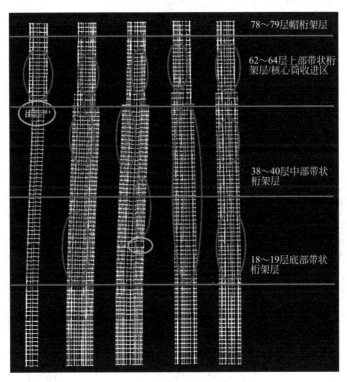

78～79层帽桁架层

62～64层上部带状桁架层/核心筒收进区

38～40层中部带状桁架层

18～19层底部带状桁架层

图 3.10.6-5 加强后的斜截面承载力验算

3.10.7 专项分析

1.18 层以下曲柱稳定性分析

位于底部带状桁架层（18～19 层）之下的交叉网格区倾斜钢管混凝土柱，在塔楼抗侧体系和整体稳定上起到关键作用，设计中应重点关注其稳定性。柱子几何为曲柱，楼层层高不能直接用于有效长度计算，这里采用有限元分析确定外框柱的合理计算长度。

采用线弹性屈曲分析塔楼交叉网格区的曲柱。模型中考虑了楼板体系，模拟其对钢管混凝土柱的约束和实际重力荷载的施加。底部带状桁架层（18～19 层）之上的结构在模型中剔除，以竖向点荷载的方式将其上轴力施加于钢管混凝土柱。采用 ETABS 得到屈曲因子和临界力，有效长度系数基于如下欧拉公式计算而得：

$$\mu=\frac{\pi}{L}\sqrt{\frac{EI_{\text{eff}}}{N_{\text{cr}}}}$$

式中，EI_{eff} 为组合结构柱在屈曲方向的有效抗弯刚度；N_{cr} 为临界屈曲轴力；L 为 CFT 柱的实际长度。参考 AISC 360—10，组合结构柱的有效抗弯刚度 EI_{eff} 可根据下式推导：

$$EI_{\text{eff}}=E_sI_s+C_3E_cI_c$$

式中，E_s 为钢材弹性模量；I_s 为钢截面惯性矩；E_c 为混凝土弹性模量；I_c 为混凝土截面惯性矩；C_3 为受压组合结构构件的有效刚度系数：

$$C_3 = 0.6 + 2\left(\frac{A_s}{A_c + A_s}\right) \leqslant 0.9$$

式中，A_s 和 A_c 分别为钢、混凝土截面面积，因考虑到混凝土开裂故 C_3 系数设有最大限值如上式。临界屈曲模式中屈曲因子为 96.24，变形示意如图 3.10.7-1 所示，外框柱屈曲形态为双曲率，分别在第 6 层和第 12 层有转折点，可分为三个屈曲区域，通过欧拉公式计算得到三组有效长度并与规范值包络。

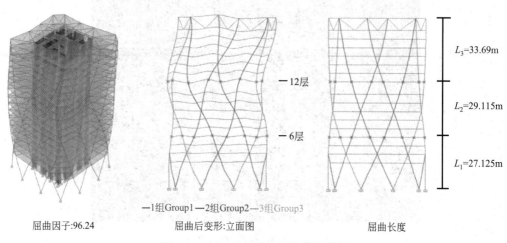

屈曲因子:96.24　　　　　屈曲后变形:立面图　　　　屈曲长度

图 3.10.7-1　曲柱线性屈曲模态分析

2. 外框柱温度效应分析

塔楼下部的外柱（GF～18 层）部分暴露在玻璃幕墙外（图 3.10.7-2），温度会影响轴向柱和梁的轴向力和弯矩。通过在 GF～L04 外框柱上施加 45℃ 的温差 ΔT，在 4～9 层外柱处施加 30℃ 的温差，在 8～18 层外柱处施加 15℃ 的温差来研究周边框架的热效应。

图 3.10.7-2　底部斜框柱外露效果示意

分析表结果表明（图 3.10.7-3），温度改变不仅影响底部外框，而且影响 18 层以上的框架。在塔楼的整个高度上可以看到对柱子中的由于温差效应产生的轴向力。由于帽桁架的目的是为防止核心筒柱和外柱之间的相对位移，上部柱子的温差内力在帽桁架的存在下是可预期的。这相应地导致塔楼上层中的周边梁中的弯矩。设计中应考虑温度荷载对结构的影响。

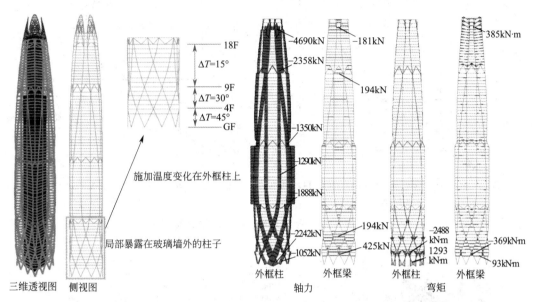

图 3.10.7-3　斜框柱温度荷载作用下的内力分析

3. 收缩徐变分析

竖向钢筋混凝土构件的变形包括瞬时弹性变形和由徐变、收缩和阶段施工引起的与时间相关的长期非弹性变形。影响轴向非弹性变形的因素有很多，例如相对湿度、混凝土配合比特性，混凝土构件尺寸，配筋量和配筋形式，荷载的历史。目前有很多模型来量化混凝土构件的轴向变形。采用由 Gardner 和 lockman 发展的 GL2000 模型来分析塔楼的收缩徐变效应，同时程序中也考虑了配筋和复杂加载历史对变形的影响。

施工阶段的计算工况如下：（1）荷载历史从 21d 开始，施工速度为每 7d 一层；（2）核心筒墙比楼板混凝土及钢管混凝土柱早十层；（3）柱、带状桁架与楼板的浇筑接近；（4）附加静载和幕墙荷载比核心筒晚 50 层（比楼板晚 40 层）；（5）最终荷载为 100% 附加静载，幕墙荷载和活荷载（折减）；（6）剩余的活荷载假定为施工结束 200d 后施加；（7）外伸桁架斜腹杆在结构封顶时吊装，即活荷载加载的同时吊装外伸桁架斜杆；（8）外伸桁架上下弦杆两端刚接。

计算分析表明（图 3.10.7-4），未设置顶部帽桁架时，收缩徐变引起的变形差峰值达97mm，特别在核心筒收进以后，变形差急剧增大。该变形差将在外框中引起不可忽视的附加荷载。因此，与建筑专业沟通后，在屋顶的设备层设置了帽桁架以协调外框柱与核心筒的变形。增设帽桁架以后，顶部钢管柱与剪力墙的变形差得到了有效的控制，最大变形差减小为 32mm，但帽桁架斜撑在收缩徐变效应下内力有了一定的增长（图 3.10.7-5），在构件设计中应予以考虑。

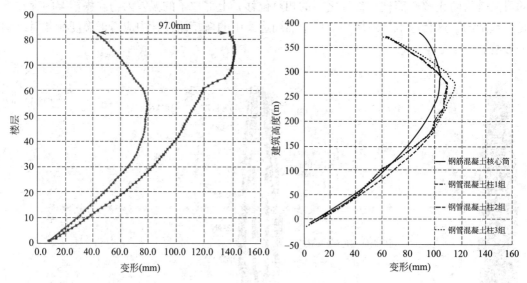

图 3.10.7-4　帽桁架设置前后的收缩徐变效应对比

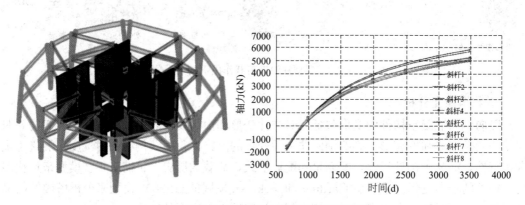

图 3.10.7-5　帽桁架斜撑的收缩徐变效应

3.11　宁波中国银行大厦

3.11.1　工程概况

宁波中国银行大厦[①]位于宁波市东部新城区 A2-22 地块，基地总面积 11249m²。项目由 49 层高层办公塔楼、4 层商业裙楼建筑、连接塔楼与裙房的钢结构雨篷和 3 层地下停车库组成。塔楼结构大屋面标高约为 224.3m，屋面有钢结构皇冠造型，顶标高为 246m；裙房大屋面标高约为 24m。总建筑面积约 14.5 万 m²，其中塔楼地上建筑面积约 10.7 万 m²，地下建筑面积约 3.8 万 m²。工程于 2017 年建成，现已成为宁波城市形象新的标志性建筑之一（图 3.11.1-1）。

---

① 本项目初步设计单位为 SOM 建筑设计事务所，施工图设计单位为上海建筑设计研究院有限公司。

图 3.11.1-1 工程实景照片

设计使用年限为 50 年，结构安全等级为二级，地基基础和桩基工程设计等级为甲级；采用 100 年一遇风压值 0.60kN/m² 计算，地面粗糙度取为 B 类，同时采用风洞试验风荷载数据作补充计算。基本地震加速度值为 0.05g（相当于抗震设防烈度 6 度），设计地震分组为第一组，建筑抗震设防类别为乙类；建筑场地类别为Ⅳ类，设计特征周期 0.65s。

3.11.2 结构方案

1. 结构体系

本工程由超高层塔楼和多层裙房组成，两个单体互相独立。超高层塔楼采用钢管混凝土柱＋楼面钢梁框架—钢筋混凝土筒体的混合结构体系，裙房采用了钢筋混凝土框架结构体系，裙房同塔楼通过一体式钢结构连廊雨篷连接。塔楼核心筒 19 层以下外核心筒为圆形，直径约 30m；19 层以上经过转换部分外围圆形墙体收掉，变为带切角的正方形小筒体，核心筒左右或上下墙体边缘距离约 20m。外围框架柱为钢管混凝土柱。整个塔楼平面从下到上逐渐绕中心扭转，形成一个扭转型的建筑外形。为了减小塔楼的扭转效应，外框柱未随塔楼的形式而扭转，只是由塔楼中心沿径向倾斜。钢筋混凝土核心筒作为主要抗侧力结构体系，外围框架作为抗震第二道防线，形成双重抗侧力结构体系。塔楼标准层结构平面如图 3.11.2-1 所示。塔楼结构三维模型及典型楼层平面如图 3.11.2-2 所示。

塔楼地上部分圆形钢管混凝土框架的抗震等级为一级，钢筋混凝土筒体的抗震等级为一级；裙房钢筋混凝土框架的结构抗震等级四级；地下室嵌固层地下 1 层抗震等级与上部结构相同，塔楼地下 2 层为抗震二级，地下 3 层为抗震三级，主楼二跨内裙房结构抗震等级同主楼，其余部分根据裙房确定。

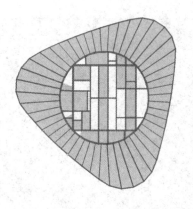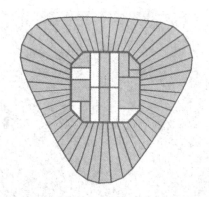

(a) 低区结构平面图 　　　　　　　　　　　　(b) 中高区结构平面图

图 3.11.2-1　结构平面图示意图

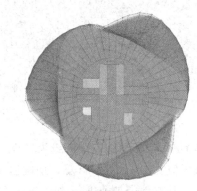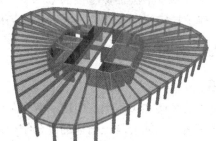

图 3.11.2-2　塔楼结构三维模型及典型楼层平面

2. 结构布置方案

（1）塔楼结构方案

塔楼在 2 层有挑空层，在 19M、33M、45M 层均有楼板大开洞，开洞面积约占总楼层面积的 30％、45％和 70％。为了减小塔楼的扭转行为，所有的柱子不跟随塔楼的形式而扭转，而只是由塔楼中心沿径向向内或向外倾斜。从平面角度看，这些柱子由于没有沿侧边倾斜而看起来是直的。框架柱的间距很小（3~4m），总共沿周边有 48 根柱子，它们与周边梁一起形成了一个有较高刚度的框架结构。

塔楼核心筒高宽比 236.9（筒体高度）/20＝11.8，小于《高规》中内筒高宽比不宜大于 12 的限值要求。钢筋混凝土核心筒作为主要抗侧力结构体系，外围框架作为抗震第二道防线，形成双重抗侧力结构体系。为了使核心筒具有足够的承载力和延性，在核心筒角部设置上下贯通的型钢，部分连梁设计成钢骨混凝土梁。框架柱采用圆形钢管混凝土柱，框架梁采用焊接 H 形钢，与框架柱均采用刚接，以满足外围框架作为第二道防线抗侧力刚度要求。核心筒周边圆形剪力墙墙厚 500mm，筒内主要矩形剪力墙厚度 550～350mm，混凝土强度等级从下到上为 C60～C40。主要的圆形钢管混凝土柱截面尺寸从下到上为 D850～D400mm，钢板厚度从下到上采用 30～18mm，钢管填充混凝土强度等级从下到上为 C60。

塔楼办公标准层高 4.2m，为了满足建筑楼层净高及尽量减小层高，在部分楼层钢梁腹板开设洞口，方便机电管道的穿越。核心筒内楼面采用现浇钢筋混凝土楼板，板厚130mm。核心筒外楼面采用开口压型钢板及钢筋混凝土的组合楼板，起到"横隔"作用，协调外围钢框架与核心筒在水平荷载作用下的变形。组合楼板厚度 130mm，压型钢板采用肋高 54mm 的镀锌钢板。

（2）裙房结构方案

裙房地上 4 层，大屋面标高约为 24m，柱网 8.5m×8.5m。建筑内主要有银行业务用房及位于 4 层的大空间多功能厅。典型楼层结构选用了钢筋混凝土结构的单向梁板体系。多功能厅的屋面由一系列 25.5m 跨度的后张法预应力混凝土大梁来支撑。抗侧体系则为钢筋混凝土框架结构。

3. 地基基础设计方案

（1）场地地质条件

勘察资料表明，场地 20m 以浅分布有 3 层黏质粉土，3 层粉土在 7 度地震条件下不会产生液化，设计时可不考虑砂土地震液化的影响。水位受季节及气候条件等影响，但动态变化不大，潜水位变幅一般在 0.5m 以内。

地基土承载力参数如表 3.11.2-1 所示，工程地质剖面如图 3.11.2-3 所示。

各土层承载力参数（kPa）   表 3.11.2-1

层号	岩性名称	地基土承载力特征值 f_{ak}	抗拔承载力系数 λ_i	钻孔灌注桩	
				桩端土端阻力特征值 q_{pa}	桩周土侧阻力特征值 q_{sia}
2-1	淤泥质黏土	50	0.70		9
2-2	黏土	60	0.75		11
2-3	淤泥质黏土	50	0.70		8
2-4	淤泥质粉质黏土	55	0.70		10
3	黏质粉土	100	0.65		15
4-1	粉质黏土	75	0.75		12
4-2	黏土	85	0.75		14
5-1	粉质黏土	200	0.80	400	32
5-2	粉质黏土	180	0.75	280	27
5-3	粉质黏土	170	0.75	300	26

续表

层号	岩性名称	地基土承载力特征值 f_{ak}	抗拔承载力系数 λ_i	钻孔灌注桩	
				桩端土端阻力特征值 q_{pa}	桩周土侧阻力特征值 q_{sia}
5-4	砂质粉土	220	0.70	450	32
6-1	粉质黏土	150	0.75		22
6-2	黏土	140	0.75		20
6-3	黏质粉土	170	0.65		25
6-4	粉质黏土	160	0.75		22
8	粉砂	300	0.60	1200	40
9-1	粉质黏土	230		600	39
9-1a	黏质粉土	280			40
9-2	中砂	320		900	45
9-3	粉质黏土	230		600	40
10a	粉砂	300		1100	41
10	含黏性土砾砂	450		2000	75
11-1	全～强风化基岩	400		1300	48
11-2	中风化基岩	1500		3600	130

（2）桩基持力层及桩型的选择

场地上部软土层及软弱土层厚度大，工程地质条件较差；中部5层硬土层和粉土，物理力学性质较好，但埋藏较浅，且下伏6层软弱土层；深部8层粉砂，物理力学性质好，埋藏适中，是一般高层建筑物良好的桩基持力层；9层硬土层及砂土，物理力学性质较好；10层砾砂性质好，分布稳定，厚度大，无软弱夹层，下伏即为基岩，是场地内良好的超长桩基础持力层。

根据对采用不同持力层桩基的单桩承载力的估算，8层砂土显然不能满足本工程主楼的承载力要求，9层以黏性土层为主，具有一定的可压缩性，不宜选作本工程的桩基持力层，而10层含黏性土砾砂本身压缩性很低，单桩承载力大，因此，综合场地工程地质条件和建筑特点，主楼选择10层砾砂作为桩端持力层的超长桩方案，桩型采用大直径钻孔灌注桩基础，桩径为1000mm，为满足单桩承载力要求，桩端进入10层一定深度才能达到设计承载力要求。由于桩长较长，持力层为圆砾、卵石，施工难度较大，为节约基础投资，提高单桩承载力，对桩端土（10层砾砂）采用后注浆处理，根据施工经验，经压力注浆处理后的单桩承载力一般可提高20％以上。裙楼高度24m，采用8层土为桩端持力层的钻孔灌注桩。

对于主楼范围以外地下室部分，建筑物荷载较小，基坑开挖深度大，场地地下水位埋深约0.0～1.2m，浮力较大，为满足地下室抗浮、基坑围护等设计要求，设置抗浮桩。根据建筑物荷载要求以及对单桩抗拔承载力的估算，桩端持力层选择8层砂土，桩型采用钻孔灌注桩，抗浮设计水位取室外地坪下0.5m。

主楼选择10层砾砂作为桩端持力层，桩型采用大直径钻孔灌注桩基础，桩直径取1000mm，桩长约71m，桩端进入10层2m以上。根据《地质勘察报告》提供的土层参数，单桩竖向承载力特征值为7991kN。采用后注浆工艺后，根据规范、经验以及桩身强度，单桩竖向承载力特征值为9500kN。桩身混凝土强度为C45，水下混凝土比原设计强度提高两级（即C55）。裙楼及纯地下室部分，布置常规的钻孔灌注桩，经过比较，将采用直径600mm的钻孔灌注桩，桩长52.0m左右，持力层为8层粉砂层。底板厚度主楼相关范围3.5m，其余区域1.5m。塔楼桩位平面布置如图3.11.2-4所示。

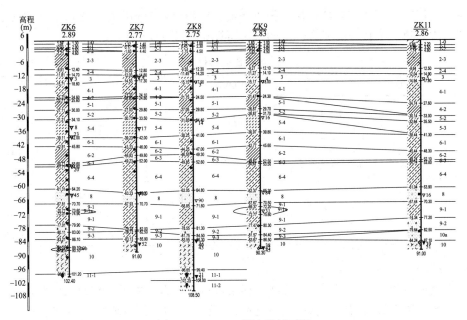

图 3.11.2-3　工程地质剖面图

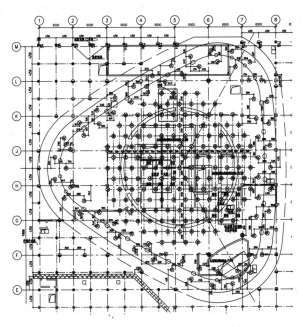

图 3.11.2-4　塔楼桩位平面布置图

3.11.3 结构抗震计算

1. 多遇地震计算

（1）结构动力特性分析

塔楼结构分别采用 ETABS 和 SATWE 两种不同力学模型的三维空间分析软件进行整体计算。采用弹性方法计算结构荷载和多遇地震作用下内力和位移，考虑 P-Δ 效应，并采用弹性时程分析法进行补充验算。结构自振特性见表 3.11.3-1。

结构自振特性　　　　　表 3.11.3-1

项目		SATWE		ETABS	
		周期	振型	周期	振型
结构基本自振周期(s)	T_1	4.4542	X 向	4.77	X 向
	T_2	4.4122	Y 向	4.70	Y 向
	T_3	1.7087	扭转	1.97	扭转
	T_4	1.2890	X 向	1.28	X 向
	T_5	1.1378	Y 向	1.16	Y 向
	T_6	0.6674	扭转	0.75	扭转

（2）层间位移角

对规范风荷载、地震作用下的层间位移角进行了检查。由于塔楼的三角形状，在几个风荷载工况作用下最大层间位移可能不是在 X 及 Y 方向，而可能是在与 X、Y 轴线有一定夹角的方向。因此，下面检查的层间位移是按照总位移计算的。在塔楼周边找了大致等距离分布的 6 根柱子，在每种工况下找到 X、Y 方向的位移，两者平方和开根号后得到总位移，然后根据总位移计算层间位移角，如图 3.11.3-1 所示。

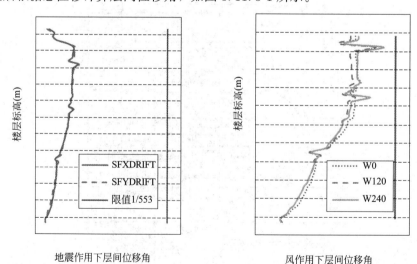

地震作用下层间位移角　　　风作用下层间位移角

图 3.11.3-1　地震作用下和风荷载作用下层间位移角

（3）地震剪重比

塔楼第一周期小于 5s，经过插值，最小楼层剪力应该不小于该层以上累积地震质量的 0.83%。本塔楼各楼层都满足该要求。见图 3.11.3-2。

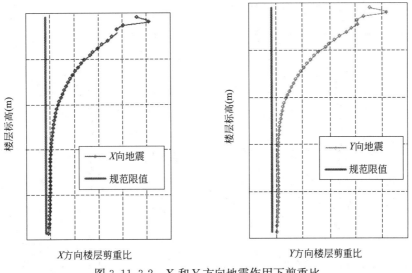

图 3.11.3-2 X 和 Y 方向地震作用下剪重比

（4）框架承担的地震剪力

X 向和 Y 向地震作用下框架承担的剪力如图 3.11.3-3 所示。各层框架应该能够承担基底总剪力的 25% 和框架承担的最大剪力的 1.8 倍中的较小值。25% 基底剪力为 2767kN，1.8 倍 V_{fmax} 为 2331kN。可以看到，X 方向框架剪力将需要放大到 1.8 倍框架剪力最大值。对于不满足上述条件的楼层，其框架构件的地震剪力以及地震弯矩都将乘以相应的放大系数。

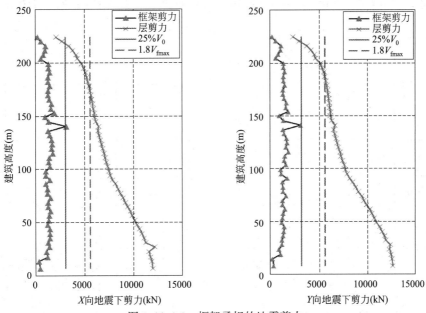

图 3.11.3-3 框架承担的地震剪力

（5）楼层侧向刚度

楼层的侧向刚度可取为该层剪力和该层层间位移的比值，在避难层及二层挑空位置，由于楼板缺失，两层合并为一层计算侧向刚度。图 3.11.3-4 列出了 X 方向和 Y 方向的楼层侧向刚度比，均满足规范要求，结构无软弱层。

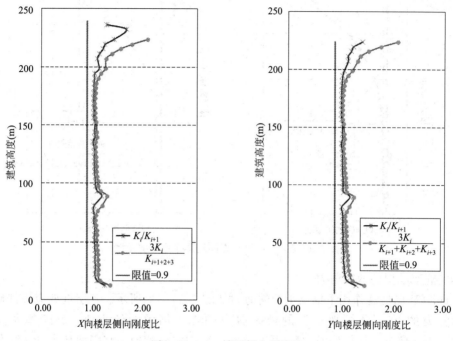

图 3.11.3-4　楼层侧向刚度比

（6）楼层受剪承载力

楼层受剪承载力比如图 3.11.3-5 所示。可以看到，在有墙体转换块的楼层，由于转

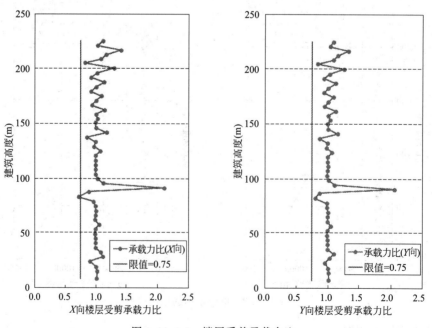

图 3.11.3-5　楼层受剪承载力比

换块的存在，使得该层以下层楼层水平受剪承载力与本层相比小于 0.8，因此其受剪承载力有一个较大变化，结构存在薄弱层。但是通过对块体截面的调整及在块体内设置型钢，可以控制该比值大于 0.75。设计时将对薄弱层水平地震力放大 1.15 倍，并控制块体塑性铰开展。

（7）小震弹性时程分析

弹性时程分析与振型分解反应谱法得到的基底剪力比较如表 3.11.3-2 所示。由以上时程分析结果可以看出，所有时程分析的基底剪力都不小于反应谱分析基底剪力的 65%，而且平均值不小于反应谱基底剪力的 80%，进而表明选择的时程记录满足《抗规》要求。但塔楼顶部楼层的楼层剪力在动力时程分析中的最大值约为振型分解反应谱法相应值的 1.05 倍（图 3.11.3-6），可近似将振型分解反应谱法的设计内力等乘以 1.05 的放大系数用于设计。

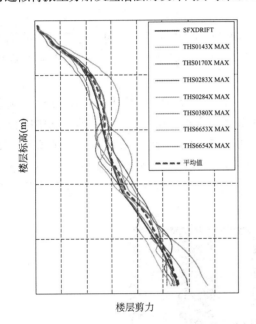 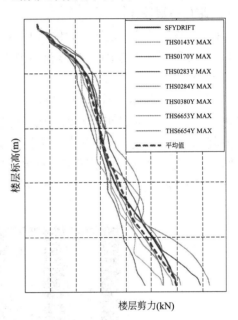

图 3.11.3-6　X 和 Y 方向时程分析与振型分解反应谱分析楼层剪力对比

振型反应谱法与时程分析法基底剪力结果对比（kN）　　　　　表 3.11.3-2

方向	THS0143	THS0170	THS0283	THS0284	THS0380	THS6653	THS6654	平均值	反应谱	时程平均/反应谱
X 向	13526	11862	10981	10599	10260	10497	10661	11198	11067	101%
Y 向	11215	9653	13882	14658	10726	10719	11502	11765	11762	100%

2. 性能目标和构件性能验算

根据本结构的特点及超限情况，确定结构抗震性能目标见表 3.11.3-3。

结构抗震性能目标　　　　　表 3.11.3-3

抗震烈度	多遇地震	中震(设防烈度)	罕遇地震
性能水平定性描述	完好,结构保持弹性	轻微损坏,简单修复后可继续使用	有明显塑性变形,修复或加固后可继续使用

续表

抗震烈度		多遇地震	中震(设防烈度)	罕遇地震
层间位移角限值		1/553(规范内插值)	—	1/100(规范限值)
构件性能	大堂跨层柱、机电层跨层柱	弹性	弹性	塑性转角在限值以内
	筒体底部加强区	弹性	抗剪弹性	抗剪截面验算 $V/(f_c \cdot A) < 0.15$
	薄弱楼板部位	弹性	不屈服	—
	转换块	弹性	不屈服	塑性转角在限值以内

3. 结构弹塑性分析

非线性弹塑性分析使用的软件是 PERFORM-3D，此软件特别适用于建筑结构的抗震设计，通过利用很大范围的变形和强度极限条件，它可以非线性地分析复杂和不规则结构。

图 3.11.3-7 显示了剪力墙的反应。图（a）显示了混凝土纤维中的应变与极限应变（选为 0.002）的比值。可以看到，墙中应变未超过该限值。图（b）显示了钢筋中的拉应变与屈服应变的比值，应变都小于屈服应变。图（d）显示了墙中的剪应力与抗剪强度的比值，可以看到剪应力小于限值。但是抗剪强度局部增加到 1% 的配筋率（见图 c 里虚框）时，则全部的剪力墙能满足限值（图 d）。超过剪力要求的墙（图 d）会利用内埋钢截面。

(a)   (b)   (c)   (d)

图 3.11.3-7 核心筒弹塑性损伤反应

根据其弹塑性时程分析的结果可知，塔楼弹塑性分析最大层间位移角小于 1/100 的限值；大部分连梁有塑性铰形成或接近屈服；核心筒墙体在底部加强区域及转换块附近区域配筋率增至 1‰ 的情况下剪力均满足限值要求，超过剪力要求的墙体通过内藏钢柱进行加强。如图 3.11.3-8 所示，大部分外围柱及框架梁在罕遇地震下保持弹性。

分析的总体结论是结构在大震下的反应是可以接受的，结构没有受到严重破坏或者倒塌。除了连梁以外，结构大致保持弹性。连梁的塑性铰的出现很显著，可以增加结构消耗地震能量的能力。

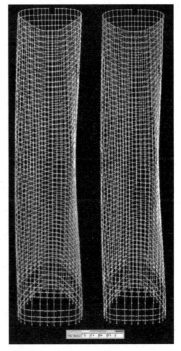

图 3.11.3-8 钢框架弹塑性损伤反应

3.11.4 结构抗风计算

1. 风洞试验研究阐述

风洞试验由 Rowan Williams Davies & Irwin 工程顾问公司（RWDI）完成。此项目为一座 246m 高的大楼，它的外形是随高度增加而扭转的三棱柱形，棱柱角为圆弧形。RWDI 制作了 1：400 缩尺的大楼模型，模型试验在 RWDI 设于英国的边界层风洞中进行，模型试验中包括大楼周围 460m 半径范围内所有现有及将来计划的建筑地貌。风洞试验模型见图 3.11.4-1。

图 3.11.4-1 风洞试验模型

2. 风洞试验与规范风荷载比较

表 3.11.4-1 列出了 RWDI 建议的风洞试验荷载组合工况。在这 24 个工况中，第 13 工况为最大风向角，表 3.11.4-2 分别列出了风洞试验（13 工况）各楼层的层间位移角及与根据《荷载规范》计算的不同角度的风荷载作用下各楼层的层间位移角的对比。所有楼层层间位移角都满足规范限值，《荷载规范》风荷载数据均包络风洞试验结果。最终分析

设计将以规范风荷载计算为准。风荷载作用下层间位移角见图 3.11.4-2。

风洞试验荷载组合系数表

表 3.11.4-1

荷载组合	F_x	F_y	M_z	荷载组合	F_x	F_y	M_z
1	+80%	+55%	+65%	13	−60%	+100%	+60%
2	+80%	+55%	−60%	14	−55%	+100%	−30%
3	+80%	−70%	+65%	15	−30%	−100%	+70%
4	+80%	−70%	−60%	16	−30%	−100%	−55%
5	−100%	+50%	+50%	17	+40%	+45%	+100%
6	−100%	+50%	−45%	18	+35%	+45%	−90%
7	−100%	−30%	+50%	19	+40%	−60%	+100%
8	−100%	−30%	−45%	20	+35%	−60%	−90%
9	+35%	+100%	+55%	21	−60%	+45%	+100%
10	+35%	+100%	−30%	22	−55%	+45%	−90%
11	+50%	−100%	+70%	23	−60%	−60%	+100%
12	+50%	−100%	−55%	24	−55%	−60%	−90%

风洞试验荷载组合工况 13 下楼层层间位移角

表 3.11.4-2

楼层	风洞工况 13	楼层	风洞工况 13	楼层	风洞工况 13
48	1/1011	33	1/986	17	1/1703
47	1/1008	32	1/993	16	1/1748
46	1/1161	31	1/1001	15	1/1801
45M	1/894	30	1/1011	14	1/1858
45	1/972	29	1/1011	13	1/1894
44	1/1001	28	1/1072	12	1/2030
43	1/980	27	1/1078	11	1/2086
42	1/973	26	1/1100	10	1/2172
41	1/974	25	1/1131	9	1/2278
40	1/970	24	1/1168	8	1/2394
39	1/962	23	1/1213	7	1/2543
38	1/954	22	1/1263	6	1/2950
37	1/927	21	1/1332	5	1/3096
36	1/994	20	1/1794	4	1/4049
35	1/972	19M	1/1651	3	1/3140
34	1/1081	19	1/1674		
33M	1/946	18	1/1677		

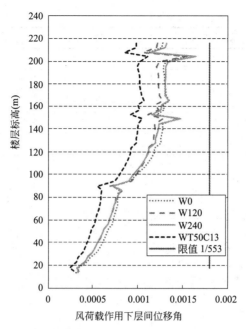

图 3.11.4-2 风荷载作用下层间位移角

3.11.5 结构超限判断和主要加强措施

1. 结构超限判断

表 3.11.5-1 对各分项进行判断，塔楼存在高度、楼板开大洞、竖向抗侧力构件不连续、楼层受剪承载力等超限内容，可知塔楼存在结构高度超限以及竖向规则性超限，属于超限高层，需进行超限高层建筑抗震设防专项审查。

2. 主要抗震加强措施

（1）根据弹塑性分析结果，底部加强部位的剪力墙和剪力墙约束边缘构件应予以加强配筋构造。

（2）控制钢管混凝土柱的轴压比在 0.6 以内，使钢管混凝土柱具有较好的延性；提高核心筒剪力墙的抗弯性能和延性，使核心筒具有一定的塑性变形能力，在地震作用下起到耗散地震能量的作用。在底部加强部位外围核心筒剪力墙与内部剪力墙交界处及筒体剪力墙角部等关键部位沿全高设置型钢。

（3）根据筒体转换块分析结果，将其配筋率提高到 1%。

（4）部分楼层由于楼板缺失较多，导致结构连接较弱及柱局部内力突变。计算时考虑楼板设为弹性板，以考虑真实的楼板刚度对内力分析和截面设计的影响，加强楼板厚度和配筋，并加强周边的钢梁截面以及连接钢梁与混凝土组合楼板的栓钉，并控制塔楼结构避难层大开洞楼板在多遇地震作用下小于混凝土抗拉强度的标准值，基本烈度下板内钢筋不屈服。

结构超限情况   表 3.11.5-1

判断内容	情况说明	规范要求	超限判断	备注
结构类型	钢管混凝土柱＋钢梁框架—钢筋混凝土核心筒			

续表

判断内容		情况说明	规范要求	超限判断	备注
结构总高度		224.3m	180m	是	超过规范限值24.6%
地下室埋深		14.9m	1/18 房屋高度 =224.3/18=12.46m	否	
高宽比		224.3/45≈4.98	7	否	
长宽比		≈1	6	否	
错层、连体、加强、 多塔等复杂情况		无		否	
平面 规则性	扭转规则性	<1.2	<1.2	否	
	凹凸规则性	无	≤30%总尺寸	否	
	楼板局部连续性	2层平面核心筒外楼板缺失、19M层和33M、45M层部分楼层楼板缺失>30%楼面面积	≤30%楼面面积 ≤40%楼面典型宽度	是	考虑双向地震作用且开大洞处按弹性楼板分析
竖向 规则性	侧向刚度 规则性	无软弱层	≥70%相邻上一楼层 ≥80%相邻三楼层平均	否	侧向刚度按新高规报批稿定义
	竖向抗侧力 构件连续性	在核心筒角部转换（19层和20层间角部墙体设置混凝土实体块转换）；外框钢管混凝土斜柱在2~3层转换	不连续	是	
	楼层承载力 突变性	存在薄弱层（19层楼层水平承载力<19M层的80%）	≥80%相邻上一楼层	是	

3.11.6 专项分析

1. 超高层塔楼外形优化

塔楼整体呈扭转型，平面逐层转动，平面大小从下至上逐渐减小，塔楼三维模型如图3.11.2-2所示。通过外形优化，扭转及上部收进体型，减小了风荷载对结构的整体影响。根据风洞试验结果，采用该形体，可有效减小超高层结构在风荷载下的结构响应，风洞试验各角度下楼层层间位移角均满足规范限值要求。《荷载规范》风荷载数据均包络风洞试验结果，风洞试验及最终设计中采用规范风荷载。

2. 沿径向倾斜的框架柱

基于塔楼的外观采用了沿高度方向扭转盘旋形的建筑造型，结构设计利用沿径向倾斜的外围框架柱实现了该建筑造型（图3.11.6-1），避免使用沿环向倾斜的外框柱。考虑到项目处于6度区，地震作用为非控制作用，外圈框架以抗竖向力为主。径向倾斜抗竖向力优于环向倾斜，因此采用了沿径向倾斜的外围框架柱。外围框架柱采用了钢管混凝土柱，柱距约4m，形成了较强刚度和整体性的外框筒。

3. Y形钢管混凝土柱转换

由于底部外框柱为稀柱框架，标准层为密柱，需采用Y形柱转换来实现上下柱的对接（图 3.11.6-2）。设计中，重点分析了该 Y 形钢管柱，通过合理的构造和计算分析保证了力传递的直接性和有效性，同时，考虑到钢结构深化加工及现场安装难度，优化了 Y 形转换形式。

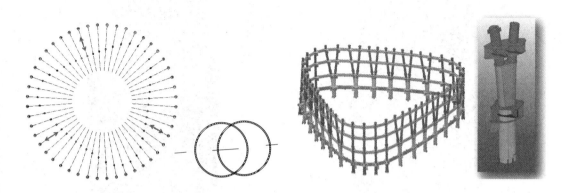

图 3.11.6-1　框架柱沿径向倾斜　　　　图 3.11.6-2　底部外框稀柱转密柱层

4. 核心筒搭接转换块

塔楼混凝土核心筒外轮廓在低区为圆形，中高区为八角形（图 3.11.6-3），圆形与八角形的交界处使用了混凝土转换块体来完成筒体的转换。对转换块体采用了实体有限元的模拟分析，并利用分析结果确定了合理的配筋和构造。

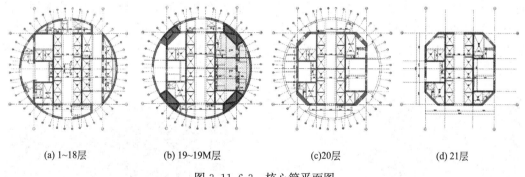

(a) 1~18层　　　　(b) 19~19M层　　　　(c)20层　　　　(d) 21层

图 3.11.6-3　核心筒平面图

在核心筒低区和高区转换的位置，角部的剪力墙进行了转换，转换结构是一个大的混凝土实心块，位置位于 19 层和 20 层楼板之间。为分析内墙与外墙之间的竖向荷载传递，混凝土转换体下面墙的应力和混凝土转换体的应力，采用 Strand 7 建立了转换结构的模型。单元划分采用壳单元、梁单元和八点立方形或六点楔形单元来模拟墙、梁和混凝土转换体。有限元模型仅对转换区的上下部分进行模拟，并包含了埋入混凝土转换体的钢截面及 1% 的墙体配筋率，具体如图 3.11.6-4 所示。

分析结果显示，转换块下部外墙及正下方墙最大压应力分别是 20MPa 和 10MPa，低于最大允许压应力 27.5MPa（混凝土强度等级 C60）。转换体中最大压应力约为 6～8MPa，小于允许压应力 27.5MPa；最大拉应力大部分小于 2MPa，但局部拉应力超过混凝土的抗拉强度。当考虑混凝土转换体设置 1% 的配筋后，可满足设计要求。有限元分析结果表明，搭接块满足设计要求，且能较好地完成上下墙体应力的传递和变形连续。

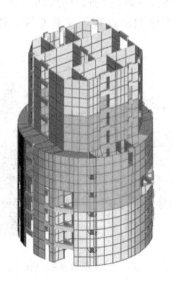

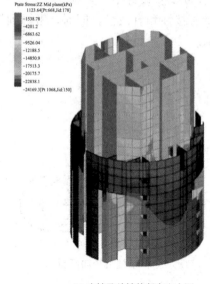

(a) 实体模型   (b) 内墙及外墙的竖向应力图

图 3.11.6-4 核心筒墙体转换分析

5. 屈曲约束支撑

底层大堂挑空，层高达到 13.5m，为薄弱层且框架剪力分担率偏小（小于 10%）。在底层所有柱间设置屈曲约束支撑，底层刚度得到极大提高，消除了结构在此形成薄弱层的状况，并且该层框架的剪力分担率也得到较大的提高。同时，采用屈曲约束支撑也避免了由于支撑过长屈曲临界力过小而导致撑截面设计过大的问题，实现了轻盈的建筑效果（图 3.11.6-5）。

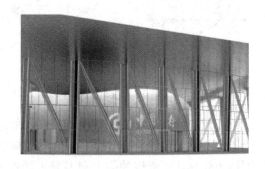

图 3.11.6-5 底层屈曲约束支撑实景图

6. 屋顶塔冠设计

塔楼顶部设置钢结构塔冠，塔冠高度自结构大屋面（约 224m）至建筑顶部（246m），总高约 22m。塔冠结构由一系列的 22m 通高细长钢柱和径向分叉钢梁组成，分叉钢梁外端刚接于外围钢柱，内端铰接于核心筒内的楼板上。设计中重点控制塔冠的变形，并对塔冠做了整体屈曲分析（图 3.11.6-6）。分析证明塔冠屈曲因子大于 30，符合设计要求。

图 3.11.6-6　屋顶塔冠效果图及三维模型

3.11.7　工程实景图

工程实景见图 3.11.7-1。

图 3.11.7-1　工程实景图

3.12　宁波环球航运广场

3.12.1　工程概况

宁波环球航运广场[①]为写字楼项目，坐落于宁波东部新城中心商务区，西靠昌乐路，

---

① 本项目初步设计单位为上海建筑设计研究院有限公司、株式会社日建设计；施工图设计单位为上海建筑设计研究院有限公司。

南临惊驾路。工程于 2009 年 9 月 28 日正式开工，该项目占地 9800m^2，主楼为超高层建筑，地下 3 层，地上 51 层，建筑高度 256.6m，总建筑面积约 14 万 m^2，单层面积为 2370m^2，标准层层高 4.2m，其中 1～4 层为商业配套，5 层为空中花园，6 层拟建成船公司及其他进驻企业的服务窗口，8～18 层、20～29 层、31～38 层、40～48 层为办公空间，7 层、19 层、30 层和 39 层为建筑避难层，49 层为空中大堂，50、51 层为国际航运俱乐部。

本工程设计使用年限为 50 年，结构安全等级为二级，地基基础和桩基工程设计等级为甲级；采用 100 年一遇风压值 0.60kN/m^2 计算，地面粗糙度 B 类计算，同时采用风洞试验风荷载数据作补充计算。设计采用的基本地震加速度值为 0.05g（相当于抗震设防烈度 6 度），设计地震分组为第一组，建筑抗震设防类别为乙类；建筑场地类别为 Ⅳ 类，设计特征周期 0.65s。建成实景照片和结构整体计算模型见图 3.12.1-1 和图 3.12.1-2。

图 3.12.1-1　建成实景照片

图 3.12.1-2　结构整体计算模型

3.12.2　结构体系及结构布置

主体结构采用巨型框架结构体系。巨型柱为东、西两侧的落地筒体，筒体巨型柱由钢骨混凝土剪力墙组成；巨型梁为钢桁架梁，跨度 49.2m，每层水平布置 3 榀，沿竖向共 5 道，其中下面第一道巨型桁架梁布置于第 6、7 层，桁架梁高 10.2m，第二、三、四道巨型桁架梁分别布置于第19、30、39层,桁架梁高度均为5.4m,第五道(最上面一道)桁架梁布置于第51层,梁高4.5m;次框架采用钢框架结构。图 3.12.2-1 为 4 层结构平面图,图 3.12.2-2 为布置巨型桁架梁的第19层结构平面图,图 3.12.2-3 为反映次框架布置的标准层结构平面,图 3.12.2-4 为结构竖向布置立面图,图 3.12.2-5 为巨型桁架梁与筒体内钢骨连接布置立面图。

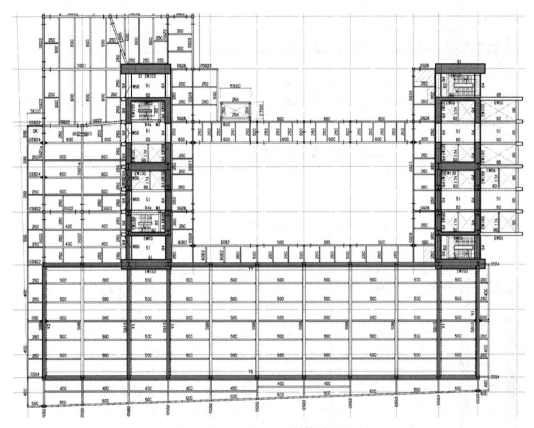

图 3.12.2-1   4 层结构平面

整体巨型框架结构在地震和强风作用时,横向(X 方向)主要由两侧落地筒体与巨型桁架梁构成的 5 层巨型框架结构承担,纵向(Y 方向)则主要由两侧落地筒体钢骨混凝土剪力墙来承担。

为确保上述筒体巨型柱与巨型桁架梁之间的刚性连接,巨型桁架梁的上、下弦杆 H 形截面弱轴朝上,使上、下弦杆与支撑形成没有割断的连接,见图 3.12.2-6 和图 3.12.2-7,这样处理后可使巨型桁架梁中央桁架上部产生的内力能够顺利地、均匀地分别传递至两侧筒体,并大大提高整体巨型框架结构的抗侧刚度和承载力。

3.12.3 针对超限的主要措施

1. 主要超限内容

(1)结构类型和结构高度超限判断:本工程采用钢-混凝土混合结构巨型框架体系,属于现行规范、规程尚未列入的结构体系;现行规范、规程及《审查要点》也未明确该结

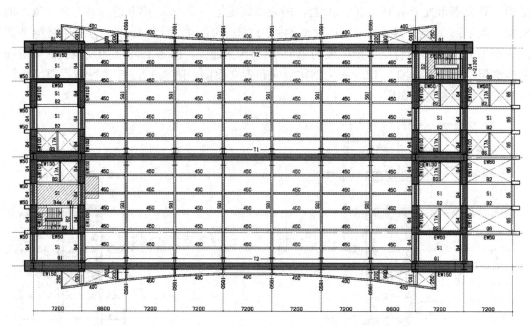

图 3.12.2-2 巨型桁架层结构平面图（19层）

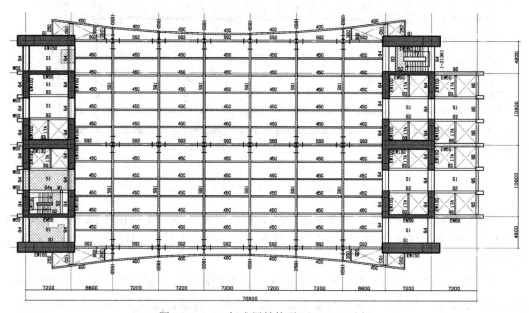

图 3.12.2-3 标准层结构平面（9～18层）

构类型的最大适用高度。

（2）平面规则性的判别：

①底部裙房部分由于平面布置上偏向左侧，因此造成 Y 方向偶然偏心地震作用下的扭转位移比超过 1.2（小于 1.4），故属于平面扭转不规则；

②裙房第 4 层南侧 18m 悬挑桁架楼面，属于局部特殊大悬挑结构，也是造成平面不规则的原因之一；

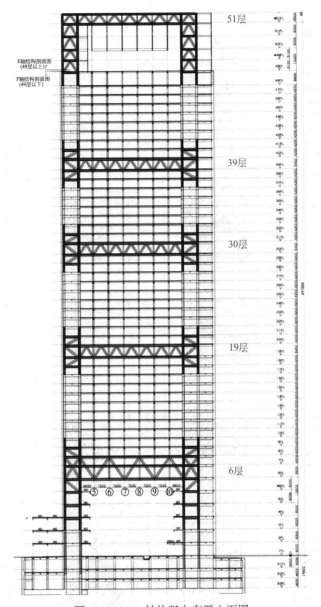

图 3.12.2-4　结构竖向布置立面图

③楼板局部不连续：裙房 2～5 层筒体之间的中央部分有较大面积的中庭，筒体之间楼板呈不连续状态，属于楼板局部布置不连续。

（3）竖向规则性判别：

①主楼第 5 层和第 49 层，层高分别为 12m、10.2m，是相邻层高的 2 倍，该层侧向刚度小于上一层的 70%，因此，本工程属于侧向刚度不规则；

②主楼结构由于巨型桁架梁的设置，各道巨型桁架梁所在楼层，其层间抗侧承载力远大于相邻上、下楼层，因此本工程同时属于楼层承载力突变。

2. 针对超限的主要措施

（1）调整筒体内剪力墙布置，使东、西两侧落地筒体抗侧刚度趋于一致；筒体剪力墙

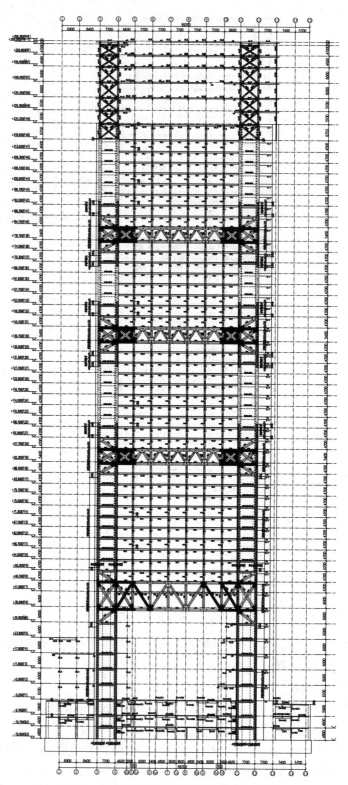

图 3.12.2-5 巨型桁架梁与筒体内钢骨连接布置立面图

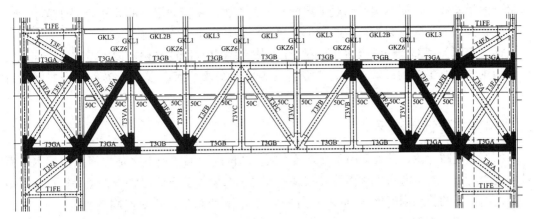

图 3.12.2-6　最下道巨型桁架梁与筒体内钢骨连接立面图

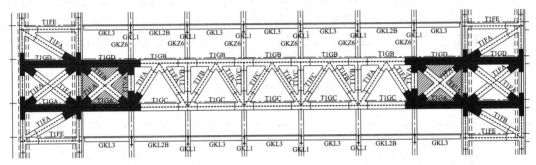

图 3.12.2-7　第 19 层巨型桁架梁与筒体内钢骨连接立面图

内设置型钢，构成钢骨混凝土筒体，使巨型柱的落地筒体具有良好的变形能力和延性。

（2）筒体作为单一的抗震防线，墙体底部加强区按大震不屈服设计，并满足大震下截面受剪控制条件。

（3）加强巨型桁架梁与两侧筒体的连接构造设计，使结构计算的"刚接"模型与实际吻合。为此将巨型桁架梁的上、下弦杆 H 形截面弱轴朝上布置，使上、下弦杆与支撑杆件在节点区的翼缘为整块钢板切割而成（图 3.12.3-1），确保传力均匀和可靠。

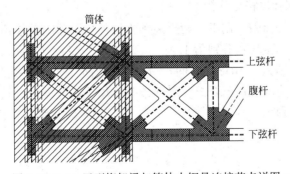

图 3.12.3-1　巨型桁架梁与筒体内钢骨连接节点详图

（4）结构整体分析时，采用保留两个筒体和巨型桁架梁、去掉次框架结构的模型进行比较，按不利结果进行设计；施工时为实现巨型桁架梁之间的次框架钢柱承受的荷载传递至最近的桁架梁上，而不累积到最下层的桁架梁上去，将桁架梁下的此框架钢柱置于上下不连续状态，直到完成装饰荷载的变形后再完成钢柱的上下连接施工。

（5）控制关键部位杆件应力比；对于巨型桁架梁和大跨度悬挑桁架，考虑以竖向地震作用为主的组合工况的计算；上、下弦杆、腹杆及支座节点承载力，按大震不屈服进行设计。

3.12.4　主要计算结果

按6度设防考虑，计算时阻尼比取为4%。结构嵌固端在地下室顶板面。根据本工程结构受力特点，地下室在主楼筒体周围及两筒体间布置了多道抗弯墙体，经计算，地下一层与地面一层的剪切刚度比X向和Y向分别为5.28和6.33，满足嵌固端要求。

1. 结构动力特性分析

软件ETABS和SATWE计算的前3阶周期见表3.12.4-1，两个不同的结构软件算得的振动模态和周期基本一致，其中第1、第2振型分别为X向和Y向的平动为主，第3振型以扭转为主。结构振型周期比（以扭转为主的第一自振周期与以平动为主的第一自振周期的比值）分别是0.66（ETABS）、0.69（SATWE），均满足小于0.85的要求。

结构前六阶周期对比 （s）　　　　　　　　表 3.12.4-1

计算软件	T_1	T_2	T_3	T_t/T_1
ETABS	4.9891(X)	4.2797(Y)	3.2923(Z)	0.66<0.85
SATWE	5.1235(X)	4.7242(Y)	3.5655(Z)	0.69<0.85

2. 剪力系数分析

水平地震和风荷载作用下的各楼层剪力分布和倾覆弯矩分布见图3.12.4-1和图3.12.4-2。X向（东西向）水平地震和风荷载作用下的基底剪力分别为23108kN和20416kN，两者基本相当；Y向（南北向）基底剪力分别为23108kN和47377kN，风荷载作用下的基底总剪力约是多遇地震的2倍，说明当结构承载力满足最不利风荷载组合工况下的设计要求时，整体结构基本具备中震弹性的抗震承载力水平。

3. 结构位移和扭转位移比分析

多遇地震和水平风荷载作用下，两个主轴方向的楼层层间位移角分布见图3.12.4-3。多遇地震下的最大层间位移角分别为1/987（X向）、1/1210（Y向）；水平风荷载作用下的最大层间位移角分别为1/1040（X向）、1/633（Y向）。可见多遇地震和水平风荷载作用下的结构层间位移均满足规范要求。多遇地震作用下，考虑±5%偶然偏心情况下，最大楼层扭转位移比分别为1.05（X向）、1.23（Y向），说明结构平面布置合理，扭转效应不明显。

4. 楼层刚度

从楼层刚度分布来看，在桁架层及相邻楼层、层高变化较大处，楼层出现较大刚度差异，目前SATWE程序判定的薄弱层为：6层、7层、M51层，前者为最下面桁架层位置及相邻下一层，后者位于屋顶纯钢结构部分。设计时应将桁架层设置为薄弱层，以加强构造措施。同时对屋顶纯钢结构部分应适当加强，如增加柱间支撑和楼面支撑等。楼层受剪承载力的较弱处均位于桁架层的下面一层位置，且数值较小。这也是该结构体系造成的受剪承载力突变，设计时主要还是加强桁架层及上下各一层范围内混凝土筒体的构造，如增加型钢暗支撑、控制此范围筒体的应力水平等。楼层刚度比见表3.12.4-2。

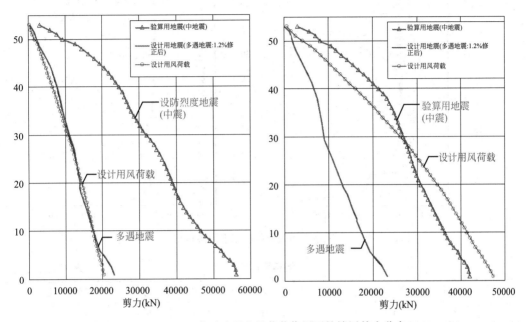

图 3.12.4-1　水平地震和风荷载作用下的楼层剪力分布

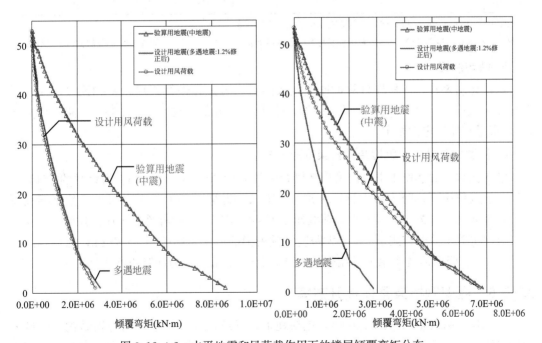

图 3.12.4-2　水平地震和风荷载作用下的楼层倾覆弯矩分布

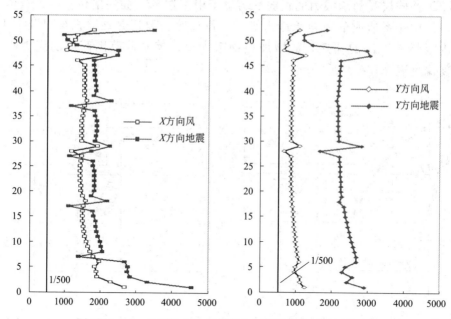

图 3.12.4-3　水平地震和风荷载作用下的各楼层层间位移角

楼层刚度比

表 3.12. 4-2

刚度比	嵌固端剪切刚度比		刚度比最大值		刚度比最小值		受剪承载力之比最小值	
	X 向	Y 向	Ratx	Raty	Ratx1	Raty1	X 向	Y 向
比值	5.28	6.33	1.303,2.528	1.4551	0.968,0.565	0.8751	0.16	0.15
所在楼层	—	—	8层,R层	8层	6层,M51层	7层	39层	49层

注：Ratx 和 Raty 是 X 和 Y 向本层侧移刚度与下一层侧移刚度的比值。

Ratx1 和 Raty1 是 X 和 Y 向本层侧移刚度与上一层侧移刚度 70% 或上三层平均侧移刚度 80% 的比值中之较小者。

5. 结构刚重比

从计算结果看，两程序计算的刚重比较接近。考虑弹性楼板后，X 向刚度减小，需考虑二阶效应。从两个程序计算结果看，刚重比为 4.28（X 向）、2.85（Y 向）均大于 1.4，满足整体稳定性要求。

6. 巨型桁架梁、大跨度悬挑桁架变形分析

竖向恒载＋活载作用下，巨型桁架梁跨中最大计算变形 31.8mm，为跨度的 1/1545；在竖向活载作用下，跨中最大计算变形 12.1mm，为跨度的 1/4066。可见巨型桁架梁刚度大，竖向位移非常小。竖向重力荷载作用下，巨型桁架梁的杆件最大应力比为 0.59。

竖向恒载＋活载作用下，4 层大跨度悬挑桁架的最大竖向变形 39.7mm，为计算跨度的 1/453；在竖向活载作用下，端部最大竖向变形 8.2mm，为计算跨度的 1/2195。

3.12.5　巨型钢桁架整体提升方案

本工程钢结构总用量约 22000t，包括地下室钢结构劲性梁柱、裙房钢结构、巨型桁架钢结构、巨型桁架层之间的次框架钢结构、屋顶桁架钢结构等。巨型钢桁架层，根据不同的位置和结构特点，采用不同的施工方法（图 3.12.5-1）。最下道巨型钢桁架层，采用在首层楼面拼装（图 3.12.5-2），液压千斤顶整体提升的方案进行安装（图 3.12.5-3）；第二桁架层（19 层）、第三桁架层（30 层）和第四桁架层（39 层），采用高空散装的方式进行安装；对于 49 层以上的结构，采用两侧钢框架分段分层安装，中间 M51～RF 层的钢桁架及之间的连接结构在 49 层上拼装后整体提升，吊挂层 50 层和 51 层结构后做的方法施工。第一桁架层提升工况下的桁架最大变形约 10.3mm，如图 3.12.5-4 所示。

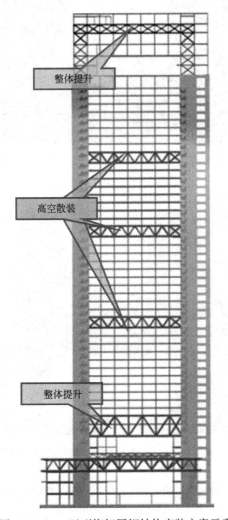

图 3.12.5-1　巨型桁架层钢结构安装方案示意

3.12.6　结构风洞试验与抗风设计

本工程高 256.6m，顶部开洞；建筑周边高层建筑密集，且相距很近，气动干扰效应可能很强，对流场的影响将非常复杂，无法用《荷载规范》的方法给出。从基底剪力可以看出，风荷载是结构设计的控制性荷载。因此，同济大学土木工程防灾国家重点实验室结构风效应研究室受委托进行风洞试验，重点关注表面风压，并提供用于主体结构设计的体型系数和用于围护结构设计的设计风压。

测压风洞试验模型为刚体模型（图 3.12.6-1），用有机玻璃板制成，具有足够的强度

图 3.12.5-2 第一桁架层钢结构地面整体拼装现场照片

图 3.12.5-3 第一桁架层钢结构整体提升照片

图 3.12.5-4 第一桁架层钢结构提升阶段变形验算

和刚度,在试验风速下不发生变形,并且不出现明显的振动现象,以保证压力测量的精度。考虑到实际建筑物和周边建筑情况,选择模型的几何缩尺比为1/300。模型与实物在外形上保持几何相似。试验时将测试模型放置在转盘中心,通过旋转转盘模拟不同风向。定义来流风从正对目标建筑北立面方向吹向本工程项目时风向角为0°,风向角按顺时针方向增加。试验风向角间隔取为10°,共有36个角度。

图 3.12.6-1　建筑结构效果图及试验模型图

试验给出了建筑的表面风压,用于计算主体结构的体型系数和围护结构设计的设计风压。根据试验数据,对结构进行风致抖振和等效静力风荷载计算。同时计算了结构在风荷载作用下的加速度响应及内力响应,给出了响应的绝对值最大值,对结构的舒适度进行评判。按10年重现期的风压计算,结构最大总加速度峰值发生在70°风向角,其值为$0.079\mathrm{m/s}^2$,能够满足结构顶点最大加速度限值的要求。

风荷载计算分析提供的等效静力风荷载,其考虑了振型之间交叉项对响应的影响。通过风洞试验和相应的抗风计算,考虑顺风向和横风向作用,给出了结构可靠的等效静力风荷载。

1. 试验主要结果

(1) 不考虑周围建筑影响时:

①在风向角90°和270°附近,X向平均风力和弯矩系数的绝对值较大。

②在风向角0°和180°附近,Y向平均风力和弯矩系数的绝对值较大。

③平均扭矩系数约180°的周期性沿模型一周增减。

④X、Y方向的脉动风力系数以及脉动弯矩系数,在风向与结构轴同向或垂直时较大。

⑤脉动扭矩系数在风向角270°附近较大。

(2) 考虑周围建筑影响时:

①由于邻近建筑的影响，X 方向的平均风力系数和平均弯矩系数的绝对值较无周围建筑时减小，特别是风向角 60°附近时较为明显。

②脉动风力系数和脉动弯矩系数、脉动扭矩系数，都在风向角 50°附近受相邻建筑物的影响。

③从风力谱判断在设计风速范围内不会发生涡旋等不稳定振动。

④风致响应分析考虑了 1～3 阶模态。

⑤平均位移响应和平均基底弯矩成正比。在各个方向角呈现同样的增减方式。

⑥X 方向的最大位移响应发生在风向角 40°和 270°附近，Y 方向的最大位移响应发生在风向角 0°、−60°和 170°附近，扭转响应的最大值发生在风向角 50°和 270°附近。

2. 风洞试验结果与现行规范的比较

根据我国现行《荷载规范》，求得各楼层的风荷载数值，与风洞试验结果相比较，如图 3.12.6-2 和图 3.12.6-3 所示。从对比来看，风洞试验的结果均比规范数值大 15％左右。由于周围建筑的影响，最大风荷载的风向角受到影响，这也需要在设计中加以考虑。

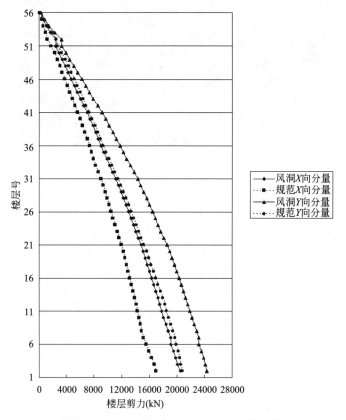

图 3.12.6-2　风洞试验（300°）与规范比较

3. 风荷载下舒适性

根据风洞试验的分析，阻尼比为 2％时，楼层 51 层的 X 向最大加速度为 0.02～0.05m/s²，Y 向最大加速度为 0.04～0.10m/s²，同时扭转效应的影响程度不大，建筑物中心点与角点的加速度区别不大。

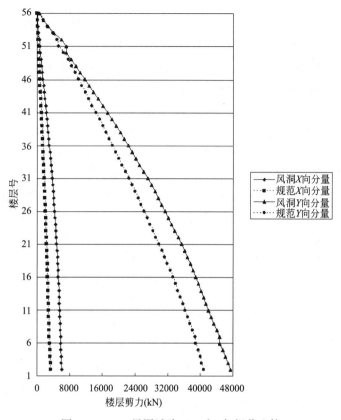

图 3.12.6-3　风洞试验（170°）与规范比较

3.12.7　地基基础设计

1. 场地特性

地质报告显示，从现有地质资料分析，尚未发现有较大的区域性断裂从本场地通过，因此，场地本身不具备发生中、强破坏性地震的构造条件，属于较稳定地块。该场地地表下 20m 深度范围内，7 号、25 号孔的等效剪切波速值 V_{se} 分别为 109.0m/s 和 111.6m/s，均小于平均等效剪切波速值 140m/s。按《建筑抗震设计规范》GB 50011—2010（2016 年版）判定：本建筑场地地基土类型为软弱场地土。根据钻孔所揭露的地层情况，本场地内覆盖层厚度为 99.0～101.9m，由此确定建筑场地类别为Ⅳ类。场地 20m 以浅砂土层在 7 度地震条件下不会发生液化，设计时可不考虑饱和砂土液化的影响，但应注意软土地基在地震力作用下的震陷问题。

勘察期间测得地下水潜水位埋深 0.4～1.2m，受气候影响，水位有一定的变化，潜水位变幅不大，一般在 0.5m 左右。根据本次所取潜水样水质分析成果，在长期浸水条件下，孔隙潜水（Ⅱ类环境）对混凝土结构及钢筋混凝土结构中的钢筋均无腐蚀性；当地下水具干湿交替作用时，场地内孔隙潜水对混凝土结构无腐蚀性，对钢筋混凝土结构中的钢筋具弱腐蚀性；地下水对钢结构具弱腐蚀性。③层微承压水为咸水，对混凝土结构无腐蚀性，对钢筋混凝土结构中的钢筋具弱腐蚀性，对钢结构具中等腐蚀性，应采取相应的防腐蚀措施。

本场地地处宁波平原中部，地形平坦开阔，地层分布稳定，区域地面沉降的影响比较小。本工程的主要不良地质现象为广泛分布的深厚的软土层及暗浜等。软土地基的不均匀沉降问题通过桩基处理后可满足规范要求，深基坑开挖围护问题可通过基坑支护和降水、排水、隔水措施加以解决。因此场地稳定性较好，适宜于本工程建设。

2. 桩基设计

本工程结构体系较为独特，两侧混凝土筒体承担了全部竖向荷载，而混凝土筒体相对较小，因而采用高承载力的桩型是必需的，一方面可以减少沉降量，另一方面桩尽量布置在筒体下可以有效减小底板的厚度。勘探报告显示：场地上部软土层及软弱土层厚度大，工程地质条件较差；中部⑤层硬土层和粉土，物理力学性质较好，但埋藏较浅，且下卧层为⑥层软弱土层；深部⑧层细砂，物理力学性质好，埋藏适中，但厚度不大，最薄处仅1.7m，不适宜作为超高层建筑的桩基持力层；⑨层硬土层及砂土，物理力学性质较好；⑩层圆砾、卵石性质好，分布稳定，厚度大，无软弱夹层，下卧层即为基岩，是场地内良好的超长桩基础持力层。根据对采用不同持力层桩基的单桩承载力的估算，⑧层砂土显然不能满足本工程主楼的承载力要求，⑨层以黏性土层为主，具有一定的可压缩性，不宜选作本工程的桩基持力层，而⑩层圆砾、卵石本身压缩性很低，单桩承载力大，因此，综合场地工程地质条件和建筑特点，主楼应选择⑩层圆砾、卵石作为桩端持力层的超长桩方案，桩型采用大直径钻孔灌注桩基础，桩直径选择1000mm，桩端进入⑩层2m以上。由于桩长较长（入土深度达90m，有效桩长69、70m左右），持力层为圆砾、卵石，施工难度较大，为节约基础投资，提高单桩承载力，对桩端土（⑩层圆砾、卵石）采用桩端后注浆处理，根据施工经验，经桩端压力注浆处理后的单桩承载力一般可提高20%以上；同时桩端注浆可以有效改善桩底沉渣情况。

根据《地质勘察报告》提供的土层参数，单桩竖向承载力特征值预估为8000kN。采用后注浆工艺后，根据规范、经验以及桩身强度，单桩竖向承载力特征值预估为10000kN。桩身混凝土强度应达到C45要求，水下混凝土应比原设计强度提高两级（即C55）。本工程之前宁波地区尚无此超长桩的施工先例，所以试桩前先在场地内非桩位区域进行两组试成孔，主要作用是判定施工工艺的可行性，除了测量孔径、垂直度、孔深、沉渣厚度外，尚需要测定成孔后停滞一段时间后孔径不小于设计直径及沉渣厚度，以评定孔壁稳定性及施工工艺的可靠性。试成孔完毕后用素混凝土填充封闭。前期试桩为两组，位置在非混凝土筒体范围内，以后试桩和锚桩可作为裙楼的桩基。试桩测试包括：抗压静载试验、桩周土阻力测试、桩身超声波检测，成桩质量检测包括：孔径、孔深、垂直度、孔底沉渣厚度。根据试桩阶段的检测结果，对施工工艺进行调整，从而使工程桩施工质量得以保证。后期的工程桩又进行了三组试桩。根据桩身超声波检测和静载试验，工程桩桩身质量优良，承载力达到设计预期值。

除主楼混凝土筒体以外区域，布置常规的钻孔灌注桩，经过比较，采用直径800mm的钻孔灌注桩，桩身强度C30，桩长52m、50m，持力层为⑧层细砂层，根据《地质勘察报告》提供的土层参数，单桩竖向承载力特征值预估为3300kN。本工程由于底板厚度较大，在正常使用状态下裙楼及纯地下室部分不出现抗浮工况，裙楼桩基抗拔只出现桩基抗倾覆工况中，最大抗拔力600kN左右。故裙楼桩抗拔承载力特征值定为800kN。裙楼桩基试桩承载力达到设计预期。

3. 底板及地下室结构设计

本工程筒体较小，却承担了全部竖向荷载，所以底板抗冲切面较小、底板弯矩较大，造成底板厚度达到 5m。地下室边缘区域底板厚度采用 3.0m。

底板设计中，采用合适的混凝土配合比，掺加粉煤灰，利用混凝土后期强度，与施工单位一起制定施工流程和工艺，以期减少温度应力和混凝土的收缩，避免底板裂缝的出现。

本结构筒体位于主楼两侧，地下室筒体中间部分是无上部结构的。为协调两筒体共同作用，在地下室两筒体间设置了水平剪力墙，在首层两筒体间设置了三道贯通型钢暗梁，以形成两筒体间有效的传力途径，在地下室两筒体间形成了三层的暗型钢混凝土桁架。实际上，由于本工程两筒体位于结构两侧，在竖向荷载作用下，会产生底部推力。上述做法正是为了抵消两筒体的推力作用，同时可以协调两筒体的不均匀沉降，保障结构安全。

3.13 温州世贸中心大厦

3.13.1 工程概况

温州世界贸易中心[①]由塔楼（温州世贸中心大厦）和裙楼（温州世贸中心广场）两部分组成，是一个集办公、五星级酒店、商业、餐饮娱乐等于一体的多功能综合性建筑，效果图如图 3.13.1-1 所示。项目位于温州市中心解放南路的 8 号和 9 号地块（图 3.13.1-2），垂直的荷花路穿过两个地块之间，项目基地东临解放南路，南至马鞍池路，西北面为商贸广场，整个基地占地总面积为 31048m²，总建筑面积为地上 17.404 万 m²，地下 3.40 万 m²。世贸中心大厦地上 68 层，自室外设计标高至大屋面层的总高度为 270.541m，顶上另有近 60m 高的竹笋状钢结构造型及一些辅助用房，钢结构尖顶的高度为 333.33m。两个地块在地面以上设防震缝，地面以下为整体地下室，共 4 层，其中地下四层局部为 6 级人防。温州世贸中心大厦建成后将成为当时的浙江省第一高楼。

图 3.13.1-1 建筑效果图

工程的设计使用年限为 50 年，建筑结构的安全等级为二级，地基基础设计等级为甲级。建筑抗震设防类别为乙类。抗震设防烈度为 6 度，设计地震分组为第一组（设计基本地震加速度值为 0.05g），场地类别为 IV 类。由于该地区为台风多发地区，风荷载取

---

① 本项目结构设计单位为上海建筑设计研究院有限公司。

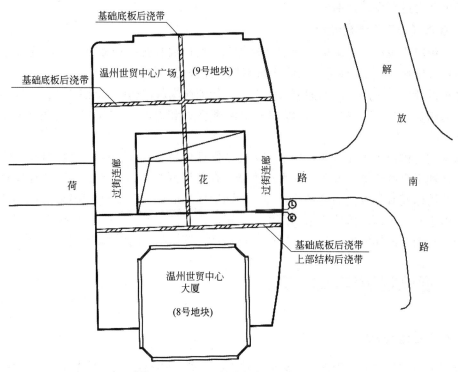

图 3.13.1-2 温州世贸中心分界示意

100年重现期的基本风压 0.70kN/m²，地面粗糙度取 B 类，主体结构的体型系数为 1.4。同时还进行了风洞试验，为风荷载的取值提供设计依据。

3.13.2 结构方案

1. 结构体系

温州世贸中心大厦采用钢筋混凝土外框筒和核心筒组成的筒中筒结构体系。对于筒中筒的结构形式，由于使用功能的要求，外围框架柱不可避免地存在结构的过渡问题。根据建筑功能和业主的要求，结构过渡层自 10 层开始，属于高位转换，转换层结构没采用传统的梁式转换，而是采用了传力直接且受力较为均匀的分支柱过渡形式，至 15 层完成全部的结构过渡，如图 3.13.2-1 所示。框支柱采取全高设置井字复合箍、在柱截面中设置由附加纵向钢筋形成的芯柱等构造措施，确保轴压比满足规范要求。

塔楼主体钢筋混凝土结构的抗震等级：过渡层以下框架和混凝土筒体的抗震等级均为一级，过渡层以上部分结构的抗震等级均为二级。

2. 结构布置

主楼标准层内筒的基本尺寸为 21.0m×21.0m，外框筒的外包尺寸为 43.2m×43.2m。外筒的四角设置落地混凝土剪力墙，用以加强角部的刚度，同时在该混凝土剪力墙两侧设置角部端柱（图 3.13.2-2 和图 3.13.2-3）。外框筒的竖向构件（即中柱、角柱、角部混凝土剪力墙）、周边外框筒连梁以及内筒的外圈混凝土墙和内部混凝土墙尺寸见表 3.13.2-1。

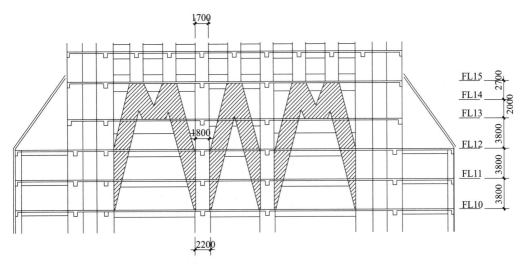

图 3.13.2-1　高位转换立面示意（阴影部分为斜撑 2000×1300）

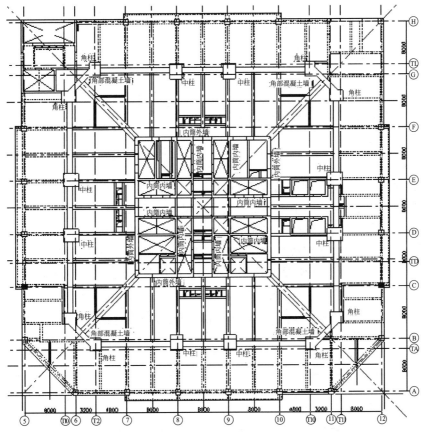

图 3.13.2-2　过渡层下部结构平面

顶部近 60m 高的钢结构造型，四边对称，玻璃面分段逐渐倾斜收进，并伴随着金属分割线条的逐渐发散，呈现出自然生长发展的势态，犹如雨后春笋般生机盎然。顶部还设

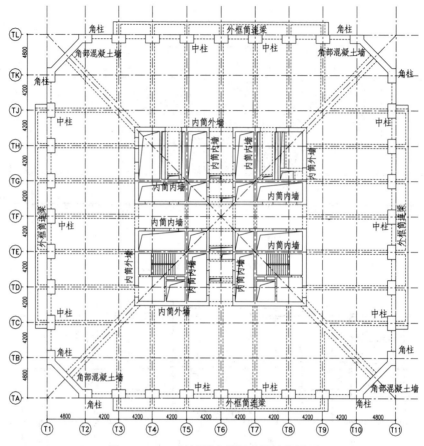

图 3.13.2-3 过渡层上部标准层结构平面

有一根 20 多米高的避雷针。夜间配以顶部泛光照明的逐节增强，在最顶部达到点状高光的效果，建成后将成为温州市中心的地标建筑。屋顶的钢结构造型采用空间矩形钢管桁架结构形式，在混凝土骨架的外面撑起建筑要求的造型，钢结构在每一层混凝土结构楼层处都有支座节点落在混凝土结构楼层上，楼层上的支座节点均采用铰接节点，钢结构的主要材料为 Q345B。图 3.13.2-4 和图 3.13.2-5 分别是计算模型和施工中的屋顶钢结构。

主楼主要竖向构件尺寸（mm）及混凝土强度等级 表 3.13.2-1

楼层	中柱	角柱	角部墙厚	内筒		外框筒连梁宽度	混凝土强度等级
				外墙厚	内墙厚		
地下4层～地上1层	2000×2800	1600×2400	800	800	400	—	C60
1～3层	2000×2600	1600×2200	800	800	400	—	C60
3～7层	2000×2600	1600×2200	800	700	400	—	C60
7～10层	2000×2400	1600×2000	800	600	400	—	C60
10～15层	1700×1300	1600×1300	800	600	400	—	C60
15～16层	1700×1000	1700×1000	700	600	400	700	C60

楼层	中柱	角柱	角部墙厚	内筒		外框筒连梁宽度	混凝土强度等级
				外墙厚	内墙厚		
16~20层	1700×1000	1700×1000	700	500	400	700	C60
20~30层	1700×1000	1700×1000	700	500	400	700	C50
30~37层	1700×900	1700×900	600	500	400	600	C50
37~45层	1700×800	1700×800	600	500	400	600	C50
45~51层	1700×700	1700×700	500	400	300	500	C40
51~55层	1700×600	1700×600	400	400	300	500	C40
55~61层	1700×500	1700×500	400	400	300	400	C40
61层~顶层	1700×400	1700×400	400	400	300	400	C40

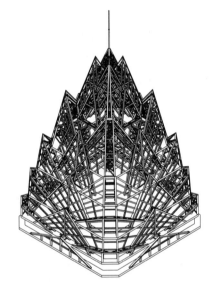

图 3.13.2-4 屋顶钢结构分析模型

图 3.13.2-5 施工中的屋顶钢结构

由于建筑及设备的要求，对主楼核心筒内的连梁高度有比较严格的控制，因此为了保证连梁在水平荷载作用下的"强剪弱弯"特性，在部分楼层的部分连梁采用了劲性混凝土梁。根据受力的要求，劲性混凝土梁中的钢梁应锚入两端混凝土墙体中，但水平锚入的钢梁与墙体中暗柱的竖向钢筋存在交叉，在施工时很难解决，为此，创造性地在劲性钢梁进入暗柱边近 20mm 后，采用等强钢筋束进行等代换，很好地解决了劲性钢梁在暗柱内的锚固施工问题（图 3.13.2-6）。

3. 地基基础设计方案

由于世贸中心大厦和中心广场两个建筑的结构特性差异很大，且两部分结构的地下室又是连成一体的，所以对整个工程的地基与基础的处理就尤为重要。根据工程现场的地质详勘资料（表 3.13.2-2），该工程塔楼下的桩基最理想的持力层是⑨₃层中风化基岩，但由于岩层的厚度和高低变化太大，如要求全部桩基均进入该层，则有的桩基就必须穿过

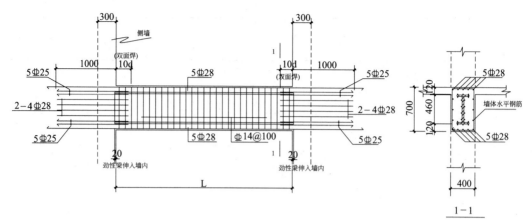

图 3.13.2-6 劲性混凝土梁的详图示意

30 多 m 的⑨₂层强风化岩层，施工很困难。经反复估算，根据岩面高低和岩层厚度的特性，最终确定了两种桩基持力层工况：即桩端进入⑨₂层强风化层的深度达到 10m，或当⑨₂层强风化层的厚度不足 10m 时，桩尖进入⑨₃层中风化层 1100mm 以上。虽然桩的入土深度为 80～120m，变化颇大，但据此估算出两种不同持力层工况的单桩承载力设计值还是比较接近的（单桩承载力的设计估算值为 13500kN）。

塔楼下桩基的桩径采用 ϕ1100mm，因为其承载力与桩身强度最为匹配，同时在相同面积范围内桩的布置比其他更大桩径桩的布置的总承载力更高，从而可以减小布桩的面积和底板的内力。

地下室采用钢筋混凝土框架结构体系，地下室二、三层因建筑层高限制，采用无梁楼盖体系，无梁楼板的板厚为 250mm，局部柱帽厚度为 500mm（图 3.13.2-7）。其他楼层为梁板结构。

地基土层特性 表 3.13.2-2

序号	土层名称	层底埋深(m)	e	$\varphi(°)$	c(kPa)	E_s(MPa)	钻孔灌注桩	
							q_{sik}(kPa)	q_{pk}(kPa)
①	杂填土	—	1.297	—	—	—	—	—
②	黏土	1.86～3.68	0.961	5.1	29.3	4.0	22	—
③₁	淤泥	14.62～15.71	1.994	0.6	12.5	1.0	10	—
③₂	淤泥	23.18～25.79	1.828	1.2	19.3	1.5	16	—
③₃	淤泥质黏土	23.18～32	1.388	1.8	31.8	2.8	20	—
④₁	黏土	26.28～34.5	0.916	4.5	47.5	5.5	45	500
④₂	黏土	28.66～35.08	1.132	3.0	26.4	4.5	35	400
⑤₁	粉质黏土夹黏土	34.14～39.58	0.835	5.9	35.3	6.0	47	550
⑤₂	黏土	35.81～46.1	1.035	3.3	29.4	5.0	40	450
⑤₃	粉砂夹粉质黏土	37.5～50.28	0.774	—	—	6.5	50	700
⑤₄	泥炭质土	—	1.137	—	—	4.0	35	—
⑥₁	黏土夹粉质黏土	42.78～52.51	0.823	7.4	52.7	6.5	55	800

序号	土层名称	层底埋深(m)	e	$\varphi(°)$	c(kPa)	E_s(MPa)	钻孔灌注桩	
							q_{sik}(kPa)	q_{pk}(kPa)
⑥₂	黏土	42.78~58.7	1.043	6.7	68.0	5.0	40	450
⑦₁	黏土夹粉质黏土	—	0.892	7.2	54.0	6.5	55	800
⑦₂	黏土	42.78~70.6	1.058	—	—	5.0	40	450
⑦₃	含粉质黏土粉砂	—	0.687	—	—	6.5	50	700
⑧	粉质黏土混碎石	44.38~71.96	0.821	6.1	22.0	6.0	50	700
⑨₁₋₁	全风化基岩	57.18~80.86	0.922	5.9	24.8	7.0	55	1200
⑨₁₋₂	全风化基岩	76.68~107.7	0.690	—	—	8.5	70	2500
⑨₂	强风化基岩	87.98~121.8	—	—	—	—	90	5000
⑨₃	中风化基岩	—	—	—	—	—	500	10000

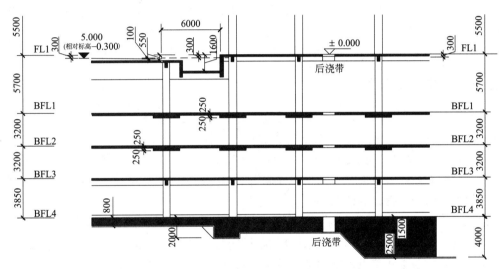

图 3.13.2-7　地下室局部剖面示意

3.13.3　结构抗震计算

　　结构的整体计算分析主要采用 SATWE 软件进行。超高层主楼属于结构平面和竖向均严重不规则的结构，因此还选用 ETABS 软件进行了结构性能的校核分析（表 3.13.3-1）。比较分析的结果显示，工程的侧向作用是以风荷载为控制的，在设计时通过采取上述的采用分支柱过渡层、控制外筒的开洞率、内筒的部分连梁采用劲性混凝土梁等一系列结构措施，最终证明主楼结构设计的抗侧力体系是非常有效的。

主要分析结果比较　　　　　　　　　　　　　　　表 3.13.3-1

分析软件		SATWE	ETABS
结构自振周期(s)	T_1	5.4681	5.2340
	T_2	5.3124	5.0653
	T_3	2.6793	2.3771

分析软件		SATWE	ETABS
X 向基底剪力(kN)	地震作用	18745.8	21192.0
	风荷载	38821.1	39011
Y 向基底剪力(kN)	地震作用	18836.0	21186.3
	风荷载	39920.2	40152
X 向最大层间位移角	地震作用	1/2367	1/2823
	风荷载	1/731	1/960
Y 向最大层间位移角	地震作用	1/2341	1/2823
	风荷载	1/744	1/923

采用弹性时程分析法进行多遇地震下的补充计算，按 6 度区Ⅳ类场地，选用天津宁河波 NS、天津宁河波 EW、上海人工波 3 共 3 条地震波，输入地震加速度的最大值为 $18cm/s^2$。每条时程曲线计算所得的结构底部剪力均大于振型分解反应谱法求得的底部剪力的 65%，三条时程曲线计算所得的结构底部剪力的平均值大于振型分解反应谱法求得的底部剪力的 80%，符合要求，为检查超高层主楼的楼层剪力及薄弱层提供设计依据。

3.13.4 结构抗风计算

温州为台风多发地区，按照《荷载规范》对于超高建筑结构的规定，风荷载取 100 年重现期的基本风压 $0.70kN/m^2$，参照专家意见地面粗糙度取 B 类，主体结构的体型系数为 1.4。同时考虑到本工程风荷载作用是结构计算的主控因素，委托同济大学进行实体风洞试验，对风荷载的取值进行了校核。顶部钢结构构筑物的风压系数的取值，则参照风洞试验的数据作为最终设计的依据。

根据《高层建筑混凝土结构技术规程》JGJ 3—2010（以下简称《高规》）的要求，补充验算按 10 年一遇的风荷载取值计算的顺风向与横风向结构顶点最大加速度，计算时基本风压采用的是 100 年重现期的基本风压，而重现期调整系数也取重现期为 100 年时的系数，最终的计算结果均小于 $0.25m/s^2$，满足舒适度要求。

3.13.5 结构超限判断和加强措施

1. 结构设计高度

由于地下 1 层（B1 层）的一侧与落地的地下广场相连，使得该侧的地下室没有外墙，因此不能假定地下室顶板为结构计算的嵌固楼层，结构计算时取 B1 层到屋面层的总高度作为结构计算的（悬臂）高度，即将 B1 层楼面作为结构计算的嵌固楼层。

结构 B1 层的标高为 $-5.700m$，地面 ±0.000 以上的结构高度为 270.541m（不包括屋顶构筑物），因此总的计算高度为 276.241m。按照《高规》关于 6 度设防 B 级高度的规定，结构计算高度未超过 B 级高度适用的高度 280m。塔楼平面的边长为 43.20m，按 276.241m 的计算高度，其高宽比为 6.39，也未超过规范限值，符合《高规》关于 B 级高度的规定，结构将按 B 级高度钢筋混凝土高层建筑结构的规定和要求进行设计，对结构的计算和构造措施提出比 A 级更高的要求。

主楼结构平面自下而上分段逐步收小，符合一般高层结构竖向变化的规律，结构的体型也较规整，竖向刚度变化比较小等特征对于整体结构是非常有利的。屋顶钢结构采用有限元进行单独结构分析，然后将支座反力加到主体结构模型中进行整体结构分析。

2. 基础埋置深度

嵌固层取在地下一层楼板，计算基础埋置深度只可取为 14.25m（考虑主楼下底板的厚度为 3.8m），埋置深度（不计桩长）与建筑高度的比值为 14.25/276.241＝1/19.39，满足规范不宜小于建筑物高度的 1/18～1/20 的要求。

3. 筒中通结构体系中的外框筒体系

由于建筑功能的要求，标准屋的外框筒柱网为 4.20m，超过一般框筒结构的柱网尺寸（高规要求不宜大于 4.0m）。因此，在设计中严格控制外框筒的开洞率，并适当加厚外框筒连梁的厚度，以保证外框筒的筒体效果。并结合建筑的三个避难层，在避难层周边采用厚墙（三个避难层的墙厚分别为 800mm、600mm、600mm）开小洞的方式，在满足建筑及设备要求的前提下，将开洞率减少到 35% 以下，从而形成环向钢筋混凝土刚性加强带，以减小整体结构的侧向位移。既有加强层的作用，又不致上下层刚度突变。框筒各标准层的开洞率见表 3.13.5-1。

外框筒各标准层的开洞率 表 3.13.5-1

部位	层高度(m)	洞口宽度(m)	洞口高度(m)	开洞率(%)
办公层	3.70	2.50	2.55	41.02
旅馆层	3.30	2.50	2.30	41.49
避难层	4.70	2.50	2.55	32.29

4. 结构高位转换

外筒存在分支柱过渡形式的转换，结构过渡层自 10 层开始，至 15 层完成全部的结构过渡。15 层到 B1 层的结构总高度为 63.10m，占整体结构计算高度的 63.1/276.241＝22.8%。如果从开始过渡的 10 层起算，则过渡层的高度占总计算高度的 47.3/276.241＝17.1%。转换层处斜柱的标准截面为 2000mm×1300mm，且沿柱高箍筋全长加密，混凝土强度等级仍为 C60。为了平衡端部斜向布置分支柱的水平推力，在 10～15 层的周边均设置了宽扁梁，宽扁梁的尺寸为 1400mm×900mm（10～12 层）、1400mm×1500mm（13 层）、1400mm×1800mm（15 层），按受拉构件进行设计配筋，并起到对柱顶的约束作用。按照规范的要求严格控制框支柱的轴压比：当不考虑型钢作用时，框支柱的轴压比大致控制在 0.70 以下；当考虑型钢的作用时，框支柱的轴压比大致控制在规定的 0.60 以下。过渡层以上外框筒柱子的轴压比控制在 0.67 左右。为了增加该部分柱子的延性，在外框筒下部即 15～30 层的外框柱内部设置钢筋束。

对于过渡层部分的结构构件，采用 ANSYS 软件进行了应力分析，为此部分的构件设计提供了有力的补充依据（图 3.13.5-1），局部分析的结构构件从 9 层的根部到 15 层，图中显示的分别是该部分构件的混凝土单元两个方向的主应力。根据 ANSYS 的分析结果，周边混凝土宽扁梁的最大拉应力设计值接近混凝土的抗拉强度设计值，因此设计过渡层的支承柱及周边混凝土宽扁梁时都是按偏心受拉构件的要求进行配筋设计的。结构主要柱的轴压比（未考虑柱内型钢因素）分段汇总见表 3.13.3-2，轴压比基本控制在规范的限值范围。

为了检验过渡层上下结构的刚度变化，按照《高规》附录 E 的规定，计算过渡层上下等效侧向刚度比。计算的高度取过渡层上下各 57m 左右，计算的上下刚度比如表 3.13.5-3，计算结果均符合小于 1.3 的规定。

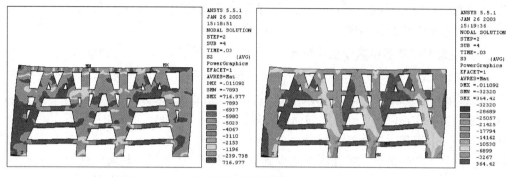

图 3.13.5-1 过渡层部分结构的应力分析结果（kPa）

塔楼柱子轴压比表 表 3.13.5-2

楼层范围	柱宽度（m）	柱高度（m）	最大轴压比	备注
B4～1	2.000	2.800	0.69	柱内将设置型钢
1～7	2.000	2.600	0.69	柱内将设置型钢
7～10	2.000	2.400	0.65	柱内将设置型钢
10～14	1.700	1.300	0.43	柱内将设置型钢
15	1.700	1.000	0.67	柱内将设置钢筋束

过渡层上下侧向等效刚度比 表 3.13.5-3

计算方向	SATWE 计算结果	ETABS 计算结果
X 向	0.803	0.91
Y 向	0.835	0.97

5. 结构平面布置不规则

本结构平面的不规则主要表现在 12 层以下，特别是 6 层及以下。由于塔楼在 X 向的平面地位偏置在一边，造成底部楼层刚度中心偏移，但由于塔楼的刚度比较大，从计算的结果看，该部分的扭转并不严重。计算的层间最大位移和平均位移的比值均不超过 1.2，符合要求。

3.13.6 地基基础计算

1. 桩基试验情况

试桩选用了两种不同的持力层，其中试桩 S1 及 S2 持力层为中风化基岩，桩长分别为 119.85m、88.17m，入持力层深度分别为 1.1m、0.52m，试桩 S3 持力层为强风化基岩，桩长 88.35m，入持力层深度为 9.026m，桩径均为 ϕ1100mm。桩基静载试验采用堆载-反力架装置，加载方法采用水泥预制块堆载，反力架装置，JCQ 静载自动记录仪自动记录每级压力。采用慢速维持荷载法，桩顶沉降利用桩顶千分表及位移传感器测量得到。在钢筋笼竖向 10～12 个断面预埋了钢筋应力计，每断面 3 个，安装位置主要根据土层分布情况确定。

对不同持力层桩的静载试验和桩身应力检测表明，所有试桩的承载力及质量控制都达到了预期要求：进入⑨₂层强风化岩层将近 10m 的基桩（但未穿透），与穿透⑨₂层强风化层（但不足 10m）且桩尖进入⑨₃层中风化层 500～1000mm 的基桩，其单桩承载力测试值都达到预期最大的加载量 25200kN，且两种不同持力层的试桩均未达到地基破坏的极限承载力。进入⑨₃层中风化层的深度由预估的 1.10m 减小到 0.50m，并根据试桩结果将单桩承载力设计值提高到了 14250kN。施工图设计阶段依据试桩结果减少了总桩数。

通过对试桩荷载-沉降曲线的比较分析，类似本工程这样的超长桩主要还是受到桩端持力层的影响。其中持力层为中风化基岩的沉降曲线较为平缓，试桩桩端沉降较小，极限荷载作用下桩顶沉降主要是由桩身压缩引起的，且卸载后桩端残余变形较小，说明持力层性状较好，桩底清渣干净；持力层为强风化基岩的沉降曲线稍显陡峭，试桩桩端沉降较小，极限荷载作用下桩端沉降较大，说明桩端沉降主要是由沉渣压缩所致，但桩身压缩仍为桩顶沉降的主要组成部分，主要是由于桩端沉渣厚度不大，经压实后后续桩侧摩阻力和端阻力又有提升。所以对于超长桩来说，桩底沉渣的清除程度会直接影响桩的极限承载力。

2. 桩基与桩筏计算

初步设计时，确定世贸中心大厦的塔楼部位的筏板厚度为 4m，其他部分筏板厚度均为 1.50m。根据规范的规定，必须验算核心筒对底板的冲切强度。由于层数多，自重大，核心筒部分的竖向设计荷载达到 14.5 万 t。施工图设计时，提高了底板的混凝土强度等级（采用 C40），将塔楼的核心筒下的底板厚度从原来的 4m 减小到 3.8m，同样满足核心筒的冲切要求。

整个工程的基础面积较大，故在设计时将两部分结构的基础底板采用多条后浇带进行了分割，这样既可以解决基础的不均匀沉降问题，又可以解决大面积、超长、厚板的混凝土浇灌问题。

3.14 温州置信广场

3.14.1 工程概况

温州置信广场①位于温州市飞霞南路与锦绣路交叉口的西南侧，由一幢办公-酒店塔楼、一幢超高层住宅楼、6 层商业和 2 层地下车库组成，总建筑面积 21.182 万 m²。办公-酒店塔楼地上 49 层，结构主屋面高度 213.5m，建筑幕墙顶标高 249.7m，建筑面积 9.11

---

① 本项目结构设计为温州设计集团有限公司。

万 m²。超高层住宅楼地上 49 层，主屋面高度 179m，建筑幕墙顶标高 189.5m，建筑面积 2.70 万 m²；商业楼地上 6 层，建筑高度 23.6m，建筑面积 1.54 万 m²。整体地下室 2 层，底板顶面标高−11.800m。

主塔楼主要功能为办公和酒店，32 层以下为办公，除底层层高 11.0m 外，其余标准层高 4.15m；第 33 层为机电设备层，层高 6.6m；34 层酒店大堂层，35 层为酒店餐厅层，层高均为 6.0m；36 层以上为酒店，标准层高 3.9m。其中第 11 层、26 层和 36 层为建筑避难层，层高分别为 4.8m、4.15m、3.9m。现已成为温州城市形象标志性建筑之一，建筑实景图及主塔楼典型剖面分别见图 3.14.1-1 和图 3.14.1-2。

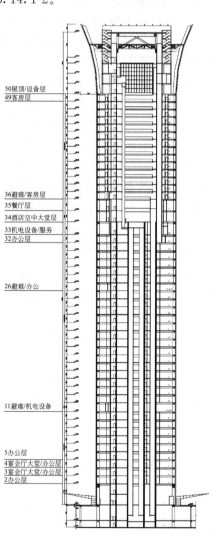

50屋顶/设备层
49客房层

36避难/客房层
35餐厅层
34酒店空中大堂层
33机电设备/服务
32办公层

26避难/办公

11避难/机电设备

5办公层
4宴会厅大堂/办公层
3宴会厅大堂/办公层
2办公层

图 3.14.1-1 建筑实景图   图 3.14.1-2 主塔楼典型剖面

设计使用年限为 50 年，结构安全等级为二级，地基基础和桩基设计等级为甲级。采用 100 年一遇的基本风压值 0.70kN/m²、地面粗糙度取 B 类、体型系数 1.43；并采用风洞试验数据做对比计算。50 年一遇的雪压值为 0.35kN/m²。基本地震加速度值为 0.05g（相当于抗震设防烈度 6 度），设计地震分组为第一组，建筑场地类别Ⅳ类，特征周期

0.65s，建筑抗震设防类别为标准设防类（丙类）。

3.14.2 结构方案

1. 结构体系

主塔楼结构主屋面高度 213.5m，属于超 B 级高度高层，采用现浇钢筋混凝土框架-核心筒结构体系，竖向构件由型钢混凝土柱和混凝土核心筒组成，周边柱距 9.0m。结构标准层布置见图 3.14.2-1。框架和核心筒结构抗震等级均取二级，考虑地下室顶板作为上部结构的嵌固部位，地下一层抗震等级同上部结构。

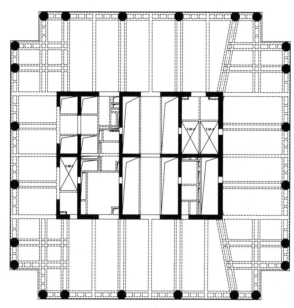

图 3.14.2-1　主要楼层结构布置平面

2. 结构布置

第 14 层及以下周边框架柱的柱内型钢采用十字型钢柱，周边钢筋混凝土框架梁截面 600mm×800mm，核心筒与外围框架之间的楼面梁截面 500mm×650mm～600mm×650mm；15 层及以上柱内型钢调整为圆钢管柱，为方便施工，周边框架梁和楼面梁截面均采用双梁布置。第 15 层为上部圆钢管柱与下部十字型钢柱之间的过渡层，如图 3.14.2-2 和图 3.14.2-3 所示。

核心筒部分墙肢高位转换：第 34 层以上为酒店，核心筒内墙去掉后形成酒店内部通高中庭，同时第 34 层以上核心筒南侧和北侧外墙适当外扩，以扩大中庭的平面尺寸（图 3.14.2-4），从而造成酒店部分核心筒南、北侧外墙与下部办公部分核心筒外墙之间形成 2m 左右的水平偏差（核心筒墙体平面位置变化见图 3.14.2-5～图 3.14.2-8），需要利用第 32、33 层及其夹层进行高位转换，详见图 3.14.2-9 的 T5 轴墙体立面和图 3.14.2-10 的 T6 轴墙体立面。另外在第 34 层以上酒店部分的东侧墙体，除 T8、T9 轴之间的一片墙体与下部核心筒外墙对齐外，其余墙体也需要通过 33 层进行高位转换，见图 3.14.2-11 的 TD 轴墙体立面。

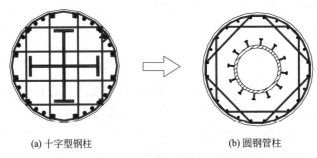

(a) 十字型钢柱　　　　　　　　　　　(b) 圆钢管柱

图 3.14.2-2　柱内型钢过渡（第 15 层始）

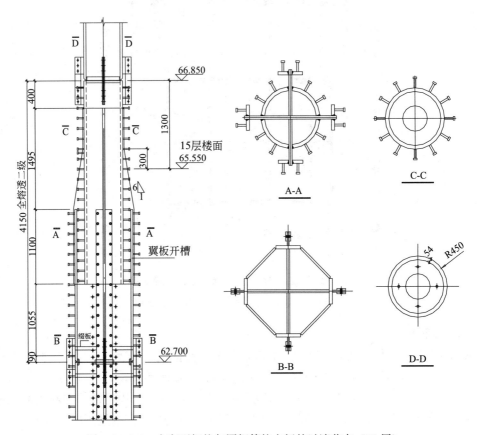

图 3.14.2-3　十字型钢柱与圆钢管柱之间的过渡节点（15 层）

3. 地基基础设计方案

拟建工程场地属滨海平原地貌类型，地势较平坦。场区内勘探深度 115.55m 以浅地基岩土可划分为 14 个层次，2 个夹层（或透镜体），第四系厚度大，中等风化基岩埋藏深度一般在 75m 以下，岩土层分布总体较稳定。典型地质剖面如图 3.14.2-12 所示，其中7-1 层全风化基岩，中压缩性，性质较好，中下部往往夹较多砂土及强风化岩块，局部夹孤石，土质不均匀，7-1′ 层孤石，性质较好，局部孤石较大（直径大于 1.5m），呈透镜体分布于 7-1 层中；7-2 层强风化岩，岩性为二长闪长岩、凝灰岩、霏细斑岩、英绢岩、花岗岩等，性质较好，厚度分布不均，局部缺失，一般不作桩端持力层考虑；7-3 层中等风化基岩，岩性为二长闪长岩、凝灰岩、霏细斑岩、英绢岩、花岗岩等，属较硬岩，抗压强度高，性质良好，适宜作荷载要求较大的拟建建筑物桩端持力层，也是本次拟建建筑物理想的桩端持力层。

图 3.14.2-4　中庭效果图

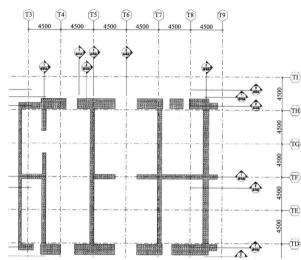

图 3.14.2-5　第32层核心筒平面

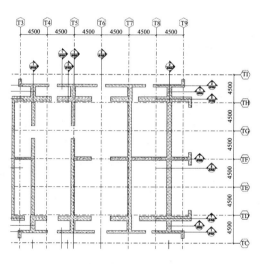

图 3.14.2-6　第33层核心筒平面

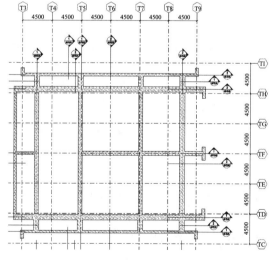

图 3.14.2-7　第33层夹层核心筒平面

根据工程设计经验与工程的勘察报告，本工程基础采用机械钻孔灌注桩，地基基础设计等级为甲级，桩基设计等级为甲级。主塔楼采用桩筏基础，灌注桩直径为1000mm，以中风化岩层为桩端持力层，以桩端进入中风化岩层1.0m为终孔控制条件，有效桩长约80m，并采用桩端后注浆技术改善孔底沉渣，单桩竖向抗压承载力特征值为8500kN，筏板厚度3.0m。

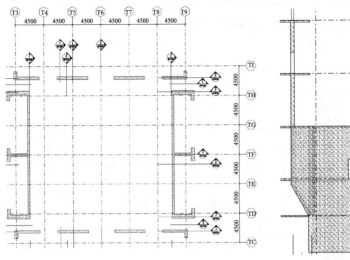

图 3.14.2-8 第 34 层核心筒平面

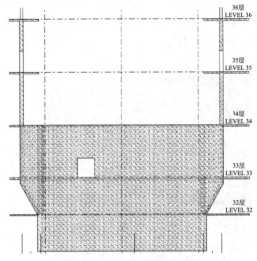

图 3.14.2-9 T5 轴墙体立面

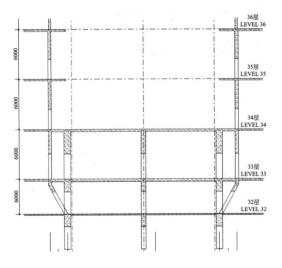

图 3.14.2-10 T6 轴墙体立面

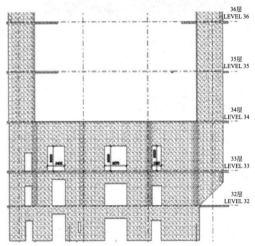

图 3.14.2-11 TD 轴墙体立面

3.14.3 结构抗震计算

1. 多遇地震计算

（1）结构动力特性分析

结构软件 ETABS 和 SATWE 计算的前 6 阶周期见表 3.14.3-1，二套不同的结构软件的结构总质量、振动模态和周期基本一致，其中第 1、2 振型分别为 Y 向和 X 向的平动，第 3 振型为扭转振型。结构振型周期比（以扭转为主的第一自振周期与以平动为主的第一自振周期的比值）分别是 0.521（SATWE）、0.50（ETABS），均满足小于 0.85 的要求。

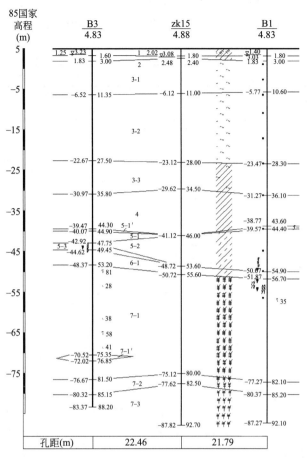

图 3.14.2-12　主塔楼典型地质剖面图

结构前 6 阶周期对比（s）　　　　　　表 3.14.3-1

计算软件		ETABS	SATWE
总质量(t)		164104.0	167647.0
前 6 阶周期	T_1	4.42(0.99Y)	4.334(0.99Y)
	T_2	4.07(0.99X)	4.022(0.99X)
	T_3	2.21(1.00Z)	2.256(1.00Z)
	T_4	1.16(1.00X)	1.144(0.98X)
	T_5	1.05(1.00Y)	1.079(0.98Y)
	T_6	0.86(1.00Z)	0.891(1.00Z)
T_t/T_1		0.50<0.85	0.521<0.85

注：括号内字母分别表示 X 向、Y 向的平动系数和扭转方向的扭转系数。

（2）地震剪力系数分析

水平地震作用下，ETABS 和 SATWE 软件按规范参数计算的基底总剪力和倾覆弯矩，列于表 3.14.3-2，各楼层地震剪力分布见图 3.14.3-1。按 SATWE 计算结果，底层最小剪重比（剪力系数）X 方向为 0.83%，Y 方向为 0.81%。根据《抗规》，按结构计算基本周期插值可得到楼层最小剪力系数限值为0.69%。可见，结构两个主轴方向计算的最小剪力系数，均满足规范要求，说明结构布置和总体刚度合理。

水平地震作用下的基底剪力和倾覆弯矩　　　　　　　　　　　　表3.14.3-2

计算软件		ETABS	基底剪重比	SATWE	基底剪重比
水平地震作用下基底总剪力(kN)	X向	12570.0	0.79%	13579.0	0.83%
	Y向	12630.0	0.80%	13309.0	0.81%
水平地震作用下基底倾覆弯矩(kN·m)	X向	1464000	—	1539712.0	—
	Y向	1407000	—	1474962.0	—

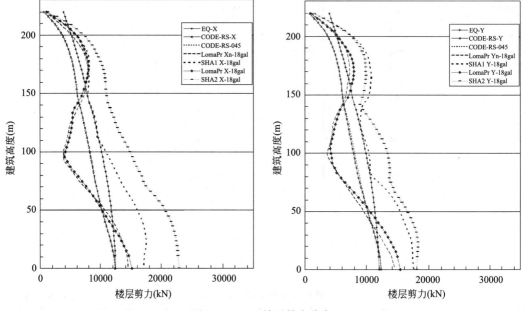

图3.14.3-1　楼层剪力分布

（3）结构位移分析

多遇地震及三条小震地震波（Loma Prieta波、SHW1-4波、SHW2-4波）作用下，两个主轴方向的楼层层间位移角分布见图3.14.3-2。多遇地震下的最大层间位移角分别为1/2888（X向）、1/2738（Y向）。可见多遇地震和时程分析计算下的结构层间位移均满足规范要求。

（4）结构扭转效应分析

多遇地震作用下楼层位移比见图3.14.3-3，考虑±5%偶然偏心情况下，最大楼层扭转位移比分别为1.10（X向）、1.15（Y向），均未超过1.2，说明结构平面布置合理，扭转效应不明显。

（5）框架剪力分担比及二道防线分析

本工程框架部分剪力分担比及剪力调整系数见图3.14.3-4和图3.14.3-5，框架部分承担的剪力最大值接近基底剪力的20%，二道防线刚度布置合理。

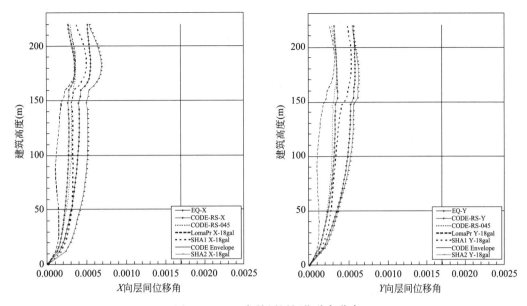

图 3.14.3-2 各楼层层间位移角分布

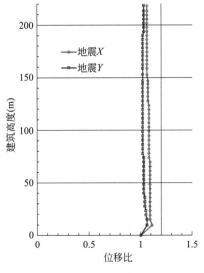

图 3.14.3-3 各楼层位移比分布

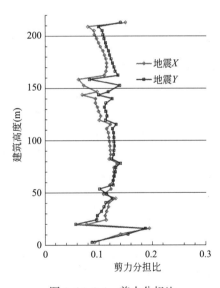

图 3.14.3-4 剪力分担比

（6）柱轴压比分析

本工程底层柱墙轴压比如图 3.14.3-6 所示，底层及竖向构件收进层柱墙轴压比主要分布在 0.4～0.6 范围内，结构竖向构件延性较好。

2. 结构弹塑性分析

（1）模型及主要参数

SATWE 模型及大震有限元分析模型如图 3.14.3-7 所示。选用了一组双向人工波、两组双向天然波（天然波 1、天然波 2），采用 ABAQUS 软件进行了罕遇地震作用下的弹塑性时程分析，表 3.14.3-3 和表 3.14.3-4 是结构在人工波和天然波作用下的弹塑性分析整体计算结果汇总，各组地震波均按地震主方向为 X 向和 Y 向分别计算。

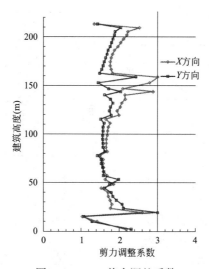

图 3.14.3-5　剪力调整系数

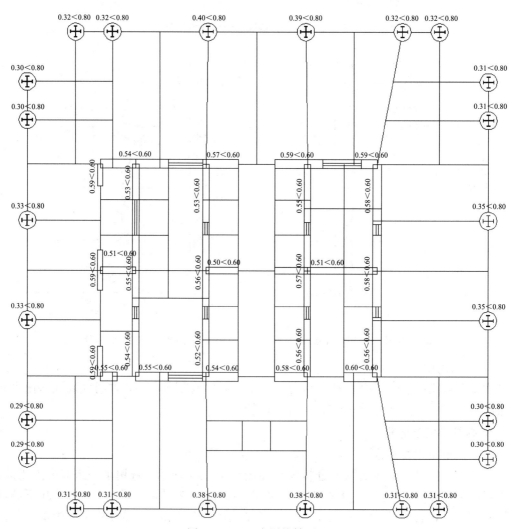

图 3.14.3-6　底层柱轴压比

(a) SATWE模型   (b) ABAQUS有限元模型

图 3.14.3-7　结构分析模型

两个软件总质量和前 3 阶周期比较　　　　　　表 3.14.3-3

	总质量(t)	T_1	T_2	T_3	T_3/T_1
SATWE	158134	4.37(Y)	4.13(X)	2.51(T)	0.574
ABAQUS	160398	4.39(Y)	4.04(X)	2.42(T)	0.551

双向地震作用下结构整体计算结果汇总　　　　　　表 3.14.3-4

地震波	人工波		天然波 1		天然波 2	
	X 主方向	Y 主方向	X 主方向	Y 主方向	X 主方向	Y 主方向
X 向最大基底剪力(kN)	63093	58325	59262	47292	60249	42670
X 向最大剪重比	4.01%	3.71%	3.77%	3.01%	3.83%	2.71%
Y 向最大基底剪力(kN)	65057	75114	60991	67036	36001	59697
Y 向最大剪重比	4.14%	4.78%	3.88%	4.26%	2.29%	3.80%
X 向最大顶点位移(m)	0.32	0.24	0.25	0.27	0.22	0.12
Y 向最大顶点位移(m)	0.33	0.51	0.32	0.35	0.13	0.25
X 向最大层间位移角	1/469(31)	1/523(39)	1/550(42)	1/426(49)	1/499(49)	1/673(49)
Y 向最大层间位移角	1/377(40)	1/219(40)	1/458(48)	1/334(38)	1/911(48)	1/319(41)

注：层间位移角括号里的数字表示相应楼层号。

（2）楼板分析

图 3.14.3-8 和图 3.14.3-9 为选取几个典型楼层的楼板和楼面梁在大震下的混凝土开裂、混凝土受压损伤及钢筋塑性应变的分析结果，剪力墙悬挑转换层（31、33 层）。

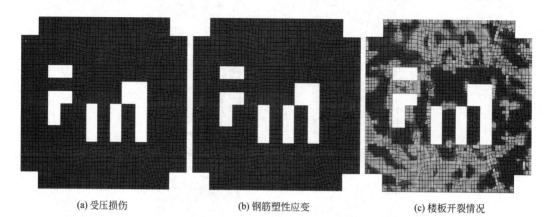

(a) 受压损伤　　　　　　　　(b) 钢筋塑性应变　　　　　　　　(c) 楼板开裂情况

图 3.14.3-8　31 层楼板损伤情况

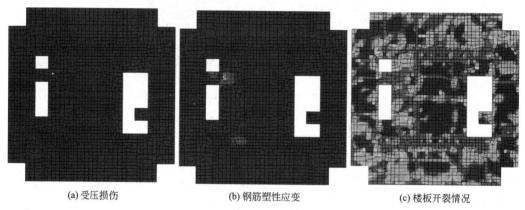

(a) 受压损伤　　　　　　　　(b) 钢筋塑性应变　　　　　　　　(c) 楼板开裂情况

图 3.14.3-9　33 层楼板损伤情况

（3）剪力墙及连梁

除部分连梁损伤外，主体墙肢均基本完好，仅 32、33 层的悬挑转换剪力墙有部分进入中度破坏，如图 3.14.3-10 所示。

（4）框架部分

图 3.14.3-11 是框架柱的钢筋塑性应变、混凝土受压损伤和受拉损伤情况。

中上部楼层混凝土柱均出现了不同程度的混凝土开裂，但均未出现钢筋塑性应变，仅顶部构架柱端出现轻度混凝土受压损伤，抗震性能良好。

（5）罕遇地震弹塑性时程分析结论

①在考虑重力二阶效应及大变形的条件下，南塔和北塔在地震作用下的最大顶点位移为 0.51m，并最终仍能保持直立，满足"大震不倒"的设防要求；

②罕遇地震作用下结构仍保持直立，最大层间位移角 X 向为 1/426，Y 向为 1/219，远小于框架-核心筒结构 1/100 的限值；

③结构 X、Y 向最大剪重比均在 4% 左右；

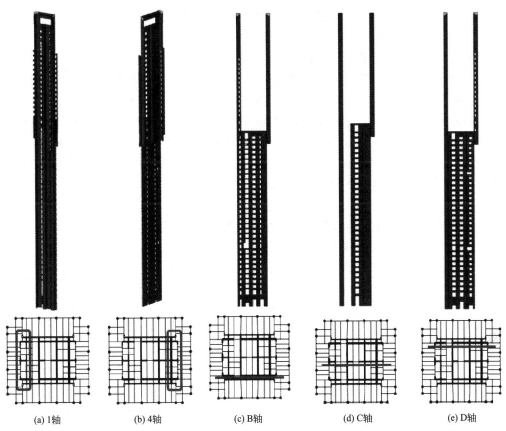

(a) 1轴   (b) 4轴   (c) B轴   (d) C轴   (e) D轴

图 3.14.3-10　剪力墙混凝土受压损伤（均为连梁损伤）

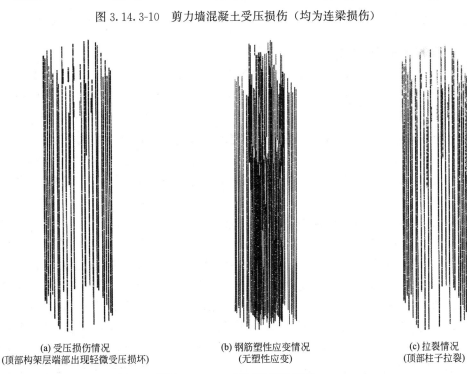

(a) 受压损伤情况　　　　　(b) 钢筋塑性应变情况　　　　　(c) 拉裂情况
(顶部构架层端部出现轻微受压损坏)　　　(无塑性应变)　　　　　(顶部柱子拉裂)

图 3.14.3-11　框架柱损伤情况

④罕遇地震作用下，层间位移角最大值出现在中上部（31~49层）；

⑤结构 X、Y 向框架承担的楼层地震剪力约15%；

⑥楼板开裂主要沿着剪力墙，框架梁方向、洞口边缘及楼板边缘呈带状分布；

⑦多数楼板、梁未出现受压损伤和钢筋塑性应变，部分楼层楼板、梁局部出现轻微受压损伤和钢筋塑性应变，其局部损坏对整体结构抗震承载力影响不大；

⑧除部分连梁损伤外，主体墙肢均基本完好，仅32、33层的悬挑转换剪力墙有部分进入中度破坏，但如按《抗规》附录M采用材料极限值计算，则不会出现破坏；此外，出现损伤的这四片悬挑剪力墙可仅作为第一道防线，即使其出现中度损坏，上部荷载仍然可以通过其上联肢墙有效传递至两端完好的四片剪力墙上；

⑨中上部楼层混凝土柱均出现了不同程度的混凝土开裂，但未出现钢筋塑性应变，仅顶部构架柱端出现轻度混凝土受压损伤，抗震性能良好；

⑩结构各部位主要构件损坏情况汇总见表3.14.3-5。

主要结构构件损坏情况汇总　　　　　　　　　　　　　　　　表3.14.3-5

构件	轻微损坏	轻度损坏	中度损坏	比较严重损坏
楼板	大范围楼板出现受拉开裂	无	无	无
框架柱	多数构件受拉开裂	顶部构架柱端	无	无
框架梁	多数构件受拉开裂，部分楼层局部梁轻微受压损坏	无	无	无
剪力墙	多数墙肢受拉开裂	部分连梁	部分连梁，中间4片悬挑转换剪力墙	部分连梁

3.14.4　结构抗风计算

1. 风工程试验研究阐述

两幢塔楼均属超高层建筑，且属典型的细长形结构，该类结构对风的作用极为敏感。两幢塔楼顶部均有幕墙围护，且酒店办公塔楼四面拐角处采用了外挑幕墙，外观造型复杂，同时由于两幢塔楼位置邻近，将相互产生气动干扰。我国规范虽对正方形平面结构的体型系数有规定，但对此类造型独特的高层建筑缺乏完备的体型系数和干扰因子的规定。为了保证结构设计的安全、经济、合理，有必要进行置信广场建筑群的风洞试验，即按相似原理的要求，在模拟大气边界层流场的风洞中进行模型试验，测定建筑物表面风压和体型系数。

试验的主要技术参数和试验内容从略，试验的主要结论如下：

（1）试验报告提供的平均风压及脉动风压值是考虑了体型系数和风压高度变化系数后的风压值。采用平均风压进行结构设计时须乘以风振系数方可作为风荷载的标准值。

（2）在酒店办公塔楼的所有测点中：最大平均正风压出现在标高为238.0m处的BA5测点，其值为1.941kN/m²，对应风向角15°；最大平均负风压出现在标高为208.0m处的DA38测点，其值为-3.946kN/m²，对应风向角为0°。在住宅塔楼的所有测点中最大平均正风压出现在标高为163.0m处的BC23测点，其值为1.743kN/m²，对应风向角270°；最大平均负风压出现在标高为184.2m处HC8测点，其值为-2.994kN/m²，对应风向角为345°。

（3）结构整体抗风设计计算时，宜采用平均风压乘以风振系数作为风荷载的标准值。各个表中的平均风压已考虑风振系数，故可直接采用而不需再乘以风振系数。

（4）酒店办公楼的顶层悬挑幕墙进行局部结构设计时，还需对四片悬挑结构进行抗风计算。各片悬挑结构的各个风向角下最大换算体型系数绝对值（考虑每片悬挑幕墙内外风压差的综合受力），可作为局部结构设计依据。酒店办公楼顶层的停机坪在各个风向角下没有出现向下压力，停机坪风压合力最大时（330°）各测点的风压可作为设计参考依据。酒店办公楼标准层的局部悬挑幕墙结构设计时可采用试验成果进行抗风计算。

（5）塔楼风振系数可根据风洞试验结果并结合精细有限元模型进行风振时程计算得到。

2. 风洞试验与规范风荷载比较

水平风荷载作用下的结构基底剪力和倾覆弯矩列于表 3.14.4-1，结构层间位移角及楼层位移详见图 3.14.4-1。根据风洞试验数据及《荷载规范》数据对比情况，结构位移和承载力验算均为《荷载规范》设计控制。采用《荷载规范》参数设计满足安全要求。

水平风荷载作用下的基底剪力和倾覆弯矩 表 3.14.4-1

计算软件		风洞试验	基底剪重比	SATWE	基底剪重比
水平风荷载作用下基底剪力(kN)	X 向	26510.5	1.62%	28822.9	1.76%
	Y 向	26043.0	1.59%	28822.9	1.76%
水平分荷载作用下基底弯矩(kN·m)	X 向	4110220.0	—	4585787.0	—
	Y 向	3990057.0	—	4585787.0	—

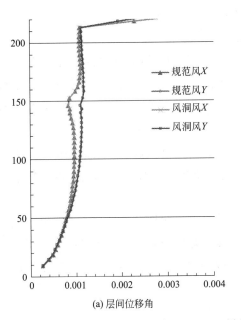

(a) 层间位移角

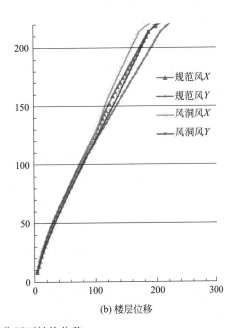

(b) 楼层位移

图 3.14.4-1 风荷载作用下结构位移

3. 风振舒适度分析

结构风振舒适度计算见表 3.14.4-2，风振加速度满足规范要求。

结构风振加速度

表 3.14.4-2

工况	《高钢规》(m/s²)		《荷载规范》(m/s²)	
	顺风向	横风向	顺风向	横风向
WX	0.089	0.451	0.109	0.284
WY	0.089	0.451	0.109	0.284

3.14.5 结构超限判断和主要加强措施

1. 结构超限判断

对照《审查要点》(建质〔2010〕109 号)，主要超限内容有：

(1) 结构高度超限。主塔楼结构高度，超过钢筋混凝土框架-核心筒结构体系适用高度 150m，超高 46.6%。

(2) 核心筒部分墙体高位转换。第 34 层以上酒店核心筒的南侧和北侧外墙外扩 2m；酒店核心筒东侧部分墙体也不落地。设计利用第 32、33 层及其夹层共 10.2m 的高度进行核心筒墙体高位转换。

(3) 底层层高 11m，二层以上标准层层高 4.2m，底层属于侧向刚度不规则。

2. 针对超限的主要措施

(1) 加强第 32~34 层核心筒转换部位的结构布置和设计措施。与外扩墙体垂直方向的墙肢，在 32 层楼面至 34 层楼面（10.2m 高度）范围内，向外延伸并与外扩墙体刚性连接，形成垂头形墙体，使上部外扩后的墙体内力通过垂头形墙体与斜墙一起逐步转换到下部核心筒墙体上。由于上、下部墙体之间的 2m 水平偏差，由 10.2m 高度的转换结构进行缓慢转换，大大减少了转换部位的应力集中。同时加强第 32、33 及 34 层的楼板厚度和配筋设计。

(2) 底层墙、柱及框架梁的截面尺寸适当加大；同时加大底层核心筒墙体门洞上方的连梁高度，由标准的 1.8m 加高至 8.6m。通过上述措施，增加底层侧向刚度，减小刚度突变程度。

(3) 采取提高核心筒墙肢延性的措施。包括控制核心筒墙肢剪应力水平，墙肢受剪截面应满足罕遇地震下的受剪截面控制条件，避免发生脆性剪切破坏；控制墙肢轴压比，轴压比限值严于规范要求；扩大墙肢设置约束边缘构件的范围，将约束边缘构件设置范围延伸至墙肢轴压力不大于 0.25 的范围。

(4) 底层及 32~34 层的竖向构件，抗震等级提高一级；抗震承载力按大震不屈服验算。

3.14.6 专项分析

主塔楼低区是办公、高区是酒店，在高位存在核心筒剪力墙的转换，对此需要进一步细化分析。图 3.14.6-1～图 3.14.6-4 分别为转换部位墙体在不同组合工况下的应力分布。墙体应力主要是由上部酒店核心筒外扩墙体的竖向荷载产生的，最不利组合工况下，最大拉应力为 2.5MPa，最大压应力为 11.7MPa。

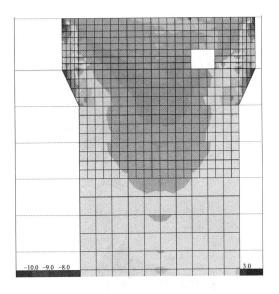

图 3.14.6-1　DL 作用下墙肢应力分布

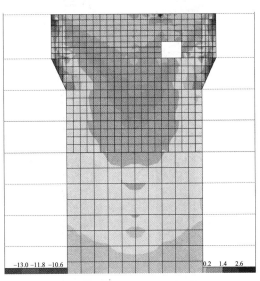

图 3.14.6-2　（1.35DL＋0.98LL）
作用下墙肢应力分布

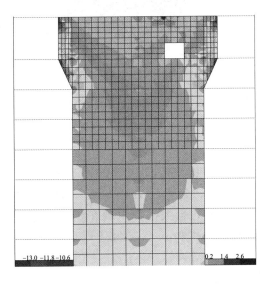

图 3.14.6-3　（1.2DL＋0.98LL＋1.4Wx）
下应力分布

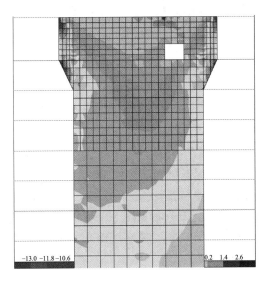

图 3.14.6-4　（1.2DL＋0.98LL＋1.4Wy）
下应力分布

图 3.14.6-5 是人工波 Y 主方向作用下墙体的受压损伤情况，其抗震性能评述如下：根据 32、33 层的悬挑转换剪力墙有部分进入中度破坏，如图 3.14.6-6(a) 所示，但如按《抗规》附录 M 采用材料极限值计算，如图 3.14.6-6(b) 所示，则不会出现破坏；此外，出现损伤的这四片悬挑剪力墙可仅作为第一道防线，即使其出现中度损坏，上部荷载仍然可以通过其上联肢墙有效传递至两端完好的四片剪力墙上。

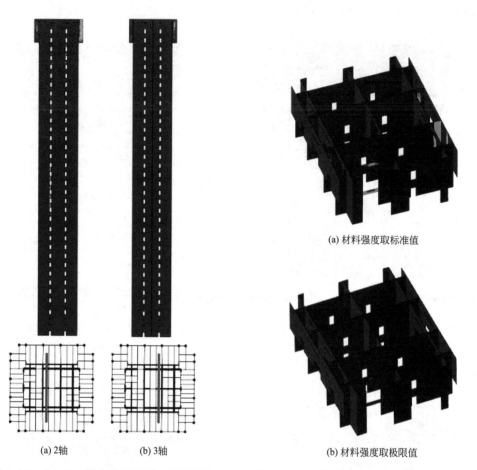

(a) 2轴	(b) 3轴

图 3.14.6-5　2、3轴剪力墙混凝土受压损伤

(a) 材料强度取标准值

(b) 材料强度取极限值

图 3.14.6-6　高位悬挑转换位置剪力墙受压损伤

3.14.7　地基基础计算

本工程基础布置图见图 3.14.7-1，地基计算采用 PKPM 的 JCCAD 基础模块，标准组合下单桩最小反力 6297kN，出现在核心筒中部；最大反力 7650kN，出现在角部。基础沉降分布见图 3.14.7-2，沉降分布较为均匀，最大沉降出现在核心筒中部，沉降值 20.1mm，最小沉降出现在筏板角部，沉降值 9.9mm。项目建成至今沉降稳定均匀。

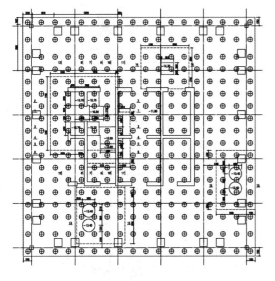

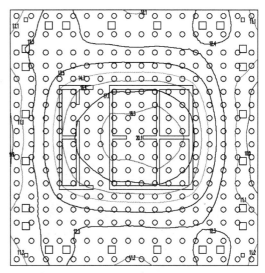

图 3.14.7-1　主塔楼基础布置图　　　　　　图 3.14.7-2　基础沉降图

3.15　温州鹿城广场四期塔楼

3.15.1　工程概况

温州鹿城广场项目四期①位于温州市鹿城区，东至高田路，南至江滨中路，北至瓯江路，道路北侧为瓯江，总建筑面积 38.4 万 m^2，其中地上建筑面积 23 万 m^2，地下建筑面积 15.4 万 m^2。

项目由一栋超高层塔楼、裙房及多层的商业建筑组成。超高层塔楼的主要功能为办公、产权式酒店、五星级酒店及会议中心，共 79 层，地上建筑面积 18.1 万 m^2，建筑高度 378.8m，塔冠直升机救援平台结构高度 377.1m，主屋面结构标高为 349.5m。塔楼效果图如图 3.15.1-1 所示，建筑剖面图如图 3.15.1-2 所示。

塔楼的设计使用年限为 50 年，重要构件耐久性年限取 100 年。塔楼重要构件建筑安全等级为一级，重要性系数 1.1，其余构件二级，重要性系数 1.0。重要构件包括：核心筒底部加强区和收进层剪力墙、伸臂桁架与腰桁架及相关楼层的墙柱、通高柱。

塔楼建筑抗震设防类别为重点设防类（乙类），地下车库为标准设防类（丙类）。根据《抗规》，本工程设防烈度为 6 度（0.05g），设计地震分组第一组。工程场地类别为Ⅳ类，特征周期为 0.65s。50 年一遇基本风压为 0.60kN/m^2。

---

① 本项目方案设计单位为美国 SOM 建筑设计事务所和香港 Lead8 工作室，初步设计（含超限审查）和施工图设计单位为浙江绿城建筑设计有限公司。

图 3.15.1-1 效果图

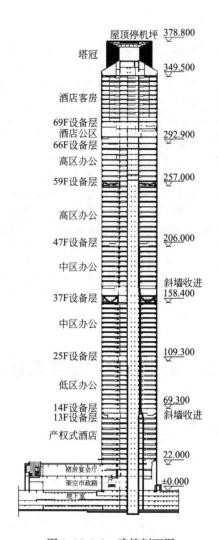

图 3.15.1-2 建筑剖面图

3.15.2 结构体系

1. 概述

拟建塔楼的主要结构体系包括重力体系和抗侧力体系，部分结构构件一般会同时作为重力体系和抗侧力体系的重要组成部分，如核心筒和外框柱。

从结构上讲，所有高层建筑都是悬臂构件。在侧向力（风和地震）下，作用在建筑上的倾覆力矩与建筑高度的平方成正比，结构的位移与建筑高度的四次方成正比。当建筑高度增加时，抗侧力结构的材料用量和造价均急剧增加。

除了增加结构刚度，还应尽量减小侧向荷载。项目位于 6 度地震设防区，风荷载尤其是横风效应起控制作用，所以应尽量减小风荷载。在前期方案设计阶段，就利用风洞试验对比了不同切角率、不同塔冠开洞率、幕墙表面平整度等因素对风荷载的影响。最终建筑方案中，采用了平面切角率 8.3%、上部立面采用了凹凸不平的编织幕墙和竖肋、塔冠尽可能加大开洞率等措施，有效地减小了横风向效应。

2. 抗侧力体系

本项目主楼建筑高度达到 378.8m，结构高宽比约 8.0，位于台风高发区，需要高效的抗侧力体系以保证主楼在风荷载和地震作用下的安全性以及达到预期的性能水平。所以，为塔楼选择有效的抗侧力体系对于达到预期的性能要求是至关重要的。

根据本项目建筑方案，综合考虑建筑功能及结构合理性，塔楼结构体系采用框架-核心筒-伸臂桁架（环带桁架）结构，塔楼抗侧力体系见图 3.15.2-1。本项目的抗侧力体系由以下几部分组成：核心筒、外框柱、外伸臂桁架、环带桁架（腰桁架）、外周框架。

（1）劲性钢筋混凝土核心筒

核心筒采用九宫格方案，核心筒在 1～12 层的平面尺寸约为 22.9m（东西向）×24.3m（南北向）。东西向和南北向核心筒高宽比分别为 15.6 和 16.5。

根据建筑平面功能，核心筒平面尺寸自下而上逐渐减小，核心筒南北侧外墙在 13～15 层采用斜墙方式第一次收进 2.3m 和 0.6m，转换层数 2 层，转换高度 8m；南北侧外墙在 39～40 层再一次利用斜墙收进 1.2m 和 1.0m，转换高度 8m。核心筒翼墙最大厚度在底层为 1.5m 左右，沿高度方向逐渐减至 0.4m，腹墙厚度 0.4m。底部加强区的墙体采用钢筋混凝土剪力墙内埋型钢的形式，既增加了剪力墙的承载力并减小轴压比，又能提高墙体受弯及受剪承载力，同时提高了核心筒剪力墙在底部的延性。

（2）外框柱（型钢混凝土柱）

采用 20 根型钢混凝土柱，其中 12 根矩形柱（SC1）布置在每侧的中间，尺寸在底层约 1900mm×1900mm 沿高度方向逐渐减小至约 850mm×850mm。另有 8 根矩形削角柱（SC2）布置在角部，尺寸在底层约为 1950mm×1950mm，沿高度方向逐渐减小至约 850mm×850mm。综合考虑结构强度、延性和经济性，含钢率控制在4%～5%。

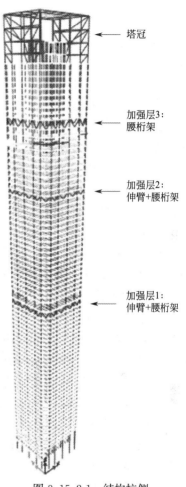

图 3.15.2-1　结构抗侧力体系三维图

（3）伸臂桁架

当位于塔楼周边的钢骨柱与核心筒相连时才能充分发挥钢骨柱对塔楼整体刚度的贡献。利用机电层布置伸臂桁架把钢骨柱与核心筒相连是一种在当今超高层建筑中被广泛应用并被证明是高效且经济合理的解决方案。前期方案阶段，分别试算了不同的伸臂桁架布置方案，综合考虑成本、工期、施工难度以及对建筑机电功能影响，最终沿塔楼高度方向，利用机电层布置 2 个外伸臂桁架加强区，分别位于第 38～39 层和第 59～60 层。在平面上每个外伸臂区拥有 8 榀整层高的伸臂钢桁架。每榀桁架的两端分别连接于每层靠外侧的两根钢骨柱 SC1 和核心筒墙体。

图中标注：塔冠；加强层3：腰桁架；加强层2：伸臂+腰桁架；加强层1：伸臂+腰桁架

（4）环带桁架

为了提高塔楼的整体刚度和强度，在机电层和避难层分别设置 3 道环带桁架把柱连接起来。环带桁架位于第 38～39 层、第 59～60 层和第 67～70 层。桁架的形式采用带斜杆的传统桁架形式，以节省造价。

（5）外围框梁

在加强层以外的楼层，沿塔楼外周布置框梁与柱相连形成框架体系，为加强层之间楼层提供次级的抗侧体系。其中 2～16 层（低区办公楼层）外框梁为钢筋混凝土梁，17 层及以上楼层（产权式酒店、中高区办公和酒店楼层）外框梁为钢梁。

本项目抗侧力体系的整体工作原理：核心筒作为最重要的抗震防线承担绝大部分的水平剪力及部分倾覆弯矩。根据需要底部墙体中可加入型钢形成组合墙体以满足规范要求的轴压比限值，并同时提高墙体的受剪承载力和抗震延性。核心筒角部宜布置型钢以加强墙体角部的承载力及延性，同时方便与外伸臂桁架和楼层桁架的连接。

通过外伸臂桁架，布置于建筑周边的柱为整体结构提供巨大的抗弯刚度，以控制层间位移，满足规范对层间位移角的限值。型钢柱框架将承担大部分的倾覆弯矩。外伸臂桁架的设计考虑延性要求，通过外伸臂桁架的延性耗能，从而保护最重要的竖向构件——核心筒和型钢柱。

本项目采用型钢柱框架＋核心筒＋外伸臂体系，充分发挥了混凝土和钢这两种材料的各自优势，与建筑、机电功能相适应，是简洁高效、安全可靠且经济合理的抗侧力体系。

3. 重力体系

重力体系包括型钢柱、核心筒、环带桁架和楼面体系。核心筒内的楼面系统采用钢筋混凝土梁板系统。核心筒和周边柱之间的楼面系统：2～16 层采用现浇钢筋混凝土梁板，17 层及以上楼层采用组合钢梁加压型钢板或桁架楼承板，组合楼板无需额外处理即可提供合适的耐火时间。组合楼板的厚度以及跨度将在设计中进行选择，以便施工时不需临时支撑。相对于钢筋混凝土梁板，塔楼采用组合楼板可以减轻结构自重和地震质量，有利于已建成的塔楼桩基。此外，采用组合楼面体系可以避免楼板支模，对于超高层建筑，可以大幅加快施工进度和降低施工造价。典型楼层重力体系、典型楼面结构布置如图 3.15.2-2 和图 3.15.2-3 所示。

4. 裙房结构

塔楼的裙房共 2 层，位于主塔楼北侧，东西宽 48m，南北长 64m，建筑高度约 22m。其中一层高 12m，横跨市政道路，主要为架空层；2 层为多功能厅，层高 10m。

裙房南侧与塔楼连为一体，利用塔楼的巨柱作为竖向构件，裙房结构与塔楼结构整体建模计算；在裙房北侧利用楼电梯间和功能房间，设置了两个混凝土筒体和部分落地柱；裙房西侧利用楼梯间设置了部分落地墙柱，减少上部结构跨度。二层楼面和屋面均为大跨结构，利用二层宴会厅两侧隔墙，东西两侧各设置一道南北向的整层高桁架，跨度分别为 53m 和 28m。两道桁架作为屋面主要支承构件，再沿东西向布置楼面主钢梁，主钢梁中间跨度约 32m，两侧各悬挑 10m 和 6m，主梁之间设置钢次梁。楼板采用钢筋桁架楼承板。裙楼的 2 层建筑平面和结构布置如图 3.15.2-4 和图 3.15.2-5 所示。

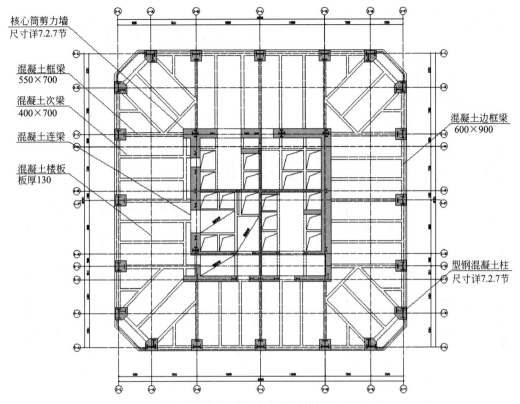

核心筒剪力墙
尺寸详7.2.7节

混凝土框梁
550×700

混凝土次梁
400×700

混凝土连梁

混凝土楼板
板厚130

混凝土边框梁
600×900

型钢混凝土柱
尺寸详7.2.7节

图 3.15.2-2 低区办公楼层结构平面图

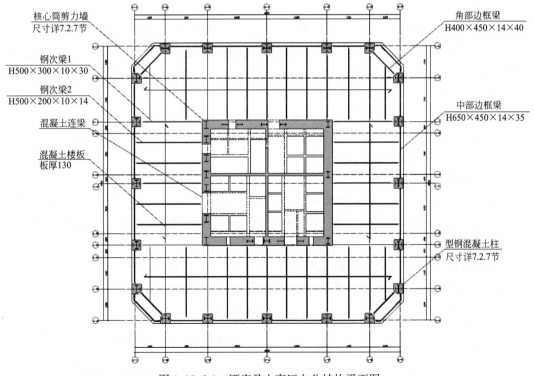

核心筒剪力墙
尺寸详7.2.7节

钢次梁1
H500×300×10×30

钢次梁2
H500×200×10×14

混凝土连梁

混凝土楼板
板厚130

角部边框梁
H400×450×14×40

中部边框梁
H650×450×14×35

型钢混凝土柱
尺寸详7.2.7节

图 3.15.2-3 酒店及中高区办公结构平面图

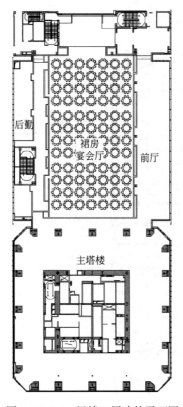

图 3.15.2-4 裙楼 2 层建筑平面图

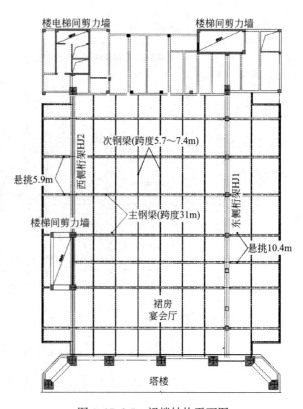

图 3.15.2-5 裙楼结构平面图

5. 塔冠

结构塔楼主屋面标高 349.5m，核心筒出主屋面 2 层，混凝土核心筒顶部标高 361.9m，塔冠顶部标高 378.8m。塔冠顶沿塔楼外侧周边布置擦窗机轨道，塔冠中部设置了直升机救援平台。塔楼东西侧外框柱向上延伸至塔冠顶，另外从核心筒顶东西分别抬 3 根型钢柱升至塔冠顶。

上述框架柱与水平框架梁形成的框架体系用来承担水平和竖向荷载，为加强塔冠的抗侧刚度，在部分柱子之间设置了柱间支撑。塔冠顶部梁及支撑采用钢结构，钢材为 Q355B。塔冠与主体结构整体建模计算。

6. 地质情况及基础选型

拟建场地位于温州市江滨路与车站大道交叉口北侧，塔楼北侧距瓯江最近距离约 300m，场地地貌类型属海积平原地貌。勘探深度 121.50m 以浅揭示的地基岩土层划分为 7 个工程地质层组，细分为 19 个亚层（夹层）。图 3.15.2-6 为典型地质剖面，表 3.15.2-1 为各土层物理力学性质指标。根据钻探结果及区域水文地质资料，地下水主要有：浅部孔隙潜水、中部微承压水、中下部承压水以及下部基岩裂隙水。

各土层物理力学性质指标　　　　　　　　　　　　　　　　表 3.15.2-1

岩土层	黏聚力 c（kPa）	内摩擦角 φ（°）	压缩模量 E_s（MPa）	桩周摩阻力特征值 q_{sa}（kPa）	桩端阻力特征值 q_{pa}（kPa）
①黏土	25.6	12.9	3.48	9	—

岩土层	黏聚力 c (kPa)	内摩擦角 φ (°)	压缩模量 E_s (MPa)	桩周摩阻力特征值 q_{sa} (kPa)	桩端阻力特征值 q_{pa} (kPa)
②₁ 淤泥质黏土	13.1	8.1	2.39	5	—
②₂ 淤泥夹粉砂	13.5	8.4	2.73	6	—
②₂ 粉砂夹淤泥	8.2	28.4	12.0	12	—
②₃ 淤泥	14.5	8.0	2.40	6	—
③₁ 淤泥质黏土	15.0	8.2	2.76	10	—
③₂′ 含黏性土粉砂	5.2	27.9	6.47	20	400
③₂ 淤泥质黏土夹粉砂	16.6	8.9	3.00	13	—
④₃ 卵石	—	—	$E_0 = 40$	45	1800
⑤₁ 黏土	32.7	16.2	5.40	27	400
⑤₂′ 卵石	—	—	$E_0 = 42$	45	1400
⑤₂′(夹) 粉质黏土	30.1	14.1	4.72	27	400
⑨₁ 粉质黏土	34.9	15.8	5.54	29	480
⑨₂ 含黏性土碎石	—	—	$E_0 = 38$	47	2000
⑩₁ 全风化闪长岩	31.5	14.5	4.28	30	600
⑩₂ 强风化闪长岩	—	—	—	45	1500
⑩₃ 中风化闪长岩	—	—	—	90	4300

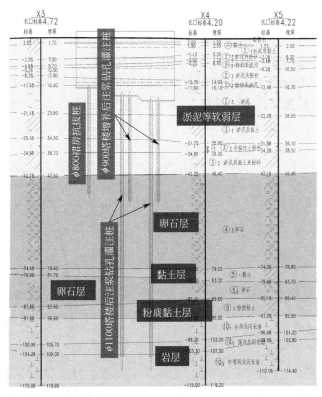

图 3.15.2-6 土层地质剖面图

本工程塔楼采用框架核心筒结构，为超高层建筑，上部荷载大，变形控制严格，天然地基无法满足承载力要求，必须采用桩基础；由于地下水位较高，裙房和地下室必须考虑抗浮，局部荷载较大部位，需要利用桩基抗压。根据勘察资料、工程经验以及现有机械设备水平，本项目原桩基方案如下：（1）塔楼部分：采用 ϕ1100mm 后注浆钻孔灌注桩的施工（后简称长桩），桩身采用 C50 混凝土，有效桩长约为 80～90m，持力层为⑩₃ 中风化闪长岩层，入持力层深度 1.0m，单桩抗压承载力特征值 12500kN；（2）裙房及纯地下室部分：采用 ϕ800mm 钻孔灌注桩作为抗压兼抗拔桩，桩身采用 C30 混凝土，有效桩长约为 33m，持力层为④₃ 卵石层，入持力层深度 2.5m，单桩抗压承载力特征值 2200kN，抗拔承载力特征值 1000kN。

塔楼前期桩基施工完成后，建筑方案有较大调整，楼高度从 350m 增加到 379m，建筑平面尺寸也有较大调整，导致桩基承载力不满足要求，需要进行补桩。综合考虑建筑功能以及施工可行性，在塔楼核心筒区及周边外框柱下方区域的 ϕ1100mm 钻孔灌注桩之间，增补 ϕ900mm 后注浆钻孔灌注桩（后简称短桩），桩身采用 C50 混凝土，有效桩长约为 35m，持力层为④₃ 卵石层，入持力层深度为 9m，采用桩端后注浆，单桩抗压承载力特征值 7000kN。长短桩方案后续做专项分析。

3.15.3　结构抗震计算

1. 多遇地震计算

分析软件采用 YJK V3.0.2 和 ETABS V19.0.2。两个软件结果基本一致，其中 YJK 计算所得结构前三个振型周期分别为 7.62s（Y 向平动）、7.46s（X 向平动）、3.58s（Z 向扭转），第一扭转周期与第一平动周期的比值为 0.47，小于规范限值 0.85。

风和多遇地震下的层间位移角验算结果如图 3.15.3-1 所示。可见 YJK 和 ETABS 在风和地震下的层间位移角分布基本一致，均小于规范限值 1/500，其中风荷载下的楼层位移角远大于地震下的层间位移角。楼层剪重比如图 3.15.3-2 所示，可见楼层剪重比均大于 0.6%，满足 6 度区楼层剪重比要求。

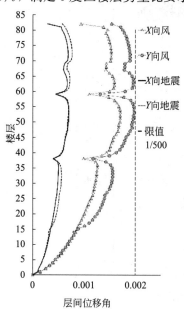

图 3.15.3-1　Y 向层间位移角

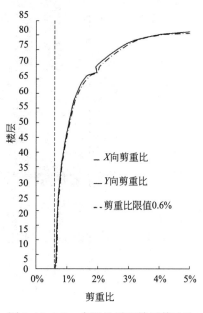

图 3.15.3-2　多遇地震下楼层剪重比

塔楼外框和内筒层间剪力分配情况如图 3.15.3-3 所示，其中基底剪力按伸臂桁架层分段统计。可见 X 向大部分楼层框架分担剪力超过 8%，少量楼层框架分担剪力大于10%；Y 向大部分楼层框架分担剪力超过 10%；两个方向在底部设置了较多通高柱，极少量楼层框架柱承担的剪力百分比低于 5%。其中低区办公楼层外框梁采用混凝土梁，增强了框架部分刚度，框架柱承担剪力百分比会明显提高。

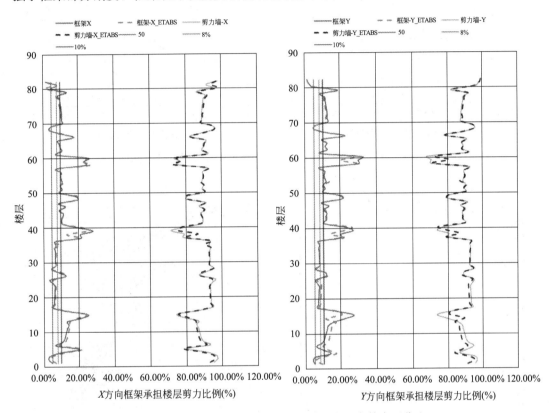

图 3.15.3-3　多遇地震下框架楼层剪力占基底剪力百分比

根据规范对塔楼进行规定水平力作用下（考虑偶然偏心）的扭转位移比验算，验算结果如图 3.15.3-4 所示，可见大部分楼层层间位移比均小于 1.2，只有底部裙房部位层间位移比偏大，也小于 1.4。楼层位移比的数据类似。

核心筒为钢筋混凝土结构，验算时将综合考虑各种组合工况，取最不利的重力荷载设计组合和地震设计组合下的内力进行承载力验算。核心筒在底部加强区内置型钢，利用型钢的强度和刚度来降低轴压比和减薄核心筒厚度。根据规范要求，所有剪力墙墙肢的轴压比控制在 0.5 以下。

型钢混凝土外框柱的验算考虑重力荷载，风荷载和地震作用的组合，其轴压比不宜大于 0.70（短柱取 0.65）。外框柱布置及轴压比如图 3.15.3-5 和表 3.15.3-1 所示。

小震时程分析共选取 5 组天然波 2 组人工波，所选地震波满足规范要求，各地震波有效时长均满足规范要求，不小于结构基本自振周期的 5 倍和 15s。图 3.15.3-6 是弹性时程分析的 Y 向层间位移角分布图，表 3.15.3-2 是弹性时程分析各地震波基底剪力，从图表中可见，虽然弹性时程分析表明，7 条波平均基底剪力在两个方向均超过 CQC 法，大部

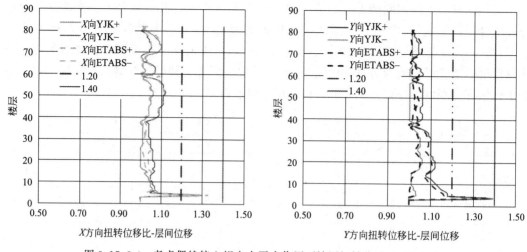

图 3.15.3-4 考虑偶然偏心规定水平力作用下楼层扭转位移比-层间位移

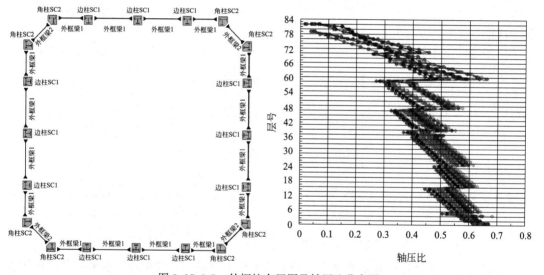

图 3.15.3-5 外框柱布置图及轴压比分布图

分楼层的层间位移角均小于 CQC 法。但顶部楼层的层间位移角,弹性时程分析结果明显大于 CQC 法结果,这表明顶部塔冠 X 向刚度较弱,鞭梢效应显著。

图 3.15.3-7 是弹性时程分析各地震波楼层地震力放大系数,可见顶部楼层地震力放大系数已超过 1.4,表明对于顶部存在刚度较弱塔冠的超高层,反应谱分析可能会忽略高振型效应,导致塔冠地震力偏小,对此必须重视。

外框柱尺寸分布及最大轴压比计算值   表 3.15.3-1

楼层	SC1			SC2		
	长×宽(mm)		最大轴压比	长×宽(mm)		最大轴压比
60-RF	850～1000	850～1000	0.64	850～1000	850～1000	0.54
48-59	1350	1350	0.58	1300	1300	0.50

楼层	SC1			SC2		
	长×宽(mm)		最大轴压比	长×宽(mm)		最大轴压比
39-47	1500	1500	0.55	1600	1600	0.51
25-38	1650	1650	0.62	1750	1750	0.58
16-24	1750	1750	0.64	1850	1850	0.63
6-15	1900	1900	0.65	1950	1950	0.60
5	1900	2150	0.61	1950	2200	0.56
1-4	1900	1900	0.68	1950	1950	0.65

弹性时程分析各地震波基底剪力 表 3.15.3-2

时程工况	CQC法考虑放大	地震波							
		GM1	GM2	GM3	GM4	GM5	GM6	GM7	平均值
基底剪力 V_x(kN)	20997	26797	24024	23086	24561	20543	22223	19370	22943
比例	100.00%	127.62%	114.42%	109.95%	116.97%	97.84%	105.84%	92.25%	109.27%
基底剪力 V_y(kN)	20290	20530	25000	22489	21784	21106	24067	20115	22156
比例	100.00%	101.18%	123.21%	110.84%	107.36%	104.02%	118.62%	99.14%	109.20%

7 条地震波

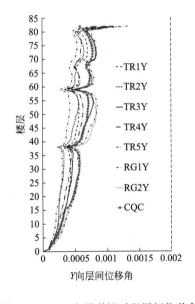

图 3.15.3-6 小震弹性时程层间位移角

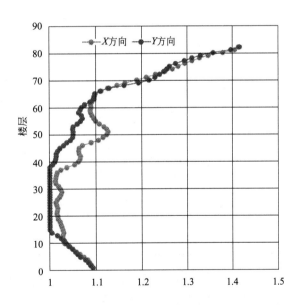

图 3.15.3-7 小震弹性时程楼层地震力放大系数

2. 性能目标和构件性能验算

根据本项目特点及不规则情况，塔楼构件的性能目标如表 3.15.3-3 所示。

3. 结构弹塑性分析

常遇地震下，结构构件基本保持弹性，所以通常采用弹性分析方法，包括弹性反应谱法和弹性时程分析法。弹性分析方法计算速度快，概念清楚，在全世界范围内被广泛使用。

塔楼构件抗震性能目标 表3.15.3-3

抗震烈度			频遇地震（小震）	设防烈度地震（中震）	罕遇地震（大震）
性能水平定性描述			不损坏	可修复损坏	结构不倒塌
层间位移角限值			$h/500$	—	$h/100$
构件性能	核心筒底部加强区，收进层，伸臂桁架及相邻楼层	压弯	弹性，一级/特一级	弹性	出现轻微塑形变形（$\theta<IO$），满足截面抗剪条件，验算极限抗剪承载力
		拉弯			
		抗剪	弹性，一级/特一级	弹性	
	核心筒一般楼层	压弯	弹性，一级	不屈服	允许进入塑形（$\theta<LS$）满足大震抗剪截面要求
		拉弯			
		抗剪	弹性，一级	弹性	
	核心筒连梁		弹性，一级	部分抗弯屈服抗剪不屈服	较多抗弯屈服，允许进入塑性
	外框梁		弹性，钢梁三级/混凝土梁一级	不屈服	部分抗弯屈服，可形成塑性铰抗剪不屈服
	型钢混凝土外框柱	典型楼层	弹性，一级	不屈服	少量抗弯屈服（$\theta<LS$），钢材钢筋应力可超过屈服强度，但不能超过极限强度；抗剪不屈服
		伸臂桁架及相邻楼层	弹性，特一级	弹性	出现轻微的塑形变形（$\theta<IO$），抗弯抗剪不屈服
	腰桁架：上下弦杆、钢斜撑		弹性，二级	弹性	部分弦杆屈服，钢材应力可超屈服强度，但不能超过极限强度；腹杆不屈服
	伸臂桁架：上下弦杆、钢斜撑		弹性，二级	弹性	允许进入塑形，钢材应力可超过屈服强度，但不能超过极限强度
	加强层和斜墙层拉梁、水平支撑、楼板		弹性	弹性	允许进入塑性，钢筋/钢材应力可超屈服强度，不能超过极限强度
	节点		不先于构件破坏	晚于构件破坏	不先于构件破坏

罕遇地震下许多结构构件进入非线性阶段，弹性分析方法不适用，需要采用考虑材料非线性特征的弹塑性分析方法。弹塑性分析方法分为静力和动力两种。其中动力弹塑性时程分析是目前较为先进的分析方法。弹塑性时程分析方法的计算模型复杂，计算速度慢，分析结果离散度大，需要设计者具有较高的专业知识，故规范仅要求对高层建筑、复杂结构、重要建筑或高烈度区建筑进行弹塑性分析。

根据《高规》3.11节，第4、5性能水准结构应进行弹塑性计算分析，且对于高度超过300m的结构应采用两个独立计算进行校核。本工程分别采用广州建研数力建筑科技有限公司开发的 PKPM-SAUSG（V2020 版）软件和 Perform-3D 软件进行计算和校核。本工程选取了 3 组地震波：人工波 RGB4、天然波 RSN38 以及天然波 RSN90，弹塑性时程分析时按 0°和 90°定义两个主轴 X、Y 为地震动的输入方向进行计算。两个软件分析结果比较接近，包括基底剪力、倾覆弯矩、层间位移角、构件损伤情况等。

Perform-3D 各条波计算所得层间位移角分布如图 3.15.3-8 所示。

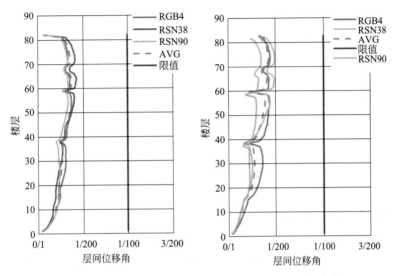

图 3.15.3-8 大震弹塑性时程分析楼层层间位移角分布

大震下各个耗能构件的塑性耗能占总塑性耗能比值如表 3.15.3-5 所示，大震下主要由混凝土连梁起耗能作用。由于本项目塔楼位于 6 度区，风荷载起设计控制作用，所以大震弹塑性分析时，结构损伤相对轻微。为研究构件屈服次序，对塔楼进行 7 度大震弹塑性分析。分析结果表明，大部分连梁最先进入屈服状态、接下来出现损伤的是底层剪力墙和加强层及相邻楼层柱墙、再次是低区办公的钢筋混凝土梁，最后是塔冠部分梁柱。构件屈服次序基本与设计预期接近，只有加强层区域柱墙应力集中情况较明显，以及塔冠具有明显鞭梢效应，施工图中已做相应加强。

3.15.4 结构抗风计算

1. 风洞试验研究

温州市属于台风多发区，高度较高，造型复杂，周边建筑存在气动干扰。为保证本项目塔楼结构和幕墙设计安全经济合理，委托浙江大学建筑工程学院和同济大学土木工程防灾国家重点实验室分别进行了风洞试验和风振响应分析。风洞试验主要分为四大部分内容：(1) 采用 ESDU 建议方法对地块进行远场地貌分析，利用气象观测资料进行风气候研究，为主体结构风荷载分析提供准确的场地粗糙度和各重现期下合理的风速风向关系；(2) 前期进行高频天平风洞试验，研究不同的切角和不同的塔冠孔洞率下风荷载的变化情况，为建筑方案调整提供依据；(3) 进行刚性测压试验，并进行风振响应计算，提供结构设计的等效风荷载和幕墙设计的风压，以及验算风振加速度；(4) 对塔楼烟囱效应及行人风环境进行分析，评估是否会出现塔楼电梯门开闭故障、大堂或楼电梯井啸叫等问题，以及环境风对行人的影响。

耗能构件塑性耗能占比　　　　　　　　　表 3.15.3-5

地震波	X 向地震工况主要耗能构件的弹塑性耗能占比		
单元组	钢筋混凝土剪力墙	钢筋混凝土连梁	钢筋混凝土框架梁
RGB4	21.90%	70.53%	6.37%
RSN38	17.44%	78.06%	3.01%
RSN90	18.56%	74.85%	5.34%
平均值	19.30%	74.48%	4.91%
地震波	Y 向地震工况主要耗能构件的弹塑性耗能占比		
单元组	钢筋混凝土剪力墙	钢筋混凝土连梁	钢筋混凝土框架梁
RGB4	26.58%	66.44%	4.94%
RSN38	23.19%	72.48%	2.02%
RSN90	23.22%	72.20%	2.54%
平均值	24.33%	70.37%	3.17%

2. 风洞试验与规范风荷载比较

图 3.15.4-1 给出了测力和测压试验基底剪力对比，可见测压测力结果的平均值非常接近，两者的等效风荷载总体上吻合较好。两者存在一定差异，主要有两个原因，首先是两者的建筑模型有一定差异，其次是 HFFB 天平和测压风振计算原理上存在差异。

风洞试验最不利风向角下 X 方向和 Y 方向考虑风速风向折减的 50 年风荷载与规范风荷载比较结果如表 3.15.4-1 所示（3.5% 阻尼比），可见风洞试验取定风荷载的主轴方向基底弯矩不低于现行《荷载规范》规定计算值的 80%，满足《建筑工程风洞试验方法标准》JGJ 338—2014 的要求。

风洞试验风荷载（顺风向横风向两者大值）与规范风荷载结果对比　表 3.15.4-1

	规范风顺风向	规范风横风向	风洞风	风洞风与规范风荷载比值
F_x	4.45	4.69	4.03	85.9%
F_y	4.53	4.64	3.94	84.9%
M_x	9.79	10.86	9.72	89.5%
M_y	9.52	10.9	9.02	82.8%

3. 风振舒适度分析

加速度响应分别采用时域和频域方法进行分析，经过对比发现两种方法的计算结果比较接近。报告分别给出了考虑风速风向折减的商业层最高 78 层（344.65m）和公寓层最高 64 层（284.55m）在 10 年重现期 0.35kN/m² 、阻尼比 0.01、0.015 和 0.02 时各方向加速度的极值，计算中峰值因子取 2.5。根据表 3.15.4-2 数据可知，阻尼比 1.5% 时，酒店层最高 78 层和办公（公寓）层最高 64 层的 X 方向和 Y 方向最大加速度均没有超过对应的 25cm/s² 和 15cm/s² ，满足要求。阻尼比 1.0% 时，办公层最高 64 层的 Y 方向最大加速度略超 15cm/s² ，仍可满足办公加速度限值。加速度与等效风荷载类似，横风向振动效应均起控制作用。

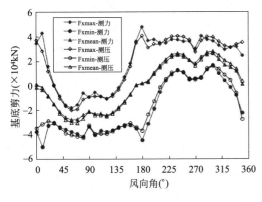
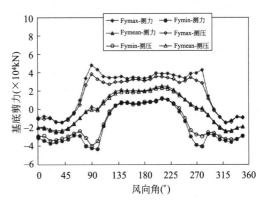

图 3.15.4-1　测力与测压风振结果对比

塔楼 10 年重现期风荷载作用下加速度响应计算结果　　　　表 3.15.4-2

阻尼比	酒店层最高 78 层(345.5m)			办公(公寓)层最高 64 层(283.8m)		
	$X(cm/s^2)$	$Y(cm/s^2)$	$\theta(rad/s^2)$	$X(cm/s^2)$	$Y(cm/s^2)$	$\theta(rad/s^2)$
1.0%	11.79	21.70	0.0006	8.94	16.19	0.0005
1.5%	10.01	18.13	0.0006	7.59	13.53	0.0005
2.0%	8.53	15.14	0.0005	6.38	11.28	0.0003

3.15.5　结构超限判断和主要加强措施

1. 结构超限判断

根据《审查要点》的要求，设计单位对塔楼可能存在的超限项目进行逐一检查，主塔楼存在高度超限，并存在扭转不规则、楼板不连续、刚度突变、构件间断和局部不规则五项不规则，属于超限高层。

（1）高度，屋顶高度 349.5m，超过了混合结构的适用高度 220m。

（2）扭转不规则，底部少数楼层考虑偶然偏心的扭转位移比大于 1.2。

（3）楼板不连续，15 层开洞面积大于 30%。

（4）刚度突变，个别加强层相邻楼层刚度变化大于 70%（按《高规》考虑层高修正时，数值相应调整）或连续三层变化大于 80%。

（5）构件间断，设有加强层。

（6）局部不规则，局部楼层有穿层柱。

2. 主要抗震加强措施

本塔楼结构存在加强层等超限内容，但结构整体布置对称，针对这些特点，设计将从整体结构体系优化，关键构件设计内力调整，增加主要抗侧力构件延性等方面进行有针对性的加强及优化。

（1）结构体系设计的优化

采用型钢混凝土柱、外围钢腰桁架、钢筋混凝土核心筒、钢伸臂桁架组成的"框架-核心筒-外伸臂"体系，传力途径简洁、明确。在结构设计以及与建筑的协调过程中，以下主要设计原则始终贯穿整个设计过程，使得到的设计为最优设计。

建立多道抗震防线：①由核心筒、外伸臂等组成多道多种传力途径；②由型钢混凝土柱和周边三道环带桁架构成外围框架，结构抗侧力体系增加一道抗震防线。

力求结构平面对称布置：①确保核心筒的质心和刚心接近，偏心处于最小状态，调整及优化结构侧向刚度；②核心筒轮廓方正，分格合理，周边布置 12 根方形型钢混凝土柱，角部布置 8 根削角矩形型钢混凝土角柱；③整体结构近似轴对称，基本呈四角带削角的正方形；④混凝土核心筒扭转刚度大，扭转较小。

（2）增强核心筒延性的措施

核心筒是整个结构的最重要的一道抗震防线，其底部加强区的安全更关系到整个结构体系的安危，提高和改善整个核心筒和其底部加强区的抗震性能是非常必要和有效的。同时为增加混凝土核心筒的延性，采取了以下措施：①底部加强区设置型钢局部采用钢板剪力墙，并且墙压比被严格控制在规范建议的 0.5 以下（重力荷载代表值作用下）；②在核心筒角部和墙体交叉点增设型钢，增加延性，降低墙体混凝土应力水平；③对小震加风组合以及中大震验算下的剪力承载力不够的墙体增加型钢满足抗剪要求；④尽量保证墙体的洞口布置是对称和规则的，对连梁剪压比控制在 0.2 以下；⑤对跨高比小于 2.5 的连梁和剪压比不够的连梁除配置普通钢筋外，将在连梁中布置型钢或斜向钢筋以增加其受剪承载力；⑥在较厚墙体中布置多层钢筋，以使墙截面中剪应力均匀分布且减少混凝土的收缩裂缝。

（3）增强型钢混凝土柱延性的措施

对于塔楼的 20 根型钢混凝土柱，采用以下加强措施提高延性：①地震力组合作用下的柱轴压比控制在规范建议的限值以内；②对于剪跨比小于 2 的柱采用箍筋全高加密；采用合理的构造措施，并按规范提高体积配箍率；③柱内设置组合型钢以提高延性。

（4）针对伸臂桁架及薄弱层的措施

为了能够将柱与核心筒有效地联系起来，约束核心筒的弯曲变形，使周边框架有效地发挥作用，本工程设置了 2 道伸臂桁架。伸臂桁架的设置将引起局部抗侧刚度突变和应力的集中。在强震作用下，该区域的受力机理将相当复杂，难以分析精确，设计中按规范要求将刚度突变的楼层的计算地震剪力进行放大，并严格控制外伸臂钢结构应力比，留有一定的安全冗余度。同时采取如下措施：①伸臂钢桁架将贯通墙体，从而使传力途径简单明了可靠；②在外伸臂加强层及上下层的核心筒墙体内增加配筋；③要求外伸臂与柱及墙体的安装及连接在塔楼的墙柱短期变形完成以后方可进行，以减小由恒荷载引起的附加内力。

（5）针对腰桁架的措施

为了保证周边环带腰桁架的安全性和稳定性，采取如下措施：①在腰带桁架层加大楼板板厚为腰桁架提供平面外支撑；②腰桁架按中震弹性设计。

（6）针对楼板不连续

针对个别楼层楼板开洞造成的楼板不连续，采取如下措施：①按照弹性楼板模型计算楼板应力；②根据计算结果加强楼板板厚及配筋。

（7）采用的其他相关措施：①按规范要求进行时程分析补充计算，了解结构在地震时程下的响应过程，并借此初步寻找结构潜在薄弱部位以便进行针对性的结构加强；②结构计算分析时考虑 P-Δ 效应、模拟施工加载对主体结构的影响；③有效控制结构的刚度比和受剪承载力的比值；④控制结构顶点最大加速度，满足舒适度要求；⑤对所选用的符合本项目场地土的地震波，进行抗震性能化设计。

3.15.6 专项分析

1. 施工模拟分析及非荷载作用分析

墙柱压缩变形研究目的是为了对墙柱压缩变形量提供一个更准确的评估，研究混凝土柱和核心筒在长期竖向荷载效应下（LT）的徐变和收缩分析并估算压缩变形量。计算软件采用 ETABS V19.0.2 版，进行从开始施工到施工完成后 30 年（经分析发现施工完成 10 年后由于收缩徐变导致的结构变形已基本稳定）的重力荷载作用下的长期变形分析。剪力墙采用 SHELL 单元；梁、柱采用 FRAME 单元。

（1）施工顺序假定如下：

①混凝土养护时间为 7d（d 表示天，下同）；

②施工速度：核心筒、外框架附加重力荷载施工速度均为每层 7d，附加重力荷载和自重荷载同步施加；

③核心筒进度领先外框架三层；

④38 层/59 层/70 层腰桁架和对应楼层的外框架一起施工。

⑤38 层和 59 层伸臂桁架在塔冠施工完后施工。

⑥主体结构施工完毕，投入使用，一次性全楼施加 0.5 倍活荷载；

（2）混凝土收缩徐变模型

目前国内外常用的混凝土收缩徐变计算模式有：CEB-FIP 模式、ACI-209 模式、B-P 模式、G-Z 模式和 GL2000 模式等。CEB-FIP 模式为欧洲混凝土协会（CEB）和国际预应力混凝土协会（FIP）提出，先后提出了 70 模式、78 模式、90 模式。我国现行《公路钢筋混凝土及预应力混凝土桥涵设计规范》JTG 3362—2018 关于混凝土徐变的计算即采用该模式。分析时混凝土收缩徐变模式采用 CEB-FIP90，收缩徐变的相关参数如下：采用普通水泥，水泥类型系数取 0.25，水泥种类系数为 5，相对湿度 75%，收缩开始时间为 3d。

（3）柱、核心筒长期竖向变形

塔楼基本上关于东西对称，南北向核心筒有轻微偏置收进，在核心筒上布置了两个测点 Q1 和 Q2，外框柱布置了一个测点 Z1（图 3.15.6-1）。

图 3.15.6-2 和图 3.15.6-3 分别给出了 Q1 和 Z1 两个测点在不同施工或使用阶段的竖向变形，图例 30 层-U_z 曲线代表 30 层楼面外框架施工完毕时，测点在不同楼层的竖向变形曲线；60 层-U_z 代表 60 层楼面外框架施工完毕时的阶段；JD-U_z 代表结构结顶同时一次性施加 0.5 倍活荷载时的阶段；10年、20 年、30 年代表一次性施加活荷载的 50% 投入使用 10 年、20 年和 30 年后的阶段。

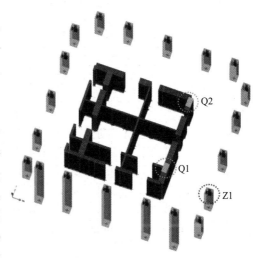

图 3.15.6-1 塔楼位移测点布置图

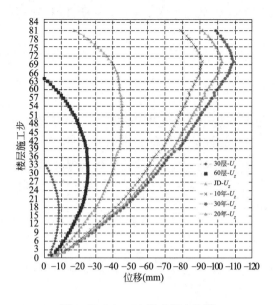

图 3.15.6-2　Q1 测点竖向位移　　　　　　图 3.15.6-3　Z1 测点竖向位移

　　重力荷载作用下左侧核心筒最大竖向变形达到 110mm 左右。结构结顶时，最大位移产生于核心筒中上部楼层，结构投入使用随着时间的推移最大位移点向上部楼层转移。随着结构结顶并投入使用，使用期间结构的变形为收缩徐变产生的，该变形具有累计性，该阶段最大变形值产生于结构顶部位置，该变形最大值为 81.8mm。

　　外周框架柱的最大竖向变形最终为 121.6mm，最大变形产生于中上部楼层。结构结顶投入使用，使用期间结构的变形为收缩徐变产生的，该变形具有累计性，该阶段最大变形值产生于结构顶部位置，该变形最大值为 83.8mm。

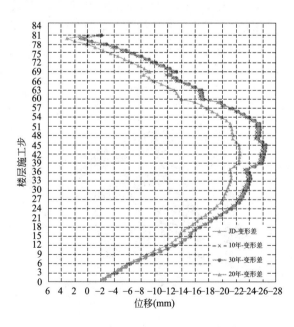

图 3.15.6-4　Q1 和 Z1 测点竖向位移差

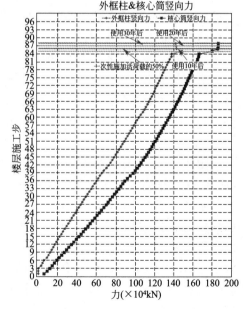

图 3.15.6-5　Q1 和 Z1 底层轴压力变化曲线

图 3.15.6-4 给出了外框柱测点 Z1 和与之相连的核心筒测点 Q1 的变形差，最大变形差约 26mm，产生于中上部楼层。图 3.15.6-5 为塔楼外框柱和核心筒在施工和使用后全过程的底层轴压力的变化曲线，可见施工完成后，随着混凝土收缩徐变的发展，外框柱轴向压力略有减小，核心筒轴向压力则相应增大，相对于荷载加载完成时刻，变化幅度 3%～4%。

2. 斜墙部位专项分析

超高层建筑内随着高度增加，核心筒内电梯井和机电管井数量都逐渐减少，核心筒尺寸也可以随之减小，以提高得房率。本项目塔楼分别在 13 层、14 层和 38 层采用核心筒南北侧外墙内斜的方式，将核心筒尺寸缩小。其中在核心筒南侧，13 层以下两道外边距4.8m 的剪力墙，在 15 层以上合为一道剪力墙，平面和剖面详见图 3.15.6-6，下部两道剪力墙厚度分别为 900mm 和 600mm，转换后单道剪力墙厚度 1500mm。斜墙部位平面图和剖面图见图 3.15.6-6。

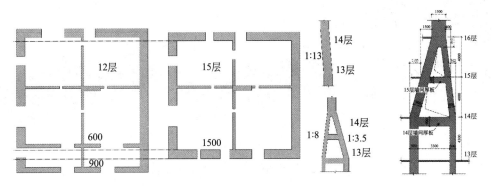

图 3.15.6-6 斜墙转换平面及剖面图

采用核心筒采用斜墙收进的超高层建筑为数不少，但是类似于本项目两道剪力墙通过斜墙合为一道、上下开洞不一致、两侧斜率不一致，且最大斜率达 1∶3.5 的案例非常罕见。该部位受力复杂，设计时考虑以下几个原则：①确保斜墙与水平楼板构成的三角形转换部位的刚度和强度，尽量形成一个刚性体，斜墙水平力尽量在内部平衡；②充分考虑下部不等厚墙体刚度差异对转换部分内力影响，整体计算模型中确保转换部位模型精准；③加强 13～15 层水平构件，用以分担斜墙水平力并约束转换部位；④斜墙部位拉力全部由钢骨承担，并考虑施工简便可行；⑤进行小震、大震多工况验算，并考虑竖向地震作用。

采用通用有限元软件 ABAQUS 对该斜墙转换部分进行三维实体有限元分析，并根据分析结果在斜墙和水平梁板内设置型钢，确保斜墙和水平梁板构件满足承载力需求，控制工况为罕遇地震，限于篇幅，图 3.15.6-7 仅列出 14 层混凝土最大主应力和受拉损伤度。

3. 塔楼下不同持力层长短桩专项分析

本项目塔楼 2009 年最初的方案高度 350m；完成塔楼范围全部桩基施工后，2020 年项目重新启动，塔楼高度增加到 379m，平面轮廓从 45m×45m 增加到 48.65m×48.65m，塔楼层数和功能也有较大调整，总荷载增加超过 15%，原设计桩基承载力已无法满足要

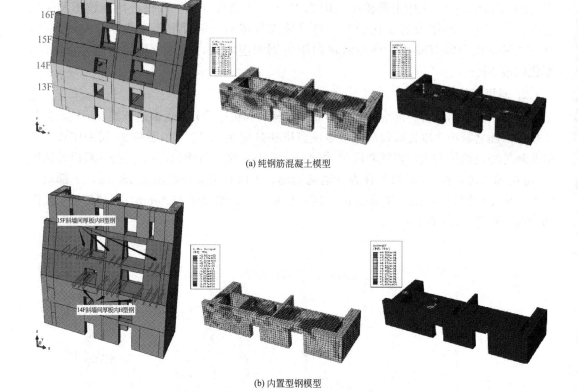

(a) 纯钢筋混凝土模型

(b) 内置型钢模型

图 3.15.6-7　14 层斜墙混凝土最大主应力和受拉损伤度云图

求，必须进行补桩。原设计桩径 1.10m，桩间距 3.30m，方格状满堂布置，桩长 100～110m（自地面起算），桩基持力层为中风化闪长岩。

共考虑了三种补桩方案。

方案 A：在已施工长桩外侧补嵌岩长桩，规格及桩间距同老桩。优点是施工简单，设计方法成熟；缺点是必须增设较多翼墙将核心筒荷载外扩，传力不直接，对地下室平面功能布置影响大。

方案 B：在已施工长桩间隙补嵌岩长桩。优点是传力直接，对建筑平面无影响；缺点是桩基设计复杂，且桩间净距仅 1.2m，考虑从地面算起桩长达 100～110m，基本无法施工。

方案 C：在已施工长桩间隙补非嵌岩短桩，桩端后注浆，利用 40m 厚卵石层作为持力层。优点是传力直接，对建筑平面无影响，施工简单且工期和成本占优；缺点是桩间距远小于规范值，桩长度差异大且桩端位于不同持力层，设计分析复杂，国内外采用类似基础的超高层建筑非常罕见。

综合考虑建筑功能、施工可行性及工期、成本等因素，最终选择方案 C，在塔楼核心筒区及周边外框柱已施工的 ϕ1100mm 桩之间，增补 ϕ900mm 钻孔灌注桩（简称"短桩"），桩身混凝土强度 C50，有效桩长约为 35m，持力层为④₃卵石层，入持力层深度 ≥9m，采用桩端后注浆，单桩承载力特征值为 7000kN。桩间距 2330mm，约为 2 倍桩径，远小于规范限值 3 倍桩径的要求。补桩桩基平面见图 3.15.6-8，深色的为后补 900mm 短桩，浅色为原有长桩。

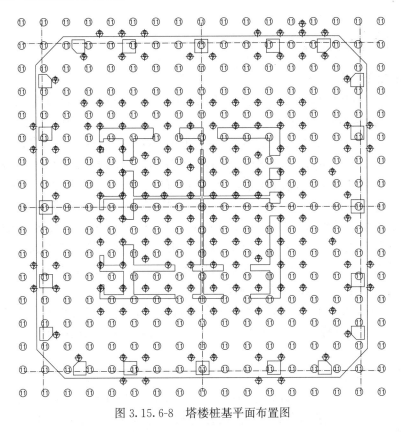

图 3.15.6-8 塔楼桩基平面布置图

长短桩方案桩间距仅 2 倍桩径，短桩有效桩长 35m，长桩有效桩长达 80～90m，且长桩属于嵌岩桩。两种桩型差异巨大，后补短桩与原有长桩如何协同工作，以及塔楼沉降如何计算，必须进行专项分析。

综合评估目前常用的桩筏基础设计方法，采用岩土有限元软件 PLAXIS 3D 对后补短桩与原有长桩的协同工作进行分析，计算模型包含塔楼和裙房地下室、筏板、长短桩以及地面至中风化基岩的土体。上部结构由盈建科建模计算，然后将上部结构的荷载输入到对应位置。计算模型如图 3.15.6-9 所示。

长桩在短桩桩端以下，短桩轴力通过卵石层变形传递到长桩上，导致长桩的轴力出现突变增大，且中心桩增速最快，向外依次变缓。另外，卵石层下的黏土层和粉质黏土层在群桩作用下，会产生较大的压缩变形，长桩周边出现负摩阻力，长桩轴力在软弱层顶出现随深度增大的情况。岩土有限元分析

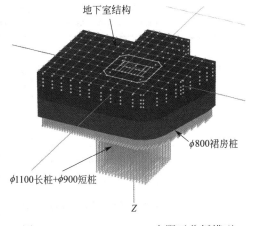

图 3.15.6-9 PLAXIS 3D 有限元分析模型

结果说明,在原有 $\phi1100$mm 长桩之间补打 $\phi900$mm 短桩的方法,可充分利用深厚卵石层的应力分担、扩散作用,充分发挥较深层桩土共同承载性能,实现长短桩与土体的协同作用。

3.15.7 地基基础计算

1. 桩基试验情况

塔楼桩基抗压设计时,考虑水浮力的有利作用。参考距离本项目最近的温州西山水文站 50 年水文观测资料及勘察资料,最低水头取相对标高 −7.0m(绝对标高 −1.4m)。

2009 年 7 月对 4 根直径 1100mm 嵌岩桩进行了抗压静荷载试验工作,桩端未注浆,桩编号为图 3.15.7-1 中的 S1 号~S4 号桩。2020 年 10 月对 2 根直径 1100mm 嵌岩桩进行了抗压静荷载试验工作,桩端后注浆,桩编号为图 3.15.7-1 中的 11-1 号和 11-2 号桩。2020 年 11 月对 2 根直径 900mm 后补短桩进行了抗压静荷载试验工作,桩端后注浆,桩端持力层为卵石层,桩编号为图 3.15.7-2 中的 9-1 号~9-3 号桩。试桩均采用堆载法,试桩表明,对于超长嵌岩桩,即使采用了桩端后注浆工艺,受力模式仍然为典型的摩擦桩,采用桩端后注浆工艺可以显著减小超长嵌岩桩沉降变形;对于非嵌岩短桩,在设计荷载工况下,以摩擦力为主,在极限加载工况下,显示出端承摩擦桩的受力性状。

塔楼周边裙房及地下室采用 800mm 直径抗拔桩,持力层为卵石层,有效桩长约 32m,单桩抗拔承载力特征值 1000kN。2010 年和 2014 年共完成抗拔桩试桩 12 根,均满足设计要求。

2. 桩基、桩筏计算

本项目主塔楼采用桩筏基础,筏板厚度 4m,混凝土强度等级 C50;周边裙房及地下室底板厚度 1m,混凝土强度等级 C35;塔楼与裙房之间设置沉降后浇带。主楼筏板面筋 $\Phi32@200$ 双层双向,筏板底筋 $\Phi36@200$ 三层双向;车库底板未注明配筋 $\Phi22@200$ 双层双向。筏板平面图见图 3.15.7-3。

筏板沉降分布呈基本对称的锅底形,核心筒区域沉降最大,沉降值约 29mm,外框柱位置沉降约 19mm,周边地库处于上浮状态。筏板沉降见图 3.15.7-4。

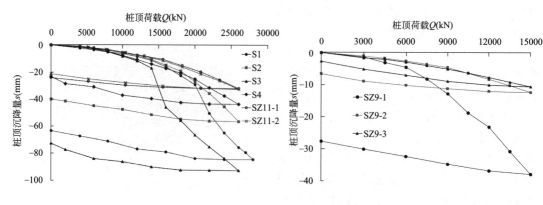

图 3.15.7-1 塔楼 1100mm 桩静载 Q-s 曲线   图 3.15.7-2 塔楼 900mm 桩静载 Q-s 曲线

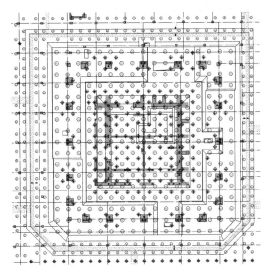

图 3.15.7-3 塔楼筏板平面图

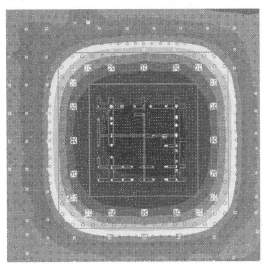

图 3.15.7-4 塔楼筏板沉降云图

3.16 温州国鸿中心

3.16.1 工程概况

温州国鸿中心[①]位于温州市永嘉县瓯江和楠溪江两江交汇处三江商务区,建设用地东侧为三江大道,北侧为楠瓯大道,西南侧为环江大道。规划建设用地面积 87005m²,B09 地块总建筑面积为 36.45 万 m²,地上计容面积 27.37 万 m²,地下总建筑面积为 9.08 万 m²。整个地块内地势平整,地块形状大致为三角形,其中西侧长边约 234m,东北侧短边长约 143m,东南侧斜边长约 200m。

B09 地块由一幢 356m 超高层建筑、四幢高层建筑及二层裙房组成(图 3.16.1-1),主要功能为办公、酒店、商业。地下室三层,功能为停车库、商业和设备用房。建筑平面形状近似为两个梯形相错,塔楼地面以上结构总层数 71 层,裙房结构层数为 4 层。

工程结构安全等级为二级,设计使用年限为 50 年。抗震设防烈度为 6 度,设计基本地震加速度值为 0.05g,设计地震分组为第一组,场地类别为 Ⅳ 类,

图 3.16.1-1 建筑效果图

---

① 本项目结构设计为浙江省建筑设计研究院。

场地特征周期为 0.65s。由于超高层结构单元内经常使用人数小于 8000 人，根据《建筑抗震设防分类标准》GB 50223—2008，本工程抗震设防类别为标准设防类。基本风压为 0.60kN/m²，地面粗糙度类别为 B 类，设计风荷载通过风洞试验确定。

3.16.2　结构方案

1. 结构体系

本工程塔楼采用钢管混凝土叠合柱-钢梁-钢筋混凝土核心筒结构体系，楼面结构体系采用钢梁＋钢筋桁架楼承板组合楼板的形式。

2. 结构布置方案

塔楼标准层边长为 43.4m，两个对角方向外挑约 4.2m。楼面主要采用单向布置的钢梁，外围框架柱之间的钢梁与钢柱之间采用刚接连接，柱间距为 11.15m 和 9.0m。外围框架柱和核心筒之间的楼面梁两端均采用铰接连接。外围框架柱与核心筒中距为 8.1m、10.2m、11.7m。楼板采用钢筋桁架楼承板系统，标准层楼板厚度为 120mm、130mm；加强层上下楼层楼板厚 150mm；屋面层、停机坪楼板厚 150mm。标准层结构布置见图 3.16.2-1。

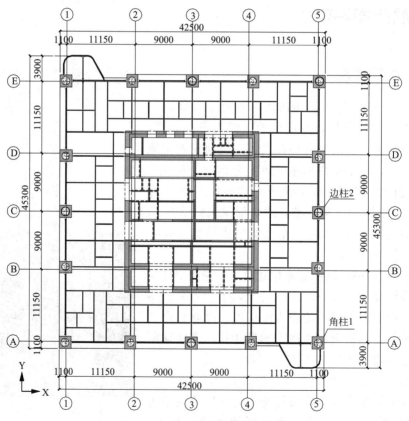

图 3.16.2-1　标准层结构布置图

为减小柱截面尺寸、降低含钢率，本工程框架柱采用钢管混凝土叠合柱。钢管混凝土叠合柱由中部钢管混凝土和钢管外混凝土叠合而成，截面形式可为矩形或圆形，叠合柱的内外组成部分可以不同期施工，也可同期施工。本工程采用矩形截面钢管混凝土叠合柱，采用同期施工方式，柱截面尺寸自下而上由 1800mm×2000mm 过渡至 1400mm×1400mm，柱内钢管壁厚为 30mm，钢管的混凝土保护层厚度不小于 250mm。核心筒呈矩形，核心筒平面尺寸为 21.70m×25.10m，核心筒南、北侧 X 向剪力墙分别在 29 层与 55 层内收，内收后核心筒平面尺寸为 20.70m×17.65m。下部楼层核心筒宽度是主屋面高度的 1/14.7，小于规范建议的限值 1/12。核心筒外圈剪力墙厚度自底部 1300mm 逐步减薄至 800mm，核心筒内部剪力墙由 400mm 减薄至 250mm。结构整体模型如图 3.16.2-2 所示。

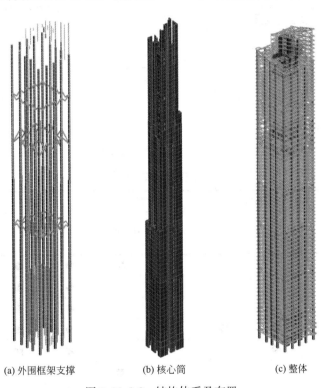

(a) 外围框架支撑   (b) 核心筒   (c) 整体

图 3.16.2-2 结构体系及布置

竖向构件布置见图 3.16.2-3，核心筒外圈墙肢的厚度、框架柱截面尺寸见图 3.16.2-4。

3. 加强层方案比选

温州市永嘉县基本风压为 0.60kN/m²，结合本工程的风洞试验报告，经计算，风荷载对结构竖向构件布置起控制作用。未设置任何加强层时，风荷载作用下的层间位移角、刚重比等指标远不能满足现行结构设计规范要求，结构周期也偏长，表明结构抗侧刚度较小。本工程塔楼沿建筑竖向共设置了 6 个避难层，为有效抵抗水平荷载，减小核心筒和框架截面，同时克服核心筒尺寸相对较小的难题，结构布置时利用避难层设置加强层，以增大结构的整体刚度。加强层方案的对比主要考察风荷载作用下结构的层间位移角、刚重比及周期等指标。

塔楼避难层分别设置在 7 层、17 层、28 层、40 层、51 层、61 层。参考现有加强层研究成果，结合本工程的特点，对加强层设置高度、数量及伸臂桁架、环带桁架的不同组合方式进行了分析比较。试算的加强层方案如表 3.16.2-1 所示。

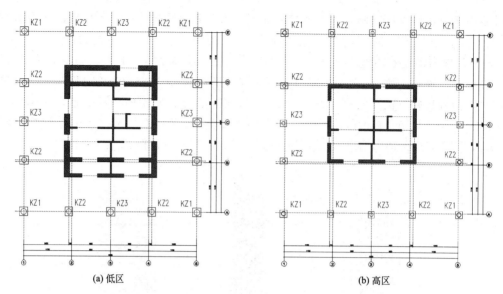

(a) 低区   (b) 高区

图 3.16.2-3 竖向构件布置图

加强层试算方案   表 3.16.2-1

避难层	28 层		40 层		51 层		61 层	
加强层方案	环带桁架	伸臂桁架	环带桁架	伸臂桁架	环带桁架	伸臂桁架	环带桁架	伸臂桁架
方案一			●	■	●	■	●	
方案二			●		●	■	●	
方案三					●	■	●	
方案四	●	■			●	■	●	
方案五	●				●	■	●	
方案六			●	■	●	■		
方案七	●	■			●	■		

图 3.16.2-5 为不同加强层方案对应的层间位移角曲线，表 3.16.2-2 为不同加强层设置方案对应的刚重比计算结果。

刚重比计算结果   表 3.16.2-2

加强层方案		无加强层	方案一	方案二	方案三	方案四	方案五	方案六	方案七
风荷载	X 向	1.00	1.55	1.46	1.42	1.55	1.46	1.51	1.52
	Y 向	1.03	1.53	1.46	1.41	1.51	1.44	1.49	1.46
地震作用	X 向	1.15	1.70	1.62	1.56	1.74	1.62	1.65	1.68
	Y 向	1.32	1.91	1.82	1.77	1.93	1.81	1.86	1.86

综合考虑层间位移角、刚重比、周期等整体指标，最终确定采用方案四，即在 28 层、51 层、61 层设置环带桁架，同时在 28 层和 51 层设置伸臂桁架的加强层方案，加强层示意图见图 3.16.2-6，28 层、51 层伸臂桁架立面图见图 3.16.2-7。

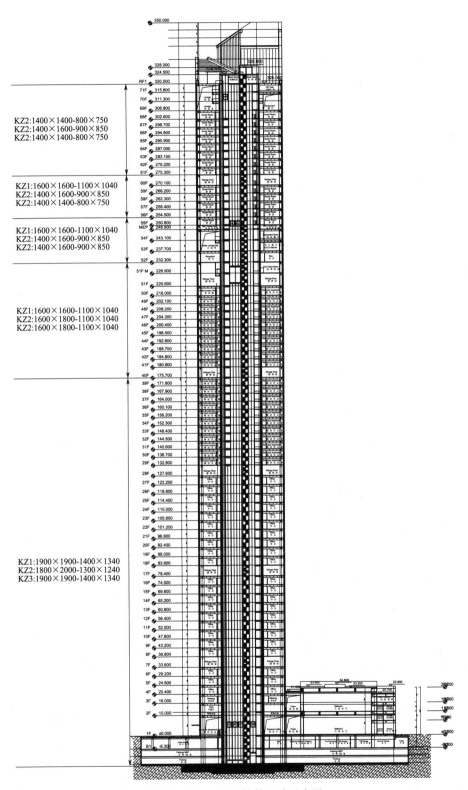

图 3.16.2-4 竖向构件尺寸示意图

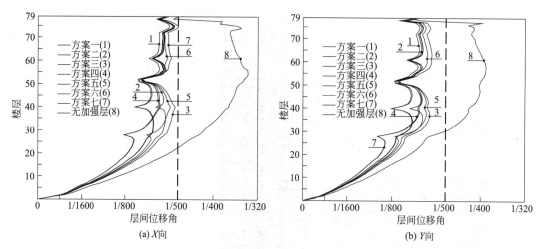

(a) X向　　　　　　　　　　(b) Y向

图 3.16.2-5　不同加强层设置方案对应的层间位移角

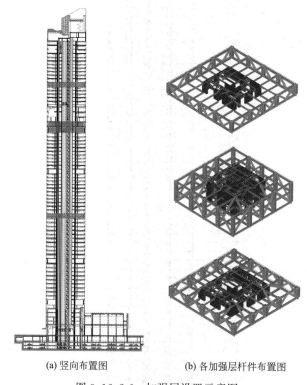

(a) 竖向布置图　　　　　　(b) 各加强层杆件布置图

图 3.16.2-6　加强层设置示意图

4. 地基基础方案

本工程±0.000 相当于绝对标高 6.050m，地下室结构 3 层，基础筏板面的设计标高为−14.850m。基础形式为桩筏基础，工程桩采用泥浆护壁钻孔灌注桩。地基基础设计等级为甲级，桩基设计等级为甲级，桩身结构安全等级同上部结构。

塔楼以⑤2′-2 卵石层为桩基持力层，桩径为 900mm 及 1000mm，桩长为 65～75m，桩端进入持力层深度不小于 9m、15m（核心筒及周边），工程桩采用桩端后注浆工艺，以

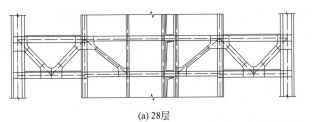 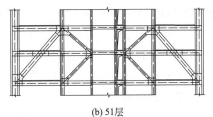

(a) 28层　　　　　　　　　　　(b) 51层

图 3.16.2-7　伸臂桁架立面图

提高单桩抗压承载力，减少沉降量。桩身混凝土强度等级为 C45，单桩竖向承载力特征值为 7600kN、9300kN。裙房区域及纯地下室区域采用桩径 800mm 的钻孔灌注桩，以④-3卵石层作为桩端持力层，用作抗压兼抗拔桩。单桩承载力特征值、桩身混凝土强度等级等相关信息见表 3.16.2-3。

单桩竖向承载力特征值　　　　　　　　　　表 3.16.2-3

桩径(mm)	800	900	1000
承载力特征值(kN)	4000	7600	9300
用途	抗压兼抗拔	抗压	抗压
桩身混凝土强度等级	C35	C45	C45

本工程因塔楼荷载较大，为尽可能减小其基础筏板的板厚，计算时考虑了上部结构刚度影响，并分别在地下三层、地下二层框架柱与核心筒之间设置了钢筋混凝土翼墙，以增强塔楼范围内地下室结构的刚度，分散核心筒荷载，翼墙平面布置见图 3.16.2-8。采用

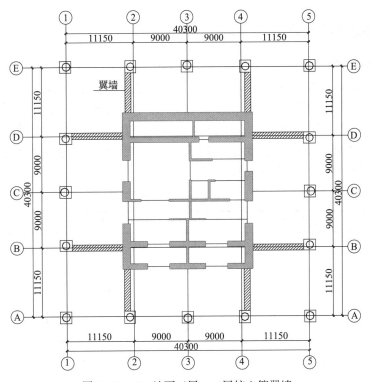

图 3.16.2-8　地下三层、二层核心筒翼墙

PKPM JCCAD 和 YJK 建筑结构基础软件进行分析比较后，塔楼下核心筒范围筏板厚度取 4900mm，塔楼核心筒周边范围筏板厚度取 4100mm。裙房及纯地下室区域基础筏板厚度均为 800mm，在框架柱及裙房混凝土墙下设置基础承台。塔楼范围内基础筏板混凝土强度等级为 C50，抗渗等级为 P8，垫层采用 150mm 厚 C15 素混凝土，垫层下做 200mm 厚塘渣。

基础沉降试算结果见图 3.16.2-9，核心筒中央最大沉降为 72mm，外框架角柱最小沉降为 45mm。核心筒和外框架之间最大沉降差为 27mm。

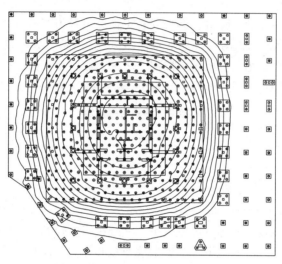

图 3.16.2-9 塔楼基础筏板沉降图

3.16.3 结构抗震计算

1. 多遇地震计算

采用 MIDAS Gen 和 YJK 两种软件进行了多遇地震作用下整体分析，两种软件的计算结果见表 3.16.3-1。楼层质量比、楼层剪重比、楼层剪切刚度比、楼层侧向刚度比、楼层受剪承载力比、层间位移角、层间位移比、框架和核心筒各自承担的楼层倾覆力矩比例、框架和核心筒各自承担的楼层地震剪力比例、框架承担楼层地震剪力与基底剪力百分比、首层墙柱轴压比等计算结果见图 3.16.3-1～图 3.16.3-11。

结构整体计算结果 表 3.16.3-1

计算软件			MIDAS Gen	YJK
总质量(t)			275611.1	270868.2
周期(s)(平动系数)		T_1	7.2416(0.96)	7.2119(0.94)
		T_2	7.0473(0.96)	7.0505(0.94)
		T_3	3.3122(0.97)	3.5083(0.96)
最大层间位移角	风荷载	X 向	1/500	1/520
		Y 向	1/574	1/594
	地震作用	X 向	1/1450	1/1456
		Y 向	1/1531	1/1518

续表

计算软件			MIDAS Gen	YJK
最大位移比	风荷载	X 向	1.36	1.36
		Y 向	1.17	1.18
	地震作用	X 向	1.36	1.24
		Y 向	1.12	1.16
基底剪力(kN) (嵌固层)	风荷载	X 向	42258.6	42489.1
		Y 向	36516.1	36624.5
	地震作用	X 向	17095.77	17324.76
		Y 向	16625.89	16874.02
基底剪力(kN) (嵌固层)	风荷载	X 向	1.08×10^7	9.86×10^6
		Y 向	9.29×10^6	8.51×10^6
	地震作用	X 向	3.99×10^6	3.879×10^6
		Y 向	4.04×10^6	3.937×10^6

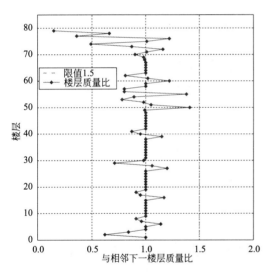

图 3.16.3-1 楼层质量比

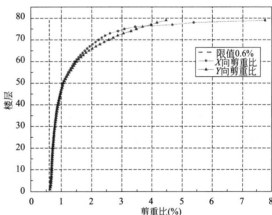

图 3.16.3-2 楼层剪重比

结构抗倾覆验算及整体稳定性验算结果见表 3.16.3-2 和表 3.16.3-3,基础底面与地基之间未出现零应力区,满足规范要求;刚重比大于 1.4 小于 2.7,能够通过《高规》的整体稳定验算要求,同时,计算时应考虑重力二阶效应。

结构抗倾覆验算结果 表 3.16.3-2

工况	抗倾覆弯矩 M_r	倾覆弯矩 M_{ov}	比值 M_r/M_{ov}	零应力区(%)
X 风荷载	5.758e+7	9.860e+6	5.84	0.00
Y 风荷载	6.694e+7	8.510e+6	7.87	0.00
X 地震	5.603e+7	3.879e+6	14.44	0.00
Y 地震	6.513e+7	3.937e+6	16.54	0.00

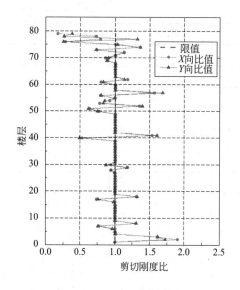

图 3.16.3-3 楼层剪切刚度比

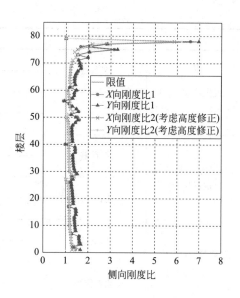

图 3.16.3-4 楼层侧向刚度比

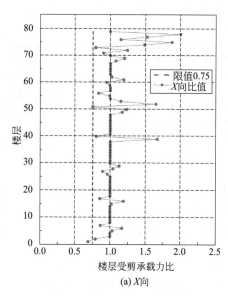

(a) X向

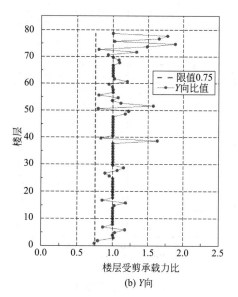

(b) Y向

图 3.16.3-5 楼层受剪承载力比

整体稳定性验算结果　　　　　　　　　　　　表 3.16.3-3

工况	验算公式	基于地震	基于风荷载
X 向	EJD/GH^2	1.738	1.554
Y 向	EJD/GH^2	1.932	1.509

2. 结构抗震性能化设计

本工程塔楼建筑高度远高于混合结构规范适用高度，根据《高规》3.11 节关于性能目标的选取原则，本工程塔楼采用 C 级性能目标，塔楼核心筒、周边框架及加强层伸臂桁架和腰桁架的抗震设计采用的性能目标见表 3.16.3-4。

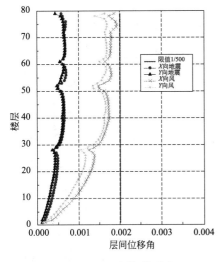

图 3.16.3-6 层间位移角

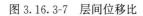

图 3.16.3-7 层间位移比

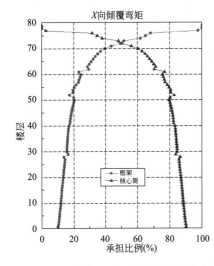

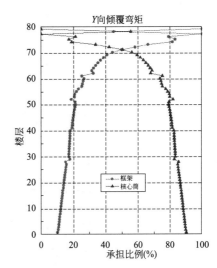

图 3.16.3-8 框架和核心筒各自承担的楼层倾覆力矩比例

结构抗震设计性能目标   表 3.16.3-4

地震烈度水准			多遇地震	设防烈度地震	预估的罕遇地震
性能水平定性描述			不损坏	可修复的损害	无倒塌
层间位移角限值			$h/500$	—	$h/125$
构件性能	核心筒		规范设计要求,弹性	正截面承载力不屈服,斜截面承载力弹性	抗剪截面不屈服,允许进入塑性,控制塑性变形
	环带桁架、伸臂桁架	上下弦杆	规范设计要求,弹性	不屈服	允许进入塑性,控制塑性变形
		腹杆	规范设计要求,弹性	不屈服	允许进入塑性,控制塑性变形
	外围框架	钢管混凝土叠合柱	规范设计要求,弹性	弹性	不屈服
		边框架梁	规范设计要求,弹性	允许进入塑性	允许进入塑性,控制塑性变形

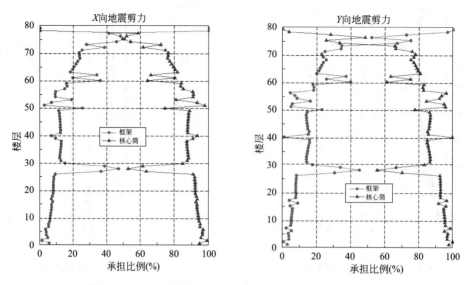

图 3.16.3-9 框架和核心筒各自承担的楼层地震剪力比例

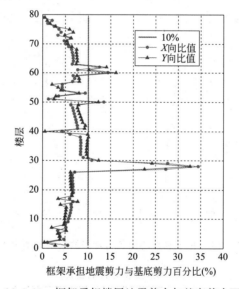

图 3.16.3-10 框架承担楼层地震剪力与基底剪力百分比

设防烈度地震下等效弹性法构件性能设计结果见表 3.16.3-5,在设防烈度地震作用下可满足预设抗震性能目标。

设防烈度地震反应构件性能设计　　　　　　　表 3.16.3-5

构件中震性能水准	计算方法	性能计算结果
关键构件和普通竖向构件满足正截面不屈服、斜截面弹性	中震正截面不屈服、斜截面弹性	从配筋结果看,关键构件和普通竖向构件均未出现超筋,即正截面承载力满足不屈服、斜截面承载力满足弹性设计要求
部分耗能构件正截面承载力屈服,受剪承载力不屈服	中震不屈服	从配筋结果看,所有耗能构件均未出现超筋,即受剪承载力满足不屈服设计要求

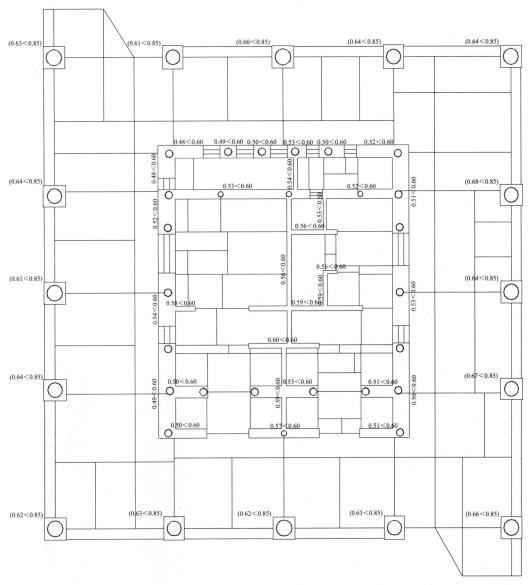

图 3.16.3-11 首层墙柱轴压比

3. 动力弹塑性分析

针对本工程超限情况，选用 C 级性能目标及相应的性能水准，采用 Perform-3D 软件对结构进行大震下弹塑性时程分析，选取一组人工波及两组天然波进行计算，地震波主方向、次方向与竖向加速度峰值比值取 1：0.85：0.65，主方向地震加速度峰值取 125cm/s²，特征周期 $T_s=0.70$s。大震下弹塑性时程分析结果见表 3.16.3-6，结构最大弹塑性层间位移角分别为 1/300（X 向）和 1/275（Y 向），均小于 1/125 限值。

对整体结构在弹塑性时程下的基底剪力降低程度进行分析发现，X 向、Y 向弹塑性时程分析的基底剪力相比 CQC 法均降低约 21%，说明大震下结构整体刚度发生了一定退化，但退化程度不高。

大震下弹塑性时程分析结果　　　　　　　　　表 3.16.3-6

分析结果	方向	人工波	天然波Ⅰ	天然波Ⅱ	平均值
基底剪力(kN)	X 向	77446	91287	80817	83183
	Y 向	77480	93767	81354	84200
剪重比	X 向	2.83%	3.34%	2.96%	3.04%
	Y 向	2.83%	3.43%	2.97%	3.08%
最大层间位移角	X 向	1/300	1/326	1/311	1/312
	Y 向	1/275	1/380	1/282	1/324
时程分析基底剪力 CQC法基底剪力	X 向	0.84	0.91	0.66	0.79
	Y 向	0.80	0.89	0.71	0.79

　　能量分布评估结果显示，大震下结构塑性耗能程度较低，换算阻尼比约为2%左右。抗震性能和损伤评估结果显示，剪力墙剪切应力较大处为底部楼层处核心筒腹板，但均可控制在80%屈服应变范围内，满足剪切不屈服要求；框架柱剪切不屈服、受弯基本不屈服；伸臂桁架与环带桁架弦杆与腹杆均处于受拉不屈服及受压不屈曲范围内，且应力水准较低，满足轻度损坏的性能水准；部分连梁进入受弯屈服状态，剪切截面满足要求，起到一定的耗能作用；结构整体性能可满足大震下的性能目标要求。

　　由于本项目位于6度区，结构整体承载力基本为风荷载控制，即使在罕遇地震作用下，结构损伤仍较小，仅部分连梁进入屈服状态。为评估结构构件在超越地震作用下的损伤顺序，采用设防烈度为7度（0.1g）的罕遇地震作用地震波进行分析。分析结果显示：连梁塑性耗能占比为87.1%；框架梁塑性耗能占比为7.5%；剪力墙塑性耗能占比为3.9%；支撑塑性耗能占比为1.5%；框架柱基本不参与耗能。从构件屈服顺序看，首先是高区少数连梁开始屈服，随后高区连梁损伤增多，中区连梁开始屈服，直至全楼连梁损伤加剧，部分支撑和底层个别剪力墙屈服，符合结构概念设计要求。全楼最终屈服状态如图3.16.3-12所示。

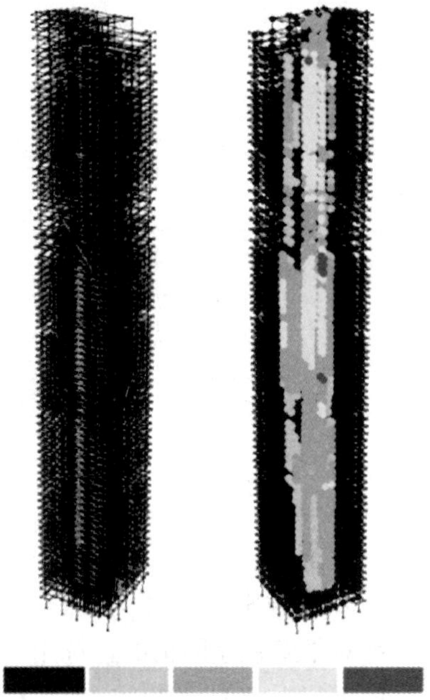

3.16.4　结构超限判断和主要加强措施

1. 结构超限判断

　　根据上述分析及《审查要点》，本工程塔楼超限项主要有：（1）高度超限；（2）扭转不规则（最大扭转位移比1.36）；（3）楼板不连续（54层、70层楼板有效宽度小于50%）；（4）构件间断（设有3个加强层）；（5）承载力突变（1层与2层受剪承载力比值为0.69）；（6）局部不规则（53层、69层大堂）。本工程属于特别不规则结构。

OP　IO　LS　CP

图 3.16.3-12　全楼结构构件屈服状态

2. 主要抗震加强措施

（1）核心筒采取的抗震加强措施

①控制核心筒剪力墙墙肢的剪应力水平，确保大震下核心筒墙肢不发生剪切破坏。结合性能化设计目标，在考虑罕遇地震作用组合下，对不同剪跨比的核心筒墙肢的抗剪截面进行验算，保证所有墙肢在大震下均满足抗剪截面控制条件，即在重力荷载代表值和罕遇地震作用下的墙肢截面剪力与截面面积之比，不超过混凝土抗压强度标准值的 0.15 倍，确保大震下核心筒墙肢不发生剪切破坏。

②适当提高底部加强部位、核心筒四角部位的纵筋配筋率，确保核心筒在水平地震作用下，墙肢正截面（压弯、拉弯）承载力满足中震不屈服、斜截面受剪承载力满足中震弹性的性能要求。

③塔楼核心筒底部加强区取至第 8 层楼面标高位置，分别是总高度的 1/9.0，高于规范的规定（总高度的 1/10）。

④严格控制核心筒周边剪力墙的轴压比，确保剪力墙具备足够的延性。轴压比限值不超过 0.55。核心筒约束边缘构件的配置高度，延伸至墙肢轴压比小于 0.3 的楼层标高。

⑤控制所有墙肢在水平风荷载或小震作用不出现受拉状态；对中震作用下出现受拉状态的墙肢，均设置约束边缘构件。

⑥各楼层楼板标高位置配置纵向钢筋及箍筋以形成钢筋混凝土暗梁。

⑦核心筒剪力墙配置多层钢筋，确保墙肢受力均匀。

（2）周边框架采取的抗震措施

①采用钢管混凝土叠合柱。钢管内部混凝土可有效防止钢管管壁发生局部屈曲，同时钢管对其内部混凝土的约束作用使混凝土处于三向受力状态，钢管内混凝土的破坏由脆性破坏转变为塑性破坏，从而使框架柱的延性性能得到明显改善。

②确保周边框架的二道防线作用。周边框架作为混合结构的第二道抗震防线，须承担不小于规范规定的地震剪力。计算结果表明，除加强层及相邻上下层、结构顶部楼层外，本工程框架部分按刚度计算分配的最大楼层地震剪力达到结构底部总地震剪力的 10.83%（X 向）、12.35%（Y 向），满足规范规定不宜小于 10% 的要求。

③周边框架截面设计时，根据规范，各楼层框架部分承担的地震剪力按不小于结构底部总地震剪力的 20% 和计算最大楼层 1.5 倍两者的较小值，且不小于结构底部总地震剪力 15% 的要求进行调整。

④严格控制周边框架柱的轴压比，确保矩形钢管混凝土叠合柱具备足够的延性。轴压比限值严于规范，按 0.65 控制（规范限值 0.85）。

⑤周边框架柱正截面压弯和拉弯承载力、斜截面受剪承载力，均按中震弹性的性能要求进行设计。

⑥钢管混凝土叠合柱与钢框架梁的连接采用带牛腿梁连接，使梁端塑性铰外移，确保强震下框架柱的安全。钢梁翼缘与短牛腿梁的翼缘焊接，钢梁腹板与短牛腿梁腹板采用双夹板高强度螺栓摩擦型连接。

（3）加强层采取的抗震措施

①加强层核心筒内设置约束边缘构件，并向上、向下分别延伸 2 层；提高约束边缘构件的配箍率。

②考虑到环带桁架与钢管混凝土柱连接的节点及构造需要,将加强层的钢管截面及钢板壁厚向上、向下各延伸 1 层,并将钢板壁厚进行缓慢过渡,避免刚度突变和局部应力集中。

③加强层水平伸臂构件布置于核心筒的转角、T 形节点处,并贯穿核心筒,水平伸臂构件与周边框架的连接采用铰接连接。

④加强层上下楼板厚度加大至 150mm,并适当提高楼板配筋率。

(4)其他措施

①在墙柱混凝土强度等级改变的楼层,不同时改变墙柱截面大小,以保证墙柱竖向构件强度的过渡变化。

②对于计算结果中出现受剪承载力突变的楼层,通过适当增加纵筋配筋率以提高其受剪承载力,避免薄弱层和软弱层出现在同一楼层。

③采用多个结构软件(PKPM SATWE、YJK、MIDAS Gen 等)对计算结果进行分析比对;补充动力弹塑性时程分析,复核结构弹塑性层间位移,判断结构的薄弱部位、出铰机制和出铰顺序及屈服程度,对关键部位和关键构件进行有针对性的加强,确保大震下安全。计算罕遇地震作用下弹塑性位移角,控制最大层间位移角不大于 1/125。

3.16.5 风洞试验

本项目超高层建筑表面风压的风洞模型试验于 2020 年 6 月在浙江大学 ZD-1 边界层风洞中进行。风洞试验场景及模型见图 3.16.5-1。试验模型的几何缩尺比为 1:400。试验风向角根据建筑物的地貌特征,在 0°~360°范围内每隔 10°取一个风向角,共设 36 个风向角工况,风向角定义如图 3.16.5-2 所示。

图 3.16.5-1 风洞试验场景及模型

本次试验的主要技术参数如下:

(1)根据建筑所在场地及其周围的地形、地貌特征,同时参考《荷载规范》的规定,确定该建筑群处于 B 类地貌场地。要求模型风压测定在大气边界层风洞中进行,平均风速沿高度按指数规律变化,地面粗糙度系数 $\alpha = 0.15$;风场湍流强度沿高度的变化按照

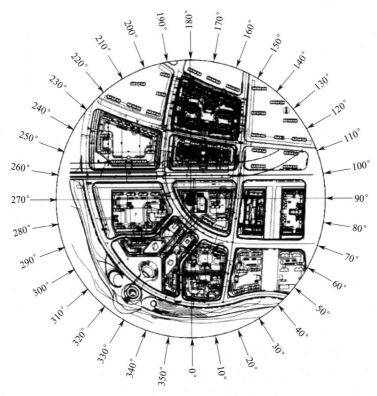

图 3.16.5-2 风向角定义

《荷载规范》取值。

（2）风洞试验参考点高度位于被测建筑模型上方距风洞底板约 2m 处，试验前仔细标定了参考点与塔楼模型顶部即 0.9m 处的风速比值，试验得到的风压系数是对应于模型顶部 0.9m 为参考点的结果，该高度处未受扰时的风速为 14.0m/s，50 年重现期基本风压取 0.6kN/m²，对应于实际建筑物高度 360m 高度处，10min 平均风速为 53.04m/s，风速比为 1：3.79。模型的几何缩尺比为 1：400，由相似原理可得，风洞试验的时间比为 1：105.5。

（3）建筑物 50 年一遇的基本风压为 0.60kN/m²，相当于离地面 10m 高度处的风速 $U_0 = 26.83$m/s。

（4）本次试验的主要测量对象是建筑物外墙面上的风压，沿建筑外表面及顶部附近局部内表面共布置了 511 个测点。

报告通过收集项目所在地区的风气候资料，确定适合本项目风工程研究的风速风向的联合概率分布，结合台风事件的蒙特卡洛数值模拟结果，以详细考虑温州永嘉地区的混合风气候特点，最终提出风速的风向折减系数。不考虑风速风向折减时塔楼横风向共振现象较为明显，X 向和 Y 向基底最大剪力均由横风产生，横风荷载是塔楼的控制风荷载。当考虑风速风向折减时基底荷载有大幅下降，特别是横风共振现象有明显削弱，X 向风荷载不再由 180°风产生的横风荷载控制，最大 X 向风荷载出现在 80°风向角，而 Y 向风荷载仍由横风荷载控制，最大 Y 向风荷载也出现在 80°风向角。塔楼基底剪力 V_x、V_y 随风向角的变化见图 3.16.5-3。

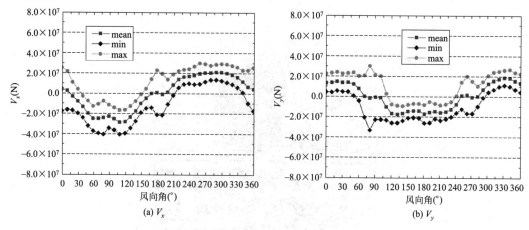

(a) V_x　　　　　　　　　　　　　(b) V_y

图 3.16.5-3　塔楼基底剪力随风向角的变化图

结果显示，塔楼 X 向基底剪力最大值为 42258kN，塔楼 Y 向基底建立最大值为 36472kN，最不利风向角均为 80°方向。风洞试验报告给出了各测点层的整体体型系数，见图 3.16.5-4，可以看出，各风向角风荷载作用下，大部分楼层的整体体型系数小于 1.4，仅部分底部楼层的体型系数大于 1.4。

考虑到温州永嘉地区受到良态风和台风这两种不同风气候的共同影响，采用联合概率密度方法，获得考虑混合气候条件下不同重现期下的分风向设计风速，并结合现行《建筑工程风洞试验方法标准》JGJ/T 338—2014 规定，得出各个风向下的风速折减系数取值为 0.85。设计计算实际取用的风荷载值，不低于《荷载规范》计算值的 80%。

3.16.6　施工模拟分析与收缩徐变分析

高层钢筋混凝土建筑在恒载作用下竖向构件的变形主要由弹性收缩、干燥收缩以及长期压缩荷载产生的徐变引起。干燥收缩和徐变的影响随着混凝土的强度、施工时间的不同而不同。

对于复杂超高层建筑，在重力荷载作用下，需要进行较精确的施工模拟计算，并计入混凝土收缩和徐变的影响，以便较准确地反映恒荷载作用下结构的变形和内力分布。施工模拟是分阶段变刚度的分析方法。对应于施工状态的每一个实际阶段，分别对本阶段结构状态施加相应荷载，不同施工阶段之间状态叠加，结构变形、内力分别在各阶段中与前一阶段中所得变形、内力相叠加，每次计算时，在前一次计算内力和变形的刚度矩阵的基础上增加本层刚度，作为本次计算的刚度矩阵，施加本层荷载计算，依次迭代，从而模拟实际施工的动态过程。

本工程施工方案考虑如下：（1）混凝土养护时间为 7d；（2）核心筒、外框架附加重力荷载施工速度均为每层 7d，附加重力荷载和自重荷载同步施加；（3）每一楼层对应一个施工阶段；（4）加强层先施工完毕（包括环桁架）后再安装伸臂桁架；（5）最后一个施工阶段为主体结构施工完成后连接伸臂桁架的腹杆；（6）主体结构施工完毕，投入使用，一次性全楼施加活荷载的 50%。

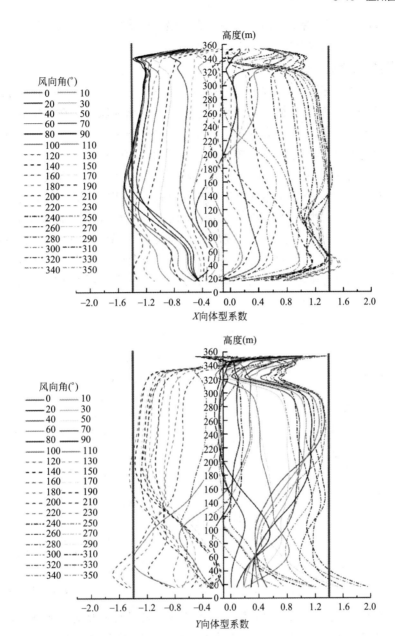

图 3.16.5-4　各风向角下整体体型系数

参考《公路钢筋混凝土及预应力混凝土桥涵设计规范》JTG 3362—2018，混凝土收缩徐变模式采用 CEB-FIP 模式，相关参数如下：采用普通水泥，水泥类型系数取 0.25，水泥种类系数为 5，相对湿度 75%，收缩开始时间为 3d。对于钢管混凝土构件，考虑混凝土处于封闭环境中，环境湿度较大，其构件中混凝土相对湿度取 90%。

1. 框架柱施工模拟

图 3.16.6-1 为框架柱角柱采用一次性加载和施工模拟分析时所得的竖向弹性变形量对比图。可以看出，进行施工模拟分析后，框架柱的变形沿结构高度呈现出鱼腹状变化趋势，竖向位移的最大值出现在结构的中部楼层；而按一次性加载计算时，不考虑施工找平

调整，框架柱的竖向位移沿结构高度不断增大，最大变形发生在结构的顶部。两种方式的计算结果在结构底部几层较接近，中部以上差别十分明显。

2. 核心筒施工模拟

核心筒施工模拟分析时，不仅考虑分层集成刚度、分层加载，同时还考虑徐变和收缩对结构内力及变形的影响。根据已有研究，混凝土的收缩和徐变，在 2 年后趋于稳定，结构施工完成 5 年后，结构的变形大部分已经完成。现以施工完成后 5 年的变形值作为结构最终变形值，通过施工模拟分析考察核心筒在以下两阶段的竖向变形：（1）第一阶段：自结构施工开始起，至结构主体完成时结束，为施工阶段；（2）第二阶段：自结构主体完成时起，至结构施工完成后第 5 年年底结束，整体结构进入使用阶段。

图 3.16.6-2 为核心筒采用一次加载和施工模拟分析得到的竖向弹性变形量对比图。采用施工模拟分析时，核心筒的变形趋势类似于框架柱，沿结构高度呈现出鱼腹状变化，竖向位移的最大值出现在结构的中部楼层（36 层），竖向位移峰值为 30.1mm。而按一次加载分析时，核心筒的竖向位移沿结构高度不断增大，最大变形发生在结构的顶部，峰值为 80.6mm。

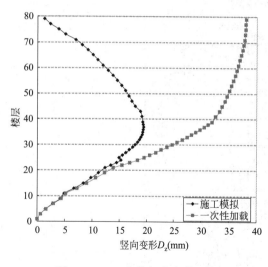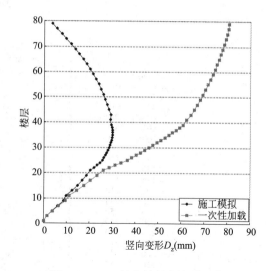

图 3.16.6-1　角柱竖向变形比较　　　　　图 3.16.6-2　核心筒竖向变形比较

考虑收缩徐变后进行施工模拟分析，得到的核心筒竖向变形则分别由荷载作用下的弹性变形、徐变和收缩产生的变形三部分组成。施工阶段各部分变形如图 3.16.6-3 所示，沿高度的变化趋势三者一致，均呈鱼腹状，在中间层（36 层）达到最大值，顶部和底部则相对较小。从数值看，荷载作用下的弹性变形最大，收缩效应产生的竖向变形最小。

使用阶段随着时间的推移，徐变效应引起的竖向位移峰值所在楼层逐步上移，由施工结束时对应的 35 层，5 年后上升至 47 层，徐变引起的竖向位移峰值也由 9.72mm 增加到 18.98mm，如图 3.16.6-4 所示。

图 3.16.6-5 为核心筒的收缩效应，施工完成时，由于施工阶段的层层找平，底部早已开始收缩，顶部刚刚浇捣，因此收缩变形沿结构高度接近于鱼腹状曲线。使用阶段随着时间的推移，徐变效应引起的竖向位移峰值所在楼层逐步上移，由施工结束时对应的 35 层，1 年后就迅速上升至顶层，徐变引起的竖向位移峰值也由 8.31mm 增加到 13.3mm。

图 3.16.6-6 为核心筒总的竖向总变形沿结构高度（或楼层）的变化曲线。虽然使用阶段随着时间的推移，徐变效应和收缩效应引起的竖向位移峰值所在楼层逐步上移，但总的竖向变形仍呈鱼腹状曲线，最大竖向变形发生在中间楼层。这是因为竖向变形以徐变引起的部分为主。

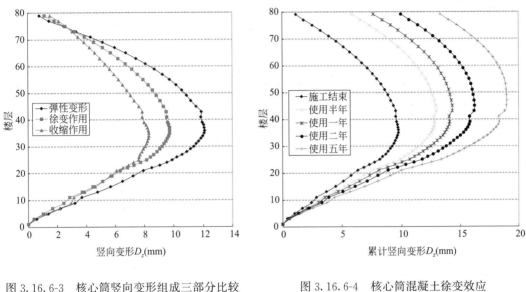

图 3.16.6-3　核心筒竖向变形组成三部分比较　　　图 3.16.6-4　核心筒混凝土徐变效应

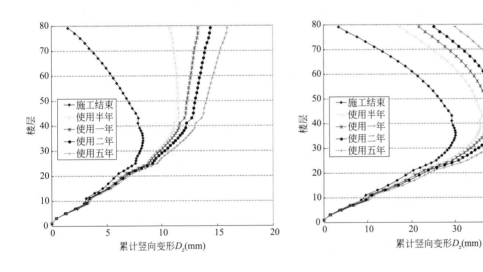

图 3.16.6-5　核心筒的收缩效应　　　图 3.16.6-6　核心筒的总变形

3. 框架柱和核心筒竖向变形差分析

在均布恒荷载或活荷载作用下，外围钢管混凝土叠合柱和钢筋混凝土核心筒之间的变形差，势必会给联系二者的楼面梁产生附加内力。36 层及顶层不同情况下对应的沉降差分别如表 3.16.6-1 和表 3.16.6-2 所示。因框架柱没考虑内填混凝土的收缩和徐变，因此其竖向变形在施工模拟分析时仅考虑了分层集成刚度、分层加载，没有考虑徐变和收缩效应，施工完成时的竖向位移值即为最终变形值。核心筒竖向变形则考虑施工模拟及混凝土的收缩和徐变效应。

计算结果表明，不考虑施工模拟，一次性加载计算，核心筒竖向变形比框架柱大。考虑施工模拟后，逐层施工，逐层找平，计算得到的周边柱和核心筒的竖向变形均小于一次性加载的计算结果，楼层越高，则计算结果差别越大。尤其在顶部，是否考虑施工模拟将导致柱竖向变形相差高达 20~30mm。计入混凝土的收缩和徐变效应，施工结束时外围框架柱与核心筒竖向变形较为接近，但核心筒竖向变形随着时间逐渐增大，因此投入使用 5 年后，核心筒竖向变形比框架柱大很多，顶部楼层特别明显。

36 层框架柱和核心筒竖向位移比较 （mm）　　　　表 3.16.6-1

部位		角柱	边柱	核心筒
施工结束 （不考虑施工模拟）	变形	29.83	34.28	56.24
	差值	26.41	21.96	—
施工结束 （仅考虑施工模拟）	变形	19.37	21.34	12.09
	差值	−7.28	−9.25	—
施工结束（考虑施工模拟、收缩和徐变）	变形	19.37	21.34	30.10
	差值	10.73	8.76	—
投入使用 5 年（考虑施工模拟、收缩和徐变）	变形	19.37	21.34	42.34
	差值	22.97	21.00	—

顶层框架柱和核心筒竖向位移比较 （mm）　　　　表 3.16.6-2

部位		角柱	边柱	核心筒
施工结束 （不考虑施工模拟）	变形	38.07	44.45	80.6
	差值	42.53	36.15	—
施工结束 （仅考虑施工模拟）	变形	1.31	1.40	0.80
	差值	−0.51	−0.60	—
施工结束（考虑施工模拟、收缩和徐变）	变形	1.31	1.40	3.49
	差值	2.18	2.09	—
投入使用 5 年（考虑施工模拟、收缩和徐变）	变形	1.31	1.40	30.00
	差值	28.69	28.60	—

3.17　台州天盛中心 1 号楼

3.17.1　工程概况

台州市中央商务区呈正方形，东临中心大道，南为东海大道，西接学院路，北面紧靠市府大道。天盛中心[①]作为中央商务区重要组成部分，位于中央商务区西北角。基地原状

---

① 本项目初步设计和施工图设计单位为浙江高信建筑设计事务所有限公司，浙江省建筑设计研究院为结构专业咨询单位。

为农田，局部为鱼塘，现状地势较低，大部分已回填平整。地上由 2 幢超高层、5 幢 100m 左右高层和配套商业辅楼组成，用地总面积 52016m²，总建筑面积约 52.8 万 m²，其中地上总建筑面积约为 37.7 万 m²，地下总建筑面积约 15.1 万 m²。整体地下室共 3 层，地下两层、地下三层主要功能为车库及设备用房，层高分别是 3.60m、3.90m；地下一层主要用作餐饮，层高 6.90m，局部设有夹层，用作非机动车停车。首层室内外高差 1.50m。

1 号楼为集办公、酒店于一体的综合性超高层建筑，是城市地标和中心。四周通过防震缝与其余裙楼脱开，地面以上共 66 层，屋顶停机坪高度为 299.80m；设有建筑使用功能的楼层为 58 层，59~66 层均为屋顶造型，同时兼作设备间和机房。塔楼沿竖向共设置 4 个避难层分别位于 10 层、22 层、34 层和 47 层，层高均为 6.00m。第一避难层（10 层）以下主要用作银行办公、酒店配套和会议室等，各层高均为 5.40m；首层考虑到酒店入口、办公大堂和银行营业厅上空通高，所以和 2 层实为 1 层，结构模型中为一个标准层，层高 10.80m。第一避难层（10 层）~第三避难层（34 层）之间主要为低区和中区办公，层高均为 4.20m。第三避难层（34 层）~第四避难层（47 层）之间主要为酒店，层高均为 3.90m。第四避难层（47 层）以上主要为高区办公，层高均为 4.20m。

本工程设计使用年限为 50 年，结构安全等级为二级，地基基础和桩基工程设计等级为甲级。根据设计时对应的《中国地震动参数区划图》GB 18306—2001，台州市设计基本地震加速度小于 0.05g，可不考虑抗震设防。鉴于本项目高度为 299.80m，超过 6 度区混合结构适用高度 220m，经与当地建设主管部门和业主沟通，结构设计按照抗震设防烈度 6 度考虑，设计基本地震加速度 0.05g，第一组。项目还进行了场地地震安全性评价，根据《工程场地地震安全性评价报告》，多遇地震下水平地震影响系数最大值 α_{max} 为 0.06，场地类别为 IV 类。计算分析时按照《安评报告》和《抗规》包络复核小震承载力，按照《抗规》验算小震变形；中震和大震验算均采用《抗规》。嵌固部位取在地下室顶板，抗震设防类别为标准设防类（丙类）。上部及地下一层的核心筒抗震等级为特一级，地下二层为一级，地下三层为二级。

根据《荷载规范》，50 年一遇的基本风压值为 0.65kN/m²，地面粗糙度取为 B 类。同时采用风洞试验风荷载数据作补充计算。风洞试验模型缩尺比为 1：400，模型高度约为 0.75m。沿建筑外表面及顶部附近局部内表面共布置了 496 个测点。在 0°~360°范围内每隔 15°取一个风向角，共设 24 个风向角工况。

建筑效果图、施工过程中和主体结顶实景图分别如图 3.17.1-1~图 3.17.1-3 所示。

3.17.2 结构方案

1. 结构体系

采用型钢混凝土柱-钢梁-钢骨混凝土核心筒结构体系，同时利用避难层设置加强层。结合建筑使用功能，在楼层中间的楼电梯筒四周布置剪力墙。核心筒作为主要的抗侧力体系，能够比较有效地抵抗地震和风等水平荷载。首层核心筒外围平面尺寸为 27.50m×20.30m，两个方向尺寸不一样，分别是主屋面高度的 1/10.8、1/14.7。外框架不仅提供抗侧力作用，同时也能配合建筑立面的要求。塔楼抗侧力结构体系及结构组成如图 3.17.2-1 所示。

图 3.17.1-1 建筑效果图　　　图 3.17.1-2 主体施工过程　　　图 3.17.1-3 主体结顶实景图

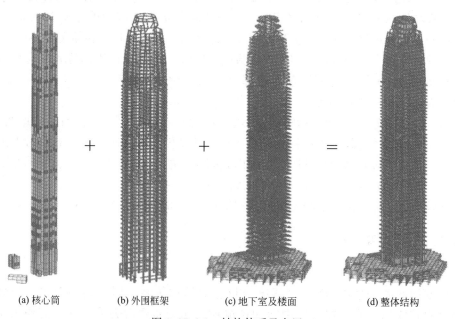

(a) 核心筒　　　(b) 外围框架　　　(c) 地下室及楼面　　　(d) 整体结构

图 3.17.2-1 结构体系及布置

　　为达到良好的视野效果，建筑要求不设角柱。塔楼标准层每边设置 4 根柱子，如图 3.17.2-2 所示。建筑外立面在最上面一个避难层（47 层）开始往上逐渐内收，上部标准层平面尺寸开始逐渐减小。外围框架柱 48 层以后为斜柱，截面尺寸同时缩小。

核心筒外圈墙厚从地下室的 1200mm 逐渐减小到 350mm，内部剪力墙厚度则是从 350mm 逐渐过渡到 300mm。核心筒南北墙肢底部轴压比略超规范限值，相应在与框架梁连接处内插型钢。同时在设有伸臂桁架的加强层以及相邻上下层，核心筒四个角部内插型钢。

塔楼顶部建筑设有钻石造型，因此结构布置时，在顶部 3 层设有斜柱，先外伸再内收。柱子均内插型钢，核心筒部分墙肢延伸至冠顶，计算模型如图 3.17.2-3 所示。

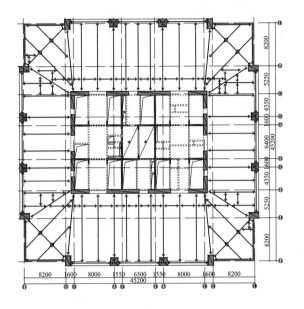

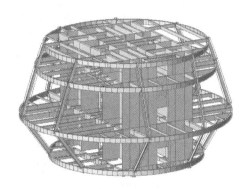

图 3.17.2-2　塔楼标准层结构平面布置　　　　　图 3.17.2-3　塔楼顶部钻石造型结构模型

2. 结构布置方案

塔楼平面主要采用单向布置的钢梁，角部没设框架柱，通过边梁悬挑。外框架柱之间的楼面钢梁与柱均采用刚接。塔楼连接外围框架和核心筒的平面钢梁，除伸臂桁架对应的上下弦杆采用刚接外，其余两端均采用铰接。楼板采用现浇钢筋混凝土楼板或钢筋桁架自承式组合楼板系统，核心筒外办公楼板厚 120mm，核心筒内、屋面层和停机坪楼层的楼板厚 150mm，伸臂加强层楼板厚 180mm，地下室顶板作为上部结构嵌固端，楼板厚 200mm。

为有效抵抗水平荷载，减小核心筒和框架截面，结构布置时利用避难层设置伸臂桁架和腰桁架，以增强整体结构的抗侧刚度。由于核心筒两个方向的宽度不一致，而外围框架柱的间距四边相同，X 向边柱与核心筒角部之间的角度与 X 向偏离较大，设置伸臂桁架不利于水平荷载传递，因此仅在 Y 向设置伸臂桁架，方案比选时也仅以 Y 向风荷载下的层间位移角作为控制条件。

在第 2～4 加强层均设置环带桁架，同时还比较了第一加强层增设环带桁架和 Y 向伸臂桁架，Y 向风荷载下 Y 向层间位移角计算结果比较如图 3.17.2-4（a）所示。其中顶部层间位移角突变减小是因为屋顶钻石造型引起。可以看出，相比于无加强层的结构体系而言，设置环带桁架后，结构抗侧刚度大大增强，层间位移角有了较大幅度的减小；但是在第一避难层设置环带桁架和 Y 向伸臂桁架，对层间位移角的影响很小。图 3.17.2-4（b）

还比较了上部每个避难层各自增设 Y 向伸臂，对整体结构抗侧移刚度的提升，结果表明，第 3 避难层和第 4 避难层设置伸臂桁架比第 2 避难层更有效。

经比较，最终确定利用上部 3 个避难层，即分别在 22 层、34 层和 47 层设置环带桁架和 Y 向伸臂桁架，形成 3 个加强层。风荷载下 Y 向最大层间位移角为 1/525，满足规范要求，结果如图 3.17.2-4(c) 所示。

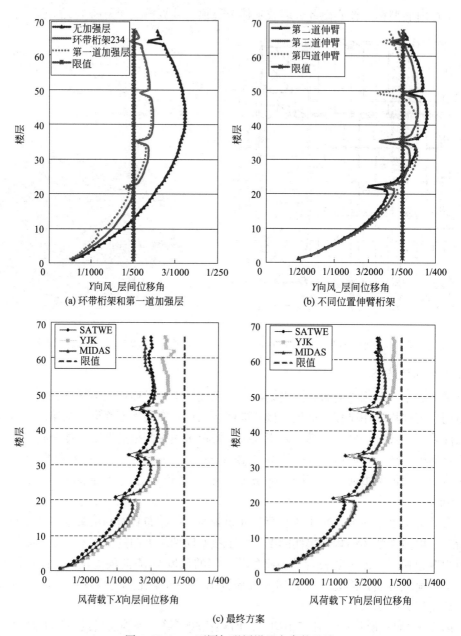

(a) 环带桁架和第一道加强层

(b) 不同位置伸臂桁架

(c) 最终方案

图 3.17.2-4　不同加强层设置方案的比选

3. 伸臂桁架和环桁架斜腹杆设计

Y 向核心筒宽度仅为主塔楼结构高度的 1/14.7，由于沿海地区风荷载较大，从而导致伸臂桁架弦杆和腹杆的轴力较大；加强层高 6m，斜腹杆长度较大，因此构件验算时发现斜撑难以满足面外稳定的要求。设计时伸臂桁架的上下弦杆及斜撑均采用 Q345GJ 钢材，同时将弦杆及斜撑均转置，相当于将"工字钢"截面旋转 90°后形成"H 型钢"，以有效增加面外惯性矩并改善稳定性。为有效增强节点的承载力，节点区翼缘为一整块钢板，见图 3.17.2-5（a）。伸臂桁架上弦杆和斜撑与核心筒预埋型钢的连接节点构造详图 3.17.2-6。由图 3.17.2-5（b）可知，翼缘面积远大于腹板，伸臂桁架弦杆和斜撑的轴力主要通过翼缘传递。伸臂桁架与核心筒预埋型钢柱之间内力的传递，分别有 3 种途径：弦杆和斜撑的腹板通过对应位置的水平加劲板传递，翼缘通过与型钢柱水平加劲板和型钢柱翼缘之间的焊缝传递。转置后的弦杆和楼面板的连接构造要求见图 3.17.2-7，巧妙地利用了凹槽浇筑混凝土，并配置相应的构造钢筋。

4. 地基基础设计方案

场地地貌类型属海积平原地貌，台州属中亚热带季风区，气候受海洋水体调节，四季分明，降水丰沛，冬无严寒、夏无酷暑。场地原为农田，西北角分布两个水塘，其中北侧水塘水深约 2.0m，底部淤积物厚约 1.0m，西侧水塘主要为人工开挖，现水深约 0.6m，原开挖大水塘部分已填埋。场地表部现多为近期人工堆填黏性土为主，局部回填厚度较大，局部夹有少量碎块石。

根据地下水的分布、埋藏特点，场地内⑤$_2$承压含水层测压水位高程为 -16.12m，⑦$_2$层承压含水层测压水位高程为 -24.32m，均低于基坑底板 2m 以下，对基坑开挖影响较小，本工程地下水对施工影响主要为对基坑开挖施工过程中坑内潜水汇集的问题，一般可采用集水明排予以处理。场地内承压含水层涌水量中等，承压水位埋深较大，低于地下水位，钻孔灌注桩施工时成孔一般表现为漏水，对混凝土灌注及成桩质量影响较小。

本场地属稳定场地，不存在滑坡、崩塌、岩溶土洞、斜坡等影响建筑的不良地质作用。在场地内选取钻孔进行单孔波速测试，场地内地基土主要为软弱土～中软土，计算深度内等效剪切波速值 V_{se} 为 $116.3 \sim 120.6$m/s，场地覆盖层厚度大于 80m，场地类别判别为Ⅳ类，属建筑抗震不利地段。

根据勘察结果，结合地基土层的成因、性质及室内土工试验、现场原位测试成果等，将勘察深度揭示的地基岩土划分为 9 个工程地质层组，细分为 18 个工程地质亚层。塔楼下对应典型工程地质剖面图如图 3.17.2-8 所示。

根据地质报告提供，⑦$_2$圆砾层，⑨含黏性土碎石层，⑩$_1$强风化凝灰岩层，⑩$_2$中风化凝灰岩层，工程性质良好，为良好的桩基持力层，但⑨、⑩$_1$、⑩$_2$埋深大于 105m，桩长较长，且需穿越厚层圆砾，难度较大，故本工程选择⑦$_2$层圆砾层为持力层，不同受力要求，进入该土层厚度不同。同时采用桩端后注浆技术来提高单桩承载力要求，以优化桩承载力和用桩数量。桩基最终确定为桩径 900mm 的钻孔灌注桩，桩长 77m，进入⑦$_2$圆砾层不少于 20m，桩身混凝土采用 C40，单桩竖向承载力特征值为 7000kN。

楼核心筒范围内基础底板厚度取为 3.50m，基础混凝土 C40，抗渗等级 P8，垫层采用 150mm 厚 C15 素混凝土，垫层下做 200mm 厚塘渣。经基础沉降试算，核心筒中央最大沉降为 83mm，外框架角柱最小沉降为 66mm。核心筒和外框架之间最大沉降差仅为 17mm。

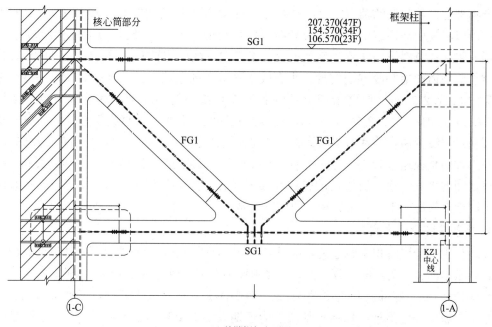

(a) 伸臂桁架立面图

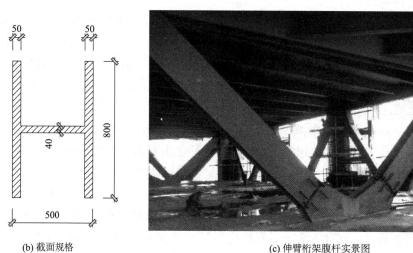

(b) 截面规格   (c) 伸臂桁架腹杆实景图

图 3.17.2-5 伸臂桁架弦杆和斜腹杆截面转置

3.17.3 结构超限判断和主要加强措施

1. 主要超限内容

根据《审查要点》，针对本项目的超限类型和超限程度判断如下：

（1）结构高度超限判断：本工程采用型钢混凝土柱-钢梁-钢筋混凝土核心筒体系，属于组合结构，规范适用高度为 220m，而结构实际高度 298.40m，超过适用高度 35.6%，高度超限。

（2）平面规则性的判别：

在考虑 ±5% 偶然偏心的 X 向水平地震作用下，各楼层扭转位移比均小于 1.20；在

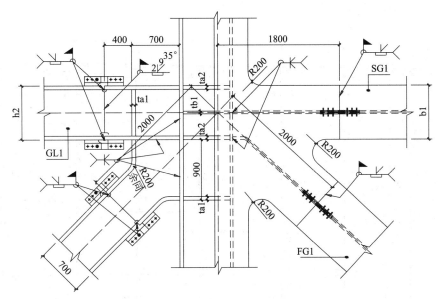

图 3.17.2-6 伸臂桁架与核心筒连接节点详图

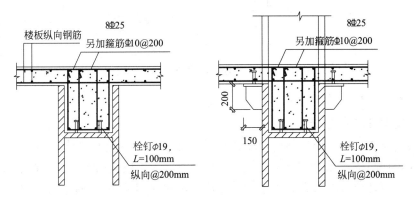

图 3.17.2-7 伸臂桁架弦杆与楼板连接节点详图

考虑 ±5% 偶然偏心的 Y 向水平地震作用下，裙房屋面以下楼层的最大扭转位移比为1.34，裙楼屋面以上各楼层的扭转位移比均小于 1.20。裙楼屋面以下楼层，X 方向偏心率超过 0.15，Y 向偏心率均小于 0.15；裙楼屋面以上楼层，除顶部出屋面个别楼层外，X、Y 两个方向的偏心率均小于 0.15。属于平面扭转不规则；

（3）竖向规则性判别：

①裙楼 12 层，高度超过主楼高度的 20%（约为主楼高度的 25%），因此属于建筑立面局部收进的水平向尺寸大于相邻下一层的 25%。属于尺寸突变不规则；

②主楼分别在 27 层和 42 层设置伸臂桁架加强层，属于带加强层的构件间断不规则。

③加强层楼层受剪承载力很大，下一层与加强层受剪承载力之比两个方向均约为62%，小于 80%。属于承载力突变不规则；

④主楼顶部自第 46 层开始，两个对角线方向因建筑立面切角形成斜柱；裙楼外侧也因建筑立面倾斜而设置了斜柱；裙楼以下为商场，因此在裙房与主楼之间的 2 根框架柱被抽掉，存在桁架转换框架柱。

因此，本项目存在高度、扭转不规则、尺寸突变、构件间断、承载力突变和其他不规

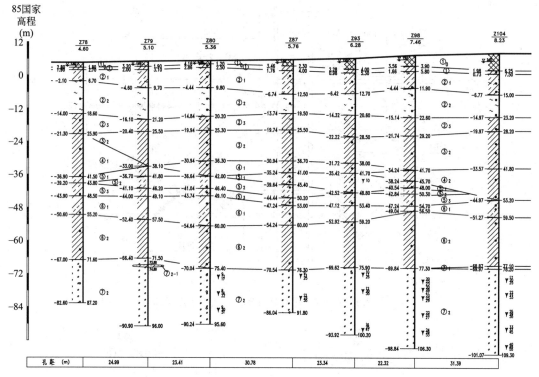

图 3.17.2-8　塔楼范围内典型地址剖面图

则（斜柱、抽柱转换）等超限内容。

2. 针对超限的主要措施

（1）控制核心筒剪力墙墙肢的剪应力水平，确保大震下核心筒墙肢不发生剪切破坏。结合性能化设计目标，在考虑罕遇地震作用组合下，对不同剪跨比的核心筒墙肢的抗剪截面进行验算，保证所有墙肢在大震下均满足抗剪截面控制条件，即在重力荷载代表值和罕遇地震作用下的墙肢截面剪力与截面面积之比，不超过混凝土抗压强度标准值的 0.15 倍，确保大震下核心筒墙肢不发生剪切破坏。

（2）核心筒约束边缘构件的配置高度，延伸至墙肢轴压比小于 0.25 的楼层标高；控制所有墙肢在水平风荷载或小震作用不出现受拉状态；对中震作用下出现受拉状态的墙肢，均设置约束边缘构件。

（3）为提高框架柱的抗震性能，增加其延性，同时为了减小框架柱截面，满足建筑使用功能要求，全楼通高范围内采用型钢混凝土柱。在墙柱混凝土强度等级改变的楼层，不同时改变墙柱截面大小，以保证墙柱竖向构件强度的过渡变化。

（4）确保周边框架的二道防线作用。周边框架作为混合结构的第二道抗震防线，须承担不小于规范规定的地震剪力。周边框架截面设计时，严于规范，各楼层框架部分承担的地震剪力按不小于结构底部总地震剪力的 25% 和计算最大楼层 1.8 倍两者的较小值，且不小于结构底部总地震剪力的 15% 的要求进行调整。

（5）伸臂桁架伸入并贯通核心筒墙体。桁架上下弦杆均伸入核心筒墙体内，确保伸臂桁架上下弦杆与核心筒的刚性连接。为使周边各框架柱受力均匀，同时为进一步减小剪力滞后、提高结构刚度，在伸臂桁架加强层的周边框架布置了腰桁架。

（6）为减小核心筒与周边框架柱因竖向弹性变形、基础不均匀沉降以及混凝土收缩徐变等因素对伸臂构件可能产生的不利影响，结合现场施工条件，将伸臂桁架与核心筒和周边框架柱的连接延时固定，即伸臂桁架斜腹杆前期安装时临时连接，待主体结构封顶后再进行固定安装。

（7）增大加强层核心筒角部暗柱的配筋率，并向上、向下各延伸 1 层。加强层核心筒内设置约束边缘构件，并向上、向下分别延伸 2 层；提高约束边缘构件的配箍率。

（8）对伸臂桁架上下弦杆所在楼层、出现斜柱的楼层以及核心筒内收的楼层，补充弹性楼板应力分析，依据计算结果，对板厚及配筋进行加强。加强层不考虑楼板传递水平力，按照"零楼板"分析地震作用下水平力的传递。

3. 性能目标

本工程抗震设计，在满足国家、地方规范的同时，根据性能化抗震设计的概念，针对结构超限情况，综合考虑抗震设防类别、设防烈度、场地条件、结构的特殊性、建造费用、震后损失和修复难易程度等因素，本项目性能目标选用"C"：多遇地震作用下结构达到性能水准"1"的要求，设防烈度地震作用下结构达到性能水准"3"的要求，预估的罕遇地震作用下结构达到性能水准"4"的要求。主楼核心筒、周边框架及加强层伸臂桁架和腰桁架的抗震设计采用如表 3.17.3-1 所示性能目标。

针对性能目标，采取的措施有：

（1）适当提高底部加强部位、核心筒四角部位的配筋率，确保核心筒在水平地震作用下，墙肢正截面（压弯、拉弯）承载力满足中震不屈服、斜截面受剪承载力满足中震弹性的性能要求。

（2）周边框架柱正截面压弯和拉弯承载力、斜截面受剪承载力，均按中震弹性的性能要求进行设计。

（3）伸臂桁架上下弦、腹杆，以及相邻框架柱钢材强度等级采用 Q390，满足中震不屈服的性能要求。

结构抗震设计性能目标

表 3.17.3-1

地震烈度水准			多遇地震	偶遇地震	罕遇地震
性能水平定性描述			不损坏	可修复的损害	无倒塌
层间位移角限值			$h/500$	—	$h/120$
构件性能	核心筒		规范设计要求,弹性	正截面承载力不屈服,斜截面承载力弹性	抗剪截面不屈服,允许进入塑性,控制塑性变形
	伸臂桁架、腰桁架	上下弦杆	规范设计要求,弹性	不屈服	允许进入塑性,控制塑性变形
		腹杆	规范设计要求,弹性	不屈服	允许进入塑性,控制塑性变形
	外围框架	型钢混凝土柱	规范设计要求,弹性	弹性	不屈服
		边框架	规范设计要求,弹性	允许进入塑性	允许进入塑性,控制塑性变形

3.17.4　结构抗震计算

1. 结构动力特性分析

分别利用软件 SATWE、YJK 和 MIDAS Gen 建立计算模型，总质量和前 3 阶周期结果如表 3.17.4-1。三者计算的结构总重量、振动模态和周期基本一致，结构扭转效应较小。其中第 1、第 2 振型分别为 X 向和 Y 向的平动为主，第 3 振型以扭转为主。结构振型周期比（以扭转为主的第一自振周期与以平动为主的第一自振周期的比值）：SATWE 和 YJK 计算结果均为 $T_t/T_1 = 0.51$，MIDAS Gen 计算为 0.55，均满足小于 0.85 的要求。

结构前六阶周期对比　　　　　　　　　　　　表 3.17.4-1

计算软件		YJK	SATWE	MIADS Gen
总质量(t)		190324.651	195183.344	199550.9295
前三阶周期(s)	T_1	6.0127(0.99Y)	6.3674(1.00Y)	6.2275(0.96Y)
	T_2	5.9092(0.99X)	6.0710(1.00X)	6.1840(0.96X)
	T_t	3.0710(1.00Z)	3.2596(1.00Z)	3.4136(1.00Z)
T_t/T_1		0.511<0.85	0.512<0.85	0.548<0.85

2. 剪力系数分析

水平地震和风荷载作用下的基底剪力和倾覆弯矩结果如表 3.17.4-2 所示。X 方向风荷载和水平地震作用下的基底剪力分别为 13738.5kN 和 35429.9kN，风荷载作用下的基底总剪力是多遇地震的 2.58 倍。同样 Y 方向二者比值为 2.55，说明当结构承载力满足最不利风荷载组合工况下的设计要求时，整体结构基本具备中震弹性的抗震承载力水平。此外，最小剪重比 X 方向为 0.67%，Y 方向为 0.68%，大于规范限值 0.6%，满足要求。

风荷载和规范地震作用下的基底剪力和倾覆弯矩　　　　表 3.17.4-2

	风荷载基底总剪力(kN)	风荷载倾覆弯矩(kN·m)	水平地震作用下基底总剪力(kN)	水平地震作用下基底倾覆弯矩(kN·m)
X 向	35429.9	6303121.5	13738.5	2037135.9
Y 向	35536.9	6326079.7	13958.7	2018365.3

3. 结构位移和扭转位移比分析

多遇地震和水平风荷载作用下，两个主轴方向的楼层层间位移角分布见图 3.17.4-1。多遇地震下的最大层间位移角分别为 1/1747（X 向）、1/1659（Y 向）；水平风荷载作用下的最大层间位移角分别为 1/649（X 向）、1/595（Y 向）。可见多遇地震和水平风荷载作用下的结构层间位移均满足规范要求。多遇地震作用下，考虑 ±5% 偶然偏心情况下，最大楼层扭转位移比分别为 1.12（X 向）、1.13（Y 向），说明结果平面布置合理，扭转效应不明显。

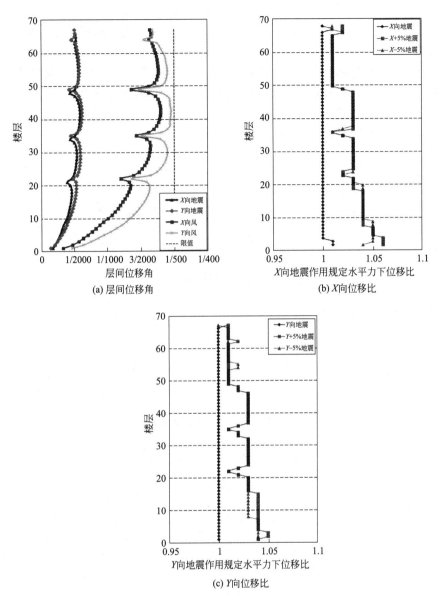

(a) 层间位移角

(b) X 向位移比

(c) Y 向位移比

图 3.17.4-1　结构层间位移角和位移比

4. 楼层刚度比及受剪承载力比

按照地震剪力与层间位移比算法计算层间刚度比，各楼层侧向刚度与相邻上部楼层侧向刚度的 70% 或其上相邻三层侧向刚度平均值的 80% 的比值如图 3.17.4-2 所示。可以看出，三种软件计算结果基本接近。以 SATWE 结果为例，X 向和 Y 向侧向刚度比分别在 9 层（刚刚满足要求）和 31 层（第二道加强层的相邻下一层）较小。第 9 层边柱为 1.5m×2.0m，中柱为 1.6m×1.6m；而第 10 层边柱为 1.4m×2.0m，中柱截面不变；核心筒外圈墙厚则由 1.0m 减薄至 0.9m。但是由于层高从第 9 层的 6.0m 过渡到第 10 层的 4.2m，因此侧向刚度比较小（X、Y 向分别为 1.03、1.00）。第 31 层本层竖向构件截面较小，而相邻上层为加强层，因此侧向刚度比不满足规范要求（X、Y 向分别为 0.93、

0.92)。

楼层受剪承载力比值结果如图3.17.4-3所示，大部分楼层受剪承载力均满足要求；其中首层因为层高10.8m和第二个加强层的相邻下一层，受剪承载力比值X向分别为0.67、0.78，Y向则分别是0.67、0.76，均小于规范要求。对加强层相邻楼层受剪承载力进行手算补充复核，通过适当提高首层墙柱配筋率，从而提高首层受剪承载力，使得首层和2层的楼层受剪承载力比均超过1.0。31层与32层（第二道加强层）同样受剪承载力比值X向为0.877，Y向为0.808，均满足规范的要求。

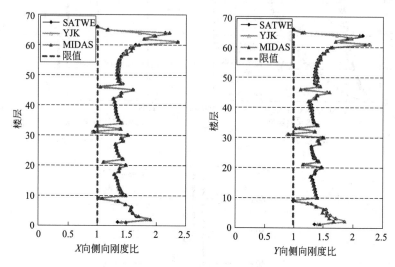

图3.17.4-2 楼层侧向刚度比

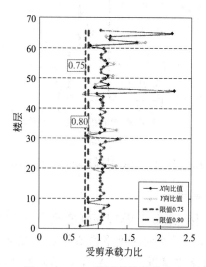

图3.17.4-3 楼层受剪承载力比

5. 外框架柱承担的倾覆力矩和剪力

各楼层外框架和核心筒分别承担的倾覆力矩和剪力比例，分别如图3.17.4-4和图3.17.4-5所示。周边框架为确保作为混合结构的第二道抗震防线，须承担不小于规范规定的地震剪力。周边框架截面设计时，严于规范，各楼层框架部分承担的地震剪力按不小于结构底部总地震剪力的 25% 和计算最大楼层 1.8 倍两者的较小值，且不小于结构底部总地震剪力的 15% 的要求进行调整，如图 3.17.4-6 所示。

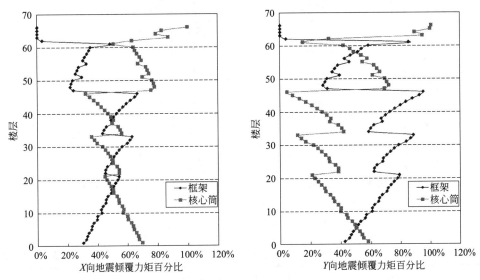

图 3.17.4-4　地震作用下框架和核心筒承担倾覆力矩比例

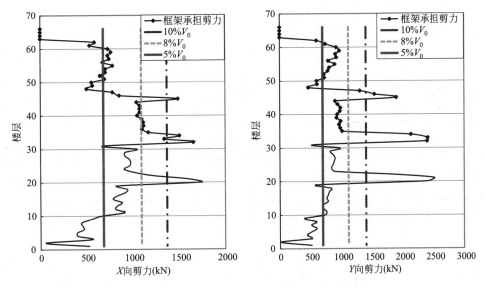

图 3.17.4-5　地震作用下框架承担剪力比例

6. 墙柱轴压比

所考虑地震和风荷载下典型楼层处外围框架柱轴压比验算如表 3.17.4-3 所示，结果表明，不考虑内插型钢的作用，部分柱子轴压比均超过限值 0.65；考虑型钢的作用后轴压比均满足要求。

重力荷载代表值下首层混凝土核心筒外圈各墙肢的轴压比验算如图 3.17.4-7 和表 3.17.4-4 所示。计算结果表明，各墙肢的轴压比均小于 0.50，因此设计中可不设置型钢。

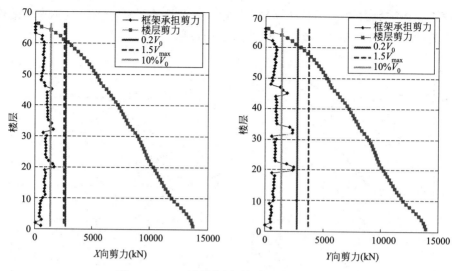

图 3.17.4-6　地震作用下框架承担剪力调整

柱子轴压比验算　　　　　　　　　　　　　　　　表 3.17.4-3

层数	位置	混凝土材料		柱子截面		钢骨(Q345)	轴力(kN)	轴压比	
		强度等级	f_c(MPa)	高(m)	宽(m)	截面积(mm²)		不考虑钢骨	考虑钢骨
地下三层	角柱	C60	27.5	2.0	1.8	154528	−86387.0	0.873	0.617
	中柱	C60	27.5	1.7	1.7	218726	−92853.0	1.168	0.645
首层	角柱	C60	27.5	2.0	1.8	231792	−99427.1	1.063	0.642
	中柱	C60	27.5	1.7	1.7	218726	−86124.6	1.084	0.598
第一加强层	角柱	C60	27.5	2.0	1.3	140760	−69796.0	0.976	0.641
	中柱	C60	27.5	1.6	1.5	111664	−61653.6	0.934	0.623

墙肢轴压比计算　　　　　　　　　　　　　　　　表 3.17.4-4

墙肢编号	墙肢厚度(mm)	墙肢长度(mm)	重力荷载代表值 N(kN)	轴压比	是否满足
W1	1300	3400	47103.60	0.388	满足
W2	1300	4250	66326.80	0.437	满足
W3	1300	6150	93429.65	0.425	满足
W4	1300	3400	46639.55	0.384	满足
W5	1300	8300	113338.75	0.382	满足
W6	1300	8000	108080.60	0.378	满足
W7	1300	3400	45695.25	0.376	满足
W8	1300	4350	50038.35	0.322	满足
W9	1300	4250	65157.65	0.429	满足
W10	1300	3400	46675.75	0.384	满足
W11	1300	7900	109314.60	0.387	满足
W12	1300	8300	115702.95	0.390	满足

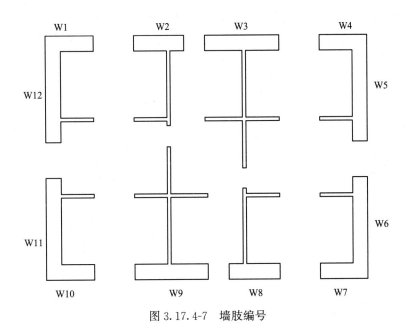

图 3.17.4-7 墙肢编号

7. 小震弹性时程分析

采用 5 条天然波和 2 条人工波进行动力弹性时程分析，比较时程分析与反应谱法所得的底部剪力，如表 3.17.4-5 所示。结果表明：每条时程曲线计算所得结构基底剪力不小于振型分解反应谱法计算结果的 65%，多条时程曲线计算的结构基底剪力的平均值不小于振型分解反应谱法计算结果的 80%。从而说明时程波的选取是合适的，满足规范要求。

时程分析与反应谱分析基底剪力比较   表 3.17.4-5

地震波		0°(X 向)		90°(Y 向)	
类型	名称	基底剪力(kN)	时程基底剪力/反应谱基地剪力	基底剪力(kN)	时程基底剪力/反应谱基地剪力
反应谱	—	13738.49	—	13958.67	—
天然波 1	S0007/8	11083.5	0.807	13201.8	0.946
天然波 2	S0169/170	11162.7	0.813	12240.7	0.877
天然波 3	S0379/380	13767.8	1.002	14639.5	1.049
天然波 4	S0640/1	10778.4	0.785	10631.3	0.762
天然波 5	S0721/2	10533.9	0.767	9780.2	0.701
人工波 1	S845-1/2	11784.1	0.858	12125.3	0.869
人工波 2	S845-3/4	11939.1	0.869	13405.6	0.960
时程分析平均值		11578.5	0.843	12289.2	0.880
是否满足		—	满足	—	满足

图 3.17.4-8 分别比较了小震弹性时程分析各楼层 X 向、Y 向楼层剪力，以及平均值与反应谱法结果的比值，可以看出，结构 45 层以上楼层时程分析法所得楼层剪力均大于

规范反应谱法结果，楼顶最大比值约 1.3 倍。因此，在采用 CQC 法进行构件截面设计时，对于楼层剪力时程分析法大于振型分解反应谱法的楼层，相关部位的构件内力和配筋作相应的调整。

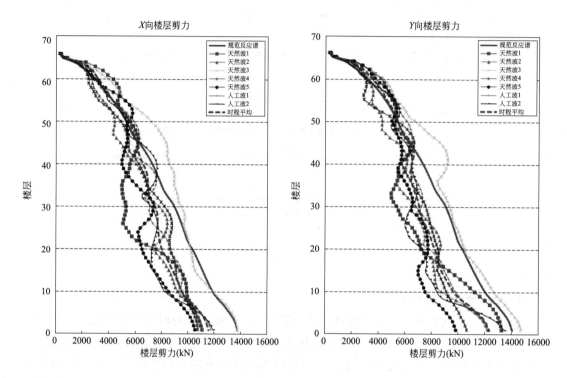

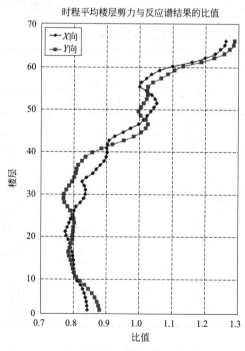

图 3.17.4-8　小震弹性时程分析所得楼层剪力与反应谱法结果比较

3.17.5　构件性能目标验算

根据性能设计目标，核心筒剪力墙应满足中震下"正截面承载力不屈服、斜截面承载力弹性"、大震下"抗剪截面不屈服"的要求，加强层伸臂桁架和腰桁架的上下弦杆及腹杆均应满足中震下"不屈服"的要求，外围框架柱应满足"中震弹性""大震不屈服"的要求。在结构计算分析中，增加 45°方向地震作用。此外，小震下《抗规》规定地震加速度时程的最大值为 $18cm/s^2$，安评的加速度时程最大值为 $24cm/s^2$，安评是规范的 1.333 倍；在进行中震或大震分析时水平地震影响系数最大值按照 1.333 倍进行调整，也就是说，中震对应的 α_{max} 取 $0.12 \times 1.333 = 0.16$，大震对应的 α_{max} 取 $0.28 \times 1.333 = 0.37$。大震计算时场地特征周期增加 0.05s。

分别利用软件进行墙肢、加强层和外围框架的中震和大震下的不屈服计算，均满足要求。底部多数墙肢在中震不屈服的条件下仍处于受压状态，只有 X 向靠角部的四片墙肢处于受拉状态，但通过调整墙肢端部的配筋率再进行复核计算，同样能满足要求。墙肢中震下斜截面承载力弹性验算，通过适当提高墙肢水平配筋，也能满足要求。

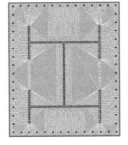
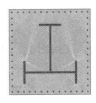

1. 外围框架柱中震弹性验算

中震弹性下底层柱子的配筋计算结果均未超筋。在考虑"恒载＋活载＋偶遇地震"组合工况

图 3.17.5-1　柱子有限元模型

下，对型钢混凝土柱进行中震弹性承载力验算。根据结构布置的对称性，选择典型框架柱角柱 C1 和边柱 C2，分别建立有限元模型如图 3.17.5-1 所示，将计算所得 N-M 曲线和中震弹性下框架柱的内力绘制成图 3.17.5-2。可以看出，中震下柱子内力均能满足弹性要求。

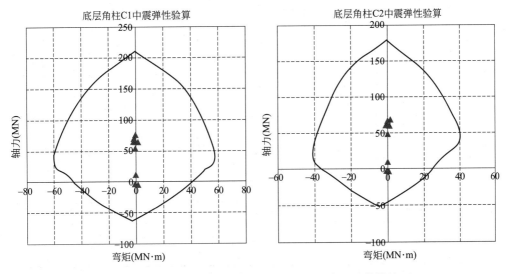

图 3.17.5-2　角柱 C1 和边柱 C2 的中震承载力验算结果

2. 大震下墙肢截面受剪验算

大震作用下首层墙肢截面受剪承载力验算如下。其中大震下普通混凝土墙所受剪力根据大震反应谱的弹性计算，并根据静力弹塑性分析所得基底剪力与弹性反应谱所得基底剪力的比值进行了调整，在一定程度上考虑了结构弹塑性变形对结果的影响。编写程序，通过读取墙肢截面内力计算公式，结果如表 3.17.5-1 所示，可以看出，大部分墙肢均满足要求。

3. 大震弹塑性时程分析

为了评价结构在大震下的弹塑性行为，判断结构是否满足"大震不倒"的设防水准要求，采用 2 组天然波（T_1、T_2）和 1 组人工波（R_1）对结构进行大震弹塑性时程分析，其中加速度峰值取 125cm/s^2，大震下结构 Y 向层间位移角见图 3.17.5-3，结果表明，T_1、T_2、R_1 地震波作用下，结构的最大层间位移角分别为 1/265、1/301、1/255，满足层间位移角不大于 1/120 的既定目标。同时可以看出，在加强层处层间位移角明显减小，说明加强层有效地增加了结构的抗侧刚度。

图 3.17.5-4 为底层墙肢和第 24 层避难层（即第一道加强层）对应剪力墙的受压损伤情况。可知少量剪力墙发生了受压损伤，但损伤区域很小。连梁出现了较为明显的受压损伤，大震时起到了良好的耗能作用。整体性能满足大震作用下的各项性能要求。

加强层伸臂桁架和环桁架的斜撑多数出现了塑性应变（图 3.17.5-5），但应变值较小。位于结构中部的加强层塑性应变主要集中在伸臂桁架斜撑，而位于底部和顶部的加强层，环桁架和伸臂桁架的斜撑差不多同步出现塑性应变。

大震下底层核心筒外圈墙受剪验算结果   表 3.17.5-1

墙肢编号	墙肢厚度(mm)	墙肢长度(mm)	墙肢有效长度 h_0(mm)	剪力 V_w(kN)	$0.15f_{ck}bh_0$	是否满足
W1	1300	3400	2900	8936.95	21771.75	满足
W2	1300	4250	3750	18261.50	28153.125	满足
W3	1300	6150	5650	27301.45	42417.375	满足
W4	1300	3400	2900	8909.00	21771.75	满足
W5	1300	3150	2650	19365.75	19894.875	满足
W6	1300	8300	7800	19208.55	58558.5	满足
W7	1300	8000	7500	8637.60	56306.25	满足
W8	1300	3400	2900	18172.10	21771.75	满足
W9	1300	4250	3750	26745.95	28153.125	满足
W10	1300	6150	5650	8835.00	42417.375	满足
W11	1300	7900	7400	19360.05	55555.5	满足
W12	1300	8300	7800	20678.00	58558.5	满足
X 向				108252.95	184684.5	满足
Y 向				97158.95	270645.375	满足

注：1. X 向和 Y 向统计的仍为核心筒外圈墙；2. 表中剪力 $V_w = V_{Gk} + V_{Ek}$。

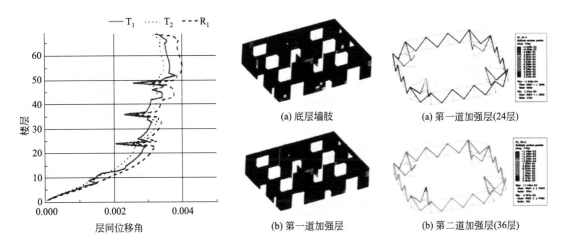

图 3.17.5-3 大震下 Y 向层间位移角　图 3.17.5-4 剪力墙受压损伤　图 3.17.5-5 加强层塑性应变

3.17.6 结构抗风计算

1. 抗风计算和风洞试验

项目建造在沿海地区，风荷载较大。在进行性能化设计之前，先比较地震作用和风荷载下的基底剪力。小震、中震、大震和风荷载对应的基底剪力比较如表 3.17.6-1 所示，可以看出，规范对应小震作用下基底剪力仅为风荷载下的 0.39 倍；中震作用下的基底剪力为风荷载的 1.55 倍，大震约为 3.4 倍。

风荷载和不同水平地震作用下基底剪力比较　　　表 3.17.6-1

	风	小震(规范)	小震(安评)	中震	大震
X 向	35429.9	13738.49	18317.258	54953.73	118202.098
比例	—	0.388	0.517	1.551	3.336
Y 向	35536.9	13958.67	18621.134	55834.27	122634.925
比例	—	0.393	0.524	1.571	3.451

风洞模型试验在 B 类地貌的边界层风洞中进行。利用风洞试验结果进行复核时，重点考虑横风向的影响和顶点加速度。计算时分别输入 0°和 90°的顺风向与横风向等效风压。

结果表明，风洞试验结果对应的基底剪力和规范风基本接近，各楼层风荷载顶部规范风大，中间部分二者基本相同，底部 90°顺风大于规范风（图 3.17.6-1）。对应的层间位移角则是规范风大（图 3.17.6-2）。顺风向顶点加速度最大值为 6.19cm/s^2，横风向顶点加速度最大值为 11.56cm/s^2（图 3.17.6-3），均小于规范规定的"办公、旅馆建筑最大限值 0.25m/s^2"的要求。

2. 加强层楼板应力分析

对加强层楼板分析时，采用平面应力膜单元真实计算楼板的平面内刚度，同时忽略楼板的平面外刚度，利用结构软件 MIDAS Gen 进行弹性楼板应力分析。三道加强层桁架上、下弦杆所在层的楼板厚度均为 180mm，混凝土强度等级 C35。

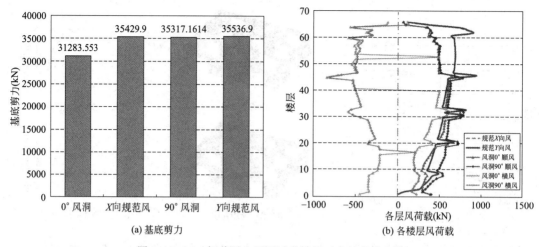

(a) 基底剪力　　　　　　　　　　　　(b) 各楼层风荷载

图 3.17.6-1　规范风和风洞试验结果对应的剪力比较

针对加强层下弦层的楼板进行小震下的应力分析，结果如图 3.17.6-4 和图 3.17.6-5 所示。局部楼板应力集中处最大楼板应力为 2.81MPa；除此之外，大部分楼板应力小于 C35 混凝土的抗拉强度设计值 $f_{tk}=2.20MPa$，满足要求。

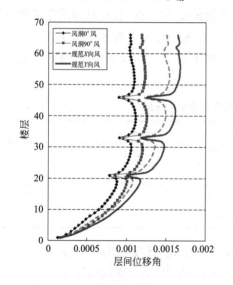

图 3.17.6-2　层间位移角比较

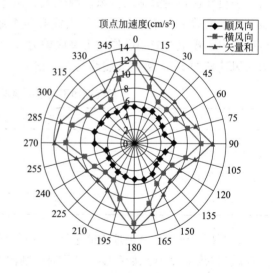

图 3.17.6-3　风洞对应的顶点加速度

3. 施工模拟和收缩徐变的影响分析

采用 MIDAS Gen 进行施工模拟分析，在混凝土特性中考虑依赖于时间的徐变、收缩和强度增长。SRC 框架柱施工模拟时，仅考虑分层恒荷载作用下的变刚度计算。图 3.17.6-6 为角部框架柱采用一次加载和施工模拟分析时所得的竖向弹性变形量对比图。由于建筑造型影响，柱子 51 层以上均为斜柱，比较时仅针对竖直柱，其中边柱 1 与伸臂桁架相连。结果表明，施工模拟分析时，框架柱的变形沿结构高度呈现出鱼腹状变化趋势，施工模拟分析所得的框架柱竖向位移峰值在出现在 32～35 层，其中角柱竖向变形最大值为 26mm，与伸臂桁架相连的中柱为 28mm，普通中柱则为 25mm。而按一次加载分析时，不

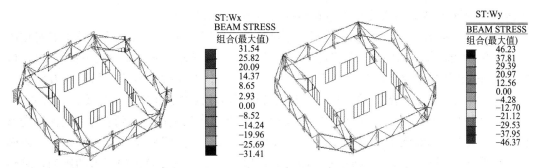

图 3.17.6-4 风荷载作用下第一道加强层上下弦杆构件应力（MPa）

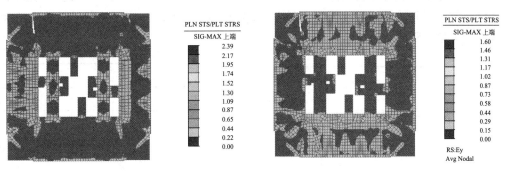

(a) 下弦层X向地震作用　　　　　　　(b) 下弦层Y向地震作用

图 3.17.6-5 第一加强层下弦层楼板最大应力云图

考虑施工找平调整，框架柱的竖向位移沿结构高度（或楼层）不断增大，最大变形发生在结构的顶部，其中角柱为 54mm，与伸臂桁架相连的中柱为 56mm，普通中柱则为 55mm。

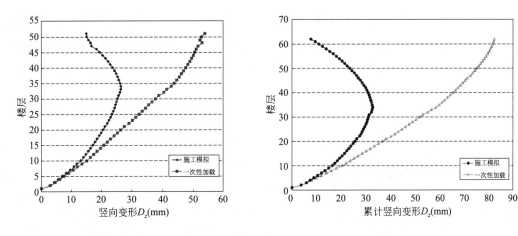

图 3.17.6-6 角柱竖向变形量计算结果对比　　图 3.17.6-7 恒荷载作用下核心筒的竖向弹性变形

　　以核心筒左下角为例，62 层以上核心筒布置方式发生变化，因此计算结果均只统计到 62 层。图 3.17.6-7 为核心筒分别采用一次加载和施工模拟分析（未考虑徐变和收缩作用）时所得的竖向弹性变形量对比图。由图可知，采用施工模拟分析时，核心筒的变形趋势类似于框架柱，沿结构高度呈出鱼腹状变化，竖向位移的最大值出现在结构的中部楼层（35 层），竖向位移峰值为 32mm。按一次加载分析时，核心筒的竖向位移沿结构高度

（或楼层）不断增大，最大变形发生在结构的顶部，峰值为 82mm。

图 3.17.6-8 和图 3.17.6-9 分别显示了结构施工阶段，徐变及收缩效应单工况对核心竖向筒变形的影响。考虑徐变效应和恒荷载效应组合时（即：弹性压缩 E＋徐变 C），核心筒竖向位移峰值较仅考虑弹性变形时增加了 92.7％；考虑收缩效应和恒荷载效应组合时（即：弹性压缩 E＋收缩 S），核心筒竖向位移峰值较仅考虑弹性变形时增加 70％左右。

结构主体完成后，徐变效应在开始阶段引起的变形增长很快，而随着时间的流逝变形速率渐渐减小。扣除施工阶段的变形值，徐变引起的核心筒竖向位移沿结构高度（或楼层）不断增大。图 3.17.6-10（a）显示考虑累积徐变效应对核心筒竖向变形的影响，结构施工完成时徐变引起的最大累计竖向变形为 11.38mm，出现在 35 层；投入使用第五年年底，徐变效应引起的最大累计竖向变形为 20.07mm，出现在 43 层；随着时间推移，徐变引起的最大累计竖向变形逐渐向楼顶发展。

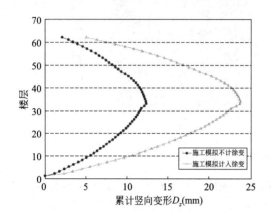

图 3.17.6-8　徐变对核心筒竖向变形的影响　　　图 3.17.6-9　收缩对核心筒竖向变形的影响

结构主体完成后，收缩效应在开始阶段引起的变形增长很快，而随着时间的流逝变形速率渐渐减小。图 3.17.6-10（b）为累积收缩效应对核心筒竖向变形的影响。施工完成

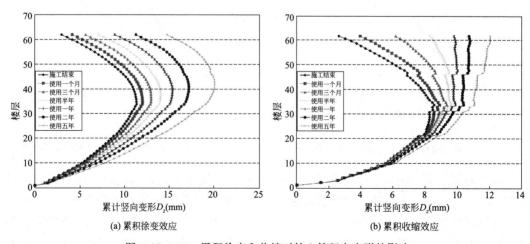

(a) 累积徐变效应　　　　　　　　　　　(b) 累积收缩效应

图 3.17.6-10　累积徐变和收缩对核心筒竖向变形的影响

时，由于施工阶段的层层找平，底部早已开始收缩，顶部刚刚浇捣，因此收缩变形沿结构楼层接近于鱼腹状曲线型。使用阶段随着时间的推移，徐变效应引起的竖向位移峰值所在楼层逐步上移，由施工结束时对应的 33 层，一年后就迅速上升至顶层，徐变引起的竖向位移峰值也由 8.8mm 增加到 9.9mm。

3.18　湖州南太湖 CBD 主地块 10-1 号楼

3.18.1　工程概况

湖州太湖湾单元 TH-08-01-01A 号地块开发建设项目[①]主地块 10-1 号楼项目位于湖州南太湖新区，迎宾大道与滨湖路交叉口南侧，集办公、酒店、产权式酒店公寓、配套商业、公交首末站和游艇俱乐部等多功能为一体的综合用途建筑群体。建筑效果图如图 3.18.1-1 所示，建筑剖面图如图 3.18.1-2 所示，总建筑面积为 14.657 万 m^2。

图 3.18.1-1　效果图

主体结构高度 303.3m、塔冠高度 314.4m，地上 66 层；结构在 19 层楼面以下分开为左右两个单体，其中在 4 层楼面采用钢梁及现浇楼板将两个塔楼连为一体，在 20、21 层通过两层高的连接桁架将上部部分框架柱的荷载传递至左右两个分塔，同时也将两个塔楼连接为整体结构。

主楼底部 5 层为大堂与商业配套，层高分别为 5.55m、4.75m、4.75m、4.5m、

① 方案设计、初步设计（含超限审查）和施工图设计单位均为浙江绿城建筑设计有限公司。

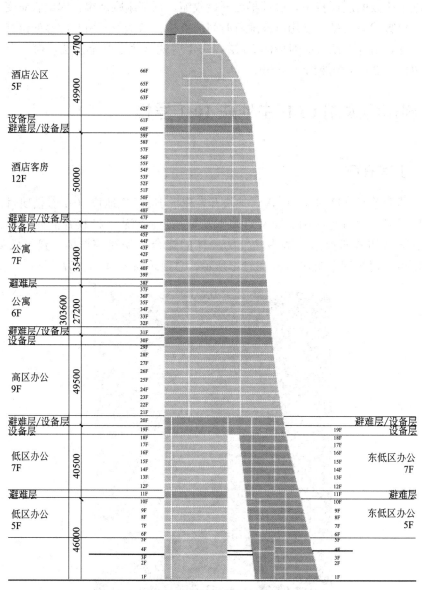

图 3.18.1-2 建筑剖面图

4.45m，4 层楼面、6 层楼面以下分别有 3 层、5 层高的通高空间，通高柱子高度分别为 15.05m 和 24m；除设备层、避难层外，7～29 层为办公空间，层高 4.4m；32～58 层为公寓和酒店，层高 3.7m；避难层或设备层的层高在 4.4～5.15m 之间。63 层为酒店大堂，有 5 层通高空间，通高柱子高度 33.05m；同时通高大堂的南北侧根据建筑需求设置 29m×33.05m 的拉索幕墙，拉索幕墙周边设置巨型钢结构外边框，形成自平衡体系以承受拉索幕墙的索力；地下室共 3 层，底板标高−15.45m，主要功能为地下停车场及相关设备用房。

塔楼的设计使用年限为 50 年，建筑安全等级一级，建筑抗震设防类别为重点设防类（乙类），重要性系数 1.1。设防烈度为 6 度（0.05g），设计地震分组第一组。工程场地类别为Ⅲ类，特征周期为 0.45s。项目北临太湖，50 年一遇基本风压 0.45kN/m^2，地面粗糙度类别为 A 类。基本雪压 0.50kN/m^2。

3.18.2 结构方案

1. 结构体系

结构设计结合建筑平立面造型、施工难度、结构抗震性能需求等因素，采用具有多道防线的钢管混凝土框架-钢筋混凝土核心筒-伸臂桁架-环带桁架结构体系，塔楼的抗侧力体系见图 3.18.2-1。

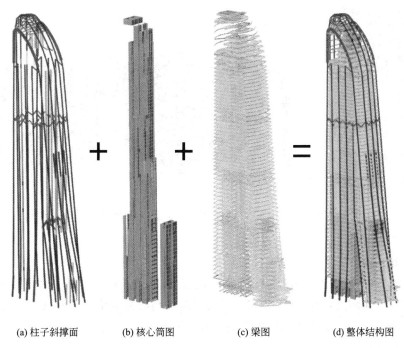

(a) 柱子斜撑面　　　(b) 核心筒图　　　(c) 梁图　　　(d) 整体结构图

图 3.18.2-1　结构体系组成示意

（1）钢筋混凝土核心筒

根据建筑功能及形体需求，主核心筒在高度上主要分为 3 段，基础～20 层核心筒尺寸为 19m×32m、21～35 层为 18.6m×22.3m、36 层以上为 18.2m×18.6m；结构 X 向、Y 向高宽比分别为 3.9 和 7.0，核心筒 X 向、Y 向高宽比分别为 9.8 和 16.5；核心筒周边剪力墙厚度由 1200mm 逐渐缩小至 600mm；底部 5 层通高部位外圈剪力墙增大至 1500mm；内墙厚度 400mm；混凝土强度等级从下向上由 C70 降低至 C40。

由于建筑形体导致结构主核心筒个别墙肢承受了比较大的竖向荷载，计算结果表明，低区主核心筒增加的部分剪力墙与上部核心筒一起形成了更强的抗侧刚度，同时将重力荷载分散到了更多的剪力墙，避免了个别墙肢高轴压比的现象。同时，如图 3.18.2-2 所示，通过在 15～20 层不断减少核心筒面积，尽量减少 20 层与 21 层之间的刚度突变。

（2）外框钢管混凝土柱与钢梁形成的外框框架

结构外框柱子由于形体原因，均存在不同的倾角，钢管混凝土柱的节点转折构造在工厂加工制作，施工精度高，配合采用钢梁和钢-混凝土组合梁，梁、柱及支撑之间的连接方便，施工简单；同时由于圆钢管混凝土柱受压和受剪承载力更高，相对混凝土柱和型钢混凝土柱的柱子截面，钢管混凝土柱子可以设置更小的截面，从而使得建设方获得更大的使用空间和更良好的使用感受。

普通柱子由底部的 ϕ1500mm×50mm 逐渐变化至 ϕ1000mm×30mm；底部 5 层、3 层通高柱子截面分别采用 ϕ1900mm×50mm、ϕ1700mm×50mm；顶部 5 层通高柱子截面采用 ϕ1200mm×40mm；钢管内采用 C60 自密实混凝土浇筑。外框架梁采用钢梁刚接，主要截面高度为 800mm；核心筒与外框架之间采用铰接的钢与混凝土组合梁，钢梁主要截面高度范围在 400～600mm 之间。图 3.18.2-3 为底部存在 5 层和 3 层的通高柱子。

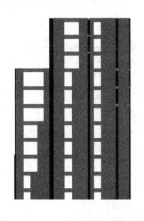 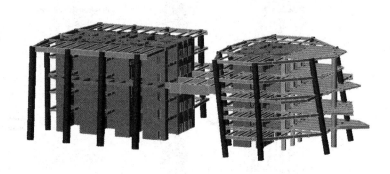

图 3.18.2-2　12～23 层核心筒　　　　　　图 3.18.2-3　底部通高柱子示意图
　X 向剪力墙截面变化

（3）伸臂桁架

由于结构 Y 向高宽比 7.0，核心筒 Y 向高宽比 16.5，Y 向在风荷载下位移角偏大。为了适当加大 Y 向刚度，在 46、47 层设置两榀两层高的伸臂桁架，桁架分别与钢管混凝土柱及核心筒连接，确保 Y 向位移角满足规范要求。

（4）环带桁架

47 层设置一层高的环带桁架，将伸臂桁架传递给对应柱子的轴力传递给其他框架柱，同时对所有柱子的轴力进行协调，减少了外框架的剪力滞后效应，加大了外框架的刚度，图 3.18.2-4 为伸臂桁架与环带桁架示意图。

（5）连接桁架

塔楼在 19～20 层设置连接桁架；连接桁架将两侧塔楼连成一体，同时将上部结构柱子的荷载传递给左右两个筒体及下侧的斜柱，图 3.18.2-5 为连接桁架示意图。

2. 结构布置方案

形体外表面取意山水，是一个 Nurbs 曲面；建筑采用楼层标高平面对该曲面进行剖切后，根据一定的逻辑形成各楼层板面边界，然后再根据板面边界与轴网的关系确定柱子的空间位置，因此大部分柱子存在较小的倾角；东西向的柱子在塔冠位置会合，南北向的柱子向上延伸至拉索幕墙的底部。图 3.18.2-6～图 3.18.2-9 分别为平面变化中的部分楼层平面布置图。

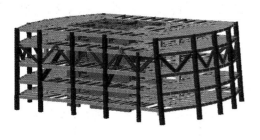

图 3.18.2-4 伸臂桁架与环带桁架示意图

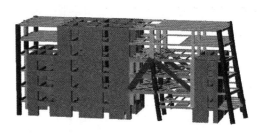

图 3.18.2-5 连接桁架示意图

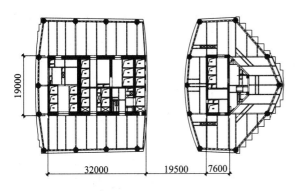

图 3.18.2-6 8 层结构平面布置图

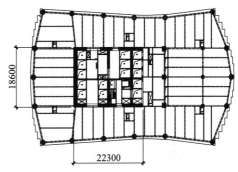

图 3.18.2-7 22 层结构平面布置图

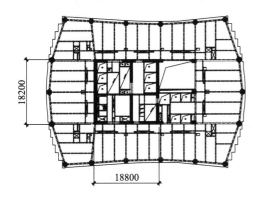

图 3.18.2-8 40 层结构平面布置图

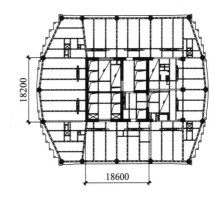

图 3.18.2-9 60 层结构平面布置图

3. 地基基础设计方案

根据钻孔地质资料结合区域地质情况，在本次勘探深度范围内，将地基土划分为 10 个工程地质层，23 个工程地质单元层，图 3.18.2-10 为典型地质剖面，表 3.18.2-1 为各土层物理力学性质指标。根据钻探结果及区域水文地质资料，场地勘探深度内地下水有孔隙潜水、孔隙承压水及基岩裂隙水。

本工程塔楼采用框架-核心筒结构超高层建筑，上部荷载大，而且体型不平衡，变形控制严格，需采用桩筏基础；根据勘察资料、工程经验以及现有机械设备水平，本项目主塔楼桩基方案如下：采用 φ1200mm 后注浆钻孔灌注桩的施工，桩身采用 C50 混凝土，有效桩长约为 90m，持力层为 10-3 中风化砂，入持力层深度 1.0D，配合桩底后注浆技术加强桩与土体之间的摩阻力和端阻力，减小桩基绝对沉降量，单桩受压承载力特征值 14000kN。

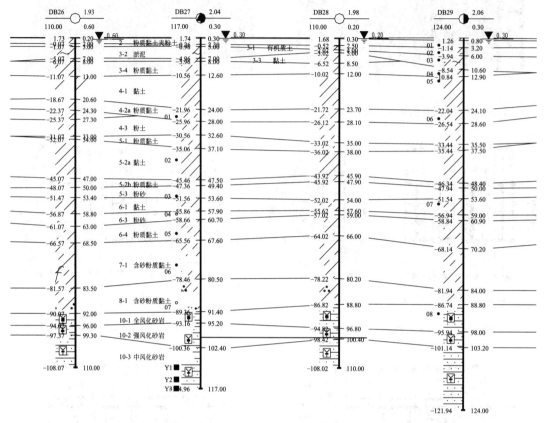

图 3.18.2-10　土层地质剖面图

各土层物理力学性质指标　　　　　　　　表 3.18.2-1

序号	岩土层	黏聚力 c(kPa)	内摩擦角 φ(°)	桩周摩擦力特征值 q_{sa}(kPa)	桩端阻力特征值 q_{pa}(kPa)
1	素填土	—	—	—	—
2	粉质黏土夹粉土	8.0	21.1	8	—
3-1	有机质土	5.0	5.0	5	—
3-2	淤泥	7.0	6.0	5	—
3-3	黏土	33.7	13.5	15	—
3-4	粉质黏土	16.5	14.2	11	—
4-1	黏土	43.9	14.6	28	450
4-2a	粉质黏土	19.6	13.7	22	350
4-2b	粉质黏土	18.6	13.4	14	—
4-2c	粉质黏土	16.2	12.0	25	—
4-3	粉土	4.4	30.2	22	500
5-1	粉质黏土	16.9	12.2	14	—

序号	岩土层	黏聚力 c(kPa)	内摩擦角 φ(°)	桩周摩擦力特征值 q_{sa}(kPa)	桩端阻力特征值 q_{pa}(kPa)
5-2a	黏土	17.9	12.7	12	—
5-2b	粉质黏土	28.0	14.0	28	—
5-3	粉砂	17.8	16.2	30	900
6-1	黏土	38.4	14.6	38	1000
6-3	粉砂	—	—	36	1200
6-4	粉质黏土	33.9	14.5	36	800
7-1	含砂粉质黏土	18.1	14.8	40	1000
8-1	含砂粉质黏土	29.7	14.6	42	1100
10-1	全风化砂岩	25.3	14.4	43	1200
10-2	强风化砂岩	—	—	60	1500
10-3	中风化砂岩	—	—	100	3000

3.18.3 结构抗震计算

1. 多遇地震计算

分析软件采用 YJK V2.0.3 和 ETABS V19，ETABS 计算所得结构质量信息与前三个振型周期如表 3.18.3-1 所示；两个软件的计算结果基本一致，塔楼第一扭转周期与第一平动周期的比值为 0.559/0.543，小于规范限值 0.85。

图 3.18.3-1 为多遇地震的结构位移角曲线图，地震作用下 X、Y 向位移角分别为 1/1418 和 1/975，满足规范要求。

模态信息　　　　　　　　　　　　　　　　　　　表 3.18.3-1

分析软件		YJK	ETABS
总质量(t)		297630	300764
周期(s)	T_1	7.8026(Y 向平动)	7.602(Y 向平动)
	T_2	5.9370(X 向平动)	5.745(X 向平动)
	T_3	4.3611(扭转)	4.131(扭转)
周期比		0.559	0.543

图 3.18.3-2 为结构 X、Y 向剪重比曲线图，底部剪重比分别为 0.557% 和 0.493%，模型中 X 向底部 10 层、Y 向 16 层低于规范 0.6% 的要求，但剪重比值高于 80% 规范限值的要求；本项目位于 6 度区，基本周期大于 5s，根据《审查要点》第四章第十三条要求，结构底部剪力系数按 0.8% 计算时多遇地震 X 向和 Y 向的层间位移角分别为 1/1140 和 1/866，低于规范 1/500 的限值，因此本项目可按照规范关于剪力系数最小值的规定进行抗震承载力验算。

图 3.18.3-3 给出了楼层侧移刚度比曲线，模型的 X 向 21、49、69 层的楼层侧移刚度比值小于 1.0，21 层 X 向存在薄弱层原因在于 22～23 层 X 向存在斜撑用来协调两个

核心筒的变形，其刚度比为 0.87；49 层刚度受 50 层环带桁架的影响，被判定为薄弱层，但其刚度比为 0.94；由于 69 层层高较大（8.2m）导致了 68 层按《高规》计算的刚度比低于规范要求，其刚度比为 0.90，刚度比与规范限值相差并不大，按《高规》3.5.8 条要求，对以上楼层的剪力放大 1.25 倍。总体而言，结构侧向刚度分布合理。

图 3.18.3-4 为本层与上一层楼层受剪承载力比的曲线图，受剪承载力与上一层受剪承载力之比均小于 0.75 的有 X 向的 66～67 层和 Y 向的 66 层，拉索幕墙超大钢外框以及其倾角是产生受剪承载力之比偏小的主要原因，受剪承载力比值超过规范不代表结构在这几层的抗剪能力存在问题；相反，顶部结构质量较小，核心筒基本完整，核心筒抗剪需求并不是很高；为确保 65 层以上结构的安全，对 65 层以上的竖向构件进行性能化设计。

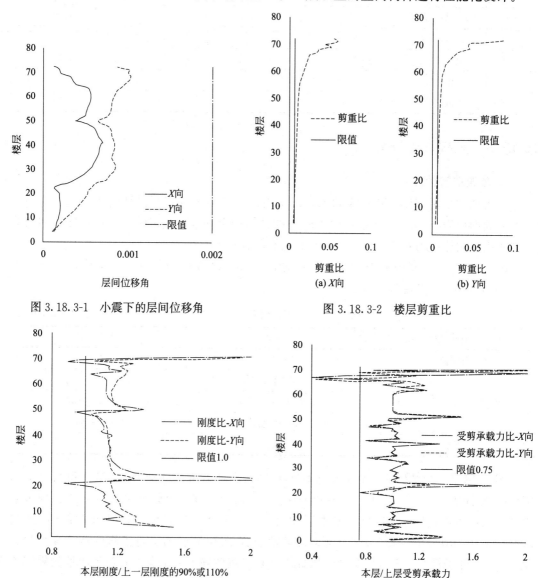

图 3.18.3-1　小震下的层间位移角　　　　图 3.18.3-2　楼层剪重比

图 3.18.3-3　楼层侧移刚度比　　　　图 3.18.3-4　受剪承载力比

体型下大上小，结构顶部又有较多通高空间，质量明显低于正常标准层，直接采用

《高规》刚重比公式偏于安全；为更准确地描述结构的刚重比，对结构进行了屈曲分析，基本荷载组合取恒载×1.2＋活载×1.4；经过计算，可得第一个结构整体屈曲的屈曲因子为 11.068，说明结构刚重比能够满足规范要求，但需要考虑结构的重力二阶效应。

图 3.18.3-5 为多遇地震下框架承担的剪力比例，能够满足"除底部个别楼层、加强层及其相邻层外，多数不低于基底剪力的 8%，最大值不宜小于 10%，最小值不宜低于 5%"的要求。

图 3.18.3-6 为多遇地震下框架承担的倾覆弯矩比例，4 层（底层）X 向框架倾覆弯矩比例为 35.8%，Y 向为 16.7%，框架承担倾覆弯矩比例较高。

图 3.18.3-7 为考虑偶然偏心规定水平力作用下层间/楼层扭转位移比，由图中可知，各楼层位移比和层间位移比均小于 1.20，满足《高规》3.4.5 条关于平面扭转规则性的限值要求，说明结构具有良好的抗扭刚度。

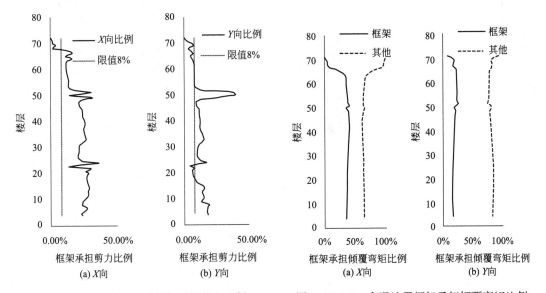

图 3.18.3-5 多遇地震框架承担剪力比例　　　图 3.18.3-6 多遇地震框架承担倾覆弯矩比例

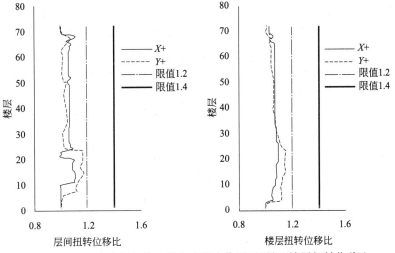

图 3.18.3-7 考虑偶然偏心规定水平力作用下层间/楼层扭转位移比

图 3.18.3-8～图 3.18.3-10 分别为圆钢管混凝土柱、混凝土与方钢管混凝土柱和混凝土核心筒的轴压比图，由图中可以看出各部分墙柱均能满足相应规范轴压比限制的要求。

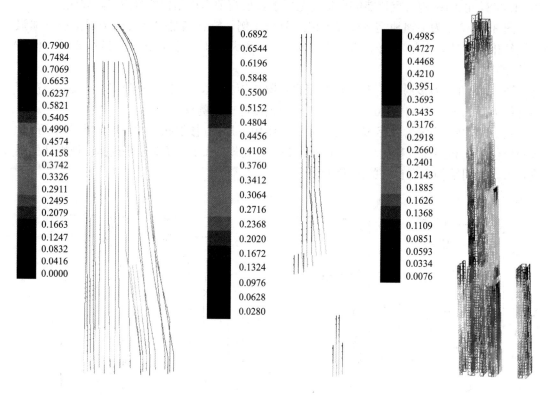

图 3.18.3-8　圆钢管混凝土柱　　　图 3.18.3-9　混凝土与方钢　　　图 3.18.3-10　混凝土核心筒
　　　轴压比图　　　　　　　　　管混凝土柱轴压比图　　　　　　　轴压比图

小震时程分析共选取了 5 组天然波和 2 组人工波，所选地震波满足规范要求，各地震波有效时长均满足规范要求，不小于结构基本自振周期的 5 倍和 15s，图 3.18.3-11 为 7 条波的平均谱与规范反应谱的对比图（选用不带地下室模型的自振周期）；表 3.18.3-2 为 7 条波的基底剪力与 CQC 基底剪力的比值。图 3.18.3-12 为小震弹性时程分析楼层地震剪力放大系数图，说明顶部 15 层左右应该考虑高阶振型对结构的影响。

弹性时程分析各地震波基底剪力

表 3.18.3-2

地震波	底部剪力 V(kN)			
	V_x	V_x/CQC	V_y	V_y/CQC
GM1	21236	135%	13527	96%
GM2	16712	105%	10663	72%
GM3	13764	88%	13800	96%
GM4	18092	116%	15112	107%
GM5	12123	77%	11717	82%
GM6	15408	99%	14319	98%
GM7	18320	116%	15243	106%

地震波	底部剪力 V(kN)			
	V_x	V_x/CQC	V_y	V_y/CQC
时程平均值	16522	105%	13483	94%
CQC	15609	—	14285	—

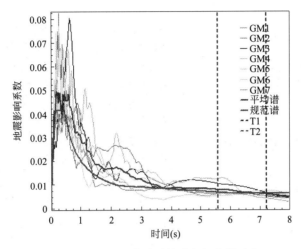

图 3.18.3-11　7 条波平均谱与规范谱对比

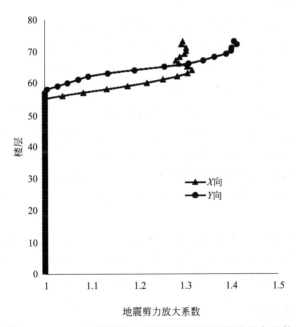

图 3.18.3-12　小震弹性时程分析楼层地震剪力放大系数

2. 性能目标和构件性能验算

根据《高钢规》3.8 节、《高规》3.11 节、《抗规》3.10 节条文及条文解释关于性能目标的选取办法，以及《审查要点》对结构抗震性能目标举例，根据本项目特点，提出本项目主楼具体构件的性能目标，详见表3.18.3-3。

结构及构件的性能目标

表3.18.3-3

	地震作用	小震	中震	大震
关键构件	底部加强区核心筒与框架柱；21～24层的核心筒、框架；48～51层的核心筒、框架柱；65层以上的核心筒、框架	承载力设计值满足规范要求	斜截面弹性正截面不屈服	受剪截面满足截面限制条件
	4层及以上的外框柱和外框梁	承载力设计值满足规范要求	斜截面弹性正截面不屈服	受剪截面满足截面限制条件
	50层的环带桁架49、50层的伸臂桁架	承载力设计值满足规范要求	斜截面弹性正截面不屈服	允许屈服
	22～23层的桁架	承载力设计值满足规范要求	斜截面弹性正截面不屈服	斜截面不屈服正截面不屈服
普通竖向构件	上部结构除关键构件外的核心筒、框架柱	承载力设计值满足规范要求	斜截面不屈服正截面不屈服	受剪截面满足截面限制条件
一般耗能构件	框架梁（外框梁除外）	承载力设计值满足规范要求	正截面可部分屈服斜截面不屈服	允许进入塑性
	连梁	承载力设计值满足规范要求	正截面可部分屈服斜截面不屈服	允许进入塑性

3. 结构弹塑性分析

罕遇地震作用下的弹塑性动力时程分析采用PKPM-SAUSG（V2020版）进行计算。梁、柱、斜撑和桁架等一维构件采用纤维束模型，剪力墙、楼板等二维构件采用弹塑性分层壳单元。选取自动生成的人工波（RGB-0：GM4）和两组天然波［TRB1：Hector Mine_NO_1768，T_g（0.60），TRB2：San Fernando_NO_67，T_g（0.46）］，弹塑性时程分析时按0°和90°定义两个主轴X、Y为地震动的输入方向进行计算。

图3.18.3-13和图3.18.3-14分别为X向和Y向在罕遇地震下考虑材料非线性、几何非线性下的结构层间位移角曲线图及楼层剪力图；图3.18.3-15和图3.18.3-16分别为大震弹性时程与大震弹塑性时程分析的结构X、Y方向顶点位移时程曲线对比图，从图中可以看出，两者差异较小，意味着整体结构的侧向刚度变化较小，说明结构在罕遇地震时表现偏弹性。

图3.18.3-17为罕遇地震下整个结构三条地震波的单元性能包络图，由于本项目塔楼位于6度区，风荷载起设计控制作用，所以大震弹塑性分析时，结构损伤相对轻微，仅部分连梁处于重度损坏、个别剪力墙处于中度损坏的性能水平。

3.18.4　结构抗风计算

1. 风工程试验研究

湖州南太湖新区长东片区CBD地块主地块高度较高，造型复杂，周边建筑存在气动干扰；建设地点紧靠湖边，场地的地貌类型复杂。为了保证主体结构和围护结构设计的安全、经济、合理，浙江大学建筑工程学院受委托进行了风洞试验和风振响应分析。

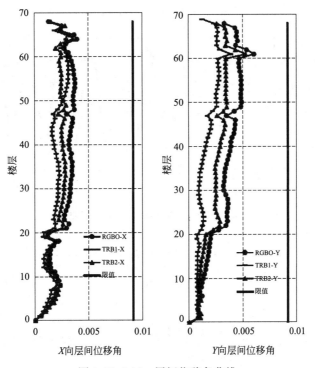

图 3.18.3-13 层间位移角曲线

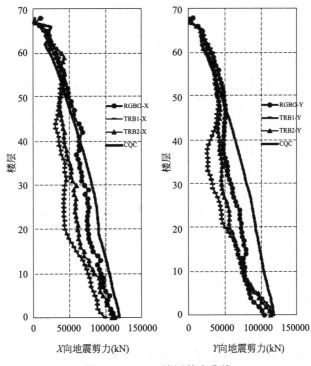

图 3.18.3-14 楼层剪力曲线

风洞试验主要分为三大部分内容：一是进行刚性测压试验，并进行风振响应计算，提

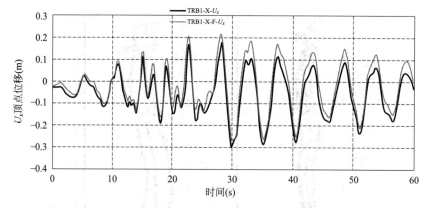

图 3.18.3-15　顶层 X 向位移时程曲线

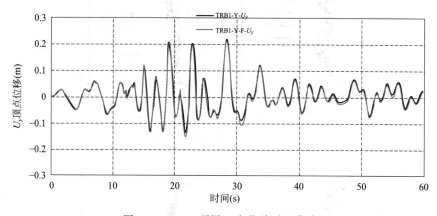

图 3.18.3-16　顶层 Y 向位移时程曲线

供结构设计的等效风荷载和幕墙设计的风压，以及验算风振加速度；二是进行高频天平风洞试验，对刚性测压试验进行验证；三是对垂帘及装饰条进行风洞试验，提供结构设计的等效风荷载和幕墙设计的风压。

2. 风洞试验与规范风荷载比较

风洞试验最不利风向角下，X 和 Y 方向考虑风速风向折减的 50 年风荷载与规范风荷载比较结果如图 3.18.4-1 所示，可见规范风荷载均略微大于风洞风荷载，但风洞试验取定风荷载的主轴方向基底弯矩不低于现行《荷载规范》规定计算值的 80%，满足《建筑工程风洞试验方法标准》JGJ 338—2014 的标准。

3. 风振舒适度分析

结构层最高 66 层（279.5m）在 10 年一遇基本风压、阻尼比 0.02 下的风振加速度，计算最大风振加速度为 13.94cm/s^2，满足不大于 25cm/s^2 的舒适度要求。

3.18.5　结构超限判断和主要加强措施

1. 结构超限判断

根据《审查要点》进行超限判断如表 3.18.5-1 所示，不存在其他超限情况。综上所

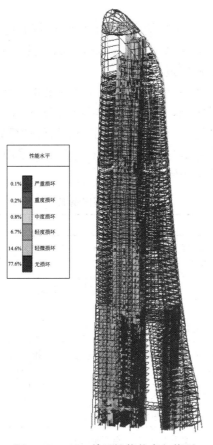

图 3.18.3-17   单元性能状态包络图

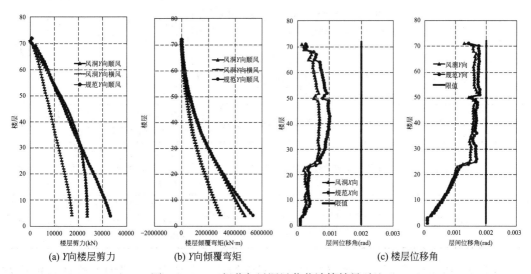

(a) Y向楼层剪力   (b) Y向倾覆弯矩   (c) 楼层位移角

图 3.18.4-1   规范与风洞风荷载计算结果对比

述,本项目主塔楼高度超限,并存在偏心布置、楼板不连续、刚度突变、构件间断、承载力突变和局部不规则六项不规则,属于超限高层。

2. 主要抗震加强措施

主塔楼高度 314.4m，超双重抗侧力体系混合框架-钢筋混凝土剪力墙高度上限 220m，为高度超限高层结构；结构 Y 向高宽比 7.0，核心筒高宽比 16.5；针对本项目的高度超限情况，本项目采取了以下加强措施：

为适当增加 Y 向刚度，在模型 50 层设置了 1 层高的环带桁架，同时在 49、50 层 Y 向设置了两榀二层高的伸臂桁架，控制 Y 向层间位移角在 1/500 以内。结构采用了钢管混凝土柱混合框架-钢筋混凝土核心筒体系，柱子采用延性极好的钢管混凝土柱，外框柱与外框梁之间采用刚接；核心筒与钢管混凝土柱之间的梁采用钢梁，钢梁与核心筒之间及钢梁与外框架之间的连接均采用铰接。

结构高度超限情况　　　　　　　　　　　表 3.18.5-1

超限项目	简要含义	本工程情况	是否超限
高度超限	钢管混凝土框架-钢筋混凝土核心筒-伸臂桁架-环带桁架结构	297.6m＞220m	是★

三项及以上不规则超限情况

序号	不规则类型	简要涵义	本工程情况	是否超限
1a	扭转不规则	考虑偶然偏心的扭转位移比大于 1.2	无	是★
1b	偏心布置	偏心率大于 0.15 或相邻层质心相差大于相应边长 15%	多层超，最大 $E_{ey}=0.49$，29 层	是★
2a	凹凸不规则	平面凹凸尺寸大于相应边长 30% 等	无	否
2b	组合平面	细腰形或角部重叠形	无	
3	楼板不连续	有效宽度小于 50%，开洞面积大于 30%，错层大于梁高	7～20 层，有效宽度为 0，<0.5	是★
4a	刚度突变	相邻层刚度变化大于 70%（按高规考虑层高修正时，数值相应调整）或连续三层变化大于 80%	有，X 向 21、49、69 层，最小值为 21 层 X 向 0.87	是★
4b	尺寸突变	竖向构件收进位置高于结构高度 20% 且收进大于 25%，或外挑大于 10% 和 4m，多塔	无	
5	构件间断	上下墙、柱、支撑不连续，含加强层、连体类	有，加强层 50 层，22～23 层两个核心筒间设置 X 向斜柱	是★
6	承载力突变	相邻层受剪承载力变化大于 75%	有，X 向的 66、67 层和 Y 向的 66 层，最小为 67 层 X 向 0.38	是★
7	局部不规则	如局部的穿层柱、斜柱、夹层、个别构件错层或转换，或个别楼层扭转位移比略大于 1.2 等	4～9 层设置了 2、3、5 层高的通高柱；66 层有两个小柱子转换	是★

在抗震构造措施方面，对底部加强区的竖向构件，定义为关键构件，性能目标见表 3.18.3-3，同时严格控制核心筒轴压比低于 0.5 以内，并增加竖向钢筋和水平钢筋的配筋率至 0.4%，提高承载力。

对加强层及相邻层（模型 49～51 层）的竖向构件定义为关键构件，提高控制等级至特一级，性能目标见表 3.18.3-3，同时严格控制轴压比低于 0.45 以内，并增加竖向钢筋和水平钢筋的配筋率至 0.4％，提高承载力及延性。

施工图设计时除底部加强区及关键构件外，对轴压比在 0.4～0.5 之间的核心筒角部剪力墙设置约束边缘构件。

为确保双重抗侧力结构体系中作为第二道防线的框架具有更好的抗侧力能力，按 $\max（0.25V_0，1.5V_{fmax}）$ 对框架的剪力进行调整。

对主体结构采用 SAUSAGE 和 PERFORM-3D 软件补充进行动力弹塑性分析，验算弹塑性层间位移角，根据主要构件的塑性损伤情况和整体变形情况，发现结构薄弱部位和薄弱构件，提出相应的加强措施，以指导施工图设计。

塔冠楼高 314.4m，屋面标高 303.3m，在 82.1m 标高以上结构为一个整体，82.1m 以下分为两个塔楼，两个塔楼仅在 15.0m 标高处有楼板相连，在 ±0.000 标高以下地下室连为一体。从南北立面看，结构底部存在一个高为 67.1m、底部宽约 16m、顶部宽约 8m 的立面开洞，从形体上看既像连体结构，又像立面开洞的结构。通过对比单塔模型与多塔连体模型（见专项分析），按单塔模型能更加合理地反映结构的特性，超限分析时按立面开洞即楼板不连续进行判定。

针对楼板不连续情况，本项目采取了以下加强措施：

（1）为确保两个核心筒的有效协调，将 20～24 层核心筒剪力墙抗震等级提高至特一级，轴压比按低于 0.45 控制，该段范围设置约束边缘构件；提高 20～24 层柱子抗震等级至特一级；提高连接桁架钢结构构件抗震等级提高至二级。

（2）将 20～24 层竖向构件设置为关键构件，进行抗震性能化设计；同时将这 21～23 这三层楼面的楼板适当加厚至不低于 150mm 厚，楼板按双层双向配筋，适当提高最小配筋率至 0.25％；两个核心筒之间的板厚不低于 200mm 厚，楼板按双层双向配筋，提高最小配筋率至 0.4％。

（3）因 50 层设置了一层高的环带桁架及在 49、50 层设置了两榀两层高的 Y 向伸臂桁架，导致了构件间断；对于加强层，伸臂桁架有效提高了整个结构 Y 向的结构刚度。

针对本项目的构件间断情况，本项目采取了以下加强措施：

（1）为减小伸臂桁架导致的周边柱子轴力变化不均匀的情况，增加了一层高的环带桁架，沿周边设置；同时，沿着伸臂桁架水平伸臂构件在剪力墙内设置斜撑，并在上下弦杆位置的剪力墙内设置型钢暗梁，减少伸臂桁架导致的刚度突变对剪力墙的损伤；并将 48～51 层的核心筒混凝土强度等级提高至 C70，剪力墙水平和竖向最小配筋率提高至 0.4％。

（2）同时对 48～51 层竖向构件设置为关键构件，性能设计目标见表 3.18.3-3。

（3）对 48～51 层核心筒剪力墙抗震等级提高至特一级，轴压比按低于 0.45 控制，该段范围设置约束边缘构件；提高钢管混凝土柱至特一级，轴压比按不高于 0.95 控制。

（4）由于 22～23 层设置在两个筒体之间设置了 X 向的连接桁架，导致了 21 层的刚度突变；由于 50 层设置了一层高的环带桁架，导致了 49 层 X 向的刚度突变；由于 69 层层高较大（8.2m），导致了 68 层按《高规》计算的刚度比低于规范要求；这几个楼层的刚度比离规范限值相差较少，最小比例是规范限值的 0.87，在多遇地震时通过对 21、49、68 层相应方向地震作用标准值乘以 1.25 的增大系数；同时对 49～51 层的竖向构件进行性能化设计。

由于上部结构设置了弧线的拉索幕墙外框，导致了 X 向 66、67 层和 Y 向 66 层的受剪承载力与上一层受剪承载力之比低于 0.75，最低值为 0.38；这几层结构的受剪承载力之比异常是由弧线的拉索幕墙外框造成的，并不表示结构在这几层的抗剪能力存在问题；相反，由于顶部结构质量较小，核心筒抗剪需求并不是很高，但核心筒却还是基本完整的。为解决 66~67 层的层间受剪承载力之比不满足规范要求的问题，对 66、67 层相应方向地震作用标准值乘以 1.25 的增大系数；同时将 65 层及以上的竖向构件定义为关键构件，对这些构件进行性能设计，具体性能设计目标见表 3.18.3-3。

因建筑大堂有通高需求，4 层（建筑一层）大堂有 4 个柱子 5 层通高，高度 24m，另外还有 6 个柱子 3 层通高，高度 15m。针对通高柱子，通过屈曲分析，找到通高柱子的相应屈曲模态，反算并修改柱子的计算长度，同时通过柱子的 PMM 曲线复核柱子的承载力需求。

3.18.6　专项分析

1. 关于结构属于连体结构还是立面开洞的讨论

塔楼在模型 4~21 层楼面以下除 5 层以外均分为左右两个塔楼，22 层以上完全连为一体，从形体看属于连体结构；但是，如果按照连体结构进行设计，由于连体下部塔楼的框架与核心筒进行了内力的协调，会导致框架承担剪力比例的异常。表 3.18.6-1 为单塔结构模型和连体结构模型在强制楼板下的结构周期比较，两者差异低于 1%。而在全楼弹性模型下，单塔结构和连体结构的结构周期几乎没有差异。

结构周期比较（s） 表 3.18.6-1

振型号	单塔结构	连体结构	误差
1	7.8026	7.8050	0.03%
2	5.9370	5.9408	0.06%
3	4.3611	4.3652	0.09%
4	2.1303	2.1313	0.05%
5	2.0927	2.0943	0.08%
6	1.5994	1.6041	0.29%

图 3.18.6-2 为图 3.18.6-1 所示 12 层的 A~D 4 个节点位置在 Y 向、Y+、Y- 地震作用下 Y 向位移比较图，计算结果表明，单塔模型与连体结构的计算结果差异在 2% 左右；图 3.18.6-3 是相对能够表现出分塔动力特性的首阶振型图，周期为 0.667s，其 X 向平动质量系数为 0.64%，说明分塔对地震激励的反应仅占整体结构的一小部分。

通过对结构周期、结构在水平荷载下的变形比较及对结构振型的分析，可以得到以下结论：分塔对整体结构的影响已经很小，单塔模型能更加合理地反映结构的特性，超限分析时应按立面开洞即楼板不连续进行判定。

2. 连接体分析

塔楼在模型 22~23 层设置连接桁架如图 3.18.6-4 所示；连接桁架将两侧塔楼连成一体，同时将上部结构柱子的荷载传递给左右两个筒体及下侧的斜柱。斜撑是连接桁架的主要传力构件，采用亚形截面形式，斜撑上部翼缘直接与上部方钢管混凝土柱的侧壁焊接连

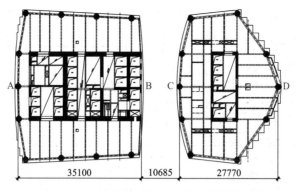

图 3.18.6-1 模型 12 层 4 个节点位置示意图

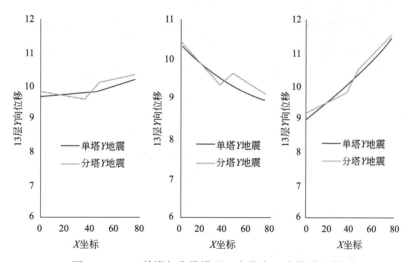

图 3.18.6-2 单塔与分塔模型 4 个节点 Y 向位移比较

接；XC1 底部对应的剪力墙外包钢板，与斜撑焊接连接如图 3.18.6-5 所示；XC2 则采用在剪力墙内设置型钢暗撑的方式将斜撑轴力传递给剪力墙。XZ1 及以上柱子为方钢管混凝土斜柱，方便与弦杆的焊接；XZ2 及以下柱子为钢管混凝土斜柱，铸钢节点将方钢管混凝土柱平滑过渡到圆钢管混凝土柱。

3. 伸臂桁架环带桁架分析

结合避难层与设备层，本工程在 46、47 层设置了环带桁架与 Y 向的伸臂桁架如图 3.18.6-6 和图 3.18.6-7 所示，与钢管混凝土柱、核心筒形成多重抗侧力体系，适当提高结构的抗侧刚度，发挥外框架柱抗倾覆的作用。伸臂桁架上下弦杆与腹杆均采用 H 型钢并转置 90°，减少弦杆与剪力墙相连部位的弯矩值，同时降低与核心筒内型钢构件连接的难度；伸

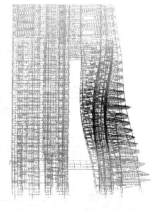

图 3.18.6-3 第 12 阶振型

臂桁架与核心筒的连接构造如图 3.18.6-8 所示。伸臂桁架材质采用 Q420C，其余构件材质采用 Q355C。为了减少伸臂桁架产生不必要的变形内力，指定在主体结构施工完成后再进行斜撑的连接。

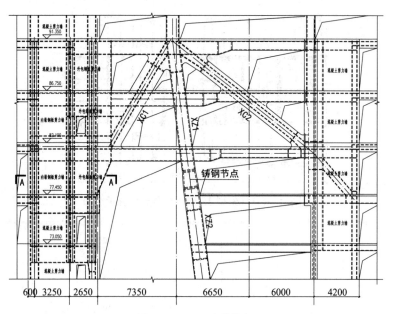

图 3.18.6-4　连接桁架

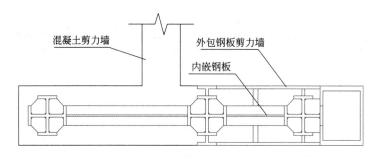

A–A

图 3.18.6-5　XC1 与剪力墙连接

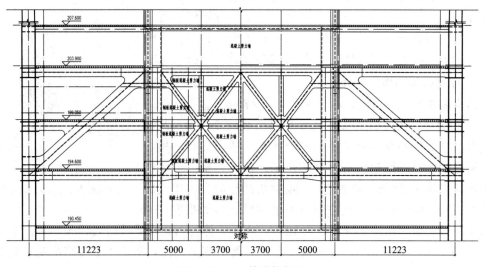

图 3.18.6-6　伸臂桁架图

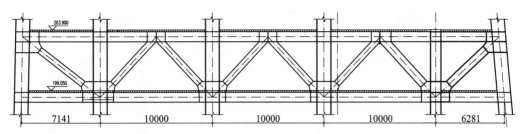

图 3.18.6-7 环带桁架图

4. 巨型拉索幕墙钢外框分析

图 3.18.6-9 为 60 层以上结构模型；塔楼 62 层以上为酒店大堂，建筑设置了 33m 的通高大堂，大堂南北面设置了宽 28m、高 31.3m 的异形拉索幕墙，幕墙中间没有结构构件遮挡。结构采用了巨型钢结构外框，外框底部截面为 2m 高的箱形截面，其余外框根据建筑形体变化，最小截面高度为 3.1m，与底部外框形成自平衡体系，每 2m 承受竖向 670kN、横向 550kN 的拉索力。图 3.18.6-10 为拉索幕墙 ABAQUS 有限元模型，钢结构板材采用 S4R 平面单元，拉索采用 T3D2 单元，根据施工顺序将恒载和拉索预张力下的状态作为初始状态，计算风荷载、升温、降温、地震作用等各组合工况下构件应力及结构变形。图 3.18.6-11 为极限状态的 Mises 应力结果图，最大 Mises 应力为 267MPa；图 3.18.6-12 为风荷载作用下拉索变形图，拉索的侧向变形不超过 1/50。在主体结构计算时，则将拉索幕墙外框按等效截面的斜撑输入模型，并将拉索力按自定义恒载与活载分别输入模型，以考虑外框对整体结构的影响。

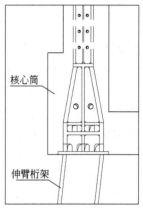

图 3.18.6-8 伸臂桁架与核心筒的连接构造

图 3.18.6-9 60 层以上结构模型

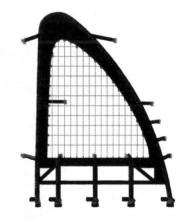

图 3.18.6-10 拉索幕墙有限元模型

5. 施工顺序与混凝土收缩徐变效应影响分析

本项目建筑高度达到 314.4m，采用钢管混凝土柱和钢筋混凝土核心筒承受重力荷载。

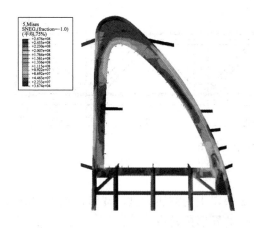

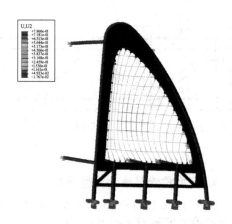

图 3.18.6-11　极限状态的 Mises 应力　　　　图 3.18.6-12　风荷载作用下拉索变形

随着混凝土在长期荷载作用下收缩徐变的发展，结构核心筒与外框柱之间必然产生不同的位移差；建筑形体立面又存在天然的不对称性，结构的竖向构件也将产生不同的水平变形；不同构件之间竖向和水平的位移差可能会影响建筑功能，必须予以专门的考虑。采用 ETABS V2018 版，进行从开始施工到施工完成后 30 年的重力荷载作用下的长期变形分析。剪力墙采用 SHELL 单元；梁、柱采用 FRAME 单元；4 层楼板、18～21 层楼板、43～47 层楼板对结构有一定的影响，这几层楼板采用 SHELL 单元模拟，其他楼层采用刚性隔板。分析时施工顺序采用以下假定：（1）核心筒、外框架附加重力荷载施工速度均为每层 7d，附加重力荷载和自重荷载同步施加；（2）核心筒进度领先外框架和楼板四层；（3）左侧核心筒和右侧核心筒在 4 层楼面和 19～21 层楼面连在一起，为减小左侧核心筒施工过程中的侧向位移，在施工 16～18 层外框架和楼板时，同时施工 19～21 层两核心筒之间的联系钢梁，如图 3.18.6-13 所示；（4）20 层和 21 层的斜撑同 19 层和 20 层外框架和楼板同时施工；48 层腰桁架同 48 层外框架和楼板同时施工；47 层、48 层伸臂桁架的斜撑在结构结顶后安装，工期为 7d；（5）主体结构施工完毕，投入使用，一次性全楼施加 0.5 倍活荷载。

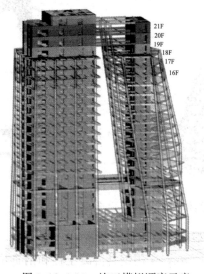

图 3.18.6-13　施工模拟顺序示意

　　收缩徐变计算采用 CEB-FIP1990 模式，采用普通水泥，水泥类型系数取 0.25，水泥种类系数为 5，相对湿度 75%，收缩开始时间为 3d。对于钢管混凝土构件，考虑混凝土处于封闭环境中，环境湿度较大，其构件中混凝土相对湿度取 90%。

　　为了研究两塔之间的相互作用，提取左右两侧塔楼在 4 层楼面以及 19～21 层楼面的沿 X 方向的作用力如图 3.18.6-14 所示，得到的相互作用力随楼层施工步变化的曲线如图 3.18.6-15 所示。由图可以看出，4 层楼面的轴向力在施工 4～15 层外框架时，轴向力快速增加；这是由于在施工下部楼层时，左侧部分塔楼在重力荷载作用下无水平侧移，右侧部分塔楼其形体倾斜导致在重力荷载作用下产生沿 X 负向的水平位移，左侧塔通过 4 层楼面梁板给右侧塔提供侧向支撑作用，随着楼层的增加该侧向支撑力也快速增加，当施工到 16 层外框架时，左侧核心筒和右侧核心筒通过 19 层楼面钢梁（随 16 层外框架提前施工）联系在一起，此时 4 层楼面轴向力缓慢增加并随着楼层的增加开始减小，随着楼层的增加，两侧分叉部分上面连接部分的抗弯刚度增强到一定程度后，在竖向荷载作用下，下部区域产生相对外鼓的变形从而导致 4 层楼面的轴压力不断变小。由图又可以看出，19～21 层楼面的轴向力在施工 16～21 层外框架时，轴向力快速增加，是由于施工 16～21 层外框架时，右侧核心筒产生 X 负向的水平侧移，左侧核心筒通过 19～21 层楼面梁板给右侧核心筒提供侧向支撑作用。当施工 22～39 层外框架时，19～21 层楼面的轴向压力开始减小，是由于右侧核心筒上斜柱给右侧核心筒一个较大的沿 X 正向水平力，随着右侧

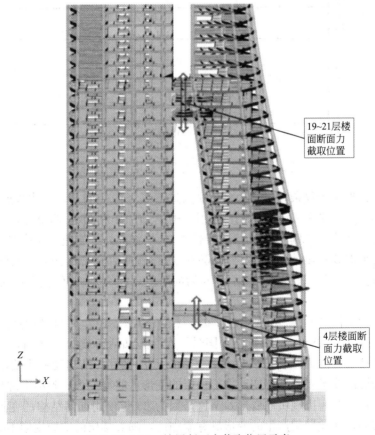

图 3.18.6-14　楼层断面力截取位置示意

核心筒上斜柱的结顶，轴向压力又慢慢增大。结构结顶后水平力快速增加是由一次性施加活荷载的 50% 产生的。

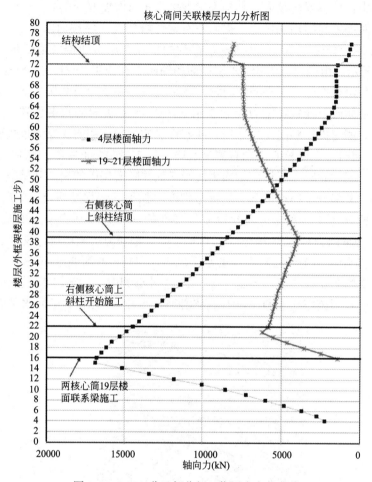

图 3.18.6-15 分叉部分相互作用力变化曲线

由于本项目形体较复杂，对结构多个测点进行了竖向变形差，具体测点如图 3.18.6-16 所示；图 3.18.6-17 和图 3.18.6-18 分别给出了 Q1-S1 和 Z-S1 两个测点在不同施工或使用阶段的竖向变形，图例 33 层-U_z 曲线代表 33 层楼面外框架施工完毕时，测点在不同楼层的竖向变形曲线；JD 代表结构结顶同时一次性施加活荷载的 50% 时的阶段；10 年代表一次性施加活荷载的 50% 投入使用 10 年后的阶段，20 年和 30 年代表投入使用 20 年和 30 年以后。

图 3.18.6-19 和图 3.18.6-20 给出了外框柱 Z-S1（Z-S2）和与之相连的核心筒测点 Q1-S1（Q1-S2）竖向变形差。结构结顶同时一次性施加活荷载的 50% 时，最大变形差产生于结构中部楼层；然后结构投入使用，随着时间的推移，结构变形主要由收缩徐变产生，中下部楼层的变形差基本不变，中部楼层的变形差略微变大，到中上部楼层后变形差开始减小，到顶部时还出现负的变形差。这是因为 30 年使用期间结构的变形主要是由于收缩徐变导致的，而此期间产生的变形具有累加性，随着楼层的增加变形不断增加，外框柱为钢管混凝土，同等受力情况下钢管混凝土产生的收缩徐变变形小于核心筒。

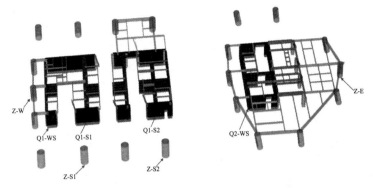

图 3.18.6-16 塔楼位移测点布置图

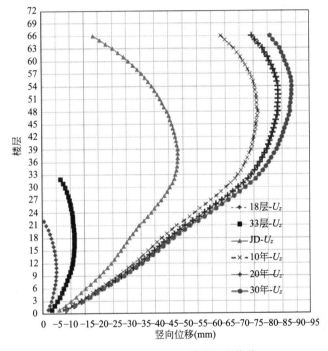

图 3.18.6-17 Q1-S1 测点竖向位移

图 3.18.6-21～图 3.18.6-24 给出了左右核心筒在不同施工或使用阶段的侧向变形。左侧核心筒最终侧向最大变形为 109mm,右侧核心筒最终侧向最大变形为 68mm。

通过对整体结构的施工顺序与收缩徐变分析,对结构施工顺序采取了以下措施:

(1) 19 层以下右侧结构的楼板尽量在两个塔楼连接后再施工,减少右侧核心筒的侧向变形,也减少 3 层楼面的内力。

(2) 增加 3 层楼板厚度,两个核心筒之间的楼板增加至 300mm 厚,配筋率按不低于 0.4% 设置,其他范围楼板按不低于 150mm 设置,配筋率按不低于 0.25% 设置。

(3) 对 19～21 层这三层楼板板厚适当加厚至 150mm 以上,其最小配筋率提高至 0.25%;连接桁架范围楼板板厚加厚至 200mm 以上,其最小配筋率提高至 0.4%。

(4) 核心筒在重力荷载作用下的侧向变形较大,为了消除其对电梯运行的影响,左右

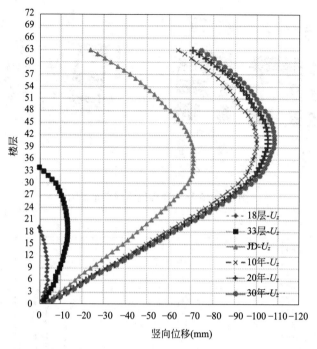

图 3.18.6-18　Z-S1 测点竖向位移

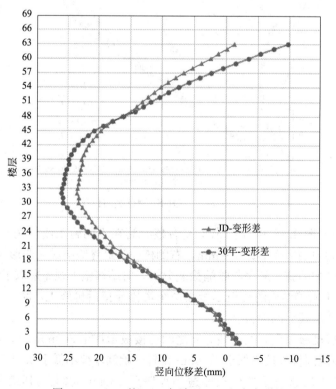

图 3.18.6-19　柱 Z-S1 与墙 Q1-S1 竖向变形差

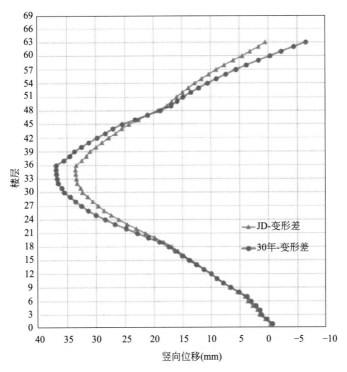

图 3.18.6-20 柱 Z-S2 与墙 Q1-S2 竖向变形差

侧电梯井预留 150mm 的变形余量。

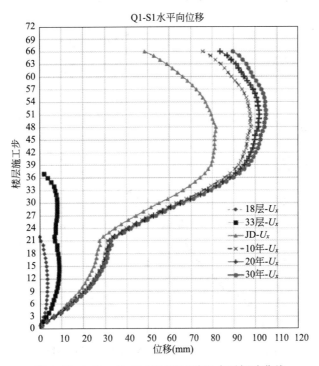

图 3.18.6-21 Q1-S1 不同施工阶段水平侧移曲线

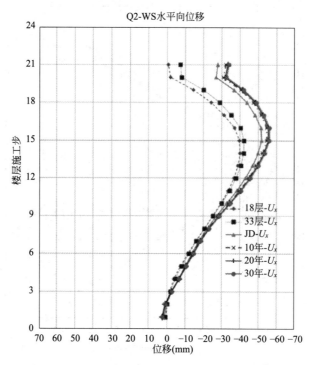

图 3.18.6-22 Q2-WS 不同施工阶段水平侧移曲线

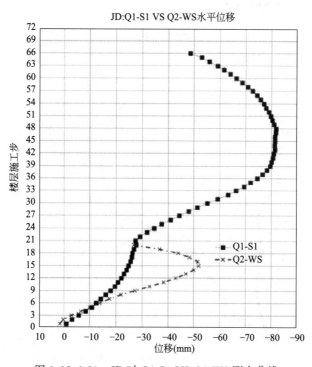

图 3.18.6-23 JD 时 Q1-S1 VS Q2-WS 测点曲线

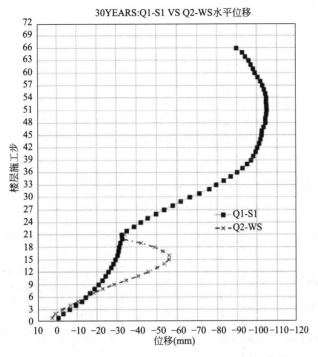

图 3.18.6-24　30 年后 Q1-S1 VS Q2-WS 测点曲线

3.18.7　地基基础计算

1. 桩基试验情况

项目于 2021 年 8～9 月对主塔楼下 6 根 φ1200 钻孔灌注桩进行了单桩竖向受压静载试验，图 3.18.7-1 为 6 根桩的 $Q\text{-}s$ 曲线，从曲线可以看出，在最大试验荷载时，桩端沉降量在 41～65mm，卸载后，残余沉降量在 6～22mm，桩顶回弹量在 30～50mm，所有桩

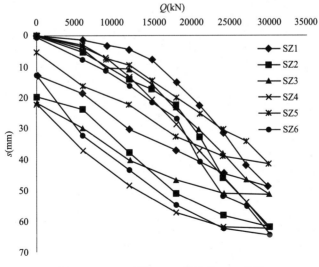

图 3.18.7-1　主楼 1200 桩静载 $Q\text{-}s$ 曲线

都能满足设计与规范要求。

2. 桩基、桩筏计算

本项目塔楼桩基选型如前所述,受压设计时,考虑水浮力的有利作用,最低水头取相对标高−7.0m。

图3.18.7-2为主楼基础平面布置图。由于建筑形体特点,左侧主核心筒必然承受更大的内力,因此,在地下室的高度范围内增设了部分剪力墙,将核心筒荷载往筒外传递,左侧主核心筒下适当加大了布桩密度,使两侧桩基中心与荷载中心尽量分别重合;同时,适当加大筏板厚度至4m。通过以上各种措施,减少左右塔体的差异沉降量,从而达到减少主楼上部连接体附加应力的目的。筏板混凝土强度等级C40R60,左侧核心筒沉降较大,最大沉降值23mm,左右核心筒沉降差约10mm,筏板沉降计算结果见图3.18.7-3。

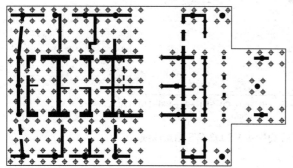
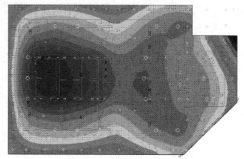

图3.18.7-2 主楼基础平面布置图   图3.18.7-3 主楼筏板沉降云图